HEVC 视频编码优化与实现

周　巍　周　欣　张冠文　段哲民　编著

电子工业出版社·

Publishing House of Electronics Industry

北京·BEIJING

内 容 简 介

本书在介绍新一代高效视频编码标准 HEVC 基本原理的基础上，全面介绍了作者所在科研团队的最新研究成果，包括各个编码模块的低复杂度优化方法、基于视觉感知的视频编码优化方法、基于深度学习的视频编码优化方法，以及高效 VLSI 架构设计与实现，旨在帮助读者获得对 HEVC 的全面、深刻的理解和认识，并使读者更好地把握视频编码优化方法与芯片设计的重点和方向，为读者以后对相关内容进一步研究和开发打下坚实的基础。全书共 8 章，包括绪论、帧间预测、帧内预测、变换与量化、熵编码、环路滤波、率失真优化与码率控制、参考帧存储压缩。

本书结构清晰、内容丰富，既强调理论的完整性，又注重技术的先进性，可作为从事多媒体处理、视频编码及芯片设计的从业人员的参考书，还可作为电子工程师、集成电路设计工程师和高等院校相关专业师生的参考资料。

图书在版编目（CIP）数据

HEVC 视频编码优化与实现 / 周巍等编著. — 北京：电子工业出版社，2019.3
ISBN 978-7-121-35938-5

I. ①H… II. ①周… III. ①视频编码－研究 IV. ①TN762

中国版本图书馆 CIP 数据核字（2019）第 012253 号

责任编辑：孟　宇　　　特约编辑：田学清
印　　刷：北京虎彩文化传播有限公司
装　　订：北京虎彩文化传播有限公司
出版发行：电子工业出版社
　　　　　北京市海淀区万寿路 173 信箱　　邮编：100036
开　　本：787×980　1/16　印张：23.25　字数：577 千字　彩插：4
版　　次：2019 年 3 月第 1 版
印　　次：2022 年 5 月第 3 次印刷
定　　价：89.00 元

前　　言

视觉是人类从外部获取信息的最主要的途径。与听觉、嗅觉和味觉等其他感觉相比，视觉可以通过感知光学信号的光线和色彩变化来获得更为直观和丰富的信息。人类接收的信息大约有70%来自视觉。与文字信息相比，图像或视频信息更直观，更能被大多数人接受。

随着互联网技术和多媒体技术的发展，视频信息已广泛存在于人们的生活和学习中。根据调查显示，在互联网流量中，网络视频约占 90%。随着时间的推移，人们对于视频质量的要求也在不断提高，视频从最初的 CIF 分辨率发展到高分辨率 1080P，传统的 VCD、DVD 及 CRT 显像管电视等播放设备逐渐被可以为消费者提供 1080P 高清视频的播放设备取代。目前，1080P 分辨率的视频已经不能满足广大消费者的使用需求，取而代之的是分辨率高达 4K（3840×2160）和 8K（7680×4320）的超高清视频。与此同时，视频的帧率也在不断提高，从传统的 30fps（帧/秒）发展到 60fps，再发展到 120fps，甚至更高。

数字视频具有直观性、确定性、广泛性等一系列的优点，但随着视频分辨率的提高，数字视频信息量大和实时性要求高的特点使得视频信息传输和存储的成本成倍增加，成为阻碍人们享受数字视频的瓶颈。因此，研究有效的数字视频编码技术，以压缩的形式传输和存储视频信息成为急需解决的问题。

随着互联网和多媒体技术的发展，视频编码技术广泛应用于计算机、通信、广播电视等领域。针对视频应用不断向高清晰度、高帧率、高压缩率方向发展的趋势，原有的 H.264/AVC 视频编码标准的局限性逐渐显现。因此，新一代高效视频编码（High Efficiency Video Coding，HEVC）标准应运而生。HEVC 标准沿用了上一代视频编码标准 H.264/AVC 的混合编码框架，保留了其中的先进技术，同时对一些已经不适应当前视频发展趋势的技术加以改进或剔除。HEVC 标准通过应用各种先进技术提高了视频编码的效率。在达到同等编码效果的前提下，HEVC 标准比 H.264/AVC 标准的编码性能提高了近一倍。但众多的先进编码工具在提高编码效率的同时也极大地增加了HEVC 编码器的复杂度，特别是当视频分辨率进入超高清阶段后，其实现的复杂度也急剧增加，同时给 HEVC 编码芯片的设计与实现带来了巨大的挑战。我们通过研究发现，在几乎不影响编码效率的前提下，将深度学习、视觉感知等计算机视觉方法与视频编码有机融合可以显著降低 HEVC标准的编码计算的复杂度。因此，研究高效的 HEVC 视频编码方法和芯片实现架构具有重要的理论意义和应用前景。

全书共 8 章。第 1 章概述了视频编码国际标准和 HEVC 标准的发展历程，并且介绍了 HEVC关键技术、感知视频编码和视频编码器芯片设计。第 2 章～第 8 章介绍了 HEVC 视频编码的关键模块，包括帧间预测、帧内预测、变换与量化、熵编码、环路滤波、率失真优化与码率控制、参考帧存储压缩等编码模块的低复杂度优化方法、基于视觉感知的视频编码优化方法、基于深度学习的视频编码优化方法，以及高效 VLSI 架构设计与实现。

本书获得了国家自然科学基金（61602383，61772424，61702418）、陕西省自然科学基础研究计划（2018JQ6016，2017JQ6019）等的资助，在此表示感谢！

视频编码算法的优化及其超大规模集成电路的设计与实现有大量问题尚待研究与解决，由于作者学识水平有限，书中难免有不妥之处，敬请广大读者批评指正。

作　者

2019 年 1 月于西安

目　录

第1章 绪 论

1.1 引 言

视觉是人类从外部获取信息的最主要的途径，与听觉、嗅觉和味觉等其他感觉相比，视觉可以通过感知光学信号的光线和色彩变化来获得更为直观和丰富的信息。人类接收的信息大约有70%来自视觉。与文字信息相比，图像或视频信息更为直观，更能被大多数人接受。

随着互联网技术和多媒体技术的发展，视频信息已广泛存在于人们的生活和学习中。根据调查显示，在互联网流量中，网络视频约占90%。知名市场调研机构 ByteMobile 发布的 2012 年第一季度的移动分析报告显示，在移动互联网流量中，视频数据约占50%。随着时间的推移，人们对视频质量的要求在不断提高，从最初的 CIF 分辨率发展到高分辨率 1080P，传统的 VCD、DVD及 CRT 显像管电视等播放设备逐渐被可以为消费者提供 1080P 高清视频的播放设备取代。目前，1080P分辨率的视频已经不能满足广大消费者的使用需求，取而代之的是分辨率高达 4K（3840×2160）和8K（7680×4320）的超高清视频。与此同时，视频的帧率也在不断提高，从传统的 30fps 发展到 60fps，再发展到 120fps，甚至更高。

数字视频具有直观性、确定性、广泛性等一系列的优点。但随着视频分辨率的提高，数字视频信息量大和实时性要求高的问题更加明显，使视频信息传输和存储的成本成倍增加，成为阻碍人们享受数字视频的主要瓶颈。因此，研究有效的数字视频编码技术，以压缩的形式传输和存储视频信息成为急需解决的问题。

从 1984 年公布第一个视频编码国际标准以来，人们就一直在进行对视频压缩技术的研究，由此而制定的压缩标准也在不断更新。制定的标准主要包括两类：一类是由国际标准化组织（ISO/IEC）的活动图像专家组（Moving Picture Experts Group，MPEG）提出的 MPEG 系列标准，主要包括 MPEG-1 标准、MPEG-2 标准和 MPEG-4 标准；另一类是由国际电信联盟（ITU-T）的视频编码专家组（Video Coding Experts Group，VCEG）制定的 H.26X 系列标准，主要包括 H.261标准和 H.263 标准。另外，MPEG 和 VCEG 组织还联合制定了 H.264/AVC 标准，这些已有的视频编码标准分别采用了不同的视频编码技术，代表了各个时期视频编码技术的发展水平。

然而，随着人们对更高质量的视觉享受的需求不断升级，超高清视频逐渐成为主流，原有的H.264/AVC 标准已经在编码超高清视频的应用中表现出不足。为了适应视频发展产生的新的需求，H.264/AVC 标准中的一些技术需要进一步完善。为了解决超高清视频巨大的数据传输带宽和存储空间给实际应用造成的阻碍，MPEG 和 VCEG 组织联合制定了新一代视频编码标准：高效视频编码（High Efficiency Video Coding，HEVC）标准，并于 2013 年 1 月由国际电信联盟正式发布了该标准。HEVC 标准的编码效率相比于 H.264/AVC 标准有了明显的提高。HEVC 标准的目标是在不提高现有带宽的前提下传输更高质量的视频。

为了实现制定的目标，HEVC 标准依然采用基于混合结构的视频编码框架，并引入了一系列创新技术，包括基于四叉树结构的块划分方式、更加精细的帧内预测角度、7/8 抽头分数点像素插值滤波、Tile 和波前并行处理技术、环路滤波中的样点自适应补偿等。这些先进的编码技术大大提高了 HEVC 的压缩性能。与 H.264/AVC 相比，在相同的客观视频质量下，HEVC 能够节省 40%的码率，在相同的主观视频质量下，HEVC 能够节省 50%以上的码率。

HEVC 中引进的先进技术在提高压缩效率的同时，也大幅度增加了编码端的复杂度。在 Intel Core(TM) i5-2400 CPU、内存为 4G 的硬件环境下，采用 HEVC 测试平台 HM13.0 及 Low-Delay 配置进行编码，编码一帧 1280×720 分辨率的会议视频平均耗时 25 秒，而编码一帧 1920×1080 分辨率的自然场景视频平均耗时高达 120 秒。然而，视频编码的实时性要求在视频编码时有较低的时延，以帧率为 30fps 为例，编码一帧的平均耗时应不超过 33 毫秒，远低于在 PC 上编码的时间。因此，利用通用处理器进行 HEVC 编码已不能满足视频编码对实时性的要求。而视频编码器的专用性和复杂性也使得专用芯片成为高性能视频编码实时应用首选的实现方式。超大规模集成电路（Very Large Scale Integration，VLSI）技术凭借其低代价、低功耗、高性能的优势逐渐成为视频编码器的主流实现方式，视频编码芯片也成为整个消费电子行业的核心竞争力之一。从面向以往视频编码标准的芯片设计来看，存储系统以及 VLSI 系统架构设计是高性能的视频编码芯片设计的关键问题，编码性能、面积、功耗优化的超高清视频编码芯片系统架构设计面临着诸多挑战。

同时，HEVC 并没有脱离传统的混合编码框架，其采用的率失真优化技术仍主要以误差平方和或绝对差和作为失真度量标准，而这类度量标准并不能反映人类视觉系统（HVS）对视频的主观感知质量。因此，通过视觉系统的主观感知特性来优化率失真代价中的编码失真度量，实现基于主观感知质量的率失真优化，并将其运用到编码模式选择和划分中，在保证主观质量的基础上去除视觉冗余并降低编码复杂度，具有十分重要的研究价值。同时，随着对人类视觉系统感知特性的深入理解和研究，将人类感知机制融合到视频编码中以取得更高主观感知质量的研究受到了高度重视。近期的研究主要使用基于视觉感知模型的感知视频编码来提高编码的主观质量或控制码率，但大多感知模型的计算复杂度较高，使得感知视频编码方法在提高压缩效率的同时大幅增加了编码复杂度，阻碍了其应用。因此，在提高编码效率、去除视觉冗余的感知视频编码算法的研究中，首先需要以建立低复杂度的视觉感知模型为基础，同时利用视觉感知特性优化 HEVC 中高计算复杂度的编码模式选择和划分方法，从而在去除视觉冗余、提高编码视频主观感知质量的基础上降低编码复杂度。

1.2　视　频　编　码

1.2.1　视频表达

数字视频是对某些连续的三维场景的二维采样，可以将视频看作一系列运动中的图像，视频编码也被称为运动图像编码。在视频中，一幅完整的静止图像就是某个时刻的采样（称为帧，Frame），而视频是关于某个场景一段连续的过程（称为视频序列，Video Sequence）。因此处理数字视频时不仅需要从空间上采样，还需要进行时间采样。另外，加上颜色空间、量化深度等参数，由这些因素共同来对数字视频进行表达和描述。

一个视频序列可以被定义为

$$\begin{cases} f_X = (m,n,k) \\ f_Y = (m,n,k) \\ f_Z = (m,n,k) \end{cases}$$

其中，(m,n) 为视频中的像素点在空间上的坐标，k 为视频序列的帧数，X、Y、Z 分别代表其颜色空间，f_X、f_Y、f_Z 这 3 个分量分别表示第 k 帧中的像素点 (m,n) 在 X、Y、Z 颜色空间上的幅度。下面具体介绍描述视频的各项参数。

1．空间分辨率

采样后的图像是像素点以正方形点阵排列的矩形，数字视频的分辨率指的是其空间分辨率，用像素矩阵的行数×列数来表示，如对于 HDTV 720P 格式的视频序列来说，它每一帧中的图像都是由一个 1280 列、720 行的像素矩阵组成的。采样点的数量会影响图像的质量，采样点越多，空间分辨率越高，图像所描述的细节越多，图像质量就越好，但是需要处理的数据量也会随之增加。表 1-1 所示为常见视频格式的空间分辨率和采样点个数。

表 1-1　常见视频格式的空间分辨率和采样点个数

视频格式名称	空间分辨率	采样点个数
CIF	352×288	101376
EDTV 480P	640×480	307200
HDTV 720P	1280×720	921600
HDTV 1080P	1920×1080	2073600
UHDTV 2160P	3840×2160	8294400
UHDTV 4320P	7680×4320	33177600

2．时间分辨率

视频的时间分辨率是指每秒钟采用的帧数，因此也被称为帧率 fps。当帧率低于 24fps 的时候，人眼可以分辨出单幅静态图像，但是由于视觉的暂留效应，当使用更大的帧率播放视频时，对于人眼来说，就可以达到平滑连续的运动视觉效果，而且帧率越高，运动视觉效果越好。一般帧率低于 20fps 的视频通常被用于低码率下的视频会议和视频通信等，在带宽的限制下，允许出现一定的不平滑现象；帧率在 20～30fps 之间的视频适用于标准的视频应用，基本上可以较好地处理低速运动；而帧率大于 30fps 的视频则适用于高质量的视频应用，这类视频中的运动比较平滑；某些高清视频的帧率会达到 60fps 以上，这时播放的视频已经非常流畅了。

3．颜色空间

对于黑白图像来说，一个像素点的灰度值使用 n 个二进制位表示，取值范围是 $0 \sim 2^{n-1}$，数值越大表示像素点的亮度越高。

对于彩色图像来说，为了表示色彩信息，需要将像素用多个分量表示。根据三基色原理，自然界中的颜色均可以被分解为红、绿、蓝（RGB）三种颜色。由于这 3 种颜色的总和是常量，所以只需要表示其中的两种颜色即可。一般选取红色和蓝色作为分量，再加上表示灰度的亮度分量，视频中的每个像素均可以用这 3 个分量完整地表示出来。然而，RGB 色彩空间不利于视频压缩。这是因为人眼对色度失真的敏感度低于对亮度失真的敏感度，编码时增加色度分量的失真有利于在不影响主观质量的前提下减少码率，但 RGB 色彩空间并不直接反映像素点的亮度分量和颜色分量。因此，视频编码中通常先将 RGB 色彩空间无损地转换成其他更利于编码的色彩空间，再进行编码。

R、G、B 与 Y、U、V 之间的转换式为

$$\begin{bmatrix} R \\ G \\ B \end{bmatrix} = \left(\begin{bmatrix} 298 & 0 & 409 \\ 298 & -100 & -208 \\ 298 & 516 & 0 \end{bmatrix} \cdot \begin{bmatrix} Y-16 \\ U-128 \\ V-128 \end{bmatrix} + \begin{bmatrix} 128 \\ 128 \\ 128 \end{bmatrix} \right) \gg 8$$

Y、Cb、Cr 与 R、G、B 之间的转换式为

$$\begin{bmatrix} Y \\ Cb \\ Cr \end{bmatrix} = \begin{bmatrix} 0.299 & 0.587 & 0.114 \\ -0.169 & -0.331 & 0.499 \\ 0.499 & -0.418 & -0.0813 \end{bmatrix} \cdot \begin{bmatrix} R \\ G \\ B \end{bmatrix} + \begin{bmatrix} 0 \\ 128 \\ 128 \end{bmatrix}$$

目前的视频编码中主要采用 YCbCr 采样模式，图 1-1 所示为 YCbCr 采样模式。4:4:4 表示 3 个分量的空间分辨率相同，即无论是在水平方向上，还是在垂直方向上，每 4 个亮度样本分别对应着 4 个 Cr 和 4 个 Cb 色度样本。4:2:2 表示在垂直方向上 3 个分量的分辨率相同，但是在水平分量上，色度分量只有亮度分量一半的采样率，也就是每 4 个亮度样本分别对应着 2 个 Cr 和 2 个 Cb 色度样本。4:1:1（或 4:2:0）表示在垂直方向和水平分量上，色度分量都只有亮度分量一半的采样率，即每 4 个亮度样本分别对应着 1 个 Cr 和 1 个 Cb 色度样本。

人眼对色度信号不如对亮度信号敏感，因此可以利用这一特点，将原始视频信号中的色度信息分别在水平和垂直方向上进行 2:1 的下采样，这被称为色度亚采样。经过色度亚采样之后，可以得到前面所述的采样格式为 4:1:1（或 4:2:0）的信号，从而达到压缩视频的目的。

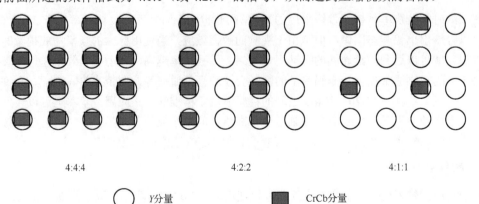

| 4:4:4 | 4:2:2 | 4:1:1 |

○ Y 分量   ▉ CrCb 分量

图 1-1 YCbCr 采样模式

4．量化深度

数字视频中的每个像素点都可以用一定的数值来进行量化，具体可以细化成多少个数值要看量化深度有多大。目前，大多数视频采用 8 比特来表示，那么对于亮度来讲，就可以产生 256 个等级。但是为了获得更高质量的视频，已经逐步开始应用 10 比特甚至更大的量化深度。

1.2.2　视频中的冗余

1．空间冗余

当将视频中的每一帧作为一幅完整的图像来处理时，通常会出现一些大面积背景相似的区域，或者同一物体中重复出现较为类似的区域，这些区域就构成了图像在空间上的冗余。如图 1-2 所示，序列 RaceHorses_416x240_30 第一帧中的草地、马匹及人的服装等区域均是相似并且平滑的（如图 1-2 框中的区域），存在着大量的数据冗余。并且两个像素之间的距离越短，它们的相关性越强，可以利用这种相关性进行视频压缩，也就是视频的帧内预测编码，相关内容将在第 3 章进行详细介绍。

图 1-2　序列 RaceHorses_416x240_30 第一帧

2．时间冗余

视频中相邻的帧之间也存在极强的相关性，由于常见视频的帧率通常为 30fps，目前大部分的高清和超高清视频甚至已经达到 50fps 以上，相邻帧之间的时间间隔极小，因此，它们所包含的信息十分接近，这就导致视频在时间上产生了大量的冗余。图 1-3 所示为视频中的时间冗余，从图 1-3 中可以看出，帧与帧之间的差值所包含的信息远远小于一帧图像中包含的信息，并且帧与帧之间的时间间隔越小，这种相关性越强。去除时间冗余对于提高视频压缩效率极其重要，是视频编码中所采用的主要压缩手段，也就是帧间预测编码模式。在本书的第 2 章中会对有关帧间预测编码的内容进行详细介绍。

3. 符号冗余

视频编码的数据在表达上还存在一定的符号冗余。由信息论的有关理论可知，对于出现概率高的符号可以使用较少的比特数来表示，相反，对于出现概率较小的符号可以用较多的比特数来表示。利用熵编码的有关方法，可以根据视频编码的统计特性降低其符号冗余。

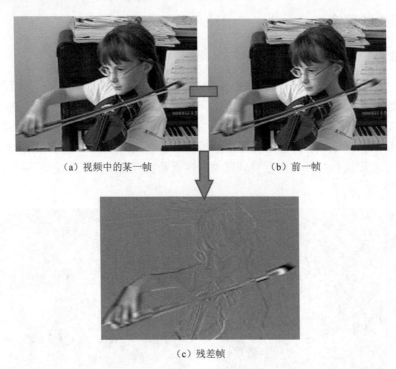

（a）视频中的某一帧　　　　　　　　　（b）前一帧

（c）残差帧

图 1-3　视频中的时间冗余

4. 视觉冗余

要针对应用对象的特点选择视频压缩的有关技术，由于人眼对于视频或图像中的高频信息和细节部分不太敏感，因此可以丢掉某些需要耗费大量编码比特数的高频信息。同理，人眼对色度信息不如对亮度信息敏感，因此可以通过减少某些色度信息的方式来提高视频编码的效率。

1.2.3　视频编码过程

视频编码也称视频压缩，它是将原始的视频信号转换成比未经压缩的信号所需的比特数更少的信号的一种方法，也就是尽可能地去除掉视频中的各种冗余信息。视频编码、解码的过程如图 1-4 所示，原始信号进入编码器，基于一个或多个已经被传输过的帧建立对当前帧的预测，从当前帧中减去预测帧产生的残差帧，残差帧经过编码器编码之后通过信道传输到解码器，解码器进行解码，并将预测帧加到解码后的残差帧中去，最后输出需要显示的信号。

视频压缩可以分为有损参考帧压缩和无损参考压缩。无损参考压缩是指经过压缩后的信息没有损失，重建后可以完整地恢复出原始信号来，但是它的压缩率较低，在某些对视频质量要求较高的情况下（如医学影像等）才会使用无损参考压缩的方法，这种方法能从根本上解决问题。有损参考帧压缩不仅利用符号冗余进行压缩，还有效利用视觉冗余去除了一些对于人类视觉系统来说并不明显的信息，因此经过压缩之后的信息有一定的损失，即使重建之后也会产生一定的失真，并不能完全地恢复出原始信号，但由于其压缩效率较高，所以目前视频编码中主要还是采用有损参考帧压缩方式。

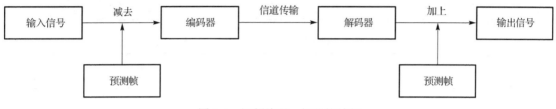

图 1-4　视频编码、解码的过程

1.3　视频编码标准

1.3.1　视频编码标准的发展

制定视频编码标准的目的是使采用不同的视频编码器编码后形成的码流文件能够被大多数的解码器正常解码。因此，在视频编码标准中只规定了编码码流的语法语义、解码这些码流的具体流程及相关的解码器设置，这样，无论采用什么方式进行编码，只要编码后形成的码流文件符合标准的语法结构，解码器就能根据所规定的语法语义进行解码。从而达到鼓励不同的机构和厂商加强合作，共同推动视频编码技术发展的目的。

1984 年，由国际电报电话咨询委员会（International Telephone and Telegraph Consultative Committee，CCITT）通过的视频编码标准 H.261 是视频编码标准的里程碑。

1988 年，国际电工委员会（International Electro technical Commission，IEC）和国际标准化组织（International Organization for Standardization，ISO）联合成立了活动图像专家组（Moving Picture Experts Group，MPEG），ISO/IEC 于 1991 年公布了主要应用于家用 VCD 存储和播放应用的 MPEG-1 视频编码标准，而后又在图像的分辨率和兼容性方面不断改进，于 1994 年公布了主要应用于数字视频广播、家用 DVD 和高清电视的 MPEG-2，1999 年通过了 MPEG-4。

1996 年，针对在综合业务数字网（Integrated Services Digital Network，ISDN）上进行传输的低码率的视频会议应用问题，国际电信联盟远程通信标准化组织（International Telegraph Union Telecommunication Standardization Sector，ITU-T）制定了 H.263 标准，它主要面向低码率的应用。而后，在 1998 年和 2000 年分别推出了 H.263+标准和 H.263++标准。

接着，ITU-T 和 ISO/IEC 组成了联合视频编码组（Joint Video Team，JVT），共同开发了 H.264 标准。由于 H.264 标准具有良好的适应性和出色的编码效率，所以它快速成为各种视频应用的主流标准。

2002 年，我国成立了"数字音视频编解码技术标准工作组"，并在 2006 年制定了音视频编码标准（Audio Video coding Standard，AVS）。而后又不断改进和完善，逐步形成了 AVS+标准和 AVS2 标准。

视频编码标准的主要发展历程如图 1-5 所示：

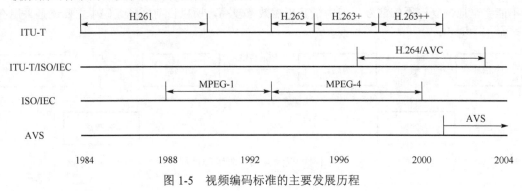

图 1-5　视频编码标准的主要发展历程

1.3.2　MPEG 系列标准

1. MPEG-1

MPEG-1 是活动图像专家组制定的第一个视频编码标准，它主要用于处理传输速率为 1.5Mbps 的视频文件。

MPEG-1 将视频中的每一帧数据按照 3 种类型编码，分别是 I 帧、P 帧和 B 帧。I 帧是帧内图像（Intra），无须进行运动补偿，也不用参考其他图像，但是可以被其他图像参考。P 帧是帧间图像（Predicted），它使用运动补偿进行帧间预测，可以参考已编码过的 I 帧和 P 帧，其本身也可以作为其他帧的参考帧。B 帧采用双向预测（Bi-predicted）方式，可以参考它前后两个方向的图像，但是不能作为其他帧的参考帧。

MPEG-1 还规定了视频编码的层次化结构，由高向低依次是序列层、图像组层、图像层、条带层、宏块层和块层，这种层次化结构的设置可以使编码更加灵活高效。

2. MPEG-2

MPEG-2 是 MPEG-1 的扩展，为了提供比模拟电视更好的视觉体验效果，特别是满足在数字电视和 DVD 等娱乐应用上的使用需求，要求有效码率达到 3~5Mbps。

视频编码标准 MPEG-1 仅支持逐行扫描，但是 MPEG-2 可以支持更为灵活的隔行扫描模式，并且构成隔行的两个场图像可以被编码为独立的图像。

另外，MPEG-2 还定义了档次（Profile）和等级（Level），将视频序列按照不同的分辨率分为 4 个等级，按照不同的编码复杂度又将视频分为 5 个档次。其中，主要档次的低级别相当于 MPEG-1 标准，主要档次的主要级别适用于数字电视，主要档次的高级别适用于高清电视。

3. MPEG-4

制定 MPEG-4 标准的目的是更加灵活地配置解码器，从而使其能够满足多种多媒体应用，特别是某些基于网络的应用，在传输速度低于几十 kbps 时，MPEG-4 可以很好地支持超低码率的应用。

MPEG-4 也支持基于对象的编码，在原来的标准中，被作为一个完整图像进行处理的视频对象平面（VOP）可以被分为前景和背景等几个独立的视频对象（VO），分别代表视频场景中的不同物体，从而使得每个 VO 可以被分别进行编码和处理。当将整个场景编码为一个 VOP 时，相当于 MPEG-1 和 MPEG-2。

MPEG-4 将亮度块的四分之一像素运动补偿和色度块的二分之一像素运动补偿相结合，可以以较小的计算复杂度实现更加准确的运动信息描述，并减少预测误差。

MPEG-4 通过引入一些编码工具提高了视频编码的效率。例如，形状编码、纹理编码、Sprite 编码、可扩展编码和三维模型编码等。MPEG-4 还允许一些新的工具作为新版本加入其中，使其具有可扩展性。

1.3.3　H.26X 系列标准

1. H.261

H.261 是为了支持 ISDN 上传输的视频会议、可视电话等视频通信应用而制定的标准。不同的国家采用的是不同的电视制式，在不同国家之间进行可视电话或视频会议时不能直接使用其自身的电视信号进行通信，所以，H.261 采用了一种中间格式（Common Intermediate Format，CIF），先将所有格式的信号都转换成 CIF 格式，再进行传输和处理。

2. H.263

H.263 是 H.261 的延续和扩充，通过对 H.261 标准进行改进，并吸收其他标准里的先进技术，H.263 标准在压缩效率和应用灵活性方面都有了明显的提升。为了进一步提高视频质量，H.263+ 和 H.263++ 又做出了许多技术上的改进。

3. H.264

为了提高视频编码效率，并减少 H.263 中的某些不足，ITU-T 和 ISO/IEC 组成的联合视频编码组（Joint Video Team，JVT）共同开发了 H.264 标准。

H.264 采用混合编码框架，并加入了许多先进的编码技术，如灵活的宏块结构、多运动矢量选择模式、半像素运动矢量、多参考帧预测、多方向帧内预测、整数 DCT、环路去块效应滤波和自适应熵编码等。这些技术大大增强了视频编码性能，使得 H.264 的码率比 H.263+减少了近一半。

1.3.4　HEVC 的标准化

目前，分辨率高达 4K×2K 甚至 8K×4K 的高清、超高清视频已经逐步进入人们的日常生活，人们对于视频播放帧率的要求越来越高，视频的应用范围越来越广泛。在这种趋势下，原有的各种视频编码标准已经无法满足如今的视频应用需求，因此，VCEG（Video Coding Experts Group）和 MPEG（Moving Picture Experts Group）成立了视频编码联合组（Joint Collaborative Team on Video Coding，JCT-VC），制定出了新一代的视频编码标准，即高效视频编码（High Efficiency Video Coding，HEVC）标准。

2010 年，JCT-VC 着手制定和开发新一代视频编码标准，并在德国的德累斯顿召开了第一次会议，确定了 HEVC 的目标：在相同的视频质量下，在 H.264/AVC 的基础上将压缩效率又提高一倍。

在 2010 年 10 月份召开的第三次会议上，JCT-VC 发布了测试模型（HEVC Model，HM），后期又不断对测试模型进行完善和优化，陆续推出了 HM2.0、HM3.0 等，目前已经更新到 HM16.X 版本。

在 2012 年 2 月的第八次会议上，JCT-VC 发布了 HEVC 特别委员会草案（HEVC Specification Committee Draft），可以将其看作新一代视频编码标准的里程碑。

2013 年 4 月，HEVC 被正式确立为国际标准。2013 年 6 月，该标准可以在 ITU-T 的网站上被自由下载。

在 HEVC 标准正式发布之后，对于可伸缩编码（Scalable Video Coding，SVC）、多视角立体编码、基于内容的视频编码、更高比特深度的视频编码等方向，以及 HEVC 本身的完善工作还在进行中。

1.4　新一代视频编码标准 HEVC

1.4.1　HEVC 中的基本概念

同 H.264/AVC 类似，HEVC 也是基于混合编码框架的，主要包括块划分、预测编码、变换编码、熵编码和后处理等模块。

1. 块划分

块划分最主要的目的是进行更加高效的预测编码。在编码一帧图像前，HEVC 编码器会将其划分成相同大小的编码树单元（Coding Tree Unit，CTU），如图 1-6 所示。CTU 的大小可以是 16×16、32×32 和 64×64，更大尺寸的 CTU 意味着更好的压缩效率和更高的复杂度。编码的过程中，编码器按照由左往右、自上而下的顺序逐个编码 CTU。CTU 可以按照四叉树结构递归划分成不同大小的编码单元（Coding Unit，CU）。CU 的大小可以是 8×8、16×16、32×32 和 64×64。这种递归划分方式使得编码器能够根据视频内容自适应选择 CU 的大小，有效提高了编码效率。另外，CU 还可以进一步划分成不同结构的预测单元（Prediction Unit，PU），用于预测编码。

2. 预测编码

PU 是预测编码的基本单元。视频编码器根据编码的实际需求和原始信号的特点选择进行帧间预测或帧内预测，以减少视频在时间上或空间上的冗余。当采用帧内预测模式时，根据同一帧相邻位置已编码的像素值预测当前 PU；当采用帧间预测模式时，通过运动估计从已编码帧中搜索与当前 PU 相似的块，作为当前 PU 的预测值。视频编码器实际编码的是预测值和原始信号的差值，即预测残差。预测编码有效减少了视频中的时间冗余和空间冗余。

3. 变换编码

变换编码主要包括变换和量化两个模块。将前面步骤中产生的视频的残差信号映射到正交变换空间，通过采用离散余弦变换（Discrete Cosine Transform，DCT）、离散正弦变换（Discrete Sine Transform，DST）和改进的哈达玛变换（Hadamard）等方式去除信号中的频域相关性，通过将时域信号转化到频域，使得被编码信号的能量集中在低频区域，以便在接下来的熵编码环节中做进一步的压缩处理。

图 1-6　编码树单元划分

由于变换后的能量集中在低频区域，而人眼对于高频区域的信息是不敏感的，因此可以利用人眼在视觉上的这一特征，采用量化编码的方式将高频信号转化为大部分是零的数据，从而减少编码的数据量。但是由于量化过程是不可恢复的，因此会带来一定的失真，该方法属于有损编码，并且量化参数越大，引起的失真就越多，被编码的数据量也会相应减少。所以需要合理地设置量化步长，在压缩性能和视频质量之间进行合理的权衡。

4. 熵编码

经过前面的编码环节处理过的数据中还存着大量的冗余信息，因此，在生成最终的二进制码流文件之前，还需要去除其中的符号冗余。根据香农的可变长无失真信源编码定理（又称为香农第一定理）可知：假如将原始信源符号转化为另一种码符号，使码符号服从等概率分布，那么每个码符号就可以携带尽可能多的信息，从而可以使用较少的码符号来表示信源信息。HEVC 中采用了基于上下文自适应的二进制算术编码（Context based Adaptive Binary Arithmetic Coding，CABAC）和旁路编码（Bypass Coding）两种熵编码模式，可以最大限度地去除符号冗余，形成最终输出的压缩后的码流文件。

5. 后处理

变换量化之后的数据除了要写入输出码流,还需要经过反变换和反量化操作,得到重建后的残差值,然后与预测值相加,得到重建帧。HEVC 是基于块的编码,重建帧会出现方块效应,采用去块效应滤波就是来降低视频中的块效应的。样点自适应补偿可以消除振铃效应,提高视频质量。

1.4.2　HEVC 框架

图 1-7 所示为 HEVC 编码器框架。HEVC 编码器可以分为两个数据流:输出数据流和重建数据流。在输入图像经过一系列的预测、变换、量化和熵编码操作之后,可以得到预测模式、运动索引、量化参数、运动矢量等参数,这些参数会形成编码后的比特流,并输出到网络抽象层中进行存储或传输。

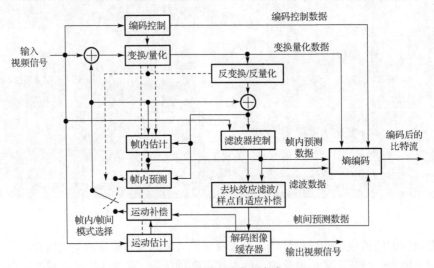

图 1-7　HEVC 编码器框架

另外,各项参数也可以通过反量化和反变换处理生成残差值,再将残差值与预测值相加,就可以得到重建帧。

图 1-8 所示为 HEVC 解码器框架。码流文件经过熵编码器解码之后,再进行反变换和反量化处理,即可得到残差值。从帧间预测或帧内预测信息中得到预测值,将残差值和预测值相加,即可得到重建帧,再进行去块效应滤波和样点自适应补偿,即可得到优化后的结果。

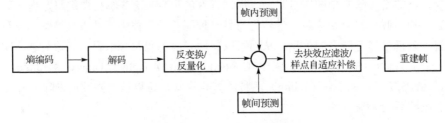

图 1-8　HEVC 解码器框架

1.4.3 HEVC 关键技术

HEVC 中采用了一系列先进的技术,从而使其相对于其他编码技术在性能上有了很大的提升,下面介绍其中几项关键技术。

1.灵活的块划分结构

在 H.264 中,编码是以 16×16 的宏块为单位进行的,一个宏块包含 16×16 的亮度像素块和两个 8×8 的色度像素块。根据视频纹理特征和运动特性等,每个宏块还可以继续划分为更小的子块。但是对于目前的高清视频来说,视频分辨率的提高必然会引起宏块数量的大幅增加,将所有的视频中的图像都统一划分为 16×16 大小的宏块的方式已经不能很好地满足提高视频编码效率的需求,因此,HEVC 中采用了最大尺寸为 64×64 的 CTU,以及更加灵活的四叉树 CU 划分方法。

2.精确的帧内预测技术

HEVC 将帧内预测亮度分量的预测模式数量增加到 35 个,其中包括 33 种角度预测,以及 DC 预测和 Planar 预测两个非角度预测,从而使得预测的方向更加准确,能够更好地描述高清和超高清视频中复杂的纹理特征,降低预测时产生的误差,提高编码效率。

3.先进的帧间预测技术

HEVC 中的帧间预测增加了融合 merge 模式,可以直接使用相邻的已编码运动信息进行预测。另外,HEVC 中增加了先进的运动矢量预测技术(Advanced Motion Vector Predictor,AMVP),可以采用单向和双向参考图像,其运动矢量也可以使用空域和时域两种模式进行预测。另外,HEVC 中增加了自适应插值滤波器和 1/8 像素运动估计,可以提高帧间预测的准确性。

4.后处理技术

在预测、变换和量化阶段产生的 CU 边界块效应严重影响了视频的质量,并且量化步长设置得越大,块效应就越明显。HEVC 中引入了去块效应滤波(Deblocking Filter)技术,可以较好地减少块效应。另外,HEVC 中还增加了样点自适应补偿技术,可以将像素值按照不同的性质进行分类,按照不同类别的性质,用重建值加上或减去相应的补偿值,可以进一步减少失真,改进视频质量。

5.自适应变换技术

HEVC 中采用了四叉树结构的自适应变换技术,可以根据当前 CU 的残差,自适应调整变换单元的大小。使用较大的变换块能够较好地集中 CU 的能量,使用较小的变换块可以保留更多的图像细节。采用自适应变换技术可以在较好地保留视频信息的前提下降低码率。

6. 自适应系数扫描技术

视频中的图像被划分为 4×4 大小的变换单元，每个 4×4 大小的变换单元编码时都会进行系数扫描。当进行水平方向的预测时，系数扫描采用图 1-9（a）中的垂直扫描模式；当进行垂直方向的预测时，系数扫描采用图 1-9（b）中的水平扫描模式；其他方向的系数扫描使用图 1-9（c）中的对角扫描模式。通过自适应系数扫描技术，可以使幅值相近的变换系数都排列在一起，便于接下来进行熵编码时有效地建立上下文模型，去除符号冗余。

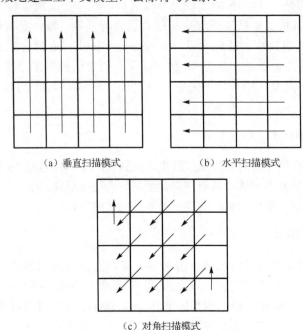

（a）垂直扫描模式　　　　（b）水平扫描模式

（c）对角扫描模式

图 1-9　自适应扫描技术

7. 并行编码技术

视频中的每一帧都可以被分成一个或多个 Slice，每个 Slice 的数据都是独立的，因此它们不受彼此的影响，可以实现并行编解码。每个 Slice 还可以被分成一个或多个 SS（Slice Segment），包括一个独立 SS 和几个依赖 SS。它们都至少包含一个 CTU，不同的是，独立 SS 所包含的信息由其自身决定，而依赖 SS 可以共享独立 SS 中的信息或由独立 SS 中的信息推导所得。

可以将视频中的每一帧从水平或垂直方向上划分为多个矩形区域 Tile。每个 Tile 中包含若干个 CTU，每个 Tile 可以独立编码或解码，从而增强并行处理能力。

Slice 和 Tile 都是为了增加编码的并行处理能力而引入的，它们要满足以下两个条件之一。

条件一：一个 Slice 或 SS 中的所有 CTU 都属于同一个 Tile。

条件二：一个 Tile 中的所有 CTU 都属于同一个 Slice 或 SS。

图 1-10 所示为 Slice、SS 和 Tile 的具体划分情况及其联系。

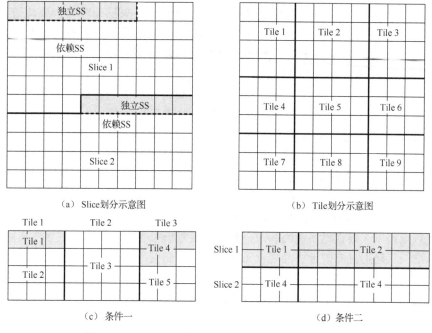

（a）Slice划分示意图　　　　　　　　　　（b）Tile划分示意图

（c）条件一　　　　　　　　　　　　　（d）条件二

图 1-10　Slice、SS 和 Tile 的具体划分情况及其联系

1.5　感知视频编码

由于误差平方和、绝对差和及峰值信噪比等客观质量度量标准具有简单易用的特点，所以包括 HEVC 在内的所有视频编码标准都以客观质量作为视频质量的度量标准。然而，经历了视频编码技术数次跨越性的发展，以客观质量度量标准为基础的视频编码方案却很难迎来一次新的飞跃，这主要是因为客观质量度量标准并不能准确地反映人类视觉系统对视频的主观感知质量。一项关于视频客观质量和主观质量的研究报告指出，对于同一个视频序列，客观质量与主观质量成正相关性，而对于多个视频序列，客观质量会在主观质量曲线上下剧烈摆动。这说明客观质量与主观质量严重不符，以高码率换来的高客观质量并不意味着较高的主观质量。虽然在现有的视频编码标准中（如 H.264 和 HEVC 等），也引入了去块效应滤波器等工具用于提高视频的主观质量，但这类工具只是作为视频编码的后处理方法，并没有将主观质量作为直接的度量标准。由于基于主观质量的视频编码方法在编码的整个过程中都以提高主观质量作为编码的准则，这类方法能在相同的码率下提供更高的主观质量，或在相同的主观质量下节省更多的码率。基于主观质量的视频编码又称为感知视频编码，为视频编码提供了更广阔的应用前景，因此具有重要的研究价值和应用价值。

感知视频编码是视频编码和计算机视觉的交叉研究内容，感知视频编码中用到的人眼视觉系统模型和主观质量评价均是当前计算机视觉领域的研究热点。计算机视觉领域研究的人眼视觉模型往往更关注人眼对静态图像的感知，而忽略了由视频图像的动态特性引起的感知变化。码率控制技术和率失真优化技术是视频编码中的两项核心技术，感知视频编码主要通过这两项技术实现。传统的码率控制技术根据序列的复杂度分配编码比特数，并没有考虑分配较多的比特数是否有利于提高视频的主观质量。由于人眼对变化复杂的高频区域不敏感而对变化缓慢的区域较为敏感，因此传统的码率分配方案在一定程度上是与人眼的视觉特性相违背的，不利于提高视频的主观质量。率失真优化技术是在视频编码标准中选择最优编码模式和参数的核心方法，也是编码器在给定码率下达到最佳效果的技术保证。目前，HEVC 基本沿用了传统的率失真优化方法，在对失真建模时主要采用了均方误差和及绝对差和作为度量准则。虽然这类方法计算简单且数学意义明确，但由于其从信号处理的角度出发度量重建视频的失真，因此不能很好地反映主观质量，无法在主观感知层面上达到质量最优。因此，针对 HEVC 中码率与失真的相关性，使用主观质量感知模型来改善客观失真的评价标准，并依此研究符合视觉感知特性的率失真优化方法具有十分重要的意义。

感知视频编码以人眼视觉系统为基础，将人眼视觉模型引入编码框架，并将其作为编码时的质量度量标准，从而通过有效地去除视觉冗余的方法提高编码效率。感知视频编码能够突破现有编码体系的编码效率的瓶颈，是目前视频编码技术的研究热点和未来视频编码技术的发展方向。目前，感知视频编码的研究主要集中在结构相似度感知视频编码、恰可察觉失真感知视频编码和视觉显著性感知视频编码 3 方面。

1．结构相似度感知视频编码

结构相似度（SSIM）质量度量方法的依据是人类视觉系统（HVS）高度适用于提取视觉场景中的结构信息，即测量结构信息的变化与感知图像质量的变化非常接近，因此如果结构相似则可认为前后的图像质量变化不大，即质量损失不大。由于 SSIM 方法提供了一种与感知图像失真非常接近的客观评价方法，所以目前一些学者用 SSIM 代替 SSE 进行率失真优化研究。Wang 等提出了一个基于分割规范化的感知视频编码框架方案，在宏块层推导出基于结构相似性指标的归一化因子，提出了宏块层感知模式选择方案和帧层全局量化矩阵优化理论，该理论可以获得明显的SSIM 增益并获得较好的视觉质量。Guillotel 等也将 SSIM 作为一种新的失真引入率失真优化过程，并对编码宏块进行分类以调节量化参数。Wang 等提出了一种由 SSIM 激发的感知编码率失真优化方案，主要结合新的 RR-SSIM 估计算法和信息理论方法来研究自适应的拉格朗日乘数的选择方法。Wang 等除了采用基于 SSIM 的失真度量方法，还引入了视觉关注度图等信息对不同关注区域采取了非均等的资源分配策略，在保证视觉质量的前提下更合理地分配有限的码率资源。但事实上，无论是 SSE，还是 SSIM，或者 PSNR，都属于客观的统计性差异，这与视频主观质量度量仍具有一定的差异，这一问题在涉及高分辨率视频及 HEVC 时会更为显著。与利用像素差异或亮度、色彩和纹理等因素推断的客观失真度量相比，主观感知质量度量及失真更符合人类的观看感受。虽然主观感知质量的判定结果会随着观看者的个体差异性而变化，但实验表明主观质量等级的均值及四分位差在实验主体数目变化时是基本稳定的。这说明利用主观感知质量作为视频失真的度量标准是可行的。因此，本项目将从符合主观感知失真的角度出发，通过构建基于人眼视觉感知的主观质量度量模型探索感知率失真的优化方法。

2. 恰可察觉失真感知视频编码

恰可察觉失真（JND）表征了不能被 HVS 感知的最大失真，通过提供一个可视阈值来描述图像的感知冗余。人类视觉系统对信号的感知程度并不取决于信号的绝对强度，而取决于信号的相对变化量。当刺激差别量达到一定比例时，才能引起人眼视觉的差别感受。可以将这种差别感受看作一种"阈值化"操作，只有超过这个最小差别量时，人的眼睛才能感受到介于原始图像和介质图像之间的差别，这个最小差别量即最小可觉察失真。自 Barry 等提出利用 JND 指导视频压缩的思路以来，在像素域和变换域的 JND 建模及其相关视频编码应用方面都取得了较大的进展。Ji 等提出了一个宏块层的能量可伸缩感知视频编码方法，将 JND 模型从空域扩展到时域，来判定单元内的感知权重。Chen 等提出了针对 H.264/AVC 的一种基于成凹 JND 模型的宏块层量化参数的调整方法。Luo 等提出了一种基于 JND 的 H.264/AVC 感知视频编码方案，主要运用协调量化变换系数层次的方法，但其采用的 JND 模型计算非常复杂。与 HEVC 参考模型 HM11.0 相比，文献[31]和文献[32]分别能使码率降低 10.64% 和 10.1%。

3. 视觉显著性感知视频编码

视觉显著性（Visual Saliency）模型是依据人类视觉系统理论模拟人眼观察图像的过程，从而得到图像显著区域的模型。由于对非关注区域引入更多失真不会影响图像的主观质量，所以可以利用视觉显著性模型对编码视频进行失真分配。Gupta 等提出了一种由视觉显著性引导的视频编码算法，结合低层次和高层次特征来进行视觉显著性建模，并将其用于所提出的视频编码体系中。Li 等根据输入视频图像显著性调节量化参数，在主观视觉质量没有明显损失的情况下节省了码率。Wang 等将视觉注意力模型和视觉敏感性模型结合起来运用到 HEVC 编码系统中，通过利用视觉显著性调整 JND 阈值来移除更多的感知冗余。虽然上述算法根据视觉显著性对视频的不同关注区域进行了失真分配，但在降低编码码率的同时，视觉显著性模型的构建均不同程度地增加了编码器的计算复杂度。实际上，HEVC 的编码复杂度和感知失真都与编码模式的划分深度具有相关性，即编码中模式选择的最大深度设置得越小，编码复杂度就越低，但感知失真越高。同时，在现代视频编码中，码率分配的空间分布可以看作一种显著性度量，即可以直接将视觉显著性与视频的可压缩性（码率分配）等同。因此，将主观失真模型和视觉显著性模型应用于感知视频编码方案不但可以减少视觉冗余，还可以降低编码复杂度，提高编码效率。

1.6　视频编码器芯片设计

从 HEVC 标准制定以来，面向 HEVC 的研究就成为学术界和工业界的热点问题。充分利用 HEVC 中提出的高压缩效率的先进技术是其应用到工业生产的关键。针对 HEVC 标准的编码算法优化主要集中在码率控制算法、低复杂度编码优化算法等方面。

与 H.264/AVC 标准相比，HEVC 标准的编码复杂度成倍地增加了，除此之外，由灵活的数据组织模式产生的率失真优化的复杂度也大幅度上升。因此，面向 HEVC 的快速编码算法研究成为学术界关注的热点。在 HEVC 标准中，提出了 35 种不同的帧内预测模式，文献[36]以编码树单元的残差变换绝对值和（Sum of Absolute Transformed Difference，SATD）为阈值，对帧内预测的单元深度和预测方向进行预筛选，降低了帧内预测的复杂度。清华大学何芸教授的研究团队分别针对帧内预测和帧间预测提出了快速算法，在保持率失真特性的基础上提高了 HEVC 的编码速度。浙江大学虞露教授的研究团队在 CU 的选择过程中引入了支持向量机的概念，用率失真代价作为样本进行训练，提高了 CU 选择的速度和准确性。中国科学院计算技术研究所张勇东研究员的研究团队提出了面向多核处理器的高并行度帧间预测算法，在保持编码效率的基础上提高了编码速度。另外，上海大学刘志教授的研究团队、中山大学朝红阳教授的研究团队及西安电子科技大学杨付正教授和郭宝龙教授的研究团队等在帧间预测、帧内预测、模式选择等方面也提出了适用于 HEVC 标准的高效算法。

　　上述算法层的优化在提高 HEVC 的编码性能和编码速度方面取得了非常好的效果，对视频编码的质量造成的损失也非常小。而根据这些快速算法，已经有许多针对 HEVC 编码模块的 VLSI 架构设计被提出。例如，文献[37]提出了 HEVC 整数 DCT 架构设计，文献[38]提出了适用于 HEVC 的去块效应滤波器的高性能架构，复旦大学曾晓洋教授的研究团队和西安电子科技大学石光明教授的研究团队分别提出了基于 HEVC 的去块效应滤波模块和帧内预测模块的 VLSI 架构。

参 考 文 献

[1]　Roger J. Clarke. Digital Compression of Still Images and Video[M]. Orlando, FL, USA: Academic Press, Inc. , 1995.

[2]　Yun Q. Shi, Huifang Sun. Image and Video Compression for Multimedia Engineering (1st ed.)[M]. Boca Raton, FL, USA: CRC Press, Inc., 1999.

[3]　Richardson I. E. H. 264 and MPEG-4 video compression[M]. Chichester: Wiley, 2003.

[4]　Richardson I. E. The H. 264 Advanced Video Compression Standard[M]. Chichester: Wiley, 2010.

[5]　Sullivan G J, Ohm J R, Han W J, et al. Overview of the High Efficiency Video Coding (HEVC)Standard[J]. IEEE Transactions on Circuits and Systems for Video Technology, 2013, 22(12):1649-1668.

[6]　Ugur K, Andersson K, Fuldseth A, et al. Low complexity video coding and the emerging HEVC standard[C]. IEEE Picture Coding Symposium, 2010:474-477.

[7]　Lainema J, Bossen F, Han W J, et al. Intra Coding of the HEVC Standard[J]. IEEE Transactions on Circuits and Systems for Video Technology, 2013, 22(12):1792-1801.

[8]　Helle P, Oudin S, Bross B, et al. Block merging for quadtree-based partitioning in HEVC[J]. Proceedings of SPIE-The International Society for Optical Engineering, 2012, 22(12):1720-1731.

[9]　Mathew R, Taubman D S. QuadTree Motion Modeling with Leaf Merging[J]. IEEE Transactions on Circuits and Systems for Video Technology, 2010, 20(10):1331-1345.

[10]　Nguyen T, Helle P, Winken M, et al. Transform Coding Techniques in HEVC[J]. IEEE Journal of Selected Topics in Signal Processing, 2013, 7(6):978-989.

[11]　Fu C, Alshina E, Alshin A, et al. Sample Adaptive Offset in the HEVC Standard[J]. IEEE Transactions on Circuits and Systems for Video Technology, 2012, 22(12):1755-1764.

[12]　Chi C C, Alvarezmesa M, Juurlink B, et al. Parallel Scalability and Efficiency of HEVC Parallelization

Approaches[J]. IEEE Transactions on Circuits and Systems for Video Technology, 2012, 22(12):1827-1838.

[13] Ugur K, Alshin A, Alshina E, et al. Motion Compensated Prediction and Interpolation Filter Design in H. 265/HEVC[J]. IEEE Journal of Selected Topics in Signal Processing, 2013, 7(6):946-956.

[14] Li B, Sullivan G J, Xu J. Compression performance of high efficiency video coding (HEVC)working draft 4[C]. IEEE International Symposium on Circuits and Systems. 2012.

[15] Pourazad M T, Doutre C, Azimi M, et al. HEVC: The New Gold Standard for Video Compression: How Does HEVC Compare with H. 264/AVC[J]. IEEE Consumer Electronics Magazine, 2012, 1(3):36-46.

[16] MPEG-2. Information Technology Generic coding of moving pictures and associated audio information. Part 2: Video[S]. ISO/IEC JTC1/SC29/WG11, 1994, 13818-2:1-9.

[17] MPEG-4. Information Technology——Generic Coding of Audio-visual Objects, in Part 2: Visual[S]. ISO/IEC JTC1/SC29/WG11, 1998, 14496-2:1-11.

[18] MPEG-4. Information Technology - Coding of Audio-visual Objects, in Part 10: Advanced Video Coding [S]. ISO/IEC JTC1/SC29/WG11, 1998, 14496-10:1-8.

[19] Ostermann J, Bormans J, List P, et al. Video Coding with H. 264/AVC: Tools, Performance, and Complexity[J]. IEEE Circuits and Systems Magazine, 2004, 4(1):7-28.

[20] Ohm R, Sullivan J, Schwarz H, et al. Comparison of the coding efficiency of video coding standards——Including High Efficiency Video Coding (HEVC)[J]. IEEE Transactions on Circuits and Systems for Video Technology, 2012, 22(12): 1668-1683.

[21] Ma S, Si J, Wang S A. Study on the Rate Distortion Modeling for High Efficiency Video Coding[J]. 2012, 8556:181-184.

[22] Yin H, Qi H, Jia H, et al. Algorithm Analysis and Architecture Design for Rate Distortion Optimized Mode Decision in High Definition AVS Video Encoder[J]. Signal Processing: Image Communication. 2010, 25(9): 633-647.

[23] Lee J, Ebrahimi T. Perceptual Video Compression: A Survey[J]. IEEE Journal of Selected Topics in Signal Processing, 2012, 6(6): 684-697.

[24] Wang Z, Bovik A C, Sheikh H R, et al. Image Quality Assessment: from Error Visibility to Structural Similarity[J]. IEEE Transactions on Image Processing, 2004, 13(4): 600-612.

[25] Wang S, Rehman A, Wang Z, et al. Perceptual Video Coding based on SSIM-inspired Divisive Normalization[J]. IEEE Transactions on Image Processing, 2013, 22(4): 1418-1429.

[26] Guillotel P, Aribuki A, Olivier Y, et al. Perceptual Video Coding based on MB Classification and Rate-distortion Optimization[J]. Signal Processing: Image Communication, 2013, 28(8): 832-842.

[27] Wang S, Rehman A, Wang Z, et al. SSIM-Motivated Rate-Distortion Optimization for Video Coding[J]. IEEE Transactions on Circuits and Systems for Video Technology, 2012, 22(4): 516-529.

[28] Wang X, Su L, Huang Q. Rate Distortion Optimization with Visual Perception for Video Coding[J]. Journal of Computer-Aided Design and Computer Graphics, 2015, 27(10): 1851-1858.

[29] Haskell B, Shi X. Quality Metrics for Coded Video Using JND Models[C]. VCEG Contribution: VCEG-AJ22, 36th VCEG meeting, October 2008.

[30] Ji W, Chen M, Ge X, et al. A Perceptual Macroblock Layer Power Control for Energy Scalable Video Encoder Based on Just Noticeable Distortion Principle[J]. Journal of Network and Computer Applications, 2011, 34(5): 1489-1497.

[31] Chen Z, Guillemot C. Perceptually-friendly H.264/AVC Video Coding based on Foveated Just-noticeable-distortion Model[J]. IEEE Transactions on Circuits and Systems for Video Technology, 2010, 20(6): 806-819.

[32] Luo Z, Song L, Zheng S, et al. 264/Advanced Video Control Perceptual Optimization Coding based on JND-directed Coefficient Suppression[J]. IEEE Transactions on Circuits and Systems for Video Technology, 2013, 23(6): 935-948.

[33] Gupta R, Khanna M T, Chaudhury S. Visual Saliency Guided Video Compression Algorithm[J]. Signal Processing Image Communication, 2013, 28(9): 1006-1022.

[34] Li Y, Liao W, Huang J, et al. Saliency based Perceptual HEVC[J]. Proceedings of IEEE International Conference on Multimedia and Expo Workshops, Chengdu: IEEE, 2014: 1-5.

[35] Wang H, Wang L, Hu X, et al. Perceptual Video Coding based on Saliency and Just Noticeable Distortion for H.265/HEVC[C]. IEEE International Symposium on Wireless Personal Multimedia Communications (WPMC), 2014, 2014:106-111.

[36] Gu J, Tang M, Wen J, et al. A Novel SATD based Fast Intra Prediction for HEVC[C]. IEEE International Conference on Image Processing (ICIP). IEEE, 2018.

[37] Masera M, Masera G, Martina M. An Area-Efficient Variable-Size Fixed-Point DCT Architecture for HEVC Encoding[J]. IEEE Transactions on Circuits and Systems for Video Technology, 2020, 30(1): 232-242.

[38] Ozcan E, Adibelli Y, Hamzaoglu I. A High Performance Deblocking Filter Hardware for High Efficiency Video Coding[J]. IEEE Transactions on Consumer Electronics, 2013, 59(3):714-720.

第 2 章　帧 间 预 测

2.1　HEVC 中的帧间预测方法

利用视频在时域上的相关性可以进行帧间预测，可以使用相邻帧中已编码的图像块来预测当前被编码的图像块。由于未经处理的原始视频中存在大量的时域冗余信息，经过预测编码之后的很多预测残差都是"0"，所以相对于视频编码的其他环节，帧间预测能取得更高的压缩效率。但是由于帧间预测采用了许多先进的算法，所以其编码复杂度较高。

在已编码图像中为当前图像块寻找一个最佳匹配块的过程叫作运动估计，运动矢量（Motion Vector，MV）指的是当前图像块和参考块之间的位移，当前图像块与参考图像块之间的差值称为预测残差。HEVC 的帧间预测中采用的新技术主要有融合（merge）技术、跳过（SKIP）技术、高级运动矢量预测（Advanced Motion Vector Prediction，AMVP）技术及分数像素插值技术等。

2.1.1　SKIP/merge 模式

帧间预测中有一种比较特殊且重要的预测模式——SKIP 模式，它为每个编码单元传输标志位和运动索引，直接将预测信号作为重构图像而不需要对运动预测后的残差进行差分编码。SKIP 模式类似于 $2N \times 2N$ 的 merge 模式，简单来讲，SKIP 模式就是不编码残差的 merge 模式。

merge 模式可以被看作一种独立的预测编码模式。在当前编码单元选择 merge 模式时，会首先建立其运动 MV 候选列表，然后按照一定的次序遍历候选列表中的 MV，从中选取率失真代价最小的 MV 作为最优 MV，并编码其索引值。编码器仅需传输最优 MV 在候选列表中的索引，无须传送大量的运动信息，因此可以节省编码比特数。并且 merge 模式可以将当前块与周围的已编码块融合，形成一个运动参数一致的区域，从而有效增加块划分的灵活性。

merge 模式下的候选列表又分为空域和时域两种。

1. 空域候选列表

如图 2-1 所示，B_0 代表当前 PU（预测单元）右上方的 PU，B_1 代表当前 PU 上方最右侧的 PU，B_2 代表当前 PU 左上方的 PU，A_0 代表当前 PU 左下方的 PU，A_1 代表当前 PU 左侧最下方的 PU，在 merge 模式下，空域候选列表将按照 $A_1 \rightarrow B_1 \rightarrow B_0 \rightarrow A_0 \rightarrow B_2$ 的顺序依次建立。

HEVC 标准规定空域最多只能有 4 个候选 MV，因此 B_2 作为替补候选，仅在当前四个候选 MV 中有一个或几个 MV 不存在的时候才会被使用。

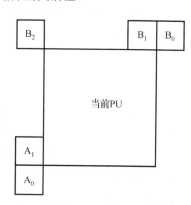

图 2-1　空域候选列表

以上是预测单元为 $2N×2N$ 划分时空域候选列表的建立情况，在进行 $N×2N$ 和 $2N×N$ 的划分时，空域候选列表的建立还需要进行一些改动。

如图 2-2（a）所示，当前预测单元的划分方式为 $N×2N$（或 $nL×2N$ 和 $nR×2N$）时，假如 PU_2 使用 A_1 的信息，那么 PU_1 和 PU_2 的 MV 就变得相同了，也成了 $N×2N$ 方式，因此，A_1 的信息是不可用的，此时的空域候选列表将会按照 $B_1→B_0→A_0→B_2$ 的顺序建立。

同理可知，如图 2-2（b）所示，当预测单元的划分方式为 $2N×N$（或 $2N×nU$ 和 $2N×nD$）时，B_1 的信息也是不可用的，候选列表将按照 $A_1→B_0→A_0→B_2$ 的顺序建立。

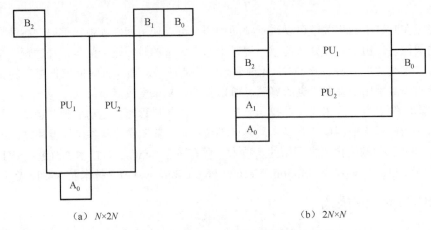

（a） $N×2N$　　　　　　　　　　　（b） $2N×N$

图 2-2　$N×2N$ 和 $2N×N$ 划分的空域候选列表

2．时域候选列表

merge 模式的时域 MV 候选列表是利用当前 PU 在相邻的已编码帧中相同位置的 PU 建立的。建立空域候选列表时，MV 不进行缩放，但是在建立时域候选列表时，必须根据参考帧和当前帧之间的位置关系对 MV 进行一定比例的缩放。

如图 2-3 所示，当前预测单元用 cur_PU 来表示，col_PU 表示在相邻已编码帧中与当前预测单元相对应的作为参考的预测单元，td 表示当前图像 cur_pic 与参考图像 cur_ref 之间的距离，tb 表示同位图像 col_pic 和同位图像的参考图像 col_ref 之间的距离，那么当前预测单元在时域上的候选 MV 可以通过下式来计算：

$$curMV = \frac{td}{tb} colMV \qquad (2-1)$$

HEVC 规定，在时域上最多只能获得一个候选 MV，一般来说，这个候选 MV 是图 2-3 中的相邻已编码帧中相同位置的 PU 经过式（2-1）根据 td 和 tb 的比值进行缩放之后得到的。但是，假如 C_0 位置不存在相邻已编码帧中相同位置的 PU，可以用 C_1 位置的同位 PU 来代替。同位 PU 中 C_0 和 C_1 的位置关系如图 2-4 所示。merge 候选列表的建立过程如图 2-5 所示。

3．组合列表

组合列表是针对 B 帧中的 PU 而言的。由于 B 帧中的 PU 可以有两个 MV，所以候选列表中也应该包含成对出现的 MV。HEVC 将 MV 候选列表中的前 4 个候选 MV 进行了两两组合，产生了用于 B 帧的组合列表。

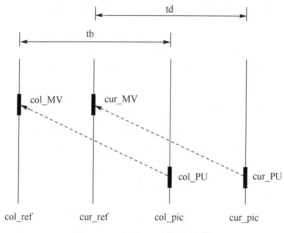

图 2-3 时域 MV 伸缩计算

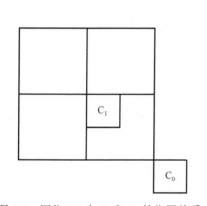

图 2-4 同位 PU 中 C_0 和 C_1 的位置关系

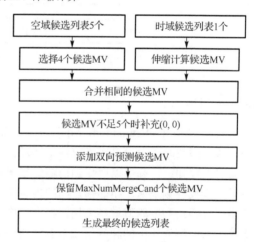

图 2-5 merge 候选列表的建立过程

2.1.2 AMVP 模式

高级运动矢量预测模式下的候选运动矢量列表的生成过程与 merge 候选列表的模式类似，它的候选列表也分为空域和时域两种情况，也是利用时域和空域上运动向量的相关性建立当前编码单元的运动矢量候选列表，不同的是，AMVP 的候选 MV 仅有 2 个。

1．空域候选列表

AMVP 会在左侧和上方各生成一个候选 MV，参照图 2-1 所示的空域候选列表的位置，左侧的候选 MV 按照 $A_0 \rightarrow A_1$ 的顺序进行选择，上方的候选 MV 按照 $B_0 \rightarrow B_1 \rightarrow B_2$ 的顺序进行选择。

2．时域候选列表

AMVP 模式下的时域候选列表的生成过程跟 merge 模式下的时域候选列表的生成过程相同。AMVP 时域候选列表中需要 2 个候选 MV，所以当候选 MV 数量不足 2 个时，可以用 MV（0，0）来补充。

整个 AMVP 模式下的候选列表的建立过程如图 2-6 所示。

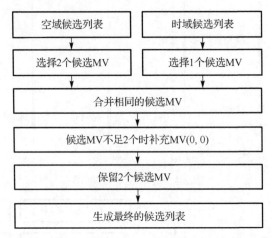

图 2-6　整个 AMVP 模式下的候选列表的建立过程

2.1.3　运动估计

运动估计（Motion Estimation，ME）是从已编码帧中搜索当前待编码块的最佳参考块的过程。已编码的帧在播放时间上可以比当前帧早（过去帧），也可以比当前帧晚（将来帧），但是无论与当前帧的位置如何，都可以用作当前帧的参考帧。

对于大多数视频来说，相邻帧之间的内容十分相似（场景切换帧除外），通过运动估计可以找到与当前编码块高度相似的参考块。参考块中包含大量与当前编码块相同的信息，因此在编码时只需编码当前编码块中的独有信息及参考块的位置信息（参考帧和 MV），而在解码端可以通过参考块的位置信息重新检索出参考块。

HEVC 在进行运动估计时首先要将图像分成不同大小的图像块，并按照一定的运动估计准则（如 SAD、MSE、率失真代价等）选取最佳参考块。

1．整数像素精度运动估计

整数像素精度运动估计是指在参考帧的整数像素点位置进行运动估计、寻找最佳参考块的过程。为了获得最佳参考块，一种简单的方法是比较每个整数像素点位置的率失真代价，其中，率失真代价最小的整数像素点位置就是最佳匹配位置。利用这种"全搜索"的方法总能找到最佳参考块，但复杂度较高，编码器中通常采用简化的算法。例如，除了全搜索方法，HEVC 参考模型 HM 还采用了TZSearch 搜索算法。与全搜索算法相比，TZSearch 搜索算法从初始搜索位置开始逐步缩小最佳位置的范围，因此实际上使用 TZSearch 搜索算法只计算了部分整数像素点位置的率失真代价，有效降低了运动估计的复杂度。

TZSearch 搜索算法的搜索模板分为菱形搜索模板和正方形搜索模板两种，如图 2-7 和图 2-8 所示。

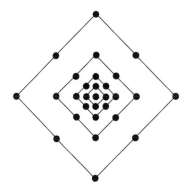

图 2-7　菱形搜索模板

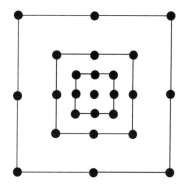

图 2-8　正方形搜索模板

下面介绍 TZSearch 搜索算法的具体步骤。

（1）遍历 MV 候选列表，计算每个 MV 指向位置作为参考块时的率失真代价，选取率失真代价最小的 MV，并将该 MV 指向的位置作为起始搜索点。

（2）首先将搜索步长设为 1，按照如图 2-7 所示的菱形搜索模板或如图 2-8 所示的正方形搜索模板进行搜索。搜索步长以 2 的整数次幂递增，逐个计算各搜索点的率失真代价，并选择率失真代价最小的点作为本步骤的搜索结果。

（3）以步骤（2）得到的搜索结果作为起始搜索点，以步长 1 开始，在该点的周围进行两点搜索，目的是补充搜索最优点周围尚未被搜索的点。

（4）如果步骤（3）得到的最优结果对应的搜索步长大于某个阈值，就以该点为中心，在一定的范围内进行全搜索，并从中选择最优点。

（5）以步骤（4）得到的最优点为新的起始搜索点，重复步骤（2）～（4），直到相邻两次细化搜索得到的最优点一致，则停止搜索，将所得的 MV 记为最优 MV。

2．分数像素精度运动估计

物体在连续帧间的运动是连续的，而像素本身是离散的，这种现象带来了一个问题：当前帧中图像块的最佳参考块不一定位于参考帧的整数像素点位置。为了更加精确地预测当前待编码的图像块，有必要在非整数位置，即分数位置，进行运动估计。但由于图像本身并没有对分数像素位置进行采样，所以在进行分数像素精度运动估计前，需要对参考帧进行插值操作，从而产生分数像素。

（1）亮度插值。亮度插值如图 2-9 所示，$A_{-1,-1}$，$A_{0,-1}$，$\cdots$，$A_{2,2}$ 为整数像素点，$b_{0,0}$ 和 $h_{0,0}$ 为 1/2 像素点，$a_{0,0}$ 和 $d_{0,0}$ 为 1/4 像素点，$c_{0,0}$ 和 $n_{0,0}$ 为 3/4 像素点。利用基于离散余弦变换的 8 抽头滤波器生成 1/2 像素点，利用 7 抽头滤波器生成 1/4 像素点和 3/4 像素点。

亮度分数像素插值和抽头系数如表 2-1 所示。

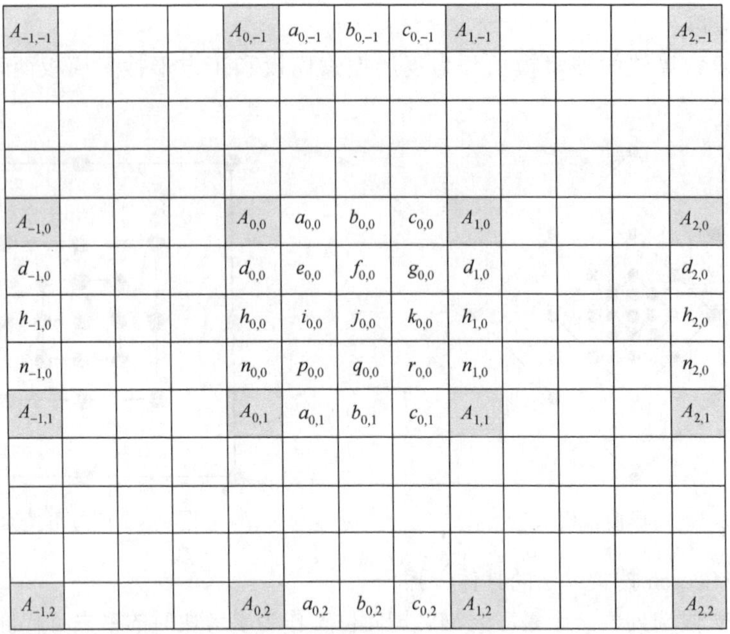

$A_{-1,-1}$			$A_{0,-1}$	$a_{0,-1}$	$b_{0,-1}$	$c_{0,-1}$	$A_{1,-1}$				$A_{2,-1}$
$A_{-1,0}$			$A_{0,0}$	$a_{0,0}$	$b_{0,0}$	$c_{0,0}$	$A_{1,0}$				$A_{2,0}$
$d_{-1,0}$			$d_{0,0}$	$e_{0,0}$	$f_{0,0}$	$g_{0,0}$	$d_{1,0}$				$d_{2,0}$
$h_{-1,0}$			$h_{0,0}$	$i_{0,0}$	$j_{0,0}$	$k_{0,0}$	$h_{1,0}$				$h_{2,0}$
$n_{-1,0}$			$n_{0,0}$	$p_{0,0}$	$q_{0,0}$	$r_{0,0}$	$n_{1,0}$				$n_{2,0}$
$A_{-1,1}$			$A_{0,1}$	$a_{0,1}$	$b_{0,1}$	$c_{0,1}$	$A_{1,1}$				$A_{2,1}$
$A_{-1,2}$			$A_{0,2}$	$a_{0,2}$	$b_{0,2}$	$c_{0,2}$	$A_{1,2}$				$A_{2,2}$

图 2-9　亮度插值

表 2-1　亮度分数像素插值和抽头系数

亮度分数像素插值	抽 头 系 数
1/4	{−1, 4, −10, 58, 17, −5, 1}
1/2	{−1, 4, −11, 40, 40, −11, 4, −1}
3/4	{1, −5, 17, 58, −10, 4, −1}

亮度分数像素插值的过程如下。

先对整数像素点所在的行和列进行插值。首先,利用水平方向上的 7 个整数像素点 $A_{-3,0}$、$A_{-2,0}$、$A_{-1,0}$、$A_{0,0}$、$A_{1,0}$、$A_{2,0}$、$A_{3,0}$ 求出水平方向上的 $a_{0,0}$、$b_{0,0}$、$c_{0,0}$,然后用垂直方向上的整数像素点 $A_{0,-3}$、$A_{0,-2}$、$A_{0,-1}$、$A_{0,0}$、$A_{0,1}$、$A_{0,2}$、$A_{0,3}$、$A_{0,4}$ 求出垂直方向上的 $d_{0,0}$、$h_{0,0}$、$n_{0,0}$。

计算方法如下

$$a_{0,0} = -A_{-3,0} + 4A_{-2,0} - 10A_{-1,0} + 58A_{0,0} + 17A_{1,0} - 5A_{2,0} + A_{3,0}$$

$$h_{0,0} = -A_{0,-3} + 4A_{0,-2} - 11A_{0,-1} + 40A_{0,0} + 40A_{0,1} - 11A_{0,2} + 4A_{0,3} - A_{0,4}$$

然后对剩余的分数像素点所在的行和列进行插值,假如该像素点不在整数像素点所在的行或列上,则需要利用上述步骤中已经求出的 $a_{0,0}$、$b_{0,0}$、$c_{0,0}$ 等分数像素值来进行计算,计算方法如下:

$$e_{0,0} = (-a_{0,-3} + 4a_{0,-2} - 10a_{0,-1} + 58a_{0,0} + 17a_{0,1} - 5a_{0,2} + a_{0,3}) >> 6$$

$$j_{0,0} = (-b_{0,-3} + 4b_{0,-2} - 11b_{0,-1} + 40b_{0,0} + 40b_{0,1} - 11b_{0,2} + 4b_{0,3} - b_{0,4}) >> 6$$

$$r_{0,0} = (c_{0,-2} - 5c_{0,-1} + 17c_{0,0} + 58c_{0,1} - 10c_{0,2} + 4c_{0,3} - c_{0,4}) >> 6$$

（2）色度插值。由于亮度分量的运动估计精确到了 1/4 的精度，并且色度分量的分辨率是亮度分量的一半，所以色度插值需要精确到 1/8 的精度。色度分数像素插值按照基于离散余弦变换的 4 抽头滤波器进行插值，色度分数像素插值和抽头系数如表 2-2 所示。

色度分数像素插值同亮度分数像素插值一样，也是先对整数像素所在的行和列进行插值，再对其余位置进行插值。如图 2-10 所示，其中，$B_{1,0}$、$B_{0,0}$、$B_{0,1}$、$B_{1,1}$ 是整数像素点，其余的都是分数像素点。计算式如下：

$$ad_{0,0} = -6B_{-1,0} + 46B_{0,0} + 28B_{0,1} - 4B_{2,0}$$
$$da_{0,0} = -6B_{0,-1} + 46B_{0,0} + 28B_{0,1} - 4B_{0,2}$$
$$dd_{0,0} = (-6ad_{0,-1} + 4adB_{0,0} + 28ad_{0,1} - 4ad_{0,2}) >> 6$$

表 2-2　色度分数像素插值和抽头系数

色度分数像素插值	抽 头 系 数
1/8	{−2，58，10，−2}
2/8	{−4，54，16，−2}
3/8	{−6，46，28，−4}
4/8	{−4，36，36，−4}
5/8	{−4，28，46，−6}
6/8	{−2，16，54，−4}
7/8	{−2，10，58，−2}

	$ha_{0,-1}$	$hb_{0,-1}$	$hc_{0,-1}$	$hd_{0,-1}$	$he_{0,-1}$	$hf_{0,-1}$	$hg_{0,-1}$	$hh_{0,-1}$	
$ah_{-1,0}$	$B_{0,0}$	$ab_{0,0}$	$ac_{0,0}$	$ad_{0,0}$	$ae_{0,0}$	$af_{0,0}$	$ag_{0,0}$	$ah_{0,0}$	$B_{1,0}$
$bh_{-1,0}$	$ba_{0,0}$	$bb_{0,0}$	$bc_{0,0}$	$bd_{0,0}$	$be_{0,0}$	$bf_{0,0}$	$bg_{0,0}$	$bh_{0,0}$	$ba_{1,0}$
$ch_{-1,0}$	$ca_{0,0}$	$cb_{0,0}$	$cc_{0,0}$	$cd_{0,0}$	$ce_{0,0}$	$cf_{0,0}$	$cg_{0,0}$	$ch_{0,0}$	$ca_{1,0}$
$dh_{-1,0}$	$da_{0,0}$	$db_{0,0}$	$dc_{0,0}$	$dd_{0,0}$	$de_{0,0}$	$df_{0,0}$	$dg_{0,0}$	$dh_{0,0}$	$da_{1,0}$
$eh_{-1,0}$	$ea_{0,0}$	$eb_{0,0}$	$ec_{0,0}$	$ed_{0,0}$	$ee_{0,0}$	$ef_{0,0}$	$eg_{0,0}$	$eh_{0,0}$	$ea_{1,0}$
$fh_{-1,0}$	$fa_{0,0}$	$fb_{0,0}$	$fc_{0,0}$	$fd_{0,0}$	$fe_{0,0}$	$ff_{0,0}$	$fg_{0,0}$	$fh_{0,0}$	$fa_{1,0}$
$gh_{-1,0}$	$ga_{0,0}$	$gb_{0,0}$	$gc_{0,0}$	$gd_{0,0}$	$ge_{0,0}$	$gf_{0,0}$	$gg_{0,0}$	$gh_{0,0}$	$ga_{1,0}$
$hh_{-1,0}$	$ha_{0,0}$	$hb_{0,0}$	$hc_{0,0}$	$hd_{0,0}$	$he_{0,0}$	$hf_{0,0}$	$hg_{0,0}$	$hh_{0,0}$	$ha_{1,0}$
	$B_{0,1}$	$ab_{0,1}$	$ac_{0,1}$	$ad_{0,1}$	$ae_{0,1}$	$af_{0,1}$	$ag_{0,1}$	$ah_{0,1}$	$B_{1,1}$

图 2-10　色度分数像素插值

2.1.4　四叉树划分

由于视频中的每一帧在不同的区域有不同的颜色、纹理和运动信息等，所以在进行视频编码时，通常先对其进行分块处理。

在 H.264/AVC 及之前的编码标准中，编码单位是 16×16 大小的宏块（Macro Block，MB），每个宏块中包含一个 16×16 的亮度像素块和两个 8×8 的色度像素块 Cb 和 Cr（4:2:0 采样），根据不同的预测模式，还可以将宏块划分为尺寸更小的子块。但是，当被编码视频中出现较大的平坦区域时，仍然需要将其全部划分成统一大小的 16×16 的宏块，因为较小尺寸的宏块无法充分利用平坦区域内容相近的特点，会造成编码效率的损失，特别是对高清视频和超高清视频的编码效率影响尤为严重。

与 H.264/AVC 标准一样，新一代的 HEVC 标准也是以分块的方式进行编码的，编码器可以根据视频内容自适应地选择分块的大小和方式。HEVC 将一帧图像分成相同大小的编码树块（Coding Tree Block，CTB），CTB 是进行预测编码、变换量化和熵编码等操作的基本单元。一个亮度分量的 CTB 和两个色度分量的 CTB，以及它们的语法元素共同组成一个编码树单元（Coding Tree Unit，CTU）。一个 CTU 可以划分成更小的编码单元（Coding Unit，CU），CU 还可以划分成预测单元（Prediction Unit，PU）和变换单元（Transform Unit，TU）。

HEVC 中块的大小及其划分方式可以进行自适应选择，CU 和 PU 的可选尺寸范围是 64×64 到 8×8，TU 的可选尺寸范围是 32×32 到 4×4。

表 2-3 所示为 HEVC 块划分方法相对于 H.264 块划分方法的性能变化（Random-Access 和 Low-Delay）。由表 2-3 可知，HEVC 中的块划分方法可以有效地降低码率，但与此同时，灵活的块划分也会引起编码复杂度的大幅增长。

表 2-3　HEVC 块划分方法相对于 H.264 块划分方法的性能变化（Random-Access 和 Low-Delay）

类　　别	视频序列	Low-Delay		Random-Access	
		ΔBitrate/%	ΔT/%	ΔBitrate/%	ΔT/%
Class A	Traffic	−46.4	45.6	−42.5	44.9
Class B	Kimono	−29.6	43.5	−32.1	42.1
	BQTerrace	−32.8	44.8	−31.3	43.2
	BasketballDrive	−38.9	43.7	−33.4	42.5
Class C	RaceHorsesC	−8.5	44.9	−6.8	43.6
	BQMall	−13.7	44.2	−11.9	42.7
	BasketballDrill	−21.2	42.8	−17.5	41.5
Class D	BasketballPass	−3.2	43.8	−2.9	42.4
	BQSquare	−2.7	43.5	−2.3	42.6
Class E	Vidyo1	−37.8	46.1	−36.7	45.2
	Vidyo3	−35.3	45.3	−33.9	43.9
	Vidyo4	−36.4	45.4	−35.1	44.3
平均值		−25.5	44.5	−23.9	43.2

ΔBitrate 和 ΔT 的计算方法为

$$\Delta\text{Bitrate} = \frac{\text{Bitrate}_{\text{HEVC}} - \text{Bitrate}_{\text{H.264}}}{\text{Bitrate}_{\text{H.264}}} \times 100\%$$

$$\Delta T = \frac{T_{\text{HEVC}} - T_{\text{H.264}}}{T_{\text{H.264}}} \times 100\%$$

ΔBitrate 在 Random-Access 和 Low-Delay 设置下的平均值分别为–25.5%和–23.9%，这说明 HEVC 中的灵活划分方式可以降低约四分之一的码率。ΔT 在 Random-Access 和 Low-Delay 设置下的平均值分别为 44.5%和 43.2%，这说明 HEVC 中的灵活划分方式在降低码率的同时增加了近一半的编码时间。

1. 编码单元 CU

编码单元的作用与 H.264/AVC 中的宏块类似，但是 H.264/AVC 中采用的是固定的 16×16 大小的宏块，而 HEVC 中则采用的是灵活的四叉树结构，将 CTU 划分成更小尺寸的 CU。当 CTU 的大小为 64×64 时，CU 的划分深度可以是 0、1、2 或 3，对应的尺寸分别为 64×64、32×32、16×16、8×8。视频中的一帧首先被划分为互相独立的编码树单元 CTU，如果一个 CTU 不再划分，那么它就由一个与 CTU 尺寸相同的 CU 组成，如果 CTU 被划分为更小的 CU 时效果更优，那么 CU 会被划分为更小的尺寸。

语法元素 Split_flag 的取值可以标识 CU 是否继续划分，当一个 CU 的 Split_flag 取值为 0 时，表示该 CU 没有进一步划分；相反，当一个 CU 的 Split_flag 取值为 1 时，表示该 CU 被划分成了更小的 CU。

采用这种灵活的结构可以根据视频内容的特点自适应选择 CU 的尺寸，特别是对于高清和超高清的视频来说，在较为平坦的区域使用较大的 CU 可以有效地提高视频编码性能。

2. 预测单元 PU

在 HEVC 中进行预测编码的基本单位是 PU，与预测编码有关的信息都是在 PU 中定义的，包括帧内预测模式、帧间预测模式、运动矢量等信息。PU 在 CU 的基础上进行划分，每个 CU 都可以独立地选择 PU 的划分模式。HEVC 定义了 8 种 PU 划分模式，如图 2-11 所示。

对于帧内预测编码的 CU，其 PU 划分模式只可以是 2N×2N 和 N×N；而对于帧间预测模式编码的 CU，其 PU 可以有 8 种划分模式，分别是 2N×2N、2N×N、N×2N、N×N、2N×nU、2N×nD、nL×2N、nR×2N。其中，前 4 种划分方式是对称划分模式，而后 4 种划分模式是非对称划分模式。在进行预测编码时，分别计算可选划分模式的率失真代价，并选择率失真代价最小的划分模式作为最优划分模式。对于低复杂度的应用，可以将非对称运动划分参数（Asymmetric Motion Partitions，AMP）设置为 0，从而跳过 4 种非对称划分模式，降低编码复杂度。

3. 变换单元 TU

TU 是变换和量化的基本单元。与 CU 划分类似，HEVC 中的 TU 也是采用四叉树结构进行划分的，此时四叉树的根节点是 CU，另外 TU 的可选尺寸只有 32×32、16×16、8×8 和 4×4。一个

TU 是否划分成更小的 TU 用语法元素 split_transform_flag 表示，当 split_transform_flag 为 0 时表示不划分，当其为 1 时表示划分。大尺寸的 TU 有助于提高平坦区域或简单运动区域的压缩性能，而小尺寸的 TU 可以保留更多的图像细节信息，编码器会根据视频内容自适应选择 TU 的尺寸。

　　图 2-12 所示为 CTU 的划分示例，图 2-13 所示为 CU 和 TU 的四叉树结构，其中，CU 的边界用实线表示，TU 的边界用虚线表示。由图 2-13 可以看出，CU 和 TU 都是以四叉树结构的形式进行划分的，其中 CTU 是 CU 划分的根节点，而 CU 是 TU 划分的根节点。为了选出最优划分结构，编码器需要遍历每种可能的划分结构，因此极大地增加了编码复杂度。

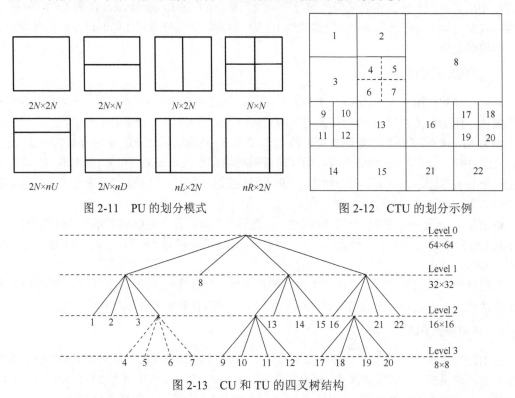

图 2-11　PU 的划分模式　　　　　　　图 2-12　CTU 的划分示例

图 2-13　CU 和 TU 的四叉树结构

2.1.5　帧间预测单元划分流程

　　复杂的块划分结构和预测模式等面临的一个问题是如何选择最优块划分结构和预测模式等，换言之，就是在编码过程中如何评价块划分结构和预测模式等的优劣。造成这一问题的主要原因是，不同的块划分结构和预测模式等几乎对应着不同的失真和编码比特数，而失真和编码比特数属于不同的单位，无法直接比较大小。为了解决这个问题，Sullivan 等将视频编码看作凸优化，并利用拉格朗日优化将失真和编码比特数统一成率失真代价，如下式所示：

$$J = (\mathrm{SSE_Y} + \omega_{\mathrm{chroma}} \cdot \mathrm{SSE_{chroma}}) + \lambda_{\mathrm{mode}} \cdot B_{\mathrm{mode}} \tag{2-2}$$

其中，J 是率失真代价；SSE（Sum of Squared Error，平方误差和）表示失真，$\mathrm{SSE_Y}$ 表示亮度分量的失真，$\mathrm{SSE_{chroma}}$ 表示色度分量的失真；ω_{chroma} 代表色度失真所占的权重；λ_{mode} 是拉格朗日因

子。率失真代价表示编码某个图像块或语法元素所产生的编码代价，它将失真和编码比特数统一成可以直接比较大小的量纲，率失真代价越小，表示压缩性能越好。

根据率失真代价的含义，可以通过枚举的方式选择最优块划分结构和预测模式等。对于一个 CU 来说，根据式（2-2）可以计算出 INTER 模式、merge 模式和 SKIP 模式下的率失真代价 J，其中，率失真代价最小的模式就是该 CU 的最佳帧间预测模式。

图 2-14 所示为 CTU 的划分过程，最优块划分结构也可以通过对比率失真代价得到。假设 CTU 的大小为 64×64，则 CTU 最优块划分结构的选择流程如下（i 的初始值是 2）。

步骤一：计算 level$i$ 层 CU 不划分时的率失真代价，记作 $J_{unsplit}$。

步骤二：计算 level$i$ 层 CU 被划分为 4 个 level$i$+1 层的子 CU 的率失真代价之和，记作 J_{split}。

步骤三：若 $J_{split} < J_{unsplit}$，则将 CU 划分成 4 个子 CU；否则，当前 CU 不划分。

步骤四：若 $i>0$，则令 $i=i-1$，并递归执行步骤一到步骤三。

根据上述递归操作可以计算出，一个 64×64 大小的 CTU 需要计算 $2^0+2^2+2^4+2^6=85$ 次率失真代价才能选择出最优块划分结构。

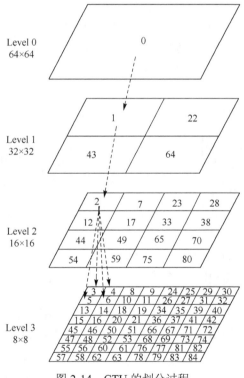

图 2-14　CTU 的划分过程

2.2　低复杂度 HEVC 帧间预测算法优化

利用视频在时域上的相关性可以进行帧间预测，使用已编码帧的信息来预测当前的被编码图像。由于视频内容随时间变化的变化较为缓慢，经过帧间预测编码之后，很多预测残差都是 0，所以相对于视频编码的其他环节，帧间预测能取得更高的压缩效率。但由于帧间预测采用了许多先进的算法，所以其编码复杂度较高。本节主要讨论采用快速模式选择及 CU 划分算法来降低帧间预测的复杂度[15]。

2.2.1　算法的思想

文献[12—14]分别通过编码单元修剪、提前 SKIP 模式检测和设定编码标志参数的方法提前判断当前 CU 是否需要继续进行单元划分，可以跳过一些冗余的单元划分操作，降低编码复杂度。

如前面所述，在 HEVC 中，需要对每个 CU 深度和每种帧间预测模式的编码单元逐个计算其率失真代价，然后从中选择最佳模式。按照标准算法流程进行遍历计算的方式需要计算每种组合的率失真代价。这种遍历式的方式虽然可以得到最优结果，但极大地增加了编码复杂度。在不同量化参数（QP）下采用标准算法进行 CU 划分，并统计最优划分结果的深度分布，如图 2-15 所示。由图 2-15 可以看出，最终划分为较大深度的编码单元仍然会进行每个深度率失真代价的计算和比较。当将 QP 设置为较大值的时候，最优划分结果为较大深度的可能性会变得更大。而且对于高清和超高清视频来说，分辨率越高，越有可能出现大量较为平坦的区域，而平坦区域倾向于使用大尺寸的 CU 进行编码，此时，适当减小对于这部分区域的 CU 划分深度可以有效地降低编码复杂度，并且对编码效率的影响较小。

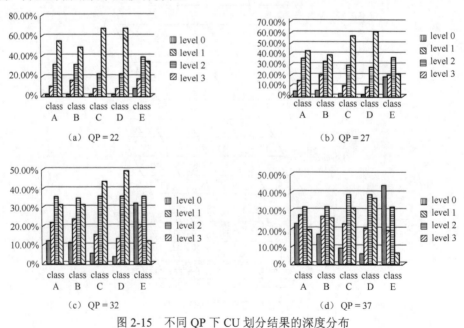

图 2-15　不同 QP 下 CU 划分结果的深度分布

2.2.2　模型的建立

首先，通过分析 Class C 的视频序列 BasketballDrill（832×480）中某一帧的码流文件，得到该视频运动矢量的分布情况和最优 CU 划分结果，如图 2-16 所示。在图 2-16 中，划分深度为较大的 level 2 或 level 3 的 CU 主要有篮球架、篮球和篮球运动员这几个区域，篮球场的地板和墙壁等区域的 CU 划分深度大多为 level 0 或 level 1。因此，可以将视频中的运动信息（包括运动矢量、参考索引等）按照 CU 中所包含的运动信息量的大小分为运动平缓区域和运动剧烈区域。

通过上述分析可以得出结论：当处理运动剧烈区域内的 CU 时，需要使用较多的编码比特数才能较为精确地描述编码单元中丰富的运动信息，同时，其 CU 也会被划分为较小的尺寸；反之，使用较少的编码比特数就可以精确地对运动平缓区域进行预测，其 CU 一般会被划分为较大的尺寸。

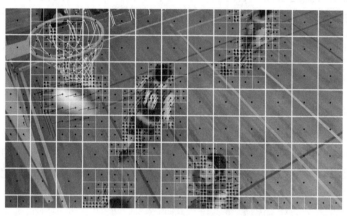

图 2-16　最优 CU 划分结果

编码不同的运动信息所需要的编码比特数是不同的，图 2-17 中统计了不同编码比特数出现的次数。由统计数据可知，编码运动信息所需的编码比特数一般大于 0bit，且小于 100bit，超过 100bit 的编码比特数比较少。并且随着量化参数逐渐增大，编码比特数在 0～100 的概率也会增加。

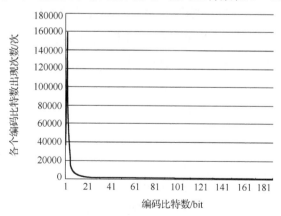

图 2-17　编码比特数

分析视频序列 BasketballDrill 中的 CU，统计每个 CU 在各个运动信息编码比特数下不划分的概率，可以得到表 2-4。由表 2-4 中的数据可知，当前 CU 的编码比特数越小，其最优模式中的单元划分深度越小，也就是当前 CU 不划分的概率越大。

表 2-4　当前 CU 中的编码比特数与 CU 不划分的概率（%）

Bits	50	45	40	35	30	25	20	15	10	5
QP=22	94.72	95.27	95.81	96.35	96.88	97.41	97.86	98.16	99.32	99.97
QP=27	94.32	94.92	95.54	96.20	96.87	97.49	98.10	98.59	99.48	99.98
QP=32	95.36	95.64	95.96	96.32	96.73	97.20	97.70	98.14	98.96	99.79
QP=37	95.29	95.62	95.94	96.36	96.77	97.24	97.75	98.24	99.33	99.96

综上所述，在运动变化比较平缓的区域内，编码运动信息所需的编码比特数较少，主要集中在(0,100)的区间内，这时编码单元的划分深度较小。可以通过设定相应的编码比特数阈值来判断当前 CU 是否需要进行下一步的划分，即

$$splitflag = \begin{cases} unsplit, bits \leq Bits_{TH} \\ split, bits > Bits_{TH} \end{cases} \qquad (2\text{-}3)$$

通过表 2-4 中的数据可知，编码运动信息所需的编码比特数和 CU 的划分深度之间有着密切的联系。通过描述运动信息所需的编码比特数大致可以判断出当前 CU 是否需要继续进行划分。例如，当 CU 中运动信息的编码比特数为 20 bit 时，其不划分的概率能够达到 98%，因此当设置编码比特数的阈值为较小的数时，几乎不会影响帧间预测的编码性能。如果把编码比特数的阈值设置得过大，那么在有效降低编码复杂度的同时会引起大量失真。

因此，需要权衡编码效率和编码复杂度之间的关系，做出某种程度的折中。下面将介绍基于编码比特数阈值的帧间预测 CU 划分优化算法，通过建立 CU 划分率失真代价与编码运动信息比特数之间的模型，得到当前 CU 运动信息的编码比特数阈值，再利用这个阈值来判断是否提前结束该 CU 的划分操作。

当将某个编码比特数作为阈值进行划分时，会引起率失真代价的变化，用 ΔJ 表示与标准算法中的最优划分模式相比率失真代价的变化量，那么编码比特数和 ΔJ 之间的关系可以表示为

$$\Delta J = F(Bits) = a + b \cdot Bits + c \cdot Bits^2 + \cdots \qquad (2\text{-}4)$$

式（2-4）是 F 的泰勒展开式，可以省略其中的高次项，记为

$$\Delta J = a + b \cdot Bits \qquad (2\text{-}5)$$

当 Bits=0 时，ΔJ=0，因此 a=0，即

$$\Delta J = b \cdot Bits \qquad (2\text{-}6)$$

假设 ΔJ 的上限为 γ，其对应的比特值是 α，在实际使用过程中，由于 ΔJ 在 γ 附近波动，需要对编码比特数的阈值做出适当的调整。若 ΔJ 超过上限 γ，则需要减小编码比特数的阈值以提高编码质量，减少被提前结束的划分数量；反之，若 ΔJ 小于上限 γ，则需要增大编码比特数的阈值，以降低单元划分的编码复杂度。

阈值变化量可以表示为

$$\Delta Bits = \frac{1}{b} \cdot (\Delta J - \gamma) \qquad (2\text{-}7)$$

因此，当前 CU 的编码比特数的阈值为

$$\mathrm{Bits_{TII}} = \alpha + \Delta \mathrm{Bits} \qquad (2\text{-}8)$$

即

$$\mathrm{Bits_{TH}} = \alpha + \beta \cdot (\Delta J - \gamma) \qquad (2\text{-}9)$$

其中，$\beta = \dfrac{1}{b}$。

2.2.3　单元划分算法的流程

图 2-18 所示为单元划分算法的流程图。

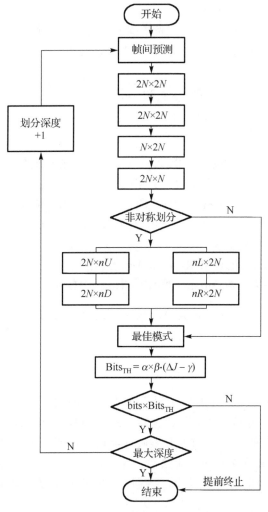

图 2-18　单元划分算法的流程图

步骤一：初始化当前编码单元，单元划分深度为 0。

步骤二：分别计算出当前 CU 在 merge $2N×2N$、Inter $2N×2N$、Inter $N×2N$、Inter $2N×N$ 这 4 种模式下的率失真代价。

步骤三：若非对称运动划分参数的值为真，表示还需要进行非对称运动划分，计算当前编码单元在 Inter $2N×nU$、Inter $2N×nD$、Inter $nL×2N$、Inter $nR×2N$ 这 4 种模式下的率失真代价；否则，跳过步骤三，进入步骤四。

步骤四：得到所有模式中最小的率失真代价，将其对应的模式作为当前 CU 的最优预测模式。

步骤五：计算编码比特数的阈值 $Bits_{TH}$。

步骤六：比较步骤四中的 Bits 和步骤五中的 $Bits_{TH}$，若 $Bits ≤ Bits_{TH}$，则该编码单元不再划分；反之，若 $Bits > Bits_{TH}$，则该编码单元继续划分，划分深度增加 1。

结束当前 CU 的划分，返回步骤一。

大量实验表明，可以将 30 作为编码比特数阈值的初值，将阈值调整的步长 β 设为 0.4，当阈值变化 1bit 时，率失真代价的增量 γ 就是 12，代入式（2-9）中，得到自适应编码比特数的阈值的计算式为

$$Bits_{TH} = 30 + 0.4 \cdot (\Delta J - 12) \tag{2-10}$$

2.2.4　实验结果与分析

为了验证 2.2.3 小节的算法的编码性能，仿真实验做出如下设置。

将标准测试平台 HM13.0 作为基准进行数据比对。

使用五大类别里的 12 种标准视频序列。Class A：Traffic。Class B：Kimono、BQTerrace、BasketballDrive。Class C：RaceHorses、BQMall、BasketballDrill。Class D：BasketballPass、BQSquare。Class E：Vidyo1、Vidyo3、Vidyo4。

配置文件使用的是 Low-Delay 和 Random-Access。

客观评价标准分别采用参数 Bitrate、PSNR、Time、BDBR、BDPSNR 和 ΔT，其中，ΔT 的计算方法为 $\Delta T = \dfrac{T_{proposed} - T_{HM}}{T_{HM}} \times 100\%$，其中，$T_{proposed}$ 表示 2.2.3 小节的算法的编码时间，T_{HM} 表示 HM13.0 算法的编码时间。

1．客观评价

采用本文算法与 HM13.0 标准算法对五大类别里的 12 个标准视频序列进行测试，在 Low-Delay 配置下，分别将 QP 设置为 22、27、32 和 37，基于码率 Bitrate、亮度分量的峰值信噪比 Y-PSNR、编码时间 T 这 3 方面对编码性能进行比较，可以得到表 2-5。由表 2-5 中的数据可以看出，使用本文算法在码率上会有一定的减小，在亮度分量的峰值信噪比上也会有极小程度的下降，编码时间也显著减少，特别是在视频的分辨率较高或量化参数较大时，编码时间会节省得更多。

表 2-5 本文算法与 HM13.0 实验结果的比较（Low-Delay）

视 频 序 列	QP	HM13.0			本 文 算 法		
		Bitrate	Y-PSNR	T	Bitrate	Y-PSNR	T
Traffic	22	14991.61	41.65	9061.80	14805.29	41.59	6227.11
	27	5506.98	38.79	7508.67	5423.78	38.70	3864.90
	32	2454.08	36.05	6693.22	2406.62	35.92	2681.46
	37	1210.66	33.28	6221.67	1190.48	33.18	2111.88
Kimono	22	6777.85	42.13	6397.15	6777.43	42.13	4600.18
	27	3333.88	40.22	5470.00	3333.86	40.20	3263.62
	32	1633.77	37.54	4773.48	1636.15	37.52	2248.47
	37	810.97	34.84	4199.23	806.69	34.79	1542.30
BasketballDrive	22	15421.07	39.82	6046.00	15390.87	39.81	4529.48
	27	5739.30	38.28	4950.44	5714.18	38.26	2958.74
	32	2768.29	36.51	4301.37	2754.61	36.48	2157.33
	37	1450.11	34.47	3867.06	1443.91	34.45	1799.32
BQTerrace	22	54361.26	39.00	6119.96	54060.54	38.97	5125.58
	27	10936.96	35.63	4192.27	10640.43	35.55	2219.37
	32	3192.20	33.43	3468.71	3075.77	33.34	1244.94
	37	1279.33	31.11	3173.44	1246.21	31.05	923.59
BasketballDrill	22	3713.96	40.51	1080.06	3698.51	40.48	820.28
	27	1747.80	37.37	922.17	1731.90	37.31	602.90
	32	836.66	34.48	791.59	831.72	34.41	455.49
	37	430.99	31.97	706.87	429.65	31.91	362.73
BQMall	22	5615.88	39.69	1005.05	5601.34	39.65	812.47
	27	2587.50	36.68	835.67	2573.60	36.61	582.14
	32	1282.92	33.61	739.25	1268.98	33.50	438.63
	37	658.28	30.63	665.82	650.31	30.51	351.53
RaceHorses	22	6825.46	39.50	1541.35	6825.99	39.49	1473.79
	27	2772.79	35.46	1263.40	2767.13	35.43	1064.52
	32	1237.82	32.06	1072.32	1230.84	31.98	789.87
	37	566.89	29.11	923.92	561.30	29.02	614.29
BasketballPass	22	892.72	41.29	192.91	892.75	41.26	133.37
	27	447.30	37.66	172.05	441.38	37.57	104.35
	32	218.74	34.33	156.13	214.82	34.12	79.41
	37	110.70	31.39	145.47	109.94	31.22	64.24
BQSquare	22	2140.37	38.87	264.34	2115.31	38.79	223.33
	27	877.99	34.85	206.24	843.57	34.62	127.21

视 频 序 列	QP	HM13.0			本 文 算 法		
		Bitrate	Y-PSNR	T	Bitrate	Y-PSNR	T
BQSquare	32	409.64	31.55	176.30	395.13	31.32	85.55
	37	195.17	28.40	153.98	188.24	28.22	65.69
Vidyo1	22	2161.04	43.44	1497.85	2106.62	43.37	705.29
	27	836.03	41.31	1328.61	816.65	41.22	463.96
	32	418.43	38.93	1255.48	412.89	38.85	367.90
	37	228.97	36.17	1216.66	227.39	36.12	330.16
Vidyo3	22	3701.58	43.03	1650.73	3638.25	42.97	882.37
	27	1378.00	40.61	1450.17	1363.92	40.52	593.11
	32	691.52	38.03	1346.97	685.43	37.87	453.44
	37	379.44	35.10	1295.90	375.42	34.98	381.94
Vidyo4	22	3222.50	42.66	1784.19	3174.10	42.62	995.11
	27	1066.77	40.52	1527.83	1053.25	40.46	578.88
	32	493.42	38.34	1390.93	490.60	38.28	439.21
	37	253.98	35.94	1331.94	252.10	35.88	381.88

同表 2-5 的设置一样，其他实验参数不变，仅仅将配置文件改为 Random-Access，可以得到表 2-6，在码率和亮度分量的峰值信噪比方面少量下降，编码复杂度也大幅降低。

表 2-6　本文算法与 HM13.0 实验结果的比对（Random-Access）

视 频 序 列	QP	HM13.0			本 文 算 法		
		Bitrate	Y-PSNR	T	Bitrate	Y-PSNR	T
Traffic	22	14991.61	41.65	9061.80	14805.29	41.59	6227.11
	27	5506.98	38.79	7508.67	5423.78	38.70	3864.90
	32	2454.08	36.05	6693.22	2406.62	35.92	2681.46
	37	1210.66	33.28	6221.67	1190.48	33.18	2111.88
Kimono	22	6777.85	42.13	6397.15	6777.43	42.13	4600.18
	27	3333.88	40.22	5470.00	3333.86	40.20	3263.62
	32	1633.77	37.54	4773.48	1636.15	37.52	2248.47
	37	810.97	34.84	4199.23	806.69	34.79	1542.30
BasketballDrive	22	15421.07	39.82	6046.00	15390.87	39.81	4529.48
	27	5739.30	38.28	4950.44	5714.18	38.26	2958.74
	32	2768.29	36.51	4301.37	2754.61	36.48	2157.33
	37	1450.11	34.47	3867.06	1443.91	34.45	1799.32
BQTerrace	22	54361.26	39.00	6119.96	54060.54	38.97	5125.58
	27	10936.96	35.63	4192.27	10640.43	35.55	2219.37
	32	3192.20	33.43	3468.71	3075.77	33.34	1244.94
	37	1279.33	31.11	3173.44	1246.21	31.05	923.59

续表

视频序列	QP	HM13.0			本 文 算 法		
		Bitrate	Y-PSNR	T	Bitrate	Y-PSNR	T
BasketballDrill	22	3713.96	40.51	1080.06	3698.51	40.48	820.28
	27	1747.80	37.37	922.17	1731.90	37.31	602.90
	32	836.66	34.48	791.59	831.72	34.41	455.49
	37	430.99	31.97	706.87	429.65	31.91	362.73
BQMall	22	5615.88	39.69	1005.05	5601.34	39.65	812.47
	27	2587.50	36.68	835.67	2573.60	36.61	582.14
	32	1282.92	33.61	739.25	1268.98	33.50	438.63
	37	658.28	30.63	665.82	650.31	30.51	351.53
RaceHorses	22	6825.46	39.50	1541.35	6825.99	39.49	1473.79
	27	2772.79	35.46	1263.40	2767.13	35.43	1064.52
	32	1237.82	32.06	1072.32	1230.84	31.98	789.87
	37	566.89	29.11	923.92	561.30	29.02	614.29
BasketballPass	22	892.72	41.29	192.91	892.75	41.26	133.37
	27	447.30	37.66	172.05	441.38	37.57	104.35
	32	218.74	34.33	156.13	214.82	34.12	79.41
	37	110.70	31.39	145.47	109.94	31.22	64.24
BQSquare	22	2140.37	38.87	264.34	2115.31	38.79	223.33
	27	877.99	34.85	206.24	843.57	34.62	127.21
	32	409.64	31.55	176.30	395.13	31.32	85.55
	37	195.17	28.40	153.98	188.24	28.22	65.69
Vidyo1	22	2161.04	43.44	1497.85	2106.62	43.37	705.29
	27	836.03	41.31	1328.61	816.65	41.22	463.96
	32	418.43	38.93	1255.48	412.89	38.85	367.90
	37	228.97	36.17	1216.66	227.39	36.12	330.16
Vidyo3	22	3701.58	43.03	1650.73	3638.25	42.97	882.37
	27	1378.00	40.61	1450.17	1363.92	40.52	593.11
	32	691.52	38.03	1346.97	685.43	37.87	453.44
	37	379.44	35.10	1295.90	375.42	34.98	381.94
Vidyo4	22	3222.50	42.66	1784.19	3174.10	42.62	995.11
	27	1066.77	40.52	1527.83	1053.25	40.46	578.88
	32	493.42	38.34	1390.93	490.60	38.28	439.21
	37	253.98	35.94	1331.94	252.10	35.88	381.88

在 HM13.0 上将配置文件设置为 Low-Delay，分别取量化参数为 22、27、32 和 37，对于五大类别的 12 种标准视频序列采用本文算法进行测试，本文算法与文献[27]和文献[28]实验结果的对比（Low-Delay）如表 2-7 所示。衡量编码复杂度使用的是编码时间，评价编码性能使用的是平均码率差和平均峰值信噪比差。同文献[27]和文献[28]在平均峰值信噪比变化 BDPSNR、平均码率变化 BDBR 和时间减少百分比 ΔT 这 3 方面进行对比，由表 2-7 中的数据可以看出，本文算法与文献[27]对比，BDBR 减少了 0.8%，BDPSNR 增大了 0.0274dB，编码时间减少了 0.5%，本文算法

的这 3 项编码性能指标均优于文献[27]。与文献[28]对比，本文算法的 BDBR 增加了 1%，BDPSNR 减少了 0.036dB，编码时间减少了 25.2%。因此，本文算法可以在编码性能仅有小幅度下降的前提下，有效降低编码复杂度。

表 2-7　本文算法与文献[27]和文献[28]实验结果的对比（Low-Delay）

视频序列	本文算法			文献 [27]			文献 [28]		
	BDPSNR /dB	BDBR/%	T/%	BDPSNR /dB	BDBR/%	T/%	BDPSNR /dB	BDBR/%	T/%
Traffic	−0.0429	1.3	−51.5	−0.1023	2.5	−46.3	−0.0126	0.4	−25.4
Kimono	−0.0210	0.6	−46.2	−0.0612	1.6	−47.0	0.0010	0.0	−18.7
BQTerrace	−0.0203	1.0	−49.6	−0.0237	0.6	−51.5	−0.0016	0.1	−22.2
BasketballDrive	−0.0109	0.5	−42.2	−0.0851	3.9	−51.9	−0.0014	0.1	−20.4
RaceHorsesC	−0.0358	0.8	−20.0	−0.0934	2.6	−31.8	−0.0094	0.2	−14.1
BQMall	−0.0519	1.2	−34.3	−0.1074	3.2	−47.3	−0.0101	0.2	−19.9
BasketballDrill	−0.0329	0.8	−37.5	−0.0665	1.7	−34.7	−0.0153	0.4	−19.1
BasketballPass	−0.0774	1.6	−43.8	−0.0829	1.8	−41.1	−0.0071	0.1	−19.2
BQSquare	−0.0537	1.2	−40.7	−0.0513	1.1	−24.2	−0.0091	0.2	−14.7
Vidyo1	−0.0226	0.7	−65.4	−0.0550	1.8	−58.4	0.0025	0.0	−19.2
Vidyo3	−0.0661	2.1	−60.6	−0.0386	1.1	−52.5	0.0020	0.0	−29.2
Vidyo4	−0.0661	2.1	−61.5	−0.0631	2.1	−60.6	−0.0083	0.2	−28.3
平均值	−0.0418	1.2	−46.1	−0.0692	2.0	−45.6	−0.0058	0.2	−20.9

基于 HM13.0 标准平台，将量化参数设置为 22、27、32 和 37，将配置文件分别设置为 Low-Delay 和 Random-Access，使用五大类别的 12 种标准视频序列，将本文算法的实验结果与文献[29]对比可以得到表 2-8 的数据。衡量编码效率使用的是编码时间，评价编码性能使用的是平均码率差。在 Random-Access 配置下，本文算法平均减少 51.7%的编码时间，平均增加 1.3%的 BDBR，与文献[29]比较，本文算法可以更有效地降低编码复杂度，而编码性能仅有小幅度的下降。在 Low-Delay 配置下，本文算法平均减少 46.1%的编码时间，平均增加 1.1%的 BDBR，本文算法在编码复杂度和编码性能上与文献[29]几乎一致。

表 2-8　本文算法与文献[29]实验结果的对比（Random-Access 和 Low-Delay）

类别	视频序列	Random-Access				Low-Delay			
		本文算法		文献 [29]		本文算法		文献 [29]	
		ΔT /%	BDBR /%	ΔT /%	BDBR /%	ΔT /%	BDBR /%	ΔT /%	BDBR /%
Class A	Traffic	−61.2	1.5	−59.3	0.9	−51.5	1.3	—	—
Class B	Kimono	−41.9	0.6	−42.8	0.7	−46.2	0.6	−42.7	0.8
	BQTerrace	−55.8	1.3	−58.8	0.7	−49.6	1.0	−57.6	0.9
	BasketballDrive	−48.5	1.8	−48.7	0.6	−42.2	0.5	−47.8	1.0
Class C	RaceHorsesC	−26.2	2.0	−34.6	1.0	−20.0	0.8	−36.6	1.0
	BQMall	−42.7	1.1	−52.2	0.9	−34.4	1.2	−52.2	1.2
	BasketballDrill	−42.6	1.9	−46.3	0.1	−37.5	0.8	−45.2	0.7

续表

类　别	视频序列	Random-Access				Low-Delay			
		本文算法		文　献　[29]		本文算法		文　献　[29]	
		ΔT/%	BDBR/%	ΔT/%	BDBR/%	ΔT/%	BDBR/%	ΔT/%	BDBR/%
Class D	BasketballPass	−48.3	2.2	−51.4	0.4	−43.9	1.5	−49.6	1.3
	BQSquare	−51.5	1.1	−53.5	0.5	−40.7	1.2	−45.8	1.0
Class E	Vidyo1	−70.0	0.8	—	—	−65.4	0.7	—	—
	Vidyo3	−66.1	1.1	—	—	−60.7	2.0	—	—
	Vidyo4	−65.9	0.6	—	—	−61.6	2.0	—	—
平均值		−51.7	1.3	−49.7	0.6	−46.1	1.1	−47.2	1.0

　　在将配置文件设置为 Random-Access 和 Low-Delay 时，采用 HM13.0 标准算法和本文算法统计序列 BasketballDrill 中编码单元最优划分深度的分布情况（L0、L1、L2、L3 代表深度为 0、1、2、3 的单元划分）可以得到表 2-9 和表 2-10。由表 2-9 和表 2-10 中的数据可知，本文算法通过减少某些运动信息较少的编码单元的划分操作，达到了减少编码时间、降低编码复杂度的目的。

　　由表 2-9 和 2-10 还可以看出，当量化参数变大时，最优划分深度为 0 的编码单元所占的比例也随之变大；反之，最优划分深度为 3 的编码单元所占的比例随之减小。通过划分深度比例的增减变化也可以看出，当对视频质量的要求变低时，可以减小编码单元的划分深度，以降低编码复杂度。这也说明了采用本文算法将编码运动信息所需的编码比特数作为判断编码单元是否需要划分的阈值，可以实现编码复杂度和编码性能之间的权衡。

表 2-9　本文算法与 HM13.0 最优划分深度的分布情况（Random-Access）（%）

QP	HM13.0				本文算法				两者差异			
	L3	L2	L1	L0	L3	L2	L1	L0	L3	L2	L1	L0
22	66.71	23.18	8.19	1.92	64.61	23.89	8.97	2.54	−2.11	0.71	0.79	0.61
27	57.31	28.31	10.98	3.40	53.19	29.64	12.30	4.88	−4.13	1.33	1.32	1.48
32	44.46	33.48	15.98	6.08	40.25	31.66	18.92	9.17	−4.21	−1.82	2.93	3.09
37	33.39	33.40	22.80	10.41	28.98	29.68	24.45	16.89	−4.40	−3.71	1.64	6.47

表 2-10　本文算法与 HM13.0 最优划分深度的分布情况（Low-Delay）（%）

QP	HM13.0				本文算法				两者差异			
	L3	L2	L1	L0	L3	L2	L1	L0	L3	L2	L1	L0
22	65.95	23.89	8.70	1.46	64.29	24.48	9.41	1.83	−1.67	0.59	0.71	0.36
27	56.84	29.47	10.72	2.98	52.09	32.31	11.69	3.91	−4.75	2.84	0.98	0.93
32	43.62	35.92	15.17	5.29	33.59	40.05	18.74	7.62	−10.03	4.12	3.57	2.33
37	30.67	38.17	22.24	8.91	20.16	36.97	28.66	14.21	−10.51	−1.21	6.42	5.30

　　使用 HM13.0 算法和本文算法得到 5 个标准视频序列 Class A Traffic、Class B Kimono、Class

C RaceHorses、Class D BasketballPass 和 Class E Vidyo1 的率失真图，由图 2-19 可以看出，本文算法在编码性能上与 HM13.0 算法基本一致。

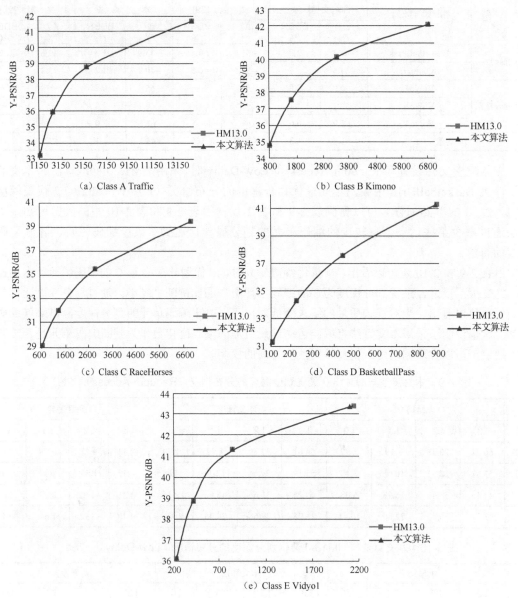

图 2-19　HM13.0 算法与本文算法的率失真图（见彩插）

2. 主观评价

将 QP 设置为 32 时，使用 HM13.0 算法和本文算法对以上 5 个标准视频序列进行编码单元划分，选取某一帧进行对比，如图 2-20～图 2-24 所示。

由图 2-20～图 2-24 可以看出，在运动信息比较丰富的区域，在细节的处理上，本文算法和 HM 算法基本一致。而对含有较少运动信息的区域，特别是在分辨率较大的高清视频中，经过大量的遍历和率失真代价计算之后，大部分最优模式都是采用的深度为 0 的 64×64 的最大编码单元，利用本文算法可以直接提前终止无效的划分操作。因此，从整体上说，本文算法可以跳过冗余的划分操作和率失真代价计算，仍然可以较为完整地表达视频中的信息，能够大幅降低帧间预测的编码复杂度。

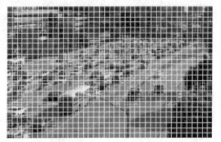

（a）HM 算法整帧　　　　　　　　　　　（b）本文算法整帧

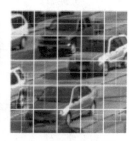

（c）HM 算法运动平缓　　（d）HM 算法运动剧烈　　（e）本文算法运动平缓　　（f）本文算法运动剧烈

图 2-20　Class A 序列 Traffice 的划分效果比较

（a）HM 算法整帧　　　　　　　　　　　（b）本文算法整帧

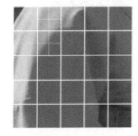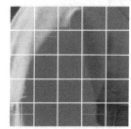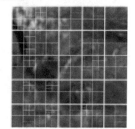

（c）HM 算法运动平缓　　（d）HM 算法运动剧烈　　（e）本文算法运动平缓　　（f）本文算法运动剧烈

图 2-21　Class B 序列 Kimono 的划分效果比较

（a）HM 算法整帧　　　　　　　　　　　　　　　　　（b）本文算法整帧

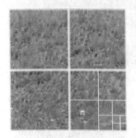
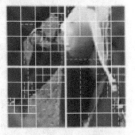
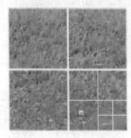

（c）HM 算法运动平缓　　（d）HM 算法运动剧烈　　（e）本文算法运动平缓　　（f）本文算法运动剧烈

图 2-22　Class C 序列 RaceHorses 的划分效果比较

（a）HM 算法整帧　　　　　　　　　　　　　　　　　（b）本文算法整帧

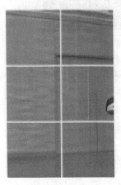

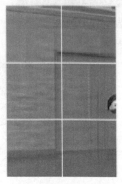

（c）HM 算法运动平缓　　（d）HM 算法运动剧烈　　（e）本文算法运动平缓　　（f）本文算法运动剧烈

图 2-23　Class D 序列 BasketballPass 的划分效果比较

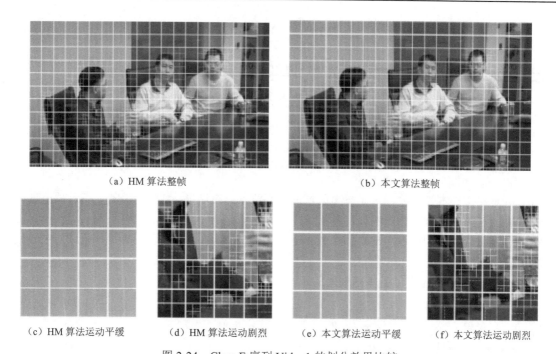

(a) HM 算法整帧   (b) 本文算法整帧

(c) HM 算法运动平缓   (d) HM 算法运动剧烈   (e) 本文算法运动平缓   (f) 本文算法运动剧烈

图 2-24   Class E 序列 Vidyo1 的划分效果比较

2.3   基于深度学习的 HEVC 内插值滤波算法优化

2.3.1   HEVC 中的分数像素插值滤波算法

在现实生活中，物体的运动是连续的，因此在视频的相邻帧中，物体的运动距离可能不是像素的整数倍，而是分数倍。为提高视频重建图像的质量，需要将视频编码中运动估计的精度提升到分数像素级别。在分数像素运动估计中，需要进行分数像素插值及分数像素搜索两个过程。其中，分数像素插值是对整数像素参考图像进行插值滤波生成不同位置的分数像素参考图像，分数像素搜索则是在分数像素参考图像中找到与当前图像块最匹配的位置的过程。

HEVC 标准及上一代 H.264/AVC 标准都采用了 1/4 像素精度的运动估计。在 H.264/AVC 标准中，对于亮度分量，1/2 像素点利用 6 抽头滤波器插值得到，而通过线性两点内插对 1/4 像素点进行插值。相比于 H.264/AVC，HEVC 使用了更多的邻近像素点进行分数像素插值。

有限脉冲响应（Finite Impulse Response，FIR）滤波器被用于 HEVC 标准中的亮度分量和色度分量的插值。FIR 滤波器的滤波系数使用离散余弦变换的傅立叶分解来设计。因此最终的插值滤波器被称为基于离散余弦变换的插值滤波器，其滤波器系数的设计过程如下所示。

用 $\{p_l\}$ 表示整数点位置 l 上样本值的集合，p_α 是分数点位置 α 上的插值结果。p_α 的计算用插值函数 $p_\alpha = f(\alpha)$ 来定义，其中，插值函数 $f(x)$ 是离散余弦变换的傅立叶分解：

$$f(x) = \frac{C_0}{2} + \sum_{k=1}^{n-1} C_k \cdot \varphi_k(x) \qquad (2\text{-}11)$$

其中，$\varphi_k(x)(0 \leqslant k \leqslant n-1)$ 是余弦函数基，C_k 是用矩阵结果计算得到的傅立叶系数：

$$\varphi_k(x) = \cos\left(\frac{\pi \cdot k (2 \cdot x - 2 \cdot m + n)}{2 \cdot n}\right) \qquad (2\text{-}12)$$

$$C_k = \sum_{l=M_{min}}^{M_{max}} D_{lk} \cdot p_l \qquad (2\text{-}13)$$

其中，n 是参考样本的个数，m 是参考区域的中心位置。在这里，M_{min} 和 M_{max} 表示插值过程中相邻整数点样本的位置范围。例如，对于 8 抽头插值滤波器而言，$M_{min} = -3$，而 $M_{max} = 4$。可以得到插值滤波器中使用的参考样本的个数 $n = (M_{max} - M_{min} + 1)$，也可以得到插值区域的中心位置 $m = (M_{max} + M_{min})/2$。

D_{lk} 是包含整数点位置的基本函数值的矩阵，其定义如下：

$$D_{lk} = \frac{2}{n} \cdot \cos\left(\frac{\pi \cdot k \cdot (2 \cdot l - 2 \cdot m + n)}{2 \cdot n}\right) \qquad (2\text{-}14)$$

前向和反向离散余弦变换组（式（2-11）和（2-12））提供了一种三角插值方法。在这里，假设参考像素点的值为 {128, 126, 140, 165, 168, 170, 166, 160}，插值曲线穿过所有的参考像素点。反向离散余弦变换过程可以根据式（2-13）重写为

$$p_\alpha = \sum_{k=0}^{n-1} W_k \cdot C_k \qquad (2\text{-}15)$$

其中，W_k 在分数点位置 α 处给出了基本函数值：

$$W_0 = \frac{1}{2}$$
$$W_k = \cos\left(\frac{\pi \cdot k \cdot (2 \cdot \alpha - 2 \cdot m + n)}{2 \cdot n}\right), \ 1 \leqslant k \leqslant n-1 \qquad (2\text{-}16)$$

三角滤波器的精确度随着滤波器尺寸的增加而增加。然而，保留高频分量会产生不必要的噪声。为了减少噪声，参考样本值 $\{p_l\}$ 使用以插值的分数点为中心的余弦窗进行平滑化，余弦窗的定义为

$$\cos\left(\pi \cdot \frac{l - \alpha}{N}\right) \qquad (2\text{-}17)$$

其中，N 是余弦窗窗口的大小，不要求它必须是整数。

可以提前计算前向和反向离散余弦变换组，并可以与任何分数点 α 平滑化结合。在实际的应用中，插值操作用 FIR 滤波器定义：

$$p_\alpha = \sum_{l=M_{min}}^{M_{max}} \text{Filter}_l(\alpha) \cdot p_l \qquad (2\text{-}18)$$

其中，$\text{Filter}_l(\alpha)$ 表示滤波系数，用下式表示：

$$\text{Filter}_l(\alpha) = \cos\left(\pi \cdot \frac{l-\beta}{N}\right) \cdot \sum_{k=0}^{n-1} W_k(\alpha) \cdot \boldsymbol{D}_{lk} \qquad (2\text{-}19)$$

与三角滤波器不同，色度滤波器采用如下方法降低了高频分量在傅立叶分解中的影响：

$$\tilde{W}_k = \frac{W_k(\alpha)}{1 + \sigma \cdot k^2}, \quad 1 \leq k \leq n-1 \qquad (2\text{-}20)$$

其中，$\sigma \geq 0$ 是平滑参数。插值滤波器仍然用 FIR 的形式实现，其中，滤波系数的定义如下：

$$\text{Filter}_l(\alpha) = \sum_{k=0}^{n-1} \tilde{W}_k(\alpha) \cdot \boldsymbol{D}_{lk} \qquad (2\text{-}21)$$

式（2-18）和（2-21）中的滤波系数都是不大于 1 的实数。为了保证定点实现，所有的滤波系数 $\text{Filter}_l(\alpha)$ 都乘以一个比例因子 2^s，以近似到最近的整数（在 HEVC 标准中，该比例因子的值是 6）：

$$\text{Filter}_l(\alpha) = \text{int}(\text{Filter}_l(\alpha) \cdot 2^S) \qquad (2\text{-}22)$$

滤波系数被进一步修正可以使滤波器的增益等于 1。

HEVC 标准中亮度分量和色度分量的插值滤波器的最终系数分别如表 2-11 和表 2-12 所示。由于滤波系数是镜面对称的，表 2-11 和表 2-12 中只给出了分数点 $\alpha \leq 1/2$ 的系数。正则化参数 N（亮度）和 σ（色度）也在相应的列中被给出。

表 2-11 HEVC 标准中亮度分量的插值滤波器的最终系数

α	$\text{Filter}_l(\alpha)$	N
1/4	{−1,4,−10,58,17,−5,1}	8.7
1/2	{−1,4,−11,40,40,−11,4,−1}	9.5

表 2-12 HEVC 标准中色度分量的插值滤波器的最终系数

α	$\text{Filter}_l(\alpha)$	σ
1/8	{−2,58,10,−2}	0.012
1/4	{−4,54,16,−2}	0.016
3/8	{−6,46,28,−4}	0.018
1/2	{−4,36,36,−4}	0.020

图 2-25 所示为 HEVC 分数像素亮度分量插值示意图。其中，$A_{p,q}$ 为整数像素点，$b_{p,q}$、$h_{p,q}$、$j_{p,q}$ 为 1/2 像素点，剩余的像素点为 1/4 像素点和 3/4 像素点。图 2-25 中的黑色边框中共有 16 个像素点，表示了 4 个整数像素数点 $A_{0,0}$、$A_{0,1}$、$A_{1,0}$、$A_{1,1}$ 及其之间所有分数像素点。图 2-25 中的不同分数像素点的坐标表示该分数像素点相对于整数像素点 $A_{0,0}$ 的运动向量，即分数像素点的 MV 共有 15 种。根据插值计算过程可将除 $A_{0,0}$ 外的 15 个分数像素点分为 3 个区域，如图 2-25 的红色虚线框所示。区域 I 与区域 II 中的分数像素点分别利用其所在行和列的整数像素点可以直接进行插

值计算，以区域 I 中的 1/2 像素点 $b_{0,0}$ 和区域 II 中的 1/4 像素点 $d_{0,0}$ 为例，其计算方式分别如下。

$$b_{0,0} = -A_{-3,0} + 4A_{-2,0} - 11A_{-1,0} + 40A_{0,0} + 40A_{1,0} - 11A_{2,0} + 4A_{3,0} - A_{4,0} \tag{2-23}$$

$$d_{0,0} = -A_{0,-3} + 4A_{0,-2} - 10A_{0,-1} + 58A_{0,0} + 17A_{0,1} - 5A_{0,2} + A_{0,3} \tag{2-24}$$

对于区域 III 中的 9 个分数像素点，无法直接利用整数像素点直接计算，而是需要通过区域 I 和 II 中的分数像素点进行计算，以 $e_{0,0}$、$j_{0,0}$、$r_{0,0}$ 为例，其计算方式分别如下所示。

$$e_{0,0} = -a_{0,-3} + 4a_{0,-2} - 10a_{0,-1} + 58a_{0,0} + 17a_{0,1} - 5a_{0,2} + a_{0,3} \tag{2-25}$$

$$j_{0,0} = -b_{0,-3} + 4b_{0,-2} - 11b_{0,-1} + 40b_{0,0} + 40b_{0,1} - 11b_{0,2} + 4b_{0,3} - b_{0,4} \tag{2-26}$$

$$r_{0,0} = c_{0,-2} - 5c_{0,-1} + 17c_{0,0} + 58c_{0,1} - 10c_{0,2} + 4c_{0,3} - c_{0,4} \tag{2-27}$$

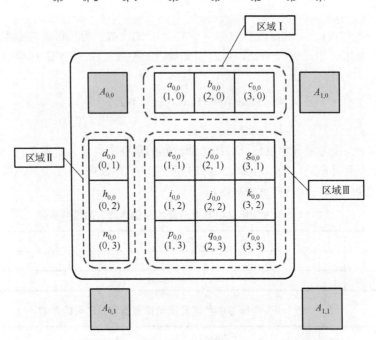

图 2-25　HEVC 分数像素亮度分量插值示意图（见彩插）

2.3.2　基于卷积神经网络的分数像素插值滤波算法

图像块的超分辨率重构旨在从给定的低分辨率图像块中推断出具有更高的像素密度和细节信息的高分辨率图像块。传统的单帧超分辨率重构方法（如双三次样条插值法和 Lanzcos 插值等）都利用低分辨率图像块局部区域自身的相似性估计未知像素点。同样，对于 HEVC 目前采用的分数像素插值滤波方法，实际上可以理解为利用分数像素点自身所在的行或列的整数像素点按照基于离散余弦变换得到的滤波系数进行加权计算，即用自身整数像素图像块的局部像素信息来预测分数像素点。而基于卷积神经网络这种利用外部样例学习的方法经验证可以更有效地学习低分辨率图像块与高分辨率图像块之间的非线性映射关系。下面研究基于卷积神经网络的分数像素插值

（FPICNN）滤波算法。

1．数据集的制作

（1）确定 CNN 优化目标。在制作数据集之前，首先需要明确利用 CNN 学习的映射关系及最终的目的，从而确定训练过程中的输入与标签。HEVC 的运动估计与运动补偿过程是指在已编码的图像块中搜索寻找一个与当前未编码的图像块最匹配的参考图像块。其中，参考图像块用于预测当前的图像块，运动向量 MV 指的是从参考图像块到当前被预测图像块的位移。运动估计包括两个过程：整数像素运动估计与分数像素运动估计。运动估计最终可以得到最优参考帧索引，以及整数像素和分数像素的最优 MV。运动补偿利用运动估计得到的运动参考信息来预测当前待编码图像块。运动估计与运动补偿示意图如图 2-26 所示。

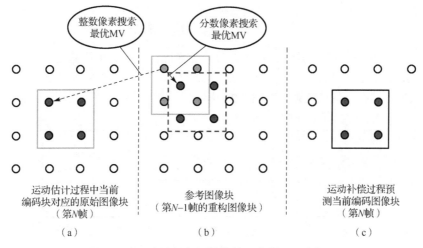

图 2-26　运动估计与运动补偿示意图（见彩插）

图 2-26（a）表示当前第 N 帧（N>0）需编码图像块对应的原始图像块，而图 2-26（b）表示候选参考帧中的最优帧（这里举例为第 N–1 帧），通过不断在图 2-26（b）中搜索与图 2-26（a）中的深蓝色像素点匹配的图像块来确定整数像素单位的最优 MV（图中的虚线箭头），绿色边框表示在参考图像块中经整数像素运动估计搜索到的最佳匹配图像块。此时的整数像素点为浅蓝色。然后对匹配的图像块进行分数像素运动估计，包括对整数像素参考图像块进行插值和对插值出的分数像素参考图像块进行搜索这两个过程。红色虚线边框内的像素点表示经分数像素运动估计后得到的最优匹配图像块，此时插值出的像素点为深蓝色，相较于整数像素点更接近原始图像块。然后得到 1/4 像素单位的最优 MV（实线箭头）。最后在运动补偿过程中利用运动估计得到最优参考帧索引和最优 MV 信息，实现对当前编码图像块（图 2-26（c））中对应图像块的重构。

通过分析图 2-26 可知，运动估计与运动补偿的根本目的是通过分数像素插值尽可能地减少重构图像块与原始图像块之间的失真，更准确地描述物体在真实世界中的运动情况。对于图像块的失真可采用最小均方误差（Loss）所示，其计算方式可表示为

$$\text{Loss} = \arg\min \| B_{\text{cur-dst}} - B_{\text{cur-org}} \|_2 \tag{2-28}$$

在式（2-28）中，Loss 指的是当前重构图像块与当前原始图像块之间的最小均方误差，$B_{\text{cur-dst}}$ 表示经参考图像块插值得到的当前重构图像块，$B_{\text{cur-org}}$ 为当前原始图像块。若要提升视频的客观质量，则需要最小化 Loss。由于 $B_{\text{cur-org}}$ 的像素值为确定值，所以只能通过优化 $B_{\text{cur-dst}}$ 的像素值，使其不断接近 $B_{\text{cur-org}}$ 的像素值，才能使 Loss 最小化。

（2）避免数据集的误差累积。使用的基于 DCT 的插值滤波器可以对图 2-27 中的 $a_{0,0}$、$b_{0,0}$、$c_{0,0}$、$d_{0,0}$、$h_{0,0}$、$n_{0,0}$ 直接利用整数像素点进行插值计算，如式（2-29）所示。

$$B_{\text{cur-dst}} = f_{\text{DCT}}(B_{\text{ref}}, \text{MV}) \tag{2-29}$$

在式（2-29）中，B_{ref} 表示分数像素插值过程中的整数像素参考图像块。对于图 2-27 中的 $e_{0,0}$、$f_{0,0}$、$g_{0,0}$、$i_{0,0}$、$j_{0,0}$、$k_{0,0}$、$p_{0,0}$、$q_{0,0}$、$r_{0,0}$ 而言，只能利用分数像素 $a_{0,0}$、$b_{0,0}$、$c_{0,0}$、$d_{0,0}$、$h_{0,0}$、$n_{0,0}$ 来进行插值计算，如式（2-30）所示。

$$B_{\text{cur-dst}} = f_{\text{DCT}}(B_{\text{ref}'}, \text{MV}) = f_{\text{DCT}}(f_{\text{DCT}}(B_{\text{ref}}, \text{MV}_{\text{ref}}), \text{MV}) \tag{2-30}$$

$B_{\text{ref}'}$ 表示图 2-25 中区域 I 与区域 III 中的分数像素图像块。如果计算的 $B_{\text{ref}'}$ 分数像素值的误差较大，那么最终计算得到的 $B_{\text{cur-dst}}$ 会存在较大的二次误差，即 HEVC 采用的分数像素插值算法与分数像素点的计算存在依赖关系，如图 2-27 所示。

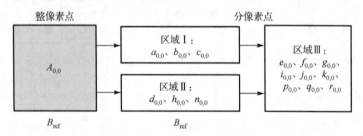

图 2-27　HEVC 分数像素插值算法中的依赖关系

运动估计用于为运动补偿提供最佳的运动匹配信息，利用该信息在运动补偿中预测的当前图像块更接近原始图像块。因此，在运动补偿过程中提取待预测图像块 $B_{\text{cur-dst}}$ 的参考图像块 B_{ref} 与原始图像块 $B_{\text{cur-org}}$。在运动补偿过程中提取的每一组 B_{ref} 与 $B_{\text{cur-org}}$ 之间映射了该图像块对之间最佳的分数像素 MV。通过这种方式可以获得大量映射 15 种分数像素 MV 的最佳图像块对，可以制作 15 种 MV 对应的数据集。参考图像块 B_{ref} 为输入，原始图像块 $B_{\text{cur-org}}$ 为标签，利用 CNN 学习 B_{ref} 与 $B_{\text{cur-org}}$ 之间的 15 种分数像素 MV 映射关系，对参考图像块进行更加精确的分数像素插值，其中，每一种分数像素都是直接通过整数像素参考图像块计算得到的，不存在前面提到的二次误差，即

$$B_{\text{cur-dst}} = f_{\text{CNN}}(B_{\text{ref}}, \text{MV}, B_{\text{cur-org}}) \tag{2-31}$$

对于 15 种分数像素 MV，HEVC 中的分数像素插值算法仅提供 3 组 DCT 滤波系数，而本书基于 CNN 的分数像素插值滤波算法为每一种 MV 制作了一组数据集，分别对 15 种数据集进行训练，最终得到的网络参数更具有针对性。同时，HEVC 中的 DCT 滤波器只对行或列的像素值进行加权计算，而 CNN 在卷积过程中，利用 $n \times n$ 的卷积核对图像块中的 $n \times n$ 的矩形区域进行卷积运算，进行特征提取，充分利用了邻近的整数像素区域，更有利于对分数像素点进行预测。

（3）块划分结构的利用与边缘像素补充。在视频编码中，需要利用邻近的整数像素点插值产生分数像素点，用于更加精确的运动估计。HEVC 采用的 7 抽头与 8 抽头滤波器对于分数像素点的两侧分别提供了 3~4 个像素点作为参考，相较于 H.264，HEVC 使用了更多的邻近像素点。因此，在控制一定的计算复杂度的前提下，利用 HEVC 基于块划分方式的编码特点，在运动补偿中提取 76×76 的参考图像块作为输入，以 64×64 的原始图像块作为标签。数据集中的参考图像块较原始图像块，上、下、左、右各补充了 6 个整数像素点，使得在训练过程中，参考图像块中心的 64×64 的区域有可以充分利用的邻近整数像素点，同时保证了输入、标签及输出的尺寸与网络结构相匹配，如图 2-28 所示。

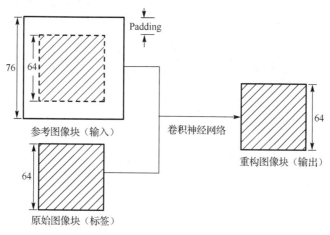

图 2-28　数据集的输入、标签及输出示意图

（4）分 QP 制作数据集。与 SAOCNN 相同，在制作 FPICNN 的数据集时，同样需要考虑 QP 对视频编码的影响。因此对每一种 MV 都制作 QP=22,27,32,37 配置的数据集，共制作 60 套数据集。制作训练集时使用 HEVC 官方提供的视频序列：PeopleOnStreet 与 BasketballDrive，测试集使用视频 BQTerrace 来制作。在 Low-Delay-P 及 QP=22,27,32,37 的配置下，分别对视频的前 150 帧进行编码。当每一帧编码进行至运动补偿模块时，提取参考图像块亮度 CTB 进行边缘扩充后的 76×76 的图像块，以及对应的原始图像块的亮度 CTB，并根据此时的最优分数像素 MV 及 QP 值将该图像块对归类至对应的数据集中。图 2-29 所示为最终制作的 FPICNN 数据集示意图。图 2-29 中列举了在 4 种 QP 下，分数像素 MV(1,1)、(2,2)、(3,3)对应的输入与标签样本图像块对。

2. 网络结构的设计与训练优化

下面介绍适用于分数像素插值的卷积神经网络（Fractional-Pixel Interpolation Convolutional Neural Network，FPICNN），如图 2-30 所示。该网络结构具有两大特点：在网络训练阶段，采用 3 层卷积网络，每一层网络的卷积核数量与尺寸相匹配，易收敛；在网络应用阶段，由于该网络结构的设计简单，使得网络的前馈计算时间很短，在实际应用时不会增加过多的计算复杂度。

从图 2-30 中可以看出，FPICNN 的网络结构共 3 层卷积网络，每一层卷积网络的物理意义分别为特征提取、非线性映射、重建图像块，具体介绍如下。

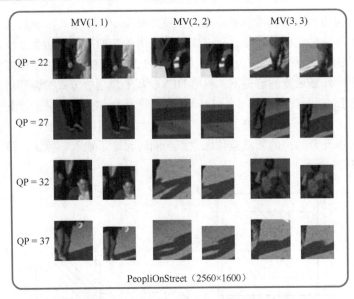

图 2-29　最终制作的 FPICNN 数据集示意图

（1）卷积层 1&ReLU：76×76 的参考图像块与 64 个单通道的 9×9 的卷积核进行卷积运算，对输入图像块的局部信息进行特征提取，输出 64 张低维特征图，特征图的尺寸为(76−9)/1+1=68。第一层卷积网络的计算式为

$$F_1(\boldsymbol{X}) = \max(0, \boldsymbol{W}_1 \times \boldsymbol{X} + \boldsymbol{B}_1) \qquad (2\text{-}32)$$

其中，$\boldsymbol{X}$ 为输入的参考图像块，$\boldsymbol{W}_1$ 表示第一层卷积网络的滤波器参数，大小为 1×9×9×64，$\boldsymbol{B}_1$ 为64 维的偏置向量。第一层卷积核的大小为 9×9，相较于 8 抽头与 7 抽头滤波器来说，该卷积核利用了更多的参考图像块的像素信息，具备更广阔的感受野，可以更有效地学习低维特征。

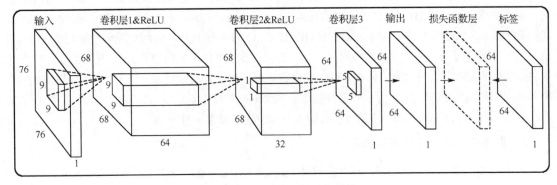

图 2-30　FPICNN 的网络结构

（2）卷积层 2&ReLU：利用 32 个单通道的 1×1 的卷积核从上一层提取的 64 张低维特征图中学习高维特征，输出 32 张高维特征图，其尺寸保持不变，式为

$$F_2(\boldsymbol{X}) = \max(0, \boldsymbol{W}_2 \times F_1(\boldsymbol{X}) + \boldsymbol{B}_2) \qquad (2\text{-}33)$$

其中，W_2 的大小为 64×1×1×32，B_2 是 32 维的偏置向量。

（3）卷积层 3：利用一个单通道的 5×5 的卷积核对高维特征图进行信息整合，构成单张 64×64 大小的输出图像块，式为

$$F_3(X) = W_3 \times F_2(X) + B_3 \tag{2-34}$$

其中，W_3 的大小为 32×5×5×1，B_3 是一个 1 维向量。

在数据集的制作过程中已经对输入的参考图像块进行了与网络匹配的像素填充操作，因此将每个卷积层的 Padding 参数设置为 0，表示不对输入图像块进行补 0 操作。激活函数 ReLU 将其应用至第一层与第二层卷积网络后，将第三层卷积网络的输出及标签数据传递至损失函数层。与 SAOCNN 相同，FPICNN 依然利用卷积神经网络预测图像块的像素值，这属于回归问题，所以仍采用 Euclidean Loss 作为损失函数，通过训练不断使损失函数最小化，并更新网络参数。

通过图 2-30 中的卷积层、激活函数 ReLU 及损失函数层搭建好完整的 FPICNN 的网络结构，接下来需要利用制作的数据集对网络中的卷积核参数进行学习。FPICNN 仅包含 3 个卷积层，网络结构简单，因此可以使用高斯分布对权重进行初始化。对于 QP=27,32,37 的数据集，将学习率设置为 10^{-4}；由于 SAOCNN 的实验结果表明，利用 CNN 进行视频编码的图像块重建，当 QP=22 时，模型的学习效果不佳，因此在 FPICNN 的训练过程中，当对 QP=22 的数据集进行训练时，采用迁移学习的方法，将基础学习率设置为 10^{-5}。所谓的迁移学习就是将已训练好的模型参数迁移到新的模型中来帮助新模型训练。考虑到 QP=22 与 QP=27 的编码图像块相近，数据集相关性较强，因此将 QP=22 的 15 套数据集采用微调（Fine-Tuning）的方式在已训练完的 QP=27 的对应 MV 模型上进行迁移学习，从而可以省去对 QP=22 的网络权重初始化等步骤，不需要像其他 3 种 QP 的模型一样从零开始学习，而是直接对训练好的 QP=27 的模型参数进行更新和再训练，加快并优化 QP=22 的网络模型的学习效率。梯度优化算法依然采用可以自适应学习的 Adam 算法，整个网络训练过程在 GPU 上进行。

3．将 FPICNN 模型应用至 HEVC 编码端

在 HEVC 的运动估计与运动补偿过程中都需要进行分数像素插值。其中，运动估计在 HEVC 编码过程中占了较大的比例。表 2-13 所示为运动估计各部分的耗时占比的统计结果。

表 2-13　运动估计各部分的耗时占比的统计结果

类别	运动估计/编码总时间	分数像素运动估计/运动估计	分数像素插值/分数像素运动估计	分数像素插值/编码总时间
占比	56.22%	62.25%	46.19%	15.97%

从表 2-13 中可以看到运动估计中的分数像素插值占编码总时间的 15.97%，其主要的计算消耗源于单个分数像素的计算复杂度及对分数像素的重复计算。重复计算是指由于同一个分数像素在编码过程中被多次使用而进行了多次计算。因此，在将 FPICNN 模型应用至 HEVC 编码端时，本书利用 FPICNN 预先在 GPU 中加速，对参考图像块进行了 15 种分数像素 MV 的全插值计算，在后续的运动估计及运动补偿的分数像素插值过程中，仅需根据当前编码块的大小、起始坐标及对应的分数像素 MV 信息从已插值的分数像素图像块中进行复制操作即可。

将 FPICNN 模型应用至 HEVC 编码端的应用流程如图 2-31 所示。

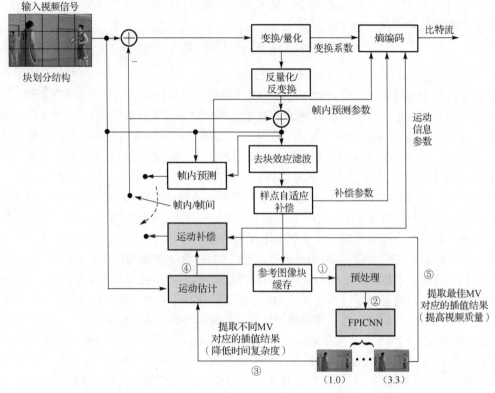

图 2-31   将 FPICNN 模型应用至 HEVC 编码端的应用流程

步骤一：提取参考帧（仅亮度分量）至 GPU，然后对该参考帧进行块划分预处理。预处理过程先利用 opencv 的边缘像素补充算法对整帧图像块的上、下、左、右各补充 6 个像素值，然后将整帧图像块划分为 76×76 的图像块（相邻块有重叠部分），如图 2-32 所示。

步骤二：将预处理后的参考图像块加载至 FPICNN 模型中，以批处理的形式进行网络的前向传播，输出分数像素图像块，再将预测的分数像素图像块组合成整帧分数像素图像块。在当前编码采用的 QP 下，共有 15 种 FPICNN 模型，即可将前向传播过程看作一帧参考图像块通过前向预测最终输出的 15 种分数像素 MV 对应的分数像素图像块。

步骤三：在分数像素运动估计的每一次 1/2 与 1/4 像素插值过程中，根据当前要进行插值的分数像素 MV 从预测的所有分数像素图像块中直接获取对应的像素值，而不再使用 8 抽头或 7 抽头滤波器进行分数像素的计算，因此降低了单个分数像素的计算复杂度，同时减少了分数像素的重复计算，节省了编码时间。

步骤四：运动搜索过程依然采用 HEVC 的搜索算法，确定最优参考帧索引、最优整数像素及最优分数像素 MV，并将运动信息传递给运动补偿模块。

　　步骤五：在运动补偿模块中，从 FPICNN 预测出的 15 种分数像素图像块中根据最优运动信息复制对应的分数像素值，将其作为运动补偿模块最终的输出图像块来提升视频图像的客观质量。

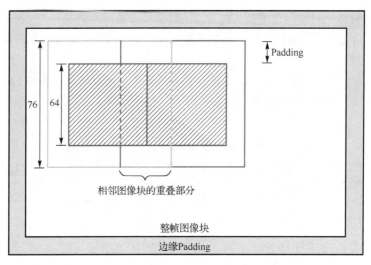

图 2-32　对模型应用的参考图像帧进行块划分预处理

2.3.3　实验结果与分析

　　本书进行实验的硬件配置为一台 GPU 服务器，含有一个 Intel（R）Xeon（R）CPU E5-2620 v4 处理器，2 块 NVIDIA GeForce GTX TITAN X 显卡，操作系统为 Ubuntu 14.04。将训练好的算法模型嵌入 HEVC 测试模型 HM13.0 中，在 Linux 下通过 Makefile 进行编译。整个实验过程在低延时（LDP）的配置条件下进行，分别对 FPICNN 算法和 HEVC 算法在不同分辨率下的视频及不同 QP 下的编码性能进行了测试。

　　实验测试从 HEVC 官方提供的标准视频序列中选用了 14 个典型的视频序列，涵盖 A 类（2560×1600）、B 类（1920×1080）、C 类（832×480）、D 类（416×240）、E 类（1280×720）共 5 种分辨率，对每个视频的前 100 帧在 QP=22、QP=27、QP=32、QP=37 的条件下分别进行了测试，将不同的 QP 配置嵌入各自对应的 FPICNN 模型中。

　　实验中的编码质量度量标准依然采用的是 BDPSNR 和 BDBR，通过计算在 4 种 QP 下网络应用的平均耗时在 HEVC 总编码时间中的占比（$\Delta T_{\text{forward}}$）、平均节省的分数像素插值时间百分比（$\Delta T_{\text{fpi}}$）及平均节省的总编码时间百分比（$\Delta T$）来衡量引入 FPICNN 对 HEVC 编码复杂度的影响，其计算式如下。

$$\Delta T_{\text{forward}}(\%) = \frac{T_{\text{forward}}}{T_{\text{hm}}} \times 100\% \tag{2-35}$$

$$\Delta T_{\text{fpi}}(\%) = \frac{T_{\text{hm-fpi}} - T_{\text{pro-fpi}}}{T_{\text{hm-fpi}}} \times 100\% \tag{2-36}$$

$$\Delta T(\%) = \frac{T_{\text{hm}} - T_{\text{pro}}}{T_{\text{hm}}} \times 100\% \qquad (2\text{-}37)$$

其中，T_{hm} 是指 HM13.0 的编码总时间，T_{forward} 是网络模型的应用时长，T_{pro} 表示采用 FPICNN 算法的总编码时间。$T_{\text{hm-fpi}}$ 是 HM13.0 中的分数像素插值时间，对应的 $T_{\text{pro-fpi}}$ 表示使用 FPICNN 算法的分数像素插值时间。

表 2-14 所示为 FPICNN 算法对 HEVC 编码质量的影响。可以看到，通过 FPICNN 算法完成运动估计及运动补偿的分数像素插值最终可以降低约 1.74% 的码率，同时提升了 0.06dB 的亮度峰值信噪比。

表 2-14　FPICNN 算法对 HEVC 编码质量的影响

类　　别	视 频 序 列	BDPSNR/dB	BDBR/%
Class A	PeopleOnStreet	0.1422	−3.5296
	Traffic	0.1235	−3.2528
Class B	BasketballDrive	0.0358	−1.4712
	BQTerrace	0.0931	−2.5626
	Cactus	0.0286	−1.1630
	Kimono	0.0319	−1.1082
	ParkScene	0.0845	−2.5662
Class C	BasketballDrill	0.0592	−1.3173
	BQMall	0.0460	−1.1108
	PartyScene	0.0257	−0.7212
Class D	BasketballPass	0.0231	−0.8522
	RaceHorses	0.0196	−0.6347
Class E	FourPeople	0.1063	−2.7710
	Johnny	0.0579	−1.3540
	KristenAndSara	0.0752	−1.7388
平均值		0.0615	−1.7436

表 2-15 所示为 FPICNN 算法对 HEVC 编码复杂度的影响。通过实验结果可知，由于 FPICNN 算法采用的网络结构较简单，网络的前向传播过程仅增加了不到 3% 的编码复杂度，同时将运动估计中分数像素插值过程的编码复杂度降低了 68%，平均可以使 HM 的整体编码时间减少 8%。

表 2-15　FPICNN 算法对 HEVC 编码复杂度的影响

类　　别	视 频 序 列	$\Delta T_{\text{forward}}$/%	ΔT_{fpi}/%	ΔT/%
Class A	PeopleOnStreet	4.27	69.24	6.79
	Traffic	1.09	70.33	10.14
Class B	BasketballDrive	1.75	69.52	5.82
	BQTerrace	1.53	68.13	9.35
	Cactus	2.10	74.68	9.83
	Kimono	5.14	71.75	6.31
	ParkScene	4.58	66.88	6.10

续表

类　别	视频序列	$\Delta T_{forward}$/%	ΔT_{fpi}/%	ΔT/%
Class C	BasketballDrill	3.48	62.93	6.56
	BQMall	2.99	64.10	7.24
	PartyScene	4.26	66.74	6.39
Class D	BasketballPass	3.04	65.90	7.48
	RaceHorses	4.60	64.25	5.66
Class E	FourPeople	1.34	69.69	9.76
	Johnny	1.31	70.41	9.93
	KristenAndSara	2.12	68.67	8.84
平均值		2.91	68.21	7.75

表 2-16 所示为 FPICNN 算法与文献[19]算法的对比结果。文献[19]提出了一种基于 6 抽头二维误差曲面模型的快速分数像素搜索算法，该算法从分数像素搜索过程入手，通过减少分数像素运动搜索次数，降低了 21.2%的编码复杂度，但在一定程度上给视频的压缩性能及质量带来了负面影响。而本节提出的 FPICNN 算法对分数像素运动估计中的插值过程进行了优化改进，在降低码率及提高峰值信噪比的同时节省了约 8%的整体平均编码时间，相较于文献[19]的算法具有更全面的综合性能。

表 2-16　FPICNN 算法和文献[19]算法的对比结果

类　别	视频序列	文献[19]算法			FPICNN 算法		
		BDBR/%	BDPSNR/dB	ΔT/%	BDBR/%	BDPSNR/dB	ΔT/%
Class A	PeopleOnStreet	0.43	−0.0173	19.8	−3.52	0.1422	6.7
	Traffic	0.03	−0.0008	24.2	−3.25	0.1235	10.1
Class B	BasketballDrive	0.45	−0.0111	21.0	−1.47	0.0358	5.8
	BQTerrace	0.21	−0.0032	18.6	−2.56	0.0931	9.3
	Cactus	0.16	−0.0029	21.5	−1.16	0.0286	9.8
	Kimono	0.17	−0.0051	18.9	−1.10	0.0319	6.3
	ParkScene	0.18	−0.0051	22.5	−2.56	0.0845	6.1
Class C	BasketballDrill	0.30	−0.0107	18.6	−1.31	0.0592	6.5
	BQMall	0.36	−0.0136	16.4	−1.11	0.0460	7.2
	PartyScene	0.38	−0.0155	16.9	−0.72	0.0257	6.3
Class D	BasketballPass	0.69	−0.0289	23.7	−0.85	0.0231	7.4
	RaceHorses	0.77	−0.0327	17.0	−0.63	0.0196	5.6
Class E	FourPeople	—	—	—	−2.77	0.1063	9.7
	Johnny	0.09	−0.0028	28.1	−1.35	0.0579	9.9
	KristenAndSara	0.31	−0.0080	29.4	−1.73	0.0752	8.8
平均值		0.32	−0.0112	21.2	−1.74	0.0615	7.7

本节提出的 FPICNN 算法与文献[20]的算法都利用卷积神经网络对 HEVC 的分数像素插值算法进行了优化改进，文献[20]的算法通过对高分辨率图像块进行平滑滤波及下采样的方式制作数据集，改进了 HEVC 中的 1/2 像素插值算法。而本节采用的 FPICNN 算法通过利用 HEVC 中的运动补偿模块来生成数据集，且对 HEVC 中的 1/2 及 1/4 的像素插值算法都进行了优化。表 2-17 所

示为 FPICNN 算法与文献[20]算法的编码质量的对比结果。通过对比可以看出 FPICNN 算法平均降低了 1.7%的码率，优于文献[20]的算法。

表 2-17　FPICNN 算法与文献[20]的编码质量对比结果

类　　别	视频序列	文献[20]算法 BDBR/%	FPICNN 算法 BDBR/%
Class A	PeopleOnStreet	—	−3.5
	Traffic	—	−3.2
Class B	BasketballDrive	−1.3	−1.5
	BQTerrace	−3.2	−2.5
	Cactus	−0.8	−1.1
	Kimono	−1.1	−1.1
	ParkScene	−0.4	−2.5
Class C	BasketballDrill	−1.2	−1.3
	BQMall	−0.9	−1.1
	PartyScene	0.2	−0.7
Class D	BasketballPass	−1.3	−0.8
	RaceHorses	−0.8	−0.6
Class E	FourPeople	−1.3	−2.7
	Johnny	−1.2	−1.3
	KristenAndSara	−1.0	−1.7
平均值		−1.1	−1.7

2.4　HEVC 内插值滤波器的高效 VLSI 架构设计与实现

2.4.1　快速内插值滤波算法

运动估计中的模式判定是 HEVC 中占据编码时间最多的部分。在最初的 HEVC 设计中，帧间预测有 4 种不同的划分模式：两种方形划分模式（2N×2N 和 N×N）和两种对称运动划分（Symmetric Motion Partition，SMP）模式（2N×N 和 N×2N）。为了对这 4 种模式进行补充，非对称运动划分（Asymmetric Motion Partition，AMP）模式被引入 HEVC 标准中。非对称运动划分模式包括 4 种划分模式：2N×nU、2N×nD、nR×2N 和 nL×2N，在水平或垂直方向上将编码块分为两个不对称的预测块。在 HEVC 标准中，最大的预测单元尺寸是 64×64。所以它可以被分割成 21 种不同大小的子预测单元（在插值滤波的操作过程中没有 4×4 的模式），如表 2-18 所示。所有可能的预测模式都要被遍历计算，具有最小的率失真代价的模式将被采用。

表 2-18　帧间预测过程中预测单元的划分模式

N	子预测单元尺寸
4	4×4　8×4　4×8
8	8×8　16×8　8×16　16×4　16×12　4×16　12×16
16	16×16　32×16　16×32　32×8　32×24　8×32　24×32
32	64×64　32×32　64×32　32×64

在帧间预测的模式判定中,用一种完全查找算法遍历所有可能的块尺寸,将结果从整数像素精度细化到分数像素精度。因此,这种完全查找算法可以保证最高的压缩性能。然而,随之带来的巨大的计算复杂度严重影响了模式判定的处理速度。另外,HEVC 标准的目标是处理全高清(1080P)和超高清视频(4K、8K 或更高)。对于 HEVC 编码器的硬件实现,如果需要执行所有可能的预测模式的插值滤波,硬件代价将非常高。因此,在 VLSI 架构的设计过程中,需要通过复用最小的处理单元来实现较大的预测单元的插值滤波。

针对预测单元可能出现的 8 种不同的划分方式,一种基于四像素插值单元和一种基于八像素插值单元的架构被提出。基于四像素插值单元的架构可以处理一个 CTU 中所有不同大小的子预测单元,但它需要更多的硬件代价和处理时间,所以很难用四像素插值单元来实现插值滤波的实时处理。而基于八像素插值单元的架构不能处理 4×8、4×16、8×4、16×4、12×16 和 16×12 这几种尺寸的预测单元。根据分辨率不同,视频序列可以分为 5 类,包括 A 类(2560×1600)、B 类(1920×1080)、C 类(832×480)、D 类(416×240)和 E 类(1280×720)。低延迟配置下 HEVC 参考软件 HM15.0 的预测单元划分统计结果如表 2-19 所示,统计的尺寸范围从 64×到 4×。64×(PU 的宽度等于 64)的分类包括 64×32 和 64×64 两种预测单元。32×(PU 的宽度等于 32)的分类包含 32×8、32×16、32×24、24×32、32×64 和 32×32 六种预测单元(由于 24×32 尺寸的出现次数很少,在统计的过程中将它划分到 32×的分类中,而不将其单独分成一类)。16×(PU 的宽度等于 16)的分类包括 16×8、16×16 和 16×32 三种预测单元。8×(PU 的宽度等于 8)的分类包括 8×8、8×16 和 8×32 三种预测单元。4×(PU 的宽度等于 4)的分类包括 4×8、4×16、8×4、16×4、12×16 和 16×12 六种预测单元(由于 8×4、16×4、12×16 和 16×12 这四种预测单元不能用八像素插值单元进行处理,所以也被划入 4×的分类中)。4×分类的预测单元只占全部预测单元的 3.52%,然而它却给 VLSI 设计带来了难以接受的硬件代价。

表 2-19 低延迟配置下 HEVC 参考软件 HM15.0 的预测单元划分统计结果(单位:个)

尺 寸	类 别				
	Class A	Class B	Class C	Class D	Class E
64×	5361	2663	454	88	1703
32×	9945	5751	937	255	1229
16×	19654	8994	2307	876	2193
8×	28408	9261	4232	1409	2098
4×	2582	502	426	150	97
总和	65950	26771	8356	2778	7320

根据以上分析,本书设计了一种快速的、对硬件友好的插值算法,采用基于八像素插值滤波单元的架构,跳过所有的 4×分类的子预测单元(4×8、4×16、8×4、16×4、12×16 和 16×12)。图 2-33 所示为快速插值算法的顶层框图。

根据提出的快速插值算法重新整理插值滤波器的划分模式,如表 2-20 所示。根据新的划分模式和提出的快速插值算法,本书采用 8×分类的预测单元的复用拼接来实现较大预测单元的插值滤波。

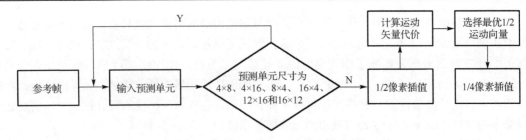

图 2-33　快速插值算法的顶层框图

表 2-20　改进的插值滤波器的划分模式

预测单元模块	子预测单元尺寸
8×	8×8、8×16、8×32
16×	16×8、16×16、16×32
24×	24×32
32×	32×8、32×16、32×24、32×32、32×64
64×	64×32、64×64

2.4.2　高效插值滤波器 VLSI 架构

1. 插值滤波的数据路径复用

分数点运动估计首先对整数查找位置执行一次 1/2 像素的插值，然后在最优 1/2 像素周围进行 1/4 像素的插值。在 2.3.1 小节中介绍的插值算法中，1/4 像素的插值操作是在垂直方向上对 1/2 像素的水平插值结果进行插值。在对一个 64×64 的 CU 进行插值的过程中，总共需要 $2\times(64+1)\times(64+8)\times(8+6)=131\ 040$ 字节的片上 SRAM，硬件实现的面积代价非常大。下面提出一种三级可复用的插值结构，用于 1/2 和 1/4 像素的插值。通过采用这种结构，无须存储插值的中间结果，因此，可以节省 131 040 字节的 SRAM。

图 2-34 所示为插值处理器的复用数据路径。在三级可复用结构中，总共有 3 个水平滤波器（第一级上的 H_F1/4、H_F2/4、H_F3/4）和八个垂直滤波器（第二级和第三级上的 V_F1/4、V_F2/4、V_F3/4）。

第一级有 3 个水平滤波器。对于图 2-34（a）所示的第一轮：1/2 像素插值，水平滤波器 H_F2/4 打开，而另外两个水平滤波器关闭。1/2 像素 $b_{0,0}$ 利用 H_F2/4 在水平方向上对整数像素 A 进行插值得到。对于图 2-34（b）所示的第二轮：1/4 像素插值，3 个水平滤波器都被打开。$a_{0,0}$、$b_{0,0}$ 和 $c_{0,0}$ 分别利用 H_F1/4、H_F2/4、H_F3/4 在水平方向上对整数像素 A 进行插值得到。

第二级包含 4 个垂直滤波器。这 4 个滤波器只在第二轮的 1/4 像素插值过程中工作。1/4 像素 $e_{0,0}$ 和 $p_{,0}$ 分别使用 V_F1/4 和 V_F3/4 对 1/2 像素 a 进行垂直方向上的插值得到。与之相似，1/4 像素 $g_{0,0}$ 和 $r_{0,0}$ 分别使用 V_F1/4 和 V_F3/4 对 1/4 像素 c 进行垂直方向上的插值得到。

第三级也包含 4 个垂直滤波器。第二级和第三级的 4 个垂直滤波器的差别在于第三级的垂直滤波器的数据输入是不确定的。在第一轮插值过程中，1/2 像素 $h_{0,0}$ 和 $j_{0,0}$ 分别通过使用两个 V_F2/4 在垂直方向上对整数像素 A 和 1/2 像素 b 进行插值得到。在第二轮插值过程中，如果 1/2 插值的最优运动矢量的垂直分量不等于 0，则 1/4 像素 $i_{0,0}$ 和 $k_{0,0}$ 分别通过使用两个 V_F2/4 在垂直方向上对 1/2 像素 a 和 c 进行插值得到。如果 1/2 插值的最优运动矢量的水平分量等于 0，1/4 像素 $d_{0,0}$ 和 $n_{0,0}$ 分别通过使用 V_F1/4 和 V_F3/4 在垂直方向上对整数像素 A 进行插值得到；否则 1/4 像素 $f_{0,0}$ 和 $q_{0,0}$ 分别通过使用 V_F1/4 和 V_F3/4 在垂直方向上对 1/2 像素 b 进行插值得到。

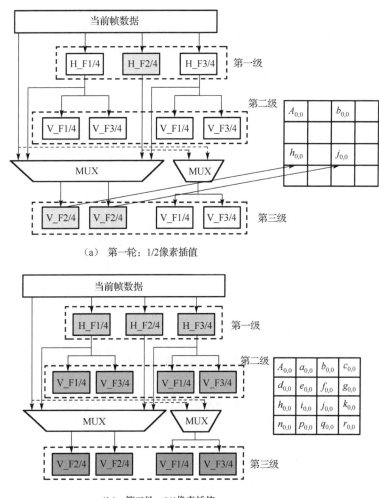

（a）第一轮：1/2像素插值

（b）第二轮：1/4像素插值

图 2-34　插值滤波器的复用数据路径

从上述插值滤波器的复用数据路径可以看出，所有在 1/2 像素插值中使用的水平滤波器和垂直滤波器在 1/4 像素插值过程中都可以进行复用。此外，一些插值滤波单元还可以被不同的 1/4 像素位置复用。这种复用结构可以显著减少硬件实现过程中的面积代价。

2. 高效的存储组织模式

在插值滤波器的 VLSI 架构实现过程中，基于八像素插值单元的架构被用来提高处理速度和降低硬件代价。由于在优化的算法中，每个预测单元都可以被划分为多个 8×的像素块，所以八像素插值单元可以处理帧间预测过程中所有的预测单元。

　　每个 8×8 的像素块周围额外的 4 个像素块也被作为 8 抽头插值滤波器的输入。所以滤波窗口的尺寸应该是(4+8+4)×(4+8+4)=16×16，输入数据的位宽应该是 16 像素。扫描顺序是垂直方向，相邻的 8×8 的像素块可以复用重叠区域的像素，以减少对片上 SRAM 的数据访问。

　　在进行子像素插值操作之前需要合理地配置参考像素的输入来减少数据传输。在本书的设计中，SRAM 被用来存储输入的参考像素。最大的预测单元的尺寸是 64×64，在预测单元周围也需要额外的 4 个参考像素，所以参考数据矩阵的尺寸实际是 72×72。由于处理单元宽度的变化范围是 8～64，所以 72×72 的像素矩阵以 9 像素为宽度单位分别进行存储，如图 2-35 所示。为了存储 72×72 的像素矩阵，总共需要 8 片 SRAM。根据这种存储组织方式，当处理 8×的处理单元时，只有 SRAM0 和 SRAM1 是打开的，其他几片 SRAM 都是关闭的，没有数据传输。只有当处理单元的宽度是 64 时，所有的 SRAM 都被用来存储和传输输入的参考数据。

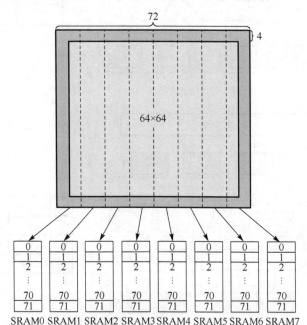

图 2-35　插值滤波器的存储组织模式

3. 可重构的并行流水插值滤波器结构

　　（1）并行流水插值滤波器。根据 2.4.2 小节中的分析，在本书讲解的插值滤波器中，八像素插值单元被选作基本单元。图 2-36 所示为并行流水八像素插值滤波器架构。这种插值滤波器可以适应改进算法中所有不同的块尺寸。例如，一个 16×16 的预测块可以被划分为两个 8×16 的子块进行处理。而对于一个 64×64 编码单元的插值，需要将八像素插值单元复用 8 次。

　　在图 2-36 中，h_f 是 8 抽头水平插值滤波器，v_f 是 8 抽头垂直插值滤波器。在 1/2 像素插值的过程中，对一个整数像素点，需要计算它周围 8 个 1/2 像素的插值结果，而其中的 5 个 1/2 像素都不在这个整数像素点所在的像素块内。在完成 1/2 像素的插值之后，需要对 1/2 像素的最优运动矢量周围的 8 个 1/4 像素进行插值。需要进行插值的 1/4 像素也不一定位于整数像素点所在的像素块内。所以在保存水平插值的中间结果时，要同时考虑保存足够的数据和节省存储空间的问题。因此，总共采用了 9 个 8 抽头水平插值滤波器（h_f0～h_f8）。在对 1/2 像素进行插值时，9 个滤波结果都要作为输出。而对 1/4 像素进行插值时，需要根据运动矢量的范围选择 8 个滤波结果作为输出。在完成水平插值滤波后，垂直插值滤波器将读取水平插值的结果。在垂直插值滤波器中有 8 个移位寄存器，水平插值滤波器的输出数据按顺序存储在这些移位寄存器里。当这 8 个移位寄存器存满来自水平插值滤波器的输出数据时，垂直插值滤波器就开始工作。

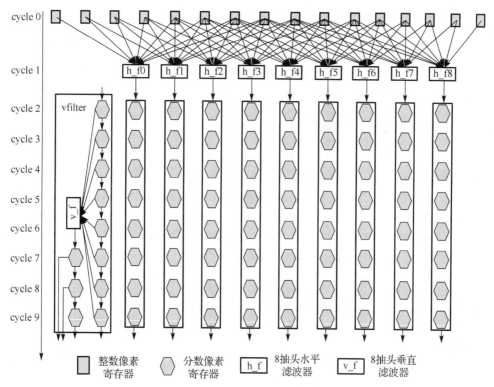

图 2-36　并行流水八像素插值滤波器架构

插值滤波器的流水滤波操作如下。

步骤一：插值滤波器从第一行开始读取参考整数像素，共读入 16 个参考数据，编号为 0～15。

步骤二：水平插值滤波器 h_f0 读取第一行的整数像素 0～7，滤波器 h_f1 读取整数像素 1～8，以此类推，这 16 个像素应用相应的水平插值滤波器进行插值。

步骤三：从水平插值滤波器输出的第一行已滤波数据被写入垂直插值滤波器 v_f 的移位寄存器中。通过重复第一步和第二步的操作，可以将后面几行已滤波数据写入移位寄存器中。

步骤四：当 v_f 的移位寄存器中有了 8 行数据时，8 抽头垂直插值滤波器就开始工作，即可得到第一行的滤波结果。

步骤五：当 v_f 开始对第一到第八行的像素进行滤波时，第九行的参考像素即可被水平插值滤波器 h_f 插值。之后第九行的水平滤波结果就可以写入移位寄存器中由第一行数据空出的位置，垂直插值滤波器就可以对第二行到第九行的数据进行滤波。

根据上述五步操作，八像素插值单元就可以执行流水滤波操作，一个时钟循环就可以获得一组插值滤波的最终结果。

（2）可重构的插值单元。表 2-21 所示为三种类型的插值滤波器的系数。从表 2-21 中的数据可以看出，A 类型和 C 类型的插值滤波器的系数是相反的。因此，只需要反转输入参考像素的顺序，这两种类型的插值滤波器就可以共享同一套硬件结构。

表 2-21　三种类型的插值滤波器的系数

类　　型	系　　数
A	[-1,4,-10,58,17,-5,1]
B	[-1,4,-11,40,40,-11,4,-1]
C	[1,-5,17,58,-10,4,-1]

在 HEVC 中，7 抽头和 8 抽头插值滤波器都可以用移位器、加法器和减法器来实现。这三种类型的滤波器在硬件实现中共需要 33 个加法器（A 类型需要 12 个加法器，B 类型需要 9 个加法器，C 类型需要 12 个加法器）和 14 个移位器（A 类型需要 5 个移位器，B 类型需要 4 个移位器，C 类型需要 5 个移位器）。

插值滤波器的可重构架构如图 2-37 所示，其中，A～H 分别表示 8 个输入参考像素。水平滤波器和垂直滤波器的结构是相同的。与原始实现方法的 33 个加法器和 14 个移位器相比，图 2-37 中的 A 类型和 B 类型插值滤波器共需要 19 个加法器（A 类型需要 10 个加法器，B 类型需要 9 个加法器）和 8 个移位器（A 类型和 B 类型各需要 4 个移位器）。由于在插值过程中，三种类型的滤波器同时只有一种类型 F 在工作，A 类型和 C 类型可以共享一套插值滤波器的优化结构。因此，本书提出的插值滤波器的可重构架构可以节省大量的硬件面积。

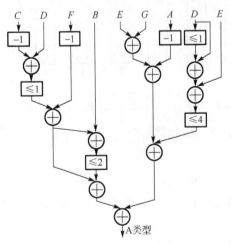

（a）A 类型插值滤波器　　　　　　　　　（b）B 类型插值滤波器

图 2-37　插值滤波器的可重构架构

2.4.3 实验结果与分析

1. 改进算法的编码性能分析

为了评价设计的快速插值算法的编码性能,本书将改进算法嵌入 HEVC 测试模型 HM15.0 中,在低复杂度的配置条件下对改进算法和原始算法的编码性能进行了测试。使用五大类中的 14 个典型视频序列在 QP={22,27,32,37}的条件下进行测试。根据分辨率,常用的视频序列被分成五类,包括 A 类(2560×1600)、B 类(1920×1080)、C 类(832×480)、D 类(416×240)和 E 类(1280×720)。编码性能使用峰值信噪比(Peak Signal-to-Noise Rate,PSNR)和码率(Bit Rate,BR)来测量。计算复杂度使用编码时间来测量。

峰值信噪比是最常用的评价图像和视频的客观质量的方法。在视频编码的过程中,输出的视频会在某种程度上与原始视频有所不同,所以通常使用 PSNR 来衡量视频编码引入的质量损失。它是原始图像与输出图像之间的均方误差(MSE)跟采样信号最大值平方的比值。对于 $m×n$ 的图像,假设原始像为 I,编码输出图像为 K,它们的均方误差的定义如下:

$$\text{MSE} = \frac{1}{mn} \sum_{i=0}^{m-1} \sum_{j=0}^{n-1} \left\| I(i,j) - K(i,j) \right\|^2 \tag{2-38}$$

峰值信噪比的定义为式(2-39),其中,n 是每个采样信号的比特数。

$$\text{PSNR} = 10 \times \log_{10} \left(\frac{(2^n - 1)^2}{\text{MSE}} \right) \tag{2-39}$$

BDPSNR 和 BDBR 用来表示峰值信噪比和码率的平均差值。平均差值计算的基本概念如下。

(1)建立一个穿过 4 个数据点的曲线(这 4 个数据点分别表示在 QP=(22,27,32,37)时获得的 PSNR 值或 BR 值)。

(2)根据建立的曲线找到曲线的积分表达式。

(3)计算由整数间隔分割的积分值之间的平均差值。

表 2-22 所示为本文提出的快速插值算法与 HEVC 基本算法的性能比较。从表 2-22 中可以看出,本文算法对所有的视频序列都可以节省大量编码时间,平均能够降低 19.6%的编码时间。另一方面,改进算法造成的图像质量损失非常小,PSNR 平均下降了约 0.05dB,这说明大部分视频序列在插值滤波过程中对 4×的预测单元不敏感,本文提出的快速插值算法可以高效地完成插值滤波操作。此外,这种快速插值算法还可以降低 VLSI 架构设计过程中的硬件代价。

表 2-22 本文提出的快速插值算法与 HEVC 基本算法的性能比较

类 别	测试序列	BDPSNR/dB	BDBR/%	时间节省/%
Class A	PeopleOnStreet	−0.0458	1.14	21.9
	Traffic	−0.0165	0.58	19.4
Class B	BasketballDrive	−0.0136	0.60	19.9
	BQTerrace	−0.0138	0.83	18.9
	Cactus	−0.0299	1.35	19.6

续表

类　　别	测试序列	BDPSNR/dB	BDBR/%	时间节省/%
	PartyScene	−0.0611	2.84	20.2
Class C	Flowervase	−0.0961	1.36	17.1
	BasketballDrill	−0.0275	0.77	18.9
	BasketballPass	−0.1071	2.46	21.0
Class D	BlowingBubbles	−0.1131	2.81	21.0
	Keiba	−0.1109	2.31	21.4
	Johnny	−0.0314	1.08	17.4
Class E	KristenAndSara	−0.0392	1.23	17.2
	Vidyo4	−0.0173	0.71	18.0
平均值		−0.0516	1.41	19.6

2. 硬件实现结果

本文提出的插值滤波器结构使用 Verilog HDL 语言进行描述，运用 SMIC 90nm 标准单元库进行综合。表 2-23 所示为本文的插值结构与其他研究工作的性能比较。

表 2-23　本文的插值架构与其他研究工作的性能比较

	文献[23]	文献[24]	文献[25]	文献[26]	本文的 4×插值结构	本文的 8×插值结构
针对标准	H.264	HEVC	HEVC	HEVC	HEVC	HEVC
CMOS 技术	0.18μm	40nm	90nm	90nm	90nm	90nm
基本处理单元	4×	8×	64×	8×	4×	8×
面积/千门	26.3	45.2	211.7	32.5	92.1	37.2
处理速度/（像素/循环）	0.89	2.58	N/A	1.46	6.7	13.4
最大频率/MHz	133	200	400	200	85.5	240
吞吐率/（G 像素/秒）	0.071	0.344	N/A	0.195	0.382	2.144
目标分辨率	1080P	QFHD	1080P	QFHD	QFHD	SHV

在最差的工作环境下（0.9V，125℃），通过使用 90nm 的 CMOS 标准库，插值滤波器的总面积是 37.2 千门，最高工作频率是 240MHz，吞吐率可以达到 13.4×240/1.5=2144M 像素/秒=2.144G 像素/秒。对于分辨率为 7680×4320 的 8K 超高清视频，每帧图像包含 7680×4320=0.033G 像素，因此本文的插值滤波器可以支持对 8K@65fps 超高清视频的实时处理。

与基于四像素插值单元的结构相比，本文基于八像素插值单元的结构可以节省 52%左右的硬件面积。与文献[24]中的结构相比，本文的结构可以节省 18%左右的硬件面积。文献[25]中的方法使用了并行度为 8 的处理结构，可以获得 400MHz 的工作频率，但它的硬件实现面积远超过其他方法。本文的插值滤波器结构每个时钟循环可以处理 13.4 个像素，是文献[24]和文献[25]的 5～9 倍。

参 考 文 献

[1]　Pan Z, Kwong S, MingTing, et al. Early MERGE Mode Decision Based on Motion Estimation and

Hierarchical Depth Correlation for HEVC[J]. IEEE Transactions on Broadcasting, 2014, 60(2): 405-412.

[2] Kim K Y, Kim S M, Park G H, et al. CU-based Merge Candidate List Construction Method for HEVC[J]. Journal of Broadcast Engineering, 2012, 17(2): 422-425.

[3] Lin J L, Chen Y W, Huang Y W, et al. Motion Vector Coding in the HEVC Standard[J]. IEEE Journal of Selected Topics in Signal Processing, 2013, 7(6): 957-968.

[4] Liu L K, Feig E. A Block-based Gradient Descent Search Algorithm for Block Motion Estimation in Video Coding[J]. IEEE Transactions on Circuits and Systems for Video Technology, 1996, 6(4): 419-422.

[5] Zhu C, Xiao L, Chau P, et al. Hexagon-based Search Pattern for Fast Block Motion Estimation[J]. IEEE Transactions on Circuits and Systems for Video Technology, 2009, 12(5): 349-355.

[6] Tang X L, Dai S K, Yang Z H. An Analysis of TZSearch Algorithm in Joint Multiview Video Coding[J]. Journal of Huaqiao University, 2011.

[7] Bellers E B, Haan G D. Analysis of Subpixel Motion Estimation[C]. Electronic Imaging. International Society for Optics and Photonics, 1998.

[8] Ugur K, Alshin A, Alshina E, et al. Motion Compensated Prediction and Interpolation Filter Design in H. 265/HEVC[J]. IEEE Journal of Selected Topics in Signal Processing, 2013, 7(6): 946-956.

[9] Kim I K, Min J, Lee T, et al. Block Partitioning Structure in the HEVC Standard[J]. IEEE Transactions on Circuits and Systems for Video Technology, 2013, 22(12): 1697-1706.

[10] Sullivan G J, Wiegand T. Rate-distortion Optimization for Video Compression[J]. IEEE Signal Processing Magazine, 1998, 15(6): 74-90.

[11] Yang E H, Yu X. Rate Distortion Optimization for H. 264 Interframe Coding: A General Framework and Algorithms[J]. IEEE Transactions on Image Processing, 2007, 16(7): 1774.

[12] Choi K, Park S H, Jang E S. Coding Tree Pruning based CU Early Termination[C]. Doc. JCTVC-F092, ITU-T SG16 WP3 and ISO/IEC JTC1/SC29WG11, Torino, IT, 2011, 7: 14-22.

[13] Yang J, Kim J, Won K, et al. Early SKIP Detection for HEVC[C]. Doc. JCTVC-G543, ITU-T SG16 WP3 and ISO/IEC JTC1/SC29WG11, Geneva, CH, 2011, 9: 21-30.

[14] Gweon R H, Lee Y L, Lim J. Early Termination of CU Encoding to Reduce HEVC Complexity[C]. Doc. JCTVC-F045, ITU-T SG16 WP3 and ISO/IEC JTC1/SC29WG11, Torino, IT, 2011, 7: 14-22.

[15] 单娜娜, 周巍, 段哲民, 等. 高性能视频编码帧间预测的单元划分优化算法[J]. 电子与信息学报, 2016, 38(5): 1194-1201.

[16] Keys R G. Cubic Convolution Interpolation for Digital Image Processing[J]. IEEE Transactions on Acoustics Speech and Signal Processing, 2003, 29(6): 1153-1160.

[17] Duchon C E. Lanczos Filtering in One and Two Dimensions[J]. Journal of Applied Meteorology, 1979, 18(8): 1016-1022.

[18] Lu J, Zhang P, Chao H, et al. An Integrated Algorithm for Fractional Pixel Interpolation and Motion Estimation of H. 264[C]. Data Compression Conference. IEEE Computer Society, 2010.

[19] Liu Z. HEVC Fast FME Algorithm using IME RD-Costs based Error Surface Fitting Scheme[C]. Visual Communications and Image Processing. IEEE, 2017.

[20] Yan N, Liu D, Li H, et al. A Convolutional Neural Network Approach for Half-Pel Interpolation in Video Coding[C]. IEEE International Symposium on Circuits and Systems, Baltimore, 2017.

[21] 艾青. 基于卷积神经网络的 HEVC 关键技术研究[D]. 西安: 西北工业大学，2019.

[22] 连晓聪，周巍，段哲民，等. 一种高效视频编码插值滤波器 VLSI 架构设计[J]. 计算机工程，2015, 41(4): 257-262.

[23] Zhou D, Liu P. A Hardware-Efficient Dual-Standard VLSI Architecture for MC Interpolation in AVS and H. 264[J]. IEEE International Symposium on Circuits and Systems (ISCAS), 2007: 2910-2913.

[24] Huang C, Juvekar C, Tikekar M, et al. HEVC Interpolation Filter Architecture for Quad Full HD Decoding[C]. IEEE Conference on Visual Communications and Image Processing (VCIP), 2013: 1-5.

[25] Pastuszak G, Trochimiuk M. Architecture Design and Efficiency Evaluation for the High-Throughput Interpolation in the HEVC Encoder[C]. Euromicro Conference on Digital System Design, 2013: 423-428.

[26] Guo Z, Zhou D, Guto S. An Optimized MC Interpolation Architecture for HEVC[C]. IEEE International Conference on Acoustics, Speech and Signal Processing (ICASSP), 2012: 1117-1120.

[27] Xiong J, Li H, Wu Q, et al. A Fast HEVC Inter CU Selection Method Based on Pyramid Motion Divergence[J]. IEEE Transactions on Multimedia, 2014, 16(2):559-564.

[28] Han S L, Kim K Y, Kim T R, et al. Fast Encoding Algorithm based on Depth of Coding-Unit for High Efficiency Video Coding[J]. Optical Engineering, 2012, 51(6):067402-067402-11.

[29] Shen L, Zhang Z, Liu Z. Adaptive Inter-Mode Decision for HEVC Jointly Utilizing Inter-Level and Spatiotemporal Correlations[J]. IEEE Transactions on Circuits and Systems for Video Technology, 2014, 24(10):1709-1722.

第3章 帧内预测

3.1 HEVC中的帧内预测方法

3.1.1 帧内预测

帧内预测是利用视频图像空间域的相关性，使用当前图像已编码像素点来对当前编码像素进行预测，去除视频空域冗余的过程。

一帧视频图像是由大量缓慢变化的像素点构成的，统计数据表明，不同像素点在空域上离得越近，其相关性就越强，即邻近像素点的像素值产生突变的概率很小，那么当前像素点可由相邻几个像素点的加权和作为其预测值。在传输过程中，可以只传送实际像素值与其预测像素值的差值信号，由于相邻像素之间有较强的相关性，所以其预测残差往往很小，从而可以实现压缩编码。

如图 3-1 所示，一个 $N \times N$ 的图像块（白色区域）的原始像素值为 $S_{x,y}$，利用其左邻及上邻（灰色区域）已编码的像素 $R_{x,y}$ 来进行预测，可以得到预测值 $P_{x,y}$。编码时，对 $S-P=D$ 进行编码；解码时，利用 $S=P+D$ 恢复原始图像。

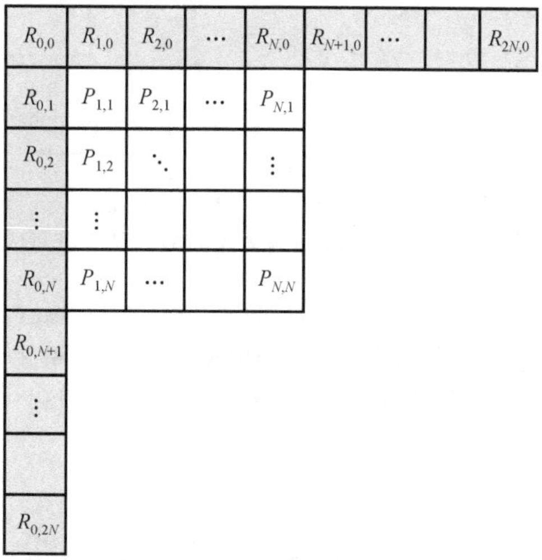

图 3-1 $N \times N$ 的图像块的参考值 $R_{x,y}$ 与预测值 $P_{x,y}$

上述为帧内预测编码的基本原理，实际中的帧内预测处理要复杂得多，为了得到最佳的压缩效果，往往要考虑块的大小、多种预测方式的搜索、预测评判标准（码率与最优失真结果）等问题。

就帧内预测模式而言，HEVC 与 H.264 类似，可分为 3 类：Planar 预测模式、DC 预测模式及角度预测模式。DC 预测模式和 Planar 预测模式都继承了 H.264 中的方法，但角度预测模式的个数增加到了 33 种。35 种帧内预测模式的编号和角度对应如图 3-2 所示。

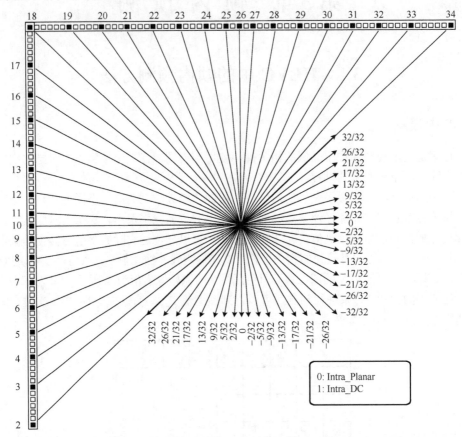

图 3-2　35 种帧内预测模式的编号和角度对应

与 H.264 相比，HEVC 标准的帧内预测算法的复杂度有所提高，但由此带来的则是预测精度的提高，能够更好地适应高清视频的编码需求。HEVC 帧内预测单元（PU）包含 4×4、8×8、16×16 和 64×64 共 4 种尺寸，不同尺寸的预测块在同一预测模式下的预测方法是相同的，下面以 4×4 的预测块为例对 HEVC 帧内预测方法进行简要介绍。

1. DC 预测模式

DC 预测模式通常用于大面积平坦区域的预测。当前块的预测值可通过计算其左边和上边（不包括左上角、左下方及右上方）的参考像素的平均值得到。对于 CU 中不同位置的 PU，相应的算法操作也有所区别。如图 3-3 所示，按照当前预测单元上方及左侧的参考像素是否存在可分成以下 4 种情况进行讨论。

情况 1：PU 上方和左侧的参考像素均存在。

情况 2：PU 上方的参考像素存在，而 PU 左侧的参考像素不存在。

情况 3：PU 上方的参考像素不存在，而 PU 左侧的参考像素存在。

情况 4：PU 上方和左侧的参考像素均不存在。

在情况 1 中，在通过得到 PU 上方及左侧的参考像素值的平均值后，还需要对 PU 上边一行和左边一列的均值像素进行滤波操作，才能得到 PU 各点像素的预测值；而对于其他不需要进行滤波操作的像素点而言，该平均值就是其预测值。

在情况 2 与情况 3 中，对参考像素求平均值即可求得当前 PU 的预测值。

在情况 4 中，当前 PU 的预测值可以通过搜索相邻 CU 的末位值得到。

下面以计算过程相对复杂的情况 1 为例来说明 DC 预测模式的计算过程，其他情况可以此类推。

如图 3-4 所示，A、B、C、D 为当前 PU 上方的参考像素，F、G、H、I 为当前 PU 左侧的参考像素，将左上角位置的像素作为 0 点，设定横轴为 X 轴，纵轴为 Y 轴，DC 预测模式的计算式如式（3-1）所示，其中，N 指当前 PU 的宽度。

$$\text{DCvalue} = \left(\sum_{x=1}^{N} R_{x,0} + \sum_{x=1}^{N} R_{0,y} + N \right) \gg \log_2 N + 1 \tag{3-1}$$

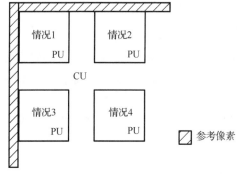

图 3-3　PU 在 CU 中的不同情况

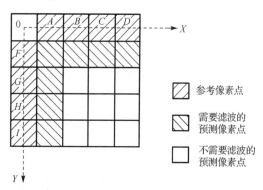

图 3-4　DC 预测模式的算法示意图

针对图 3-3 中的情况 1，在计算得到平均值 DCvalue 后，还要对图 3-4 中右斜线位置的像素点进行滤波操作后才能得到其预测值。滤波计算公式如下所示（p：滤波后的像素值）。

$$p_{1,1} = (R_{1,0} + R_{0,1} + 2 \times \text{DCvalue} + 2) \gg 2 \tag{3-2}$$

$$p_{x,1} = (R_{x,0} + 3 \times \text{DCvalue} + 2) \gg 2, \quad x = 2, 3, 4, \cdots, N \tag{3-3}$$

$$p_{1,y} = (R_{0,y} + 3 \times \text{DCvalue} + 2) \gg 2, \quad y = 2, 3, 4, \cdots, N \tag{3-4}$$

对于不需要进行滤波操作的像素点，即图 3-4 中的白色像素点，其预测值的计算式为

$$p_{x,y} = \text{DCvalue}, \quad x, y = 2, 3, 4, \cdots, N \tag{3-5}$$

2. Planar 预测模式

Planar 预测模式适用于纹理相对平缓的图像区域。对于各个编码宏块而言，它不但能保持图像宏块边界良好的连续性，而且可以利用平面梯度信号随像素值的变化趋势而变化。在 Planar 预

测模式下，可以将预测像素 $P_{x,y}$ 看作水平、垂直两个方向上的预测值的平均值，如图 3-5 所示。计算方法如下：

$$P_{x,y}^{\mathrm{H}} = (N-x)\cdot R_{0,y} + x\cdot R_{N+1,0} \tag{3-6}$$

$$P_{x,y}^{\mathrm{V}} = (N-y)\cdot R_{x,0} + y\cdot R_{0,N+1} \tag{3-7}$$

$$P_{x,y} = (P_{x,y}^{\mathrm{H}} + P_{x,y}^{\mathrm{V}} + N) \gg \log_2 N + 1 \tag{3-8}$$

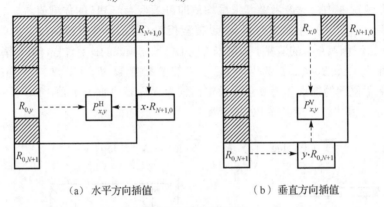

（a）水平方向插值　　　　　　　　　　（b）垂直方向插值

图 3-5　双线性插值

当宏块以 Planar 预测模式进行预测编码时，它右上方和左下方的预测像素值会被编码到信号流中，这两个像素再分别与左侧和上侧的参考像素进行线性插值，中间的预测像素值可以通过边界双线性插值获得。图 3-6 所示为 4×4 大小的 PU 的 Planar 预测模式算法示意图，其中，A、B、C、D、E 为 PU 上侧的参考像素，F、G、H、I、J 为 PU 左侧的参考像素，左上角的像素位置作为 0 点，横轴为 X 轴，纵轴为 Y 轴。

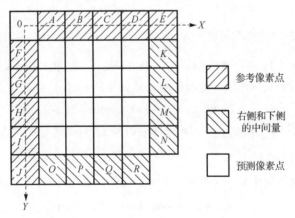

图 3-6　4×4 大小的 PU 的 Planar 预测模式算法示意图

利用右上角的参考像素 E 和左侧的参考像素 F、G、H、I 可以推导出右侧的参考像素 K、L、M、N，即

$$K = E - F, \quad L = E - G, \quad M = E - H, \quad N = E - I \tag{3-9}$$

利用左下角的参考像素 J 及上侧的参考像素 A、B、C 可以推导出下侧的参考像素 O、P、Q、R，即

$$O = J - A, \quad P = J - B, \quad Q = J - C, \quad R = J - D \tag{3-10}$$

PU 第 1 行像素的预测值的计算方法如式（3-11）所示，其中，N 为当前 PU 的宽度，$n=\log_2 N+1$：

$$P_{x,1} = (N \cdot R_{x,0} + N \cdot F + R_{x,5} + x \cdot K + N) \gg n \tag{3-11}$$

PU 第 2 行像素的预测值的计算式为

$$P_{x,2} = (N \cdot R_{x,0} + N \cdot G + 2 \cdot R_{x,5} + x \cdot L + N) \gg n \tag{3-12}$$

PU 第 3 行像素的预测值的计算式为

$$P_{x,3} = (N \cdot R_{x,0} + N \cdot H + 3 \cdot R_{x,5} + x \cdot M + N) \gg n \tag{3-13}$$

PU 第 4 行像素的预测值的计算式为

$$P_{x,4} = (N \cdot R_{x,0} + N \cdot I + 4 \cdot R_{x,5} + x \cdot T + N) \gg n \tag{3-14}$$

3. 角度预测模式

33 种角度预测模式可划分为水平预测模式和垂直预测模式两大类，其中，水平预测模式包括模式 2～17，垂直预测模式包括模式 18～34，每种角度预测模式都相当于在水平或垂直方向上进行了一次偏移，不同角度对应的偏移值不同。

如图 3-1 所示，当前 PU 中像素的预测值 $P_{x,y}$ 是通过给定预测方向在 1/32 像素精度的标准下在参考像素 $R_{x,y}$ 中的投影，选取距离该位置最近的两个参考像素进行线性插值运算得到的，以垂直预测方向为例，预测值的计算式为

$$P_{x,y} = [(32 - \omega_y) \cdot R_{i,0} + \omega_y \cdot R_{i+1,0} + 16] \gg 5 \tag{3-15}$$

其中，参数 w_y、C_y 与 i 的计算式分别为

$$\begin{aligned} w_y &= (y \cdot d) \,\&\, 31 \\ C_y &= (y \cdot d) \gg 5 \\ i &= x + C_y \end{aligned} \tag{3-16}$$

其中，w_y 为对应参考像素 $R_{i,0}$ 和 $R_{i+1,0}$ 之间的投影位置的两个参考样本的加权。d 表示当前预测方向朝参考像素方向的位移，i 用于计算参考像素的位置坐标。对于水平预测模式，若要计算 PU 中像素的预测值，只要把式中的 x 与 y 互换即可。

3.1.2 HEVC 帧内预测模式的决策过程

1. 粗略模式选择

HEVC 采用穷举的方式对 CU 从 64×64 的尺寸开始遍历，相应地，对每层编码单元进行预测时，都要完成 35 种预测模式的搜索；若是对每个预测模式都进行率失真优化计算，计算复杂度

会非常高，计算量也会非常大。为了提高编码效率，HEVC 参考模型 HM 引入了粗略模式选择（RMD）算法，该算法首先对 35 种帧内预测模式进行 HCost（粗略代价值）计算，然后选出 HCost比较低的几种预测模式作为参与率失真优化（RDO）计算的候选模式。不同尺寸的预测单元所保留的候选模式种数有所不同，预测单元大小和 RDO 候选模式种数之间的对应关系如表 3-1 所示。

表 3-1   预测单元大小和 RDO 候选模式种数之间的对应关系

预测单元大小	RDO 候选模式种数
4×4	8
8×8	8
16×16	3
32×32	3
64×64	3

2. 最有可能模式选择

HM4.0 及之后的版本加入了一种参考最有可能模式（Most Probable Mode，MPM）来对预测单元进行预测的算法。MPM 是参考空域中当前 PU 邻近的已编码像素单元获得的，由于邻近像素之间的相关性较强，所以 MPM 成为当前 PU 最佳预测模式的概率很高。

MPM 共有 3 个（下面用 3MPM 表示），主要利用当前预测单元左邻与上邻的编码单元的预测模式获得，如图 3-7 所示。假设 B_1 与 B_2 分别为当前 PU 左邻和上邻已经完成编码的预测单元，其相应的预测模式为 Mode1 与 Mode2，那么 MPM 的定义如下。

（1）若 B_1 与 B_2 的预测模式不同，那么前两个 MPM分别为 B_1 与 B_2 的预测模式，即 Mode1 和 Mode2，最后一个 MPM 的选择按照 Planar 预测、DC 预测及垂直预测的顺序依次进行，其选取原则是与前两个 MPM 不重复。

（2）如果 B_1 与 B_2 的预测方式相同，则需要对以下两种情况进行分析。

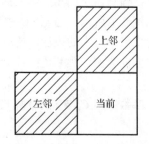

① 若 Mode1 与 Mode2 相同且非角度预测模式，则第一个 MPM 为 Mode1 或 Mode2，第二个与第三个 MPM 的选取则按照 Planar 预测、DC 预测及垂直预测的顺序依次进行。

图 3-7   当前预测单元的相邻预测单元

② 若 Mode1 与 Mode2 相同且均为角度预测模式，则第一个 MPM 为 Mode1 或 Mode2，第二个与第三个 MPM 为与 Mode1 或 Mode2 相邻的两个角度预测模式。

3. 帧内预测模式选择过程

首先，对当前 PU 进行 35 种帧内预测模式遍历，并计算其相应的 HCost，接着根据 HCost从小到大的顺序，选择前 N 种 HCost 最小的预测模式并将其添加到参与 RDO 计算的模式候选列表中。

其次，确定当前块的 3MPM，将其补充到候选模式列表中。

最后，遍历候选模式列表中 $N+3$MPM 种预测模式，并分别对其进行相应编码模式下的率失真代价计算，最终将率失真代价最小的预测模式作为当前 PU 的最佳预测模式。

帧内预测模式选择过程如图 3-8 所示。

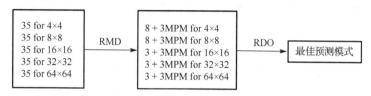

图 3-8　帧内预测模式选择过程

3.1.3 帧内预测 CU 的划分和选取

HEVC 采用四叉树结构进行编码单元划分，如图 3-9 所示，每个深度的 CU 都会对相应的 PU 进行 RMD 计算和 RDO 计算，最终获得每个深度的 CU 的最小率失真代价 RDCost 及其相应的最佳预测模式，然后比较划分前 CU 的 $RDCost_{2N}$ 与划分成 4 个子 CU 后的 $RDCost_N$ 之和的大小，如果划分前的率失真代价小，则编码时不对其进行子块划分，否则就将其划分成 4 个尺寸相同的子 CU 进行编码。利用这种方法可以确定 CTU 的最佳划分方案，使整个 CTU 的 RDCost 最小。

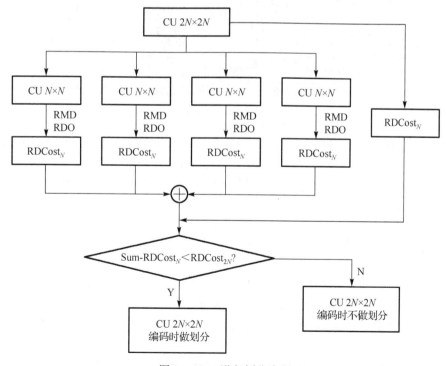

图 3-9　CU 递归划分流程

对于一个 64×64 的 CTU，若对其进行深度为 3 的划分，就会形成 $4^0+4^1+4^2+4^3=85$ 个 CU，对于 8×8 的 CU，相应的 PU 尺寸有 4×4 和 8×8 两种，每个 PU 对应 35 种预测模式。编码的时候，HEVC 需遍历每个尺寸的 CU，从 35 种预测模式中筛选出率失真代价最小的预测模式作为对应预测单元的最佳预测模式。由于 RMD、RDO 计算比较复杂，再结合 CU 的四叉树递归划分结构，因此帧内预测过程非常耗时。

HEVC 帧内预测有 4 种 CU 尺寸，分别是 64×64、32×32、16×16 和 8×8；有 5 种 PU 尺寸，分别是 64×64、32×32、16×16、8×8 和 4×4，64×64、32×32、16×16 的 CU 对应相同尺寸的 PU，8×8 的 CU 对应的 PU 可以是 8×8，也可以是 4×4。图 3-10 所示为帧内预测编码时的 CU 划分示意图。从图 3-10 中可以看出，纹理结构简单、变化平坦的图像区域通常采用尺寸较大的 CU 进行预测编码；而细节丰富、纹理结构相对复杂的图像区域通常采用尺寸较小的 CU 进行预测编码。

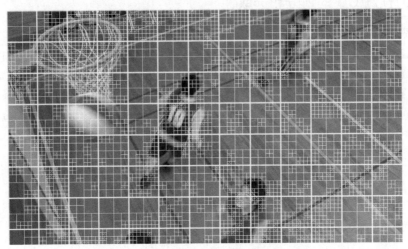

图 3-10   帧内预测编码时的 CU 划分示意图

因此，在 CU 四叉树递归划分的过程中，如果能提前分析当前图像的复杂度情况，对 CTU 做出深度预判，并为编码单元进行深度标记，就可以在 CU 划分过程中，参考已经标记的深度信息，跳过或提前终止一些不必要的 CU 划分深度，进而有效地加速编码单元划分并减少编码时间。

3.2   低复杂度 HEVC 帧内预测算法优化

CU 的四叉树递归划分结构结合帧内预测模式穷尽搜索方法，可以有效地保证帧内预测精度，但由于预测方式种类较多，对各种深度的编码单元进行 35 种帧内预测模式的遍历，进行 RMD 计算及后续的 RDO 计算，使得编码器的计算复杂度极高，图 3-11 所示为 RMD 计算和 RDO 计算占帧内预测的时间比例。

虽然目前在 HEVC 测试模型 HM 中引入的快速算法可以在一定程度上降低视频编码复杂度，但该领域仍然有较大的改进空间；一方面，对 35 种预测模式都进行 RMD 计算，仍是一个比较耗时的过程，如果可以在几乎不影响编码性能的条件下有效地跳过一部分预测模式，则可以有效减少编码时间；另一方面，经过 RMD 计算之后，参与 RDO 计算的候选模式数目仍然比较多。若能在进行 RDO 计算之前，利用一些预判算法有效地删减进行 RDO 计算的模式种数，也能够进一步减少编码时间。将上述两部分算法的改进思路结合，就能实现编码时间的有效压缩。

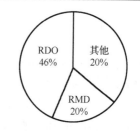

图 3-11　RMD 计算和 RDO 计算占帧内预测的时间比例

　　文献[4]提出了一种快速帧内预测模式决策算法，分别从加速模式决策和加速编码单元划分两部分对标准算法进行了改进。快速帧内预测模式决策算法包括两部分：渐进粗略模式搜索 pRMS 和提前跳过率失真优化量化 RDOQ。渐进粗略模式搜索 pRMS 部分采用一种由粗略到精细的搜索方法来代替原来的遍历算法，进而获得粗略模式候选集；提前跳过率失真优化量化 RDOQ 则是在进行 RDO 计算之前对候选模式集中的模式进行进一步筛选，提前过滤部分模式。本节以 pRMS 算法为基础，探讨一种基于均值的 RDO 模式删减方法，以降低 HEVC 帧内预测的复杂度。

1. 粗略模式搜索

　　在帧内预测中，角度预测模式有 33 种，邻近的角度预测模式之间有相应的角度偏移。观察图 3-2 可以发现，在接近水平模式 9 和垂直模式 26 的预测方向上，预测模式的分布较为密集；而 45° 角两侧的预测模式分布得较为稀疏，角度偏移间隔更大，其原因是在自然图像中水平和垂直方向预测模式出现的概率比其他方向预测模式出现的概率更大。角度预测模式往往适用于有一定纹理的预测单元，实际的预测结果表明，35 种预测模式经 RMD 筛选后，在得到的候选模式集中，角度预测模式往往集中于某一特定方向，该结果说明最优预测方向与当前预测单元的纹理方向一致。根据最优预测方向与纹理方向的上述关系，可以考虑在模式搜索过程中，先粗略地找出与当前预测单元的纹理方向大体一致的角度预测模式，再以该角度为中心逐步搜索最佳角度预测模式，从而跳过一些不必要模式的计算，减少编码时间。

　　为了便于说明，定义角度预测模式距离为 $|i-j|=d$（$2 \leq i, j \leq 34$），其中，i 和 j 表示角度预测模式的编号，如图 3-2 所示。Planar 模式（模式 0）和 DC 模式（模式 1）不属于角度预测模式，因为模式间的距离不适用于这两种模式。具体的算法流程如下。

　　步骤 1：选择模式 0 与模式 1，以及编号为 $2+4 \times \delta$（$0 \leq \delta \leq 8$）的角度预测模式，进行 RMD 计算，并计算选中模式的哈达玛率失真代价（HCost），然后将其中 HCost 最小的 6 种模式按照 HCost 升序排列构成列表 $L1$。

　　步骤 2：对 $L1$ 中的 6 种预测模式的 2 距离角度预测模式进行 RMD 计算，将新增模式补充到列表 $L1$ 中，并将当前所有预测模式按照 HCost 升序重新排序，记模式列表为 $L2$。

　　步骤 3：对 $L2$ 中最佳的 2 种预测模式的 1 距离模式进行 RMD 计算，并补充新增模式到列表 $L2$ 中，按照 HCost 升序重新排序列表，记模式列表为 $L3$。

　　步骤 4：选择 $L3$ 中最佳的 N 种模式构成参与 RDO 计算的候选列表 $L4$。

　　为了进一步解释上述算法，下面给出了一个 8×8 大小的预测单元的粗略模式列表决策过程，如图 3-12 所示。图 3-12（a）～图 3-12（d）分别对应上述 4 个步骤。图 3-12（a）中蓝色的角度预测模式，以及模式 0 和模式 1 为步骤 1 得到的 6 种最佳模式，按 HCost 升序排列，记作列表 $L1\{10,14,0,1,2,6\}$；在步骤 2 中，计算 $L1$ 中 6 种模式的 2 距离角度预测模式（颜色标记为橙色）的 HCost，将新增模式增加到列表 $L1$ 中，并按相应的 HCost 升序排列，得到模式列表 $L2\{12,10,14,8,0,1,2,4,6,16\}$；在步骤 3 中，选择 $L2$ 中最佳的 2 种预测模式的 1 距离模式（颜色标记为绿色），计算其 HCost，并将其排列到 $L2$ 中，记最后的列表为 $L3\{13,12,10,11,9,14,8,0,1,2,4,6,16\}$。最后从 $L3$ 中选出最佳的 N（8）种模式，即 $\{13,12,10,11,9,14,8,0\}$，并将其记作粗略模式候选列表 $L4$。

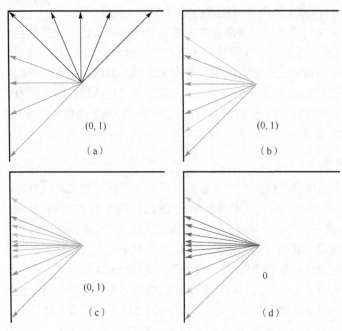

图 3-12　粗略模式列表决策过程（见彩插）

本算法第一步计算了 11 种模式的 HCost，第二步新增了 4 种模式的 HCost 计算（重复模式只记一次），第三步新增了 3 种模式的 HCost 计算，共计算了 18 种预测模式，相比于标准算法中 35 种预测模式的遍历计算，可节省约一半数目的帧内预测模式的 HCost 计算。

综上所述：本算法的第一步选取了 35 种预测模式中的 Planar 模式和 DC 模式，以及 4 距离的角度预测模式进行 RMD 计算，可以将这个过程看作对角度预测模式进行粗略的方向分解；通过计算这几种预测模式的 HCost 值并进行排序，则可以利用有序列表中的前 6 种模式捕捉到主纹理的大致角度；再考虑其中几种最佳模式的 2 距离模式，以及进一步的 1 距离模式，逐步细化模式搜索过程，最终可以得到比较接近默认算法的模式候选列表。

相比于文献[4]，本节没有把 3MPM（3Most Probable Modes）模式加入筛选步骤中，因为 3MPM 模式是由当前编码单元上邻和左邻的编码单元的预测模式确定的，由于邻近像素之间有较强的相关性，所以 3MPM 被当前预测单元选中作为最佳预测模式的概率非常高。而且在经 RMD 筛选后得到的候选模式列表中，3MPM 的包含概率也没有达到 90%，因此在后面的模式选择步骤中,将 3MPM 直接加入参与 RDO 计算的模式列表中进行更为精确的预测编码计算,从而保证编码后的视频质量。

2. 基于均值的 RDO 模式删减

在获得粗略模式候选列表 $L4$ 后,对尺寸为 4×4 和 8×8 的 PU 保留 8 种预测模式;对尺寸为 16×16、32×32 和 64×64 的 PU 保留 3 种预测模式;如果可以跳过部分模式的 RDO 计算,则可以进一步减少编码时间。

由于 HCost 计算是 RDO 计算的一种较好的简化模型,对通用视频序列进行统计,可以发现在经粗略模式选择得到的列表中,前几个模式被 RDO 选为最优模式的概率是非常高的。如表 3-2 所示,对于 4×4 和 8×8 的 PU,前 3 种模式被选中的概率在 80%以上。对于表 3-3 中的其他尺寸的 PU,第一种模式被选中的概率为 45%～60%,前两种模式被选中的概率则增加到了 67%～78%。

表 3-2　对于 4×4 和 8×8 的 PU,前 3 种模式被选中的概率

视频序列（QP=32）	PU 尺寸	
	4×4	8×8
BasketballPass_416×240	86.13%	83.91%
Racehorses_832×480	86.53%	84.96%
Fourpeople_1280×720	85.51%	84.16%
Cactus_1920×1080	83.75%	81.65%
Traffic_2560×1600	84.08%	80.44%

表 3-3　对于其他尺寸的 PU,第一种模式和第二种模式被选中的概率

视频序列（QP=32）	第一种模式			第二种模式		
	16×16	32×32	64×64	16×16	32×32	64×64
BasketballPass_416×240	59.74%	53.85%	45.56%	78.36%	73.63%	70.00%
Racehorses_832×480	62.29%	54.36%	45.06%	85.67%	79.44%	70.77%
Fourpeople_1280×720	62.78%	56.76%	47.27%	78.53%	72.10%	67.73%
Cactus_1920×1080	58.74%	53.91%	46.25%	76.28%	71.11%	67.60%
Traffic_2560×1600	54.81%	52.50%	48.57%	74.51%	71.68%	70.80%

粗略模式候选列表中的预测模式是按照其相应的 HCost 升序排列的,也就是说,HCost 小的模式对应更高的被选为最佳预测模式的概率,而列表另一端的模式(对应 HCost 大的模式)被选中的概率往往比较小。所以在进行 RDO 计算之前,可以根据一个与 HCost 相关的阈值来提前删减部分候选模式。

为了保证预测精度,3MPM 被直接加入后面的 RDO 计算中,所以可以考虑采用一种均值的方法来删减粗略候选模式列表,那么对于 $N=8$ 的情况,删减后的模式一般不多于 3 种,对于 $N=3$ 的情况,则只保留一种或两种预测模式。在这种机制下,可以省略约一半的 RDO 计算量。该算法的具体描述如下。

　　首先对粗略模式集合中所有模式对应的 HCost 求平均值，然后将粗略模式列表中 HCost 偏离均值较大的模式舍弃，由于其被 RDO 选为最佳预测模式的概率比较小，所以可以在不影响编码性能的条件下，减少 RDO 计算量，有效节省编码时间。

　　记粗略模式列表 L4 中第 i 种模式对应的粗略带价值为 HCost_i，记 N 种粗略模式对应的粗略代价均值为 μ，则有式（3-17）：

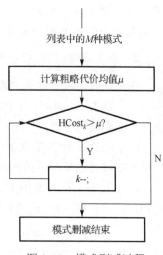

$$\mu = \frac{1}{M}\sum_{i=0}^{M}\text{HCost}_i \qquad (3\text{-}17)$$

　　逐个比较列表中的 $\text{HCost}_i(i=N,\cdots,1)$ 与 μ 的大小，如果 HCost_i 大于 μ，则将它对应的第 i 种模式从 L4 中舍弃，直到列表中剩余的模式对应的 HCost 均小于 μ。将最终得到的预选模式列表记作 L，并对列表 L 中的模式进行下一步的计算。

　　记粗略候选列表中最后一个模式为 HCost_k，模式删减过程如图 3-13 所示。

图 3-13　模式删减过程

3. 综合算法流程及算法分析

　　将前两种算法结合起来即可得到提出的完整的快速帧内预测模式决策算法（综合算法流程），算法流程如图 3-14 所示。

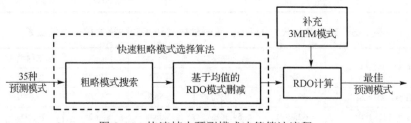

图 3-14　快速帧内预测模式决策算法流程

　　如图 3-14 所示，在综合算法中，首先采取逐步推进的思路获取粗略模式列表，利用步长减半的粗略模式搜索代替标准的 35 种预测模式的遍历，以减少接近一半的进行 RMD 计算的模式个数；接着对粗略模式列表中前几个被 RDO 计算选作最佳预测模式的概率进行统计分析，采用基于均值的 RDO 模式删减来进一步缩减参加 RDO 计算的模式个数。通过前面两个步骤获得经删减的粗略模式候选集 ψ 后，再把 3MPM 模式补充到候选列表中，继续下一步的 RDO 计算，最后选出最佳预测模式。

　　该算法采用 HM10.0 参考软件作为实验平台，编码配置为全 I 帧。计算机配置参数：酷睿双核 CPU，主频为 3.20GHz，内存为 2GB，操作系统为 Windows XP。

　　选取分辨率从 416×240 到 2560×1600 的 5 个标准 YUV 视频序列进行测试，每个视频序列选取 50 帧。在不同的 QP（22、27、32、37）下，分别从码率、峰值信噪比、编码时间 3 方面对快速帧内预测模式决策算法和 HM–10.0 默认算法进行比较，同时也与文献[4]中的算法进行比较，

定义 3 个参数分别为

$$\Delta B(\%) = \frac{\text{Bitrate}_{\text{Improved}} - \text{Bitrate}_{\text{HM}}}{\text{Bitrate}_{\text{HM}}} \times 100\% \qquad (3\text{-}18)$$

$$\Delta P(\text{dB}) = \text{PSNR}_{\text{Improved}} - \text{PSNR}_{\text{HM}} \qquad (3\text{-}19)$$

$$\Delta T(\%) = \frac{T_{\text{Improved}} - T_{\text{HM}}}{T_{\text{HM}}} \times 100\% \qquad (3\text{-}20)$$

相比于文献[4]，本算法的 PSNR 增加 0.0006dB，码率降低 0.32%，帧内预测时间减少 3.5% 左右。因此，与文献[8]相比，本文算法的编码复杂度更低，而且编码性能有所提升，算法结论比较如表 3-4 所示。

表 3-4　算法结论比较

视 频 序 列	QP	文 献 [4]			本 文 算 法		
		ΔB/%	ΔY-PSNR/dB	ΔT/%	ΔB/%	ΔY-PSNR/dB	ΔT/%
BasketballPass_416×240	22	0.0706	−0.0432	−22.4340	−0.0676	−0.0347	−27.1445
	27	0.2110	−0.0425	−24.6278	−0.0110	−0.0285	−31.405
	32	0.2700	−0.0438	−26.5500	0.0367	−0.0276	−28.5600
	37	0.3909	−0.0270	−25.6424	0.0003	−0.0208	−29.5450
RaceHorses_832×480	22	−0.0618	−0.0559	−23.4441	−0.2402	−0.0483	−25.3432
	27	0.0156	−0.0500	−24.9311	−0.2099	−0.0454	−28.1828
	32	0.1237	−0.0393	−27.2427	−0.0700	−0.0392	−30.1920
	37	0.3593	−0.0263	−25.1822	−0.2425	−0.0254	−29.5641
FourPeople_1280×720	22	0.2847	−0.0362	−25.0459	−0.0573	−0.0260	−28.0259
	27	0.3250	−0.0387	−27.3908	−0.0700	−0.0278	−29.6460
	32	0.3659	−0.0403	−25.4360	−0.1230	−0.0332	−29.0570
	37	0.2589	−0.0357	−26.5701	−0.1120	−0.0277	−31.4349
Cactus_1920×1080	22	−0.1812	−0.0416	−23.6546	−0.4435	−0.0377	−26.6199
	27	0.1079	−0.0260	−27.3962	−0.2080	−0.0213	−30.3410
	32	0.2039	−0.0275	−28.1069	−0.1370	−0.0211	−31.9390
	37	0.359	−0.0254	−28.3703	−0.0420	−0.0195	−32.5040
Traffic_2560×1600	22	0.1027	−0.0463	−23.9917	−0.1716	−0.0375	−27.2168
	27	0.2515	−0.0373	−24.1464	−0.0940	−0.0292	−29.5640
	32	0.2835	−0.0347	−28.9972	−0.0860	−0.0273	−31.4850
	37	0.2700	−0.0307	−26.3353	−0.0360	−0.0243	−28.5300
平均值	−	0.2006	−0.0307	−25.7748	−0.1192	−0.0301	−29.315

图 3-15 和图 3-16 所示为视频序列 FourPeople 与 Traffic 的 RD 曲线图。从图 3-15 和图 3-16 中可以看到，两条曲线基本重合，这表明在这两种算法下所得到的编码图像的质量和码率相差不大，也就是采用快速帧内预测模式决策算法与 HM10.0 默认算法相比，性能基本没有变化，进而验证了快速帧内预测模式决策算法的可行性。

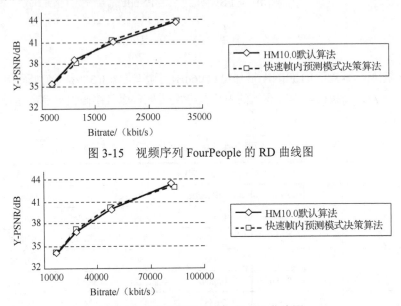

图 3-15　视频序列 FourPeople 的 RD 曲线图

图 3-16　视频序列 Traffic 的 RD 曲线图

3.3　基于视觉感知的 HEVC 帧内预测算法优化

随着互联网快速发展，图像和视频数据信息大量增长，相应地，各类视觉数据的应用需求也在迅速增加。这些信息在给人们的生活创造便利的同时，也带来了新的难题。一方面，需要把有限的计算机资源支配给人们感兴趣的目标；另一方面，视觉计算得到的结果也应该符合人们的要求。但现状是计算模型往往无法与应用需求的发展同步。为应对这些难题，视觉显著性模型应运而生。

视觉显著性模型通过数学模型来模拟和仿真人眼的视觉机理，进而做到能像人眼一样处理复杂的视觉场景，定位人类感兴趣的目标区域，从而有效并快速地处理视觉数据。视觉显著性模型可以有效地应对计算机视觉中出现的许多难题，因此逐渐发展成计算机视觉领域的研究热点。

视频图像最终是呈现给人眼的，那么可以考虑将视觉显著性模型运用到 HEVC 视频编码当中，在视频图像进行预测编码之前，先对视频图像进行显著性分析和标注，那么在实际的编码过程中，就可以对人眼关注度高的区域采用较小的块进行预测编码，而对人眼关注度低的区域采用较大的块进行预测编码，进而加快编码单元的划分选择，跳过一些不必要的编码单元的计算，有效减少编码时间。

3.3.1　视觉显著性模型的实现

本节采用的是文献[8]提出的一种自底向上的视觉显著性模型。白底向上的视觉显著性建模是由图像的底层数据驱动的，它通过提取底层视觉特征来计算图像的视觉显著性。在这样的方法中，吸引人眼注意的区域往往是那些与周围特征相比有足够大的差异性的区域。

关于静态图像中像素点的显著性的计算，文献[8]中提出的算法首先对图像进行稀疏表示，然后根据中心块与周边块稀疏特征的相似性来对图像的局部显著性进行计算，通过中心块与其他块之间的相似性来获得全局的显著性，最后将二者融合，得到最终的显著性图，该算法的推导思路如下。

某一像素点的显著性是通过它相对周围环境的突出程度来描述的。采用二元随机变量来表示位置为 $X_i = [x_1, x_2]_i^T$ 的像素点是否显著，即

$$y_i = \begin{cases} 1, & 若 x_i 显著 \\ 0, & 若 x_i 不显著 \end{cases} \tag{3-21}$$

$i=1,\cdots M$，M 是整幅图像中像素点的个数，定义位置 x_i 处的显著性为后验概率 $P_r(F \mid y_i = 1)$，即

$$S_i = P_r(F \mid y_i = 1) \tag{3-22}$$

X_i 处的特征矩阵 $F_i = [f_i^1, \cdots, f_i^L]$（中心特征矩阵）由 X_i 邻域内的特征向量集合构成，L 为 X_i 邻域内的特征向量的个数。$F = [F_1, \cdots, F_N]$ 则由中心+邻域特征矩阵构成。如图 3-17 所示，N 是中心+邻域特征矩阵的个数。利用贝叶斯式，式（3-22）可以重写为

$$S_i = P_r(y_i = 1 \mid F) = \frac{p(F \mid y_i = 1) P_r(y_i = 1)}{p(F)} \tag{3-23}$$

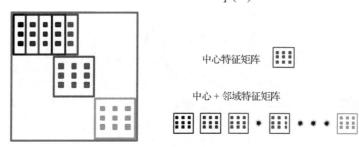

图 3-17　中心+邻域特征矩阵

假设：① 每个像素点的显著概率 $P_r(y_i = 1)$ 相等；② $p(F)$ 的所有特征均匀分布。

那么显著性式就可以归结为条件概率密度 $p(F \mid y_i = 1)$。对条件概率密度 $p(F \mid y_i = 1)$ 进行估计，则可以获得显著性的计算式。

显著性的计算归结为两个任务：求取每个像素点的特征矩阵及对条件概率密度 $p(F \mid y_i = 1)$ 进行密度估计，计算方法如下。

（1）局部回归核。使用局部回归核作为特征，它的特点是即使在存在复杂纹理或噪音干扰的情况下，也可以很好地捕获潜在的局部数据结构；对不确定数据有高度的非线性和稳定性，同时对亮度变化等外界参数摄动具有很强的鲁棒性。

局部回归核（LSK）的关键理论是获取图像的局部结构，通过分析像素值梯度的辐射差异并使用这种结构信息来确定一个典型内核的形状和大小，用以表征当前像素点的特征，局部回归核如式（3-24）所示：

$$K(\boldsymbol{x}_l - \boldsymbol{x}_i) = \frac{\sqrt{\det(\boldsymbol{C}_l)}}{h^2} \exp\left\{\frac{(\boldsymbol{x}_l - \boldsymbol{x}_i)^{\mathrm{T}} \boldsymbol{C}_l (\boldsymbol{x}_l - \boldsymbol{x}_i)}{-2h^2}\right\} \tag{3-24}$$

其中，$l \in \{1, \cdots, P\}$，P 为局部窗内的像素个数，h 为全局平滑参数，$\boldsymbol{C}_l$ 为协方差矩阵，由采样点 $\boldsymbol{x}_i$ 附近局部分析窗内的空间梯度向量集估算得到。

对各像素点求得的 LSK 函数进行归一化，则有

$$W(\boldsymbol{x}_l - \boldsymbol{x}_i) = \frac{K(\boldsymbol{x}_l - \boldsymbol{x}_i)}{\sum\limits_{l=1}^{P} K(\boldsymbol{x}_l - \boldsymbol{x}_i)}, \quad i = 1, \cdots, M \tag{3-25}$$

LSK 可以捕获局部数据结构，无论是在复杂纹理区域，还是在有适度噪声存在的情况下。这种核函数的归一化确定了亮度变化的不变性和对比度变化的鲁棒性。

LSK 特征服从长尾分布，换言之，LSK 特征分布于一个高维特征空间中，因此在特征空间中基本不存在密集簇。基于以上原因，下面采用局部自适应核密度估计分析点的显著性。

（2）非参数核密度估计。像素位置 $\boldsymbol{x}_i$ 处的显著性是通过该位置的特征矩阵的条件密度来衡量的。$p(\boldsymbol{F} \mid y_i = 1)$，因此需要对 $p(\boldsymbol{F} \mid y_i = 1)$，$i = 1, \cdots, M$ 进行估算。考虑 LSK 的分布特征，这里采取一种局部数据自适应的核密度估计方法。定义将 x_i 处的条件概率密度作为一个标准化核函数的中心值，即

$$p(\boldsymbol{F} \mid y_i = 1) = \frac{G_i(\overline{\boldsymbol{F}_i} - \overline{\boldsymbol{F}_j})}{\sum\limits_{j=1}^{N} G_i(\overline{\boldsymbol{F}_i} - \overline{\boldsymbol{F}_j})} \tag{3-26}$$

其中，$G_i(\overline{\boldsymbol{F}_i} - \overline{\boldsymbol{F}_j})$ 的定义如式（3-27），$\|\cdot\|_F$ 是 Frobenious 范数，σ 为控制权重的参数。

$$G_i(\overline{\boldsymbol{F}_i} - \overline{\boldsymbol{F}_j}) = \exp\left(\frac{-\|\overline{\boldsymbol{F}_i} - \overline{\boldsymbol{F}_j}\|_F^2}{2\sigma^2}\right) \tag{3-27}$$

$\overline{\boldsymbol{F}_i}$ 和 $\overline{\boldsymbol{F}_j}$ 的定义为

$$\overline{\boldsymbol{F}_i} = \left[\frac{f_i^1}{\|\boldsymbol{F}_i\|_F}, \cdots, \frac{f_i^L}{\|\boldsymbol{F}_i\|_F}\right], \qquad \overline{\boldsymbol{F}_j} = \left[\frac{f_i^1}{\|\boldsymbol{F}_j\|_F}, \cdots, \frac{f_i^L}{\|\boldsymbol{F}_j\|_F}\right] \tag{3-28}$$

利用矩阵余弦相似度，式（3-27）可重写为

$$G_i(\overline{\boldsymbol{F}_i} - \overline{\boldsymbol{F}_j}) = \exp\left(\frac{-1 + \rho(\overline{\boldsymbol{F}_i} - \overline{\boldsymbol{F}_j})}{\sigma^2}\right), \quad j = 1, \cdots, N \tag{3-29}$$

$\rho(\boldsymbol{F}_i, \boldsymbol{F}_j)$ 用于计算矩阵的余弦相似度，其定义为 $\boldsymbol{F}_i$ 和 $\boldsymbol{F}_j$ 的 Frobenious 内积。

因此，显著性计算式可以用核函数 G_i 在中心+邻域内的中值来表示：

$$S_i = \frac{1}{\sum\limits_{j=1}^{N} \exp\left(\dfrac{-1 + \rho(\overline{\boldsymbol{F}_i} - \overline{\boldsymbol{F}_j})}{\sigma^2}\right)} \tag{3-30}$$

其中，S_i 揭示了中心特征矩阵 $\boldsymbol{F}_i$ 相对领域特征矩阵 $\boldsymbol{F}_j's$ 的显著性强度，用于表征像素点的显著性。

总结：首先通过给定图像计算出每个像素点的局部回归核矩阵（Local Regression Matrix），用于衡量当前像素与它周围像素的相关性；然后计算每个像素与它周围像素的局部回归核矩阵的余弦相似性（Matrix Cosine Similarity），表征当前像素位置的中心特征矩阵与领域特征矩阵的统计相似度；最终，将每个像素的显著性就表示为 S_i。S_i 的值域为 0～1，从 0 到 1，像素的显著性逐渐增强。

采用该算法对视频序列进行显著性标记，将像素点的显著性值与颜色信息粗略对应，亮度从暗到亮对应显著性值从小到大，显著性图如图 3-18 所示。

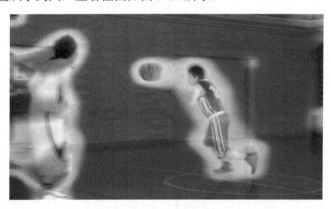

图 3-18 显著性图

3.3.2 基于图像显著性的深度标记

基于图像显著性的深度标记是将视觉显著性模型与 HEVC 编码单元划分并建立联系的过程。

对输入编码器的视频序列，先利用视觉显著性模型对图像的各像素点进行显著性计算，然后结合 HEVC 基于块的预测和编码思想，将某一尺寸的图像块中显著性最大的值作为当前像素块的显著性值，并将其映射到 HEVC 中的深度上（显著性值从小到大对应深度从小到大）；在进行四叉树编码划分之前，读入当前块的标记深度，在实际划分过程中，参考该标记深度来对编码单元进行划分预判，进而可以跳过一些不必要的编码单元的计算，或提前结束编码单元的划分。

在上述过程中，需要完成两个任务：选择合适尺寸的图像块进行深度标记；确定显著性值与深度的映射关系。下面分别介绍这两个任务的方案。

1. 深度标记单元尺寸选择

在 HEVC 帧内预测编码单元的划分过程中，先将图像划分为 CTU（本节 CTU 的大小设为 64×64），再对其进行四叉树递归划分，所以在进行块深度标记的时候选择 64×64 大小的图像块。

观察图像编码单元的划分结果，存在大量这样的情况：CTU 中只有某一部分存在纹理相对复杂的区域对应较精细的 CU 划分，其他部分则可能采用较大的 CU 进行预测编码。图 3-19 左上角 CTU 的划分情况：在第一个 32×32 的子 CU 中，最小的编码单元划分到 8×8 中，第二个 32×32 的子 CU 进一步划分成了 4 个 16×16 的子 CU，而对于第三个和第四个 32×32 的子 CU，则没有进一步划分。

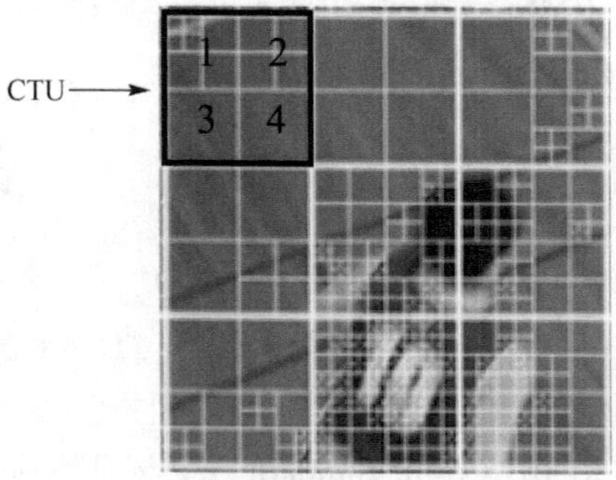

图 3-19 视频序列编码单元划分结果

假设下列条件成立。

（1）对 64×64 的 CTU 进行深度标记。

（2）显著性值映射得到的深度信息与 HEVC 的实际划分情况匹配良好。

根据上述假设条件，对于图 3-19 中的第一个 CTU，标记深度为 3；在编码单元进行递归划分时，根据这个深度标记信息可以判定该 CTU 是否需要进行进一步划分；那么在进行 CTU 递归划分的过程中，就可以跳过 64×64 CU 的 RMD、RDO 计算，直接将其划分成 4 个 32×32 的子 CU；接下来需要对每个子 CU 按照递归遍历算法进行每层的 RMD、RDO 计算，比较划分后子编码单元的 RDCost 与未划分编码单元的 RDCost 的大小，一直划分到 8×8r CU 为止，从而确定当前预测单元的最佳划分方式及预测模式。

对于这类编码单元，这种采用 64×64 的图像块进行深度标记的方法只能节省深度为 0 的 CTU 的计算，而子 CU 的计算量仍然比较多。虽然这种方法能较好地保证编码性能，使得采用深度标记的编码单元的划分结果与原始算法的划分结果接近，但这种方法对视频压缩效率的提升效果不太明显。

表 3-5 统计了 5 个不同分辨率的视频序列采用 HEVC 标准算法划分得到的尺寸从 64×64 到 8×8 的编码单元的分布情况（QP 选取 32，视频序列选取 50 帧）。

表 3-5 通用视频序列下各编码单元所占比率

视频序列（QP=32）	尺　寸			
	64×64	32×32	16×16	8×8
BasketballPass_416×240	3.0000%	32.3750%	33.3884%	31.2366%
Racehorses_832×480	1.0769%	24.7404%	34.5613%	39.6214%
FourPeople_1280×720	8.2000%	30.2833%	32.9407%	28.5760%
Cactus_1920×1080	7.6902%	27.1000%	34.8218%	30.3880%
Traffic_2560×1600	5.2680%	28.4125%	37.2384%	29.0811%
平均值	5.0470%	28.5822%	34.5901%	31.7806%

从表 3-5 中可以看出，对于不同分辨率的视频序列，在经 HEVC 标准算法得到的最佳划分结果中主要包含 32×32、16×16 和 8×8 大小的编码单元，而且这 3 种尺寸的编码单元所占的比例相近。由于 CTU 划分是自顶向下进行的，并且 64×64 大小的 CU 在最终划分结果中所占的比例很小，这里选择 32×32 大小的图像块进行深度标记，深度标记过程如下。

定义记录深度标记的数据结构为 DepthSign[$d0,d1$, $d2,d3$]，将每帧图像划分成 64×64 大小的图像块，并将每个 64×64 的图像块按照 Z 顺序标记 4 个 32×32 的子图像块的深度，如图 3-20 所示。

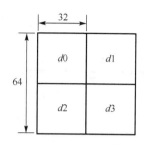

图 3-20　4 个 32×32 子图像块的位置

2. 显著性范围与深度映射阈值设置

视觉显著性值的范围为 0～1，将其应用到 HEVC 视频编码算法中，需要确立从显著性值到 HEVC 中深度从 0 到 3 的映射关系，进而在实际编码单元的划分过程中，利用该深度标记进行编码单元划分预判，从而跳过一些较大编码单元的计算或提前终止编码单元继续划分。

视觉显著性模型的显著性强度的计算原理与 HEVC 编码单元划分的计算原理不同，而且在对不同分辨率的视频图像进行显著性计算时，为了控制计算复杂度，都是将原始图像降采样为 64×64 的图像尺寸，对降采样后的图像中的每个像素点进行显著性计算，最后利用双线性插值将其放大为原始图像，得到原始图像中各个像素点的显著性值。因此，虽然无法严格确定显著性值与深度的映射关系，但是对人眼关注度高的区域选用较小尺寸的编码单元进行编码，对人眼关注度低的区域选用较大尺寸的编码单元进行编码，这种思路是合理的。

根据表 3-5 中对通用视频序列在标准算法下划分得到的编码比例，可以得到各深度的编码单元在通用视频序列中的平均分布情况，如表 3-6 所示。

表 3-6　通用视频序列下各深度的编码单元所占的比例

深　度	0	1	2	3
比　例	0.05	0.28	0.35	0.32

那么对于从 0 到 1 的显著性值与编码单元深度间的对应关系就可以根据表 3-6 中得到的对应深度的编码单元所占的比例粗略确定，如表 3-7 所示。

表 3-7　显著性范围与深度的粗略对应关系

深　度	0	1	2	3
显著性范围	0～0.05	0.05～0.33	0.33～0.67	0.67～1.0

利用表 3-7 中的对应关系进行基于视觉显著性模型的快速编码单元划分，并将得到的编码结果与 HM 标准算法进行比较，根据大量的实际编码数据权衡改进算法对码率、峰值信噪比、编码时间这 3 方面的影响，对显著性范围与深度的关系进行适当调整，使得编码结果更加理想，最终得到的显著性范围与深度的对应关系如表 3-8 所示。

表 3-8　显著性范围与深度的对应关系

深　度	0	1	2	3
显著性范围	0～0.08	0.08～0.31	0.31～0.55	0.55～1.0

3.3.3　算法流程及算法分析

算法步骤如下。

步骤 1：首先计算视频序列中各像素点的显著性值，按照 HEVC 中的 CTU 划分方式将图像划分成 64×64 大小的 CTU，对每个 CTU 的 4 个 32×32 子 CU 进行深度标记（将各 32×32 子 CU 中显著性最大值对应的深度标记作为块深度）。

步骤 2：在实际帧内预测编码单元的划分过程中，每个 CTU 参考利用显著性模型得到的深度信息（每个 CTU 对应的 4 个深度信息 $d0$、$d1$、$d2$、$d3$）进行划分。

（1）若 $d0=d1=d2=d3=0$，记 CTU 的划分标志 SplitFlag=0，则将 CTU 从深度 0 划分到深度 1，选择最佳编码方式。

（2）否则，记 CTU 的划分标志 SplitFlag=1，直接跳过 64×64CU 的 RMD 计算和 RDO 计算，将其划分为 4 个 32×32 的子 CU，4 个子 CU 按照 Z 顺序对应深度标记信息 $d0$、$d1$、$d2$、$d3$。对每个子 CU：

① 若标记深度为 0 或 1，只编码 32×32 的 CU；

② 若标记深度为 2，则编码 32×32 的 CU 和 16×16 的 CU；

③ 若标记深度为 3，则编码 32×32 的 CU、16×16 的 CU 和 8×8 的 CU。

为了保证编码精度，编码单元的划分没有严格按照深度标记进行，而是进行了适当调整，以求更加匹配 HECV 默认算法的划分结果。为在标记深度的基础上进一步向下划分，需要寻求最佳划分路径。

图 3-21 和图 3-22 分别画出了 CTU 的 SplitFlag=0 和 SplitFlag=1 情况下的 CU 划分流程图（标记颜色的编码单元需要进行 RMD 计算和 RDO 计算，没有标记颜色的编码单元不进行 RMD 计算和 RDO 计算）。对于图 3-22 中 SplitFlag=1 的情况，为了全面考虑每种 32×32CU 的深度标记情况，假设其深度信息 DepthSign $[d0,d1,d2,d3]=[0,1,2,3]$。

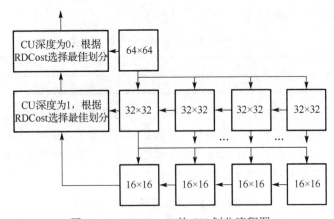

图 3-21　SplitFlag=0 的 CU 划分流程图

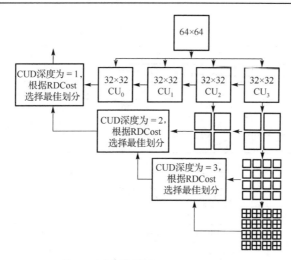

图 3-22 SplitFlag=1 的 CU 划分流程图（DepthSign[$d0,d1,d2,d3$]=[0,1,2,3]）

3.3.4 实验结果与分析

本节采用 HM10.0 作为实验平台测试 3.3.3 节所讲述的算法的性能，编码配置为全 I 帧。计算机配置参数：酷睿双核 CPU，主频为 3.20GHz，内存为 2GB，操作系统为 Windows XP。

本实验选取分辨率从 416×240 到 2560×1600 的 5 种标准 YUV 视频序列进行测试，每种视频序列选取 50 帧。在不同的 QP（22、27、32、37）下，分别从码率、峰值信噪比、编码时间 3 方面基于视觉显著性模型的快速编码单元划分算法（本文算法）和 HM 算法进行比较，同时对显著性检测时间相对本文算法编码时间及原始算法编码时间的占比进行了分析。

表 3-9～表 3-12 分别是本文算法在 QP 等于 22、27、32 和 37 时的实验数据，T_{p1} 和 T_{p2} 分别为显著性检测时间占本文算法编码时间和占 HM 算法编码时间的百分比，计算式如（3-31）和（3-32）所示。

$$T_{p1} = \frac{T_{\text{VS}}}{T_{\text{Improved}}} \times 100\% \tag{3-31}$$

$$T_{p2} = \frac{T_{\text{VS}}}{T_{\text{HM}}} \times 100\% \tag{3-32}$$

其中，T_{HM} 是 HM 算法的编码时间，T_{Improved} 是本文算法的编码时间，T_{VS} 是显著性检测时间。

表 3-9 QP=22 时的实验数据

视 频 序 列	ΔB/%	ΔY-PSNR/dB	ΔT/%	T_{p1}	T_{p2}
BasketballPass_416×240	3.0503	−0.2236	−16.6990	42.0800	31.7819
RaceHorses_832×480	0.1953	−0.0234	−10.6268	9.2927	8.3052
FourPeople_1280×720	0.5049	−0.0137	−19.6866	5.1207	4.1126
Cactus_1920×1080	0.2183	−0.0448	−25.6885	2.3121	1.7181
Traffic_2560×1600	0.2616	−0.0290	−20.7650	1.3377	1.0599

表 3-10 QP=27 时的实验数据

视 频 序 列	ΔB/%	ΔY-PSNR/dB	ΔT/%	T_{p1}	T_{p2}
BasketballPass_416×240	3.3210	−0.2146	−11.5729	44.8763	35.2193
RaceHorses_832×480	0.2372	−0.0235	−13.1029	9.5432	8.2928
FourPeople_1280×720	0.4777	−0.0130	−17.6976	5.6400	4.6419
Cactus_1920×1080	1.1787	−0.0197	−27.1480	2.7411	1.9970
Traffic_2560×1600	0.3645	−0.0202	−19.3404	1.4652	1.1818

表 3-11 QP=32 时的实验数据

视 频 序 列	ΔB/%	ΔY-PSNR/dB	ΔT/%	T_{p1}	T_{p2}
BasketballPass_416×240	2.9822	−0.2170	−8.5602	47.3989	39.4891
RaceHorses_832×480	0.1430	−0.0251	−10.9585	10.4809	9.3324
FourPeople_1280×720	0.4155	−0.0190	−20.0291	6.0616	4.8475
Cactus_1920×1080	0.0141	−0.0238	−27.4663	3.0670	2.2246
Traffic_2560×1600	0.3722	−0.0179	−20.5359	1.6117	1.2807

表 3-12 QP=37 时的实验数据

视 频 序 列	ΔB/%	ΔY-PSNR/dB	ΔT/%	T_{p1}	T_{p2}
BasketballPass_416×240	1.6818	−0.1942	−2.6250	48.1860	44.5960
RaceHorses_832×480	0.0927	−0.0255	−11.4582	11.5175	10.1978
FourPeople_1280×720	0.3747	−0.0176	−17.9855	6.4913	5.3238
Cactus_1920×1080	1.5890	−0.0370	−18.1215	3.0581	2.5039
Traffic_2560×1600	0.3165	−0.0914	−20.7490	1.7555	1.3912

实验结果表明，对于分辨率较高的视频序列，在不同的 QP 下，本文算法可减少 20%左右的编码时间，且视频质量只有轻微下降，码率上升基本不超过 1%。而对于分辨率较低的视频序列，如 BasketballPass_416×240 与 RaceHorses_832×480，本文算法的压缩性能比高分辨率的视频差。

显著性检测时间的主要开销为对降采样后的图像进行显著性计算，因此对于不同分辨率的视频序列，显著性检测时间的量级一致。而对于低分辨率的视频序列而言，相同帧数的总编码时间相对高分辨率的视频序列要短得多，因此显著性检测时间的开销占总编码时间的比重相对较大，造成直观上编码时间的减少并不明显；另外，这种基于视觉显著性模型的快速编码单元划分算法对低分辨率的视频预测精度的影响比较大，使得视频图像质量的下降幅度也较大，码率也有较为明显的提升。从表 3-9～表 3-12 中可以看出，对于视频序列 BasketballPass_416×240，显著性检测时间占据了总编码时间的 50%左右，与 HM 算法相比，本文算法的压缩性能并不高，而且由于预测精度的损失，码率的增加也非常明显；视频序列 RaceHorses_832×480 只实现了 10%左右的编码时间的降低。

图 3-23 和图 3-24 所示分别为视频序列 BasketballPass 和 Traffic 的 RD 曲线图，可以看出，视频序列 Traffic 的 RD 曲线与 HM 算法的拟合情况良好；而视频序列 BasketballPass 与 HM 算法相比，视频质量显著下降且码率显著上升。

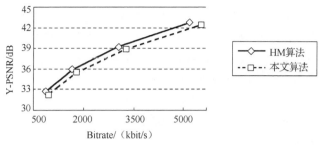

图 3-23　视频序列 BasketballPass 的 RD 曲线图

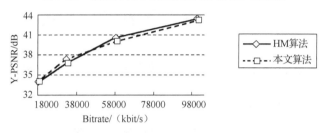

图 3-24　视频序列 Traffic 的 RD 曲线图

图 3-25 和图 3-26 是视频序列 Vidyo 分别在 HM 算法的编码单元的划分结果和基于视觉显著性模型的快速编码单元的划分结果。

图 3-25　HM 算法的编码单元的划分结果

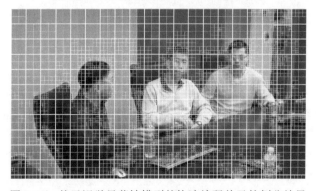

图 3-26　基于视觉显著性模型的快速编码单元的划分结果

对比 HM 算法与基于视觉显著性模型的快速编码单元的划分结果可以看出，它们的整体匹配情况良好；少量划分不匹配的编码单元往往集中在较为平坦的图像区域，在某些情况下，快速划分算法将这些区域划分地更加细致，在其他情况下，使用快速划分算法划分这些区域没有 HM 算法细致。这也是导致图像质量下降及码率上升的原因。

总体而言，这种基于视觉显著性模型的快速编码单元的划分算法能够在几乎不影响视频质量的前提下有效地节省编码时间，而且由于显著性检测时间的开销，该算法对于高分辨率的视频往往能取得更佳的压缩效果。

3.4 基于深度学习的 HEVC 帧内预测角度预测模式选择算法优化

3.4.1 基于深度学习的 HEVC 帧内预测角度预测模式选择算法研究

1. 帧内预测角度预测模式选择算法

（1）粗略模式选择算法。如果采用遍历的方式进行帧内预测，则对于每个 PU 都需要进行 35 种角度预测模式计算，而且每种模式都要进行率失真优化，整个编码过程相当复杂。针对这一点，在 HEVC 参考模型中提出了一种粗略模式选择算法（Rough Mode Decision，RMD），即在进行高精度的率失真优化计算之前，选择一种精度较低且复杂度较低的算法来初步筛选出一些模式，采用 Hadamard 变换作为 RMD 的计算方法，遍历所有的预测模式，用一个粗略的代价函数（Sum of Absolute Transformed Difference，SATD）计算经过 Hadamard 变换之后的残差和码率代价 HCost，选择其中代价较小的几种模式作为参与 RDO 计算的候选模式。

粗略模式选择算法，首先计算 35 种帧内预测模式的 HCost，然后选出 HCost 较低的几种预测模式作为候选模式。不同尺寸的预测单元所对应的候选模式的个数不同，预测单元大小和 ROD 候选模式种数的对应关系如表 3-13 所示。

表 3-13　预测单元大小和 RDO 候选模式种数的对应关系

预测单元大小	RDO 候选模式种数
4×4	8
8×8	8
16×16	3
32×32	3
64×64	3

（2）最有可能预测模式选择。最有可能预测模式（Most Probable Mode，MPM）有三个，主要利用当前预测单元左邻与上邻的预测单元的预测模式得到，如图 3-26 所示。

假设 A1 与 A2 分别为当前预测单元左邻和上邻已经完成编码的预测单元，其相应的预测模式为 Mode1 与 Model2，那么 3MPM 的定义如下。

① 若 A1 与 A2 的预测方式不同，则前两个 MPM 分别为 A1 与 A2 的预测模式，即 Mode1

和 Model2，最后一个 MPM 的选择按照 Planar 预测、DC 预测及垂直预测的顺序依次进行，其选取原则是与前两个 MPM 不重复。

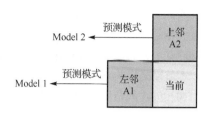

图 3-26 当前预测单元的相邻预测单元

② 如果 A1 与 A2 的预测方式相同，则需要对下述两种情况进行分析。

a. 若 Model1 与 Model2 相同且非角度预测模式，则第一个 MPM 为 Model1/Model2，第二个与第三个 MPM 的选取按照 Planar 预测、DC 预测及垂直预测的顺序依次进行。

b. 若 Model1 与 Model2 相同且均为角度预测模式，则第一个 MPM 为 Model1/Model2，第二个与第三个 MPM 为与 Model1/Model2 相邻的两个角度预测模式。

2. 基于深度学习的帧内预测角度预测模式选择算法

基于深度学习的帧内预测角度预测模式选择算法是机器学习中的热点研究。大量的图像、声音、文本等类型的无标签数据和有标签数据通过一层或多层非线性变换进行处理，从而实现对它们的重构、分析、识别与分类。将深度学习引入视频编码框架中，通过对原始视频的编码结果进行训练和学习，能够除去编码中冗余的过程。直接通过一个深度模型来代替这些过程，能够大大提高编码效率。本节围绕深度学习的主要应用进行研究，最终完成包含深度模型网络的搭建、深度模型网络的训练、深度模型网络与视频编码的结合在内的完整流程。

（1）数据集选择。在 HEVC 帧内预测角度预测模式选择算法中，对每个 PU 都要进行 35 种角度预测模式的计算，而 PU 又有 5 种不同的尺寸（64×64、32×32、16×16、8×8、4×4），整个过程在不断计算每种角度预测模式下 PU 对应的 RDCost 值的大小，最终选择最小的 RDCost 值所对应的角度预测模式作为当前 PU 的最佳角度预测模式预测值。因此在选择 PU 作为数据集的过程中，需要选择的 PU 的尺寸有 5 种，针对这一点，如果不对 PU 进行任何处理，就需要 5 种网络结构模型，会增加编码复杂度，下面通过统一 PU 的大小来避免此问题。

在 HEVC 视频编码中，有 5 种不同分辨率（A 类，2560×1600；B 类，1920×1080；C 类，832×480；D 类，416×240；E 类，1280×720）的视频，这些视频间还有不同的运动内容方面的差异，以及运动剧烈程度方面的差异，针对这一点，在训练网络模型时，本节将视频按照视频内容划分，然后进行训练，最终的实验结果并不理想，如果直接根据分辨率进行划分和训练，网络模型的效果较好，因此在后面的实验中都是根据分辨率进行划分和训练的。

具体的数据获取过程如下，以 B 类视频为例，选择其中的一个视频（如 BasketballDrive）作为测试视频，将剩下的 B 类视频作为训练视频，其中，训练集选取训练视频的前 50 帧图片，测试集选取测试视频的前 50 帧图片。在训练过程中，数据集越多，学习到的特征越多，效果也更好。对于 B 类视频来说，每帧中 64×64 大小的 PU 的个数为 480，除去 BasketballDrive，还剩下 4 个视频，所以训练视频的前 50 帧合起来有 96000 个 PU，而其中又包含 35 种不同的角度预测模式，平均每种角度预测模式有 2742 个。依次类推，32×32 大小的每种角度预测模式有 5485 个；16×16 大小的每种角度预测模式有 10971 个；8×8 大小的每种角度预测模式有 21942；4×4 大小的每种角度预测模式有 43885 个。考虑数据之间应尽量均衡，以及在实际的编码过程中，模式 0、模式 1、模式 26 占的比例较大，因此实际上某些角度预测模式的 PU 数量比较少，这类角度预测模式的 5 种不同大小的 PU 合起来的数量并不超过 23000。因此，本节在实际的数据获取中，训练数据的每种角度预测模式的 PU 数量选择 20000 个，测试数据每种角度预测模式的 PU 数量选择 500 个，尽量保持均衡。对于 B 类的其他视频，本节以同样的方式得到另外 4 个视频的训练集和测试集，最终每个视频都有一个模型，其中，网络结构相同，只是训练数据和测试数据不同。获取数据集的具体方法如表 3-14 所示。

表 3-14 获取数据集的具体方法

数 据 集	视 频 序 列	视 频 帧 数	选取大小及个数
训练集	BQTerrace	前 50 帧	若 64×64 大小的 PU≥4000 个，则每种角度预测模式的 PU 各取 4000 个；若 64×64 大小的 PU<4000 个，则另外 4 种角度预测模式的 PU 取 20000 减去 64×64 大小的 PU 的个数后的平均值
	Cactus		
	Kimono		
	ParkScene		
测试集	BasketballDrive	前 50 帧	5 种不同大小的 PU 每种选取 100 个

在帧内预测角度预测模式选择算法中，PU 的角度预测模式主要受图片的色度的影响，而图片的亮度对于选择 PU 的最佳角度预测模式几乎没有影响。因此，在训练网络模型时，可以直接采用灰度图进行网络模型训练。在 HEVC 帧内预测编码过程中，当前 PU 的角度预测模式不仅和当前 PU 的像素有关，还与当前 PU 上方的像素点和左方的像素点有关，为了保证得到最好的网络训练效果，本节进行了一组实验以找到最佳的输入图像块。增加像素点后的正确率比较如表 3-15 所示。在表 3-15 中，num 表示在当前 PU 上方和左方添加的像素点的个数，Top1 正确率表示在输入图像块时，网络模型所能达到的最高的正确率。

表 3-15 增加像素点后的正确率比较

num	Top1 正确率
0	30.93%
1	29.57%
2	30.56%
5	31.04%

根据表 3-15 可知，在增加了 5 个像素点后，网络模型的正确率最高，但是正确率提升的幅度很小，因此在实际的实验中，为了简化选择数据集的整个过程，可以选择当前 PU 来进行网络模型训练，而并不考虑实际的帧内预测编码中各像素点之间的关系。

（2）网络结构设计与参数选择。在原始的 HEVC 帧内预测角度预测模式选择的过程中，PU 以单个串行方式进行计算。因此，在设计网络结构时，主要考虑两方面：一方面是网络结构尽可能简单，在进行 PU 预测时，尽可能减少 CNN 模型预测的时间；另一方面是使网络模型的正确率尽可能高，训练和预测的效果好可以保证在相同的情况下选择较少的候选模式。

基于以上几方面的考虑，下面针对帧内预测角度预测模式选择算法提出了一种简单的网络结构，当然在进行实验之前，需要在一些经典的网络上进行微调实验，以得到预期的结果，最后在尽可能简化网络结构的同时达到相似的正确率，下面比较不同经典网络结构的微调实验结果和本节提出的网络结构的实验结果，如表 3-16 所示。

表 3-16　不同网络结构的 Top1 正确率比较

网 络 结 构	Top1 正确率
AlexNet	28.04%
GoogleNet	27.17%
GoogleNet-V3	30.32%
ResNet	32.83%
VGG16	30.37%
The Proposed	30.93%

从表 3-16 中可以看出，经典的 AlexNet 的 Top1 正确率只有 28.04%，VGG16 的 Top1 正确率有 30.37%，ResNet 的 Top1 正确率最高，达到了 32.83%。本节提出的网络结构（The Proposed）的 Top1 正确率与 ResNet 相比，Top1 正确率相差两个百分点，但是都优于其他网络结构，考虑 ResNet 网络结构的复杂性及在帧内预测角度预测模式预测算法中的适用性，在均衡时间复杂度和预测正确率两个指标后，本节提出的网络结构更具有说服力。

选择训练的角度预测模式为 CNN 模型与 HEVC 相结合后，如果 PU 仍然以单个串行的方式输入，每次经过深度学习模型都需要耗费大量的预测时间，且在进行角度预测模式计算的过程中需要等待 CNN 模型预测的角度预测模式候选结果，会浪费大量的编码时间。如果能直接通过输入一整帧视频图像在 CNN 模型中将整帧图像划分为所需要的不同大小的 PU，然后进行批次化的预测，最后输出的结果为一整帧图像中所有 PU 的预测结果，此过程与原始的方式相比会节省更多的时间。基于这种想法，本节提出了基于深度学习的帧内预测角度预测模式选择算法，其整体流程图如图 3-27 所示。

从图 3-27 中可以看出采用这种方式的主要目的是减少等待时间。首先，一整帧图像经过 CNN 模型的数据处理层，按照 HM13.0 的四叉树编码方式将图像划分为 64×64、32×32、16×16、8×8 和 4×4 大小的 PU。然后，将每个 PU 统一经过双线性插值处理得到 8×8 大小的图像块，将多图像块减去训练过程中的均值后，按批次输入模型中。最终，模型输出一整帧图像中所有 PU 的预测结果。

图 3-27 中的网络结构模型由一个数据层（Data）、两个卷积层（Conv1、Conv2）、两个池化层（Max pooling1、Max pooling2）、两个全连接层（FC1、FC2）和一个输出层（Softmax）组成。网络模型训练的数据为帧内预测角度预测模式预测中的 PU，PU 有 5 种不同的尺寸（64×64、32×32、16×16、8×8 和 4×4），为了统一 PU 的尺寸，在进行数据集的制作时，本节采用双线性插值的方法将所有尺寸的 PU 调整到 8×8。因此数据层的输入图片的尺寸为 8×8，Conv1 中有 64 个卷积核，卷积核的大小为 5×5，具有较大的感受野，在达到相同感受野的情况下，卷积核越小，所需要的参数和计算量越小。为了保证图片尺寸在经过卷积后不发生改变，在卷积过程中，本小节使用了补零操作，在 Conv1 中添加 2 个 0 作为补充，并以步长 1 进行卷积操作，因此，Conv1 的输出特征图的大小为 64×8×8。本节选择 ReLU 激活函数以激活输出特征图。在卷积层后面连接的是 Max pooling1，用来减小特征图的尺寸，池化窗口的大小为 3×3，步长为 2，经过池化层的特征图大小为 64×4×4。本节使用与 Conv1 和 Max pooling1 相同的参数对 Conv2 和 Max pooling2 进行操作，最后生成的特征图的大小为 64×2×2。在 Max pooling2 之后增加 FC1 和 FC2 两个全连接层，这两层的神经元节点数都是 512。与卷积层类似，本节选择 ReLU 作为激活函数。为避免训

练过程中出现过度拟合的情况，本节在 FC1 和 FC2 后面增加了 Dropout 层，并将参数设置为 0.5。最后输出层的 35 对应 35 种帧内预测角度预测模式。第 i 类帧内预测角度预测模式被称为由 HEVC 标准定义的第 i 个帧内预测角度预测模式。例如，类 0 和类 1 被称为 Planar 模式和 DC 模式，类 10 被称为帧内模式 10（水平角度预测模式）。具体而言，CNN 网络模型的网络结构如表 3-17 所示。

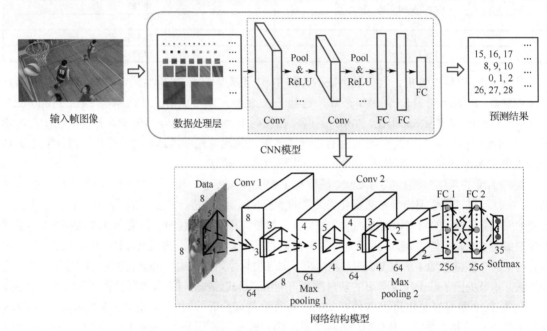

图 3-27 基于深度学习的帧内预测角度预测模式选择算法的整体流程图

表 3-17 CNN 网络模型的网络结构

类　　型	结　　　　　构
Data	1×8×8
Conv	filter: 64×5×5, stride: 1, pad: 2, ReLU
Pool	Max, kernel: 3×3, stride: 2
Conv	filter: 64×5×5, stride: 1, pad: 2, ReLU
Pool	Max, kernel: 3×3, stride: 2
FC	512, ReLU, dropout = 0.5
FC	512, ReLU, dropout = 0.5
Softmax	35

　　整个网络模型的训练采用随机梯度下降（Stochastic Gradient Descent，SGD）的优化策略，将基础学习率设置为 0.01，采用梯度方法进行训练，每迭代 20000 次以 0.2 的倍率减小学习率，即学习率等于迭代次数除以 20000 的整数倍再乘以基础学习率 0.01。设参数偏置为 0.005，最大迭代次数为 80000。

　　（3）最终的模式候选列表选择。对于 5 种不同分辨率的视频序列，本节分别按照上述方式进行数据集的获取、网络结构的设计及参数的调整，最终通过网络训练，有 5 种不同的网络模型分别对应 5 种不同分辨率的视频序列，即不同的分辨率采用不同的网络结构，考虑训练集和测试集的关系，相同分辨率的视频具有相同的网络结构，只是网络的训练集和测试集的数据不同。5 种不同分辨率的视频序列的网络模型的正确率和损失值如图 3-28 所示。其中，正确率用来表示模型预测结果的好坏，正确率越高，网络模型的效果越好；损失值用来估计模型的预测值与原始的真实值的不一致程度，损失值越小，模型的鲁棒性越好。各类不同分辨率的视频主要包含测试的正确率和测试的损失值。由于在训练过程中，35 种角度预测模式相隔较近，所以在对比正确率的过程中，不只考虑 Top1 正确率，还要考虑 Top2 正确率和 Top3 正确率。

从图 3-28 中可以看出，各类视频的损失值根据训练过程中的迭代次数的下降呈现梯度下降的趋势，最终几乎保持不变。各类视频的 Top1 正确率都不高，不到 0.3，Top3 正确率都在 0.6 左右，所以在将深度学习模型与 HEVC 相结合时，如果只考虑将 Top3 的预测结果作为候选模式，最终的正确率也不高。考虑在 HM13.0 标准算法的帧内预测角度预测模式选择中，最终的模式候选列表除粗略模式选择外，还加上了 3 种最有可能的角度预测模式。而在帧内预测角度预测模式选择过程中，大部分 PU 的最终模式候选列表中都包含模式 0 和模式 1，因此，本节采用类似的方式进行处理，即在确定了 Top3 的预测结果为候选模式后，根据候选模式列表中有无模式 0 和模式 1 确定最终的模式候选列表中的种数。CNN 的预测结果与最终模式候选列表的对应关系如表 3-18 所示。其中，P 表示 Top3 的预测结果，C 表示最终的模式候选列表中的种数。

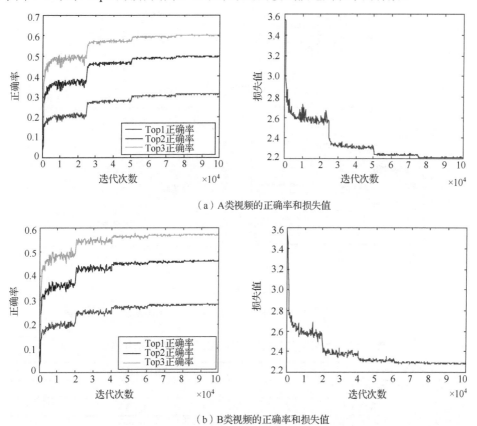

（a）A类视频的正确率和损失值

（b）B类视频的正确率和损失值

图 3-28　5 种不同分辨率的视频序列的网络模型的正确率和损失值

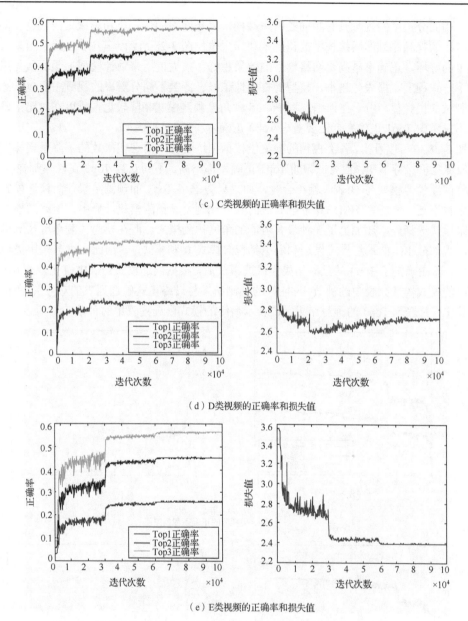

（c）C类视频的正确率和损失值

（d）D类视频的正确率和损失值

（e）E类视频的正确率和损失值

图 3-28　5 种不同分辨率的视频序列的网络模型的正确率和损失值（续）

表 3-18　CNN 的预测结果与最终模式候选列表的对应关系

CNN 预测结果	最终模式候选列表
P 不包含模式 0 和模式 1	$C=P$
P 包含模式 0，不包含模式 1	$C=P+$模式 1
P 包含模式 1，不包含模式 0	$C=P+$模式 0
P 包含模式 0 和模式 1	$C=P+$模式 0+模式 1

因此，本节提出的基于深度学习的帧内预测角度预测模式选择算法并没有完全替代原始的粗略模式选择算法和 3 种最有可能的模式算法。将原始需要进行 RDO 计算的个数改成 3、4 或 5，由于在帧内预测角度预测模式选择算法过程中，8×8 和 4×4 大小的 PU 的个数最多，而在原始的算法中，8×8 和 4×4 大小的 PU 都需要进行 8 种模式的 RDO 计算，因此本书提出的算法能够大大降低编码复杂度。

帧内预测角度预测模式选择算法与 HM13.0 标准算法相结合的流程图如图 3-29 所示，其中，RDO 模式候选集中的虚线框表示本节提出的算法替代原始算法的过程。首先一个视频流进行编码时分为一帧一帧的视频图像，当开始进行视频编码时，重新开辟一个新的线程来处理帧内预测角度预测模式候选集的获取过程。在新的线程中，将一帧图像输入 CNN 模型，在模型中会先进行 PU 的划分及双线性插值处理，得到 8×8 大小的 PU 集，预测出所有 PU 的角度预测模式预测方向，然后按照表 3-17 得到所有 PU 的最终模式候选列表。同时，原始的线程中在取到一帧图像时，按照正常的编码流程进行编码。当编码到 PU 角度预测模式选择算法过程时，首先判断新线程中当前帧的角度预测模式预测过程是否预测完成，如果没有就继续等待预测完成；如果已经预测完成就直接取共享的预测结果并将其作为模式候选列表，之后继续进行下一步的编码操作，整个过程循环往复，直到完成所有编码操作。

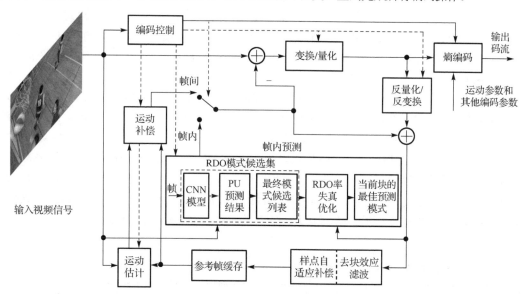

图 3-29　帧内预测角度预测模式选择算法与 HM13.0 标准算法相结合的流程图

3．实验结果及性能分析

在实验用两种运行环境分析帧内角度预测算法的性能：①角度预测和其他编码流程在 CPU 上以串行的方式运行；②角度预测在 GPU 上以并行的方式运行，同时，其他编码流程在 CPU 上以串行的方式运行。另外，实验中会讨论在最终的候选模式列表中是否加上模式 0 和模式 1，并进行对比。

（1）实验平台及参数设置。实验中采用 HM13.0 作为实验平台，编码配置为全 I 帧。一台 GPU 服务器，含有一块 Intel（R）Xeon（R）CPU E5-2620 v4 处理器，2 块 NVIDIA GeForce GTX TITAN X 显卡，操作系统为 Ubuntu 14.04。

（2）性能评价标准。选取分辨率从 416×240 到 2560×1600 的 5 种标准视频序列进行测试，每个视频序列选取所有帧。在不同的 QP（22、27、32、37）下，分别从码率、峰值信噪比、编码时间 3 方面对基于深度学习的帧内预测角度预测模式决策算法和 HM13.0 标准算法进行比较，定义 3 个参数如下：

$$\Delta B(\%) = \frac{\text{Bitrate}_{\text{improved}} - \text{Bitrate}_{\text{HM}}}{\text{Bitrate}_{\text{HM}}} \times 100\% \tag{3-33}$$

$$\Delta P(\text{dB}) = \text{PSNR}_{\text{improved}} - \text{PSNR}_{\text{HM}} \tag{3-34}$$

$$\Delta T(\%) = \frac{T_{\text{improved}} - T_{\text{HM}}}{T_{\text{HM}}} \times 100\% \tag{3-35}$$

同时，使用另外两个参数进行对比，即 BDBR 和 BDPSNR。对应标准视频中的 5 种不同的分辨率，通过数据集选择、网络结构设计、训练方式的不同分别训练不同的网络结构模型，因此在实验结果中，5 个不同的 CNN 网络模型表示针对 5 种不同的分辨率分别使用各自的网络结构模型，1 个相同的网络模型表示所有分辨率的视频都采用 B 类分辨率的网络结构模型。在确定候选模式列表的过程中，由于在原始编码中，大部分的 PU 的候选模式中包含模式 0 和模式 1，因此实验中对此进行了对比，其中，最终的候选模式列表中包含由 CNN 模型预测出来的 Top3，以及模式 0 和模式 1 的算法，称为"Top3+01"算法，即根据表 3-18 得到的候选模式列表；最终的候选模式只包含由 CNN 模型预测出来的 Top3 算法，称为"Top3"算法。

表 3-19 所示为 5 个不同的 CNN 网络模型在"Top3+01"算法下的实验结果。从表 3-19 中可以看出，在 5 个不同的 CNN 网络模型中，各类视频均能取得较好的实验结果，平均可减少 25.68% 的编码时间，PSNR 平均降低了 0.07dB，码率增加了 1.41%，可忽略不计。其中，B 类视频的 BasketballDrive 甚至能减少 30.28% 的编码时间，而 PSNR 仅降低 0.03dB；D 类视频的 BasketballPass 在 PSNR 降低 0.09dB 的同时，还能减少 36.15% 的编码时间。虽然也有效果不好的视频序列，如 RaceHorsesC，只减少了 20.62% 的编码时间，但与此同时，其 PSNR 降低了 0.1dB。由此可见，采用 CNN 网络模型对视频质量的影响较大，整体而言达到了降低编码时间的效果，同时也能保证编码质量和码率，取得了较好的结果。

表 3-19　5 个不同的 CNN 网络模型在"Top3+01"算法下的实验结果

类　　别	视 频 序 列	BDPSNR/dB	BDBR/%	ΔB/%	ΔP/dB	ΔT/%
Class A	Traffic	−0.11	2.13	1.11	−0.05	−23.08
	PeopleOnStreet	−0.17	2.92	1.92	−0.07	−24.18
Class B	BQTerrace	−0.08	1.57	1.2	−0.05	−27.8
	Cactus	−0.07	1.88	0.97	−0.04	−24.04
	Kimono	−0.02	0.69	0.41	−0.01	−27.14
	ParkScene	−0.04	0.97	−0.22	−0.05	−25.72
	BasketballDrive	−0.07	2.24	1.63	−0.03	−30.28
Class C	RaceHorsesC	−0.14	2.5	0.89	−0.1	−20.62
	PartyScene	−0.25	3.54	1.24	−0.17	−22.59

续表

类　别	视频序列	BDPSNR/dB	BDBR/%	ΔB/%	ΔP/dB	ΔT/%
Class D	BasketballPass	−0.22	3.71	2.45	−0.09	−36.15
	BlowingBubbles	−0.21	3.04	0.98	−0.14	−22.86
	RaceHorses	−0.18	2.98	1.53	−0.10	−24.00
Class E	FourPeople	−0.23	4.02	2.61	−0.09	−23.49
	Johnny	−0.19	4.54	3.09	−0.07	−27.57
平均值		−0.14	2.62	1.41	−0.07	−25.68

从表 3-20 中可以看出，在 CPU 上通过批量化处理的编码时间远远超出本身的编码时间，有些甚至能达到 400%以上，而同样的视频在 GPU 上运行能减少 27%的编码时间，总体而言，在 CPU 上运行平均会增加 305.39%的编码时间，在 GPU 上运行会减少 25.68%的编码时间。因此，在后续的实验中将不再考虑在 CPU 上运行。同时也可以看出，如果采用"Top3"算法得到最终的候选模式列表，能够减少 32.85%的编码时间，但与此同时，PSNR 会降低 0.16dB，视频质量下降得过多，因此本实验结果仍然只考虑"Top3+01"算法。

表 3-20　5 个不同的 CNN 网络模型在不同条件下运行的实验结果对比

类　别	视频序列	"Top3+01"	CPU 运行	"Top3"		
		ΔT/%	ΔT/%	ΔB/%	ΔP/dB	ΔT/%
Class A	Traffic	−23.08	371.71	3.73	−0.14	−27.7
	PeopleOnStreet	−24.18	386.06	5.23	−0.16	−33.7
Class B	BQTerrace	−27.8	312.75	3.14	−0.1	−35.12
	Cactus	−24.04	434.01	4.42	−0.11	−31.05
	Kimono	−27.14	428.37	5.01	−0.11	−34.89
	ParkScene	−25.72	316.85	3.72	−0.15	−28.05
	BasketballDrive	−30.28	328.4	4.35	−0.07	−33.25
Class C	RaceHorsesC	−20.62	283.62	3.16	−0.19	−27.42
	PartyScene	−22.59	225.17	4.50	−0.28	−35.97
Class D	BasketballPass	−36.15	242.47	6.67	−0.17	−44.91
	BlowingBubbles	−22.86	243.91	4.33	−0.23	−36.00
	RaceHorses	−24	279.07	5.15	−0.17	−27.52
Class E	FourPeople	−23.49	198.69	5.15	−0.17	−27.52
	Johnny	−27.57	224.43	7.23	−0.17	−29.76
平均值		−25.68	305.39	4.74	−0.16	−32.85

如果所有的视频都采用 B 类视频的 CNN 网络模型，就可以验证该模型的泛化能力，B 类视频的 CNN 网络模型下的"Top3+01"算法的实验结果如表 3-21 所示。由于在整个预测过程中，预测结果的 Top3 模式中包含模式 0 和模式 1 的并不多，因此在采用了表 3-18 的候选模式确定方式后，整个编码过程中的 PU 候选模式列表大部分都有 5 种模式，将时间极限值设置为在随机选取 5 种角度预测模式作为候选模式时能够节省的时间最大值。在表 3-21 中，Limit 表示在帧内预测角度预测模式选择过程中，在每次都从 35 种角度预测模式中随机选取 5 种角度预测模式作为

候选模式的情况下，整个编码过程能够节省的时间极限。从表 3-21 中可以看出，在使用 B 类视频的 CNN 网络模型时，整体能够取得较好的实验结果，在相同条件下，如果对所有的 PU 都采用 5 种候选模式列表，最终能减少的编码时间的平均极限值为 27.31%，而在使用相同的 CNN 网络模型后，平均能减少 26.11% 的编码时间，同时，PSNR 只降低了 0.07dB，码率增加了 1.28%，均可忽略不计。所以本小节设计并训练的 CNN 网络模型具有很好的泛化能力，同一 CNN 网络模型在不同的视频类型中都有较好的性能。

表 3-21　B 类视频的 CNN 网络模型下的 "Top3+01" 算法的实验结果

类　别	视频序列	"Top3+01" 算法					Limit
		BDPSNR/dB	BDBR/%	ΔB/%	ΔP/dB	ΔT/%	ΔT/%
Class A	Traffic	−0.11	2.12	1.09	−0.05	−24.63	−24.78
	PeopleOnStreet	−0.17	2.91	1.93	−0.07	−23.05	−26.53
Class B	BQTerrace	−0.08	1.57	1.2	−0.05	−27.8	−27.57
	Cactus	−0.07	1.88	0.97	−0.04	−24.04	−25.13
	Kimono	−0.02	0.7	0.41	−0.01	−27.14	−28.44
	ParkScene	−0.04	0.97	0.22	−0.05	−25.72	−26.88
	BasketballDrive	−0.07	2.24	1.63	−0.03	−30.28	−29.85
Class C	RaceHorsesC	−0.14	2.42	0.84	−0.1	−23.83	−25.75
	PartyScene	−0.24	3.41	1.12	−0.17	−22.94	−24.18
Class D	BasketballPass	−0.2	3.38	2.16	−0.09	−35.72	−37.49
	BlowingBubbles	−0.19	2.82	0.79	−0.13	−22.67	−24.77
	RaceHorses	−0.17	2.84	1.48	−0.09	−23.85	−25.22
Class E	FourPeople	−0.19	3.33	2.07	−0.08	−26.49	−27.45
	Johnny	−0.16	3.77	2.43	−0.07	−27.42	−28.35
平均值		−0.13	2.45	1.28	−0.07	−26.11	−27.31

　　下面介绍 BasketballDrive 与 ParkScene 视频序列在 HM13.0 标准算法和基于深度学习的帧内预测角度预测模式选择算法下的率失真曲线，如图 3-30 所示。从率失真曲线中可以看出，两条曲线基本重合，这表明在这两种算法下所得到的编码图像的质量和码率相差不大，也就是基于深度学习的帧内预测角度预测模式选择算法和 HM13.0 标准算法相比，其性能基本没有变化，进而验证了基于深度学习的帧内预测角度预测模式选择算法的可行性。

　　最终将本文算法与其他算法进行对比，如表 3-22 所示，从表 3-22 中可以看出，只看编码时间，本文算法能减少的编码时间最多，与参考文献[13]相比，虽然本文算法使 BDBR 有所增加（同时使 BDPSNR 有所降低），但是本文算法约能减少 7% 的编码时间。因此可以得出结论：在保证视频编码质量和码率不变的同时，基于深度学习的帧内预测角度预测模式选择算法有较好的性能，其网络模型也具有较好的泛化性能。

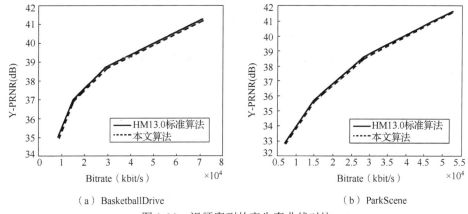

（a）BasketballDrive   （b）ParkScene

图 3-30　视频序列的率失真曲线对比

表 3-22　本文算法与其他算法的对比实验结果

算　　法	BDBR/%	BDPSNR/dB	ΔT/%
文献[14]	0.86	—	−22.1
文献[15]	0.74	−0.04	−19.99
文献[13]	1.71	−0.08	−19.23
文献[16]	0.18	—	−15.2
本文算法	2.45	−0.13	−26.11

3.4.2　基于深度学习的 HEVC 帧内预测编码单元划分算法研究

1. HEVC 帧内预测编码单元划分算法

HEVC 采用深度和四叉树结构方式来进行 CU 的划分。其中，CU 的尺寸最大为 64×64，最小为 8×8，CU 深度与尺寸的对应关系如图 3-31 所示。

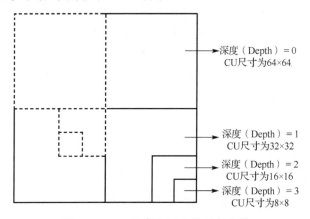

深度（Depth）= 0
CU尺寸为64×64

深度（Depth）= 1
CU尺寸为32×32

深度（Depth）= 2
CU尺寸为16×16

深度（Depth）= 3
CU尺寸为8×8

图 3-31　CU 深度和尺寸的对应关系

从图 3-31 中可以看出，对于一个 64×64 大小的 CU，如果要对其进行深度为 3 的划分，则一共有 1+4+4×4+4×4×4=85 个 CU；而对于 8×8 大小的 CU，相应的 PU 有 4×4 和 8×8 两种尺寸，每个 PU 对应 35 种角度预测模式。编码时，HEVC 遍历每个尺寸的 CU，从 35 种角度预测模式中筛选出率失真代价最小的预测模式作为对应 PU 的最佳预测模式。HEVC 帧内预测 CU 划分流程图如图 3-32 所示。

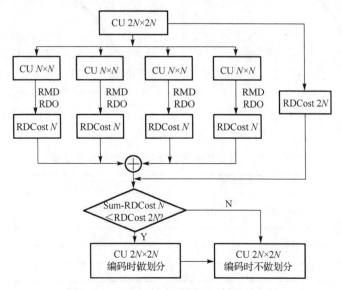

图 3-32　HEVC 帧内预测 CU 划分流程图

如图 3-32 所示，每个深度的 CU 都会对相应的 PU 进行 RMD 和 RDO 计算，获得每个 CU 的最小率失真代价 RDCost 及相应的最佳预测模式，然后比较划分前 CU 的 RDCost2N 与划分成 4 个子 CU 后的 RDCostN 之和的大小，如果划分前的率失真代价小，则编码时不对其进行划分，否则就将其划分成 4 个尺寸相同的子 CU。HM13.0 标准算法从 CTU 开始采用四叉树递归划分方法，一直划分到 8×8 的尺寸，深度遍历四叉树的各个节点，算出四叉树上各节点的权重，也就是当前 CU 的 RDCost 值，因此可以确定 CTU 的最佳划分路径，使得 RDCost 最小。

HEVC 帧内预测有 4 种类型的 CU（64×64、32×32、16×16、8×8）和 5 种类型的 PU（在 CU 的基础上增加 4×4）。在编码过程中，对 CU 对应的 PU 进行帧内预测，其中，64×64、32×32、16×16 和 8×8 的 CU 对应相同大小的 PU，8×8 的 CU 对应的 PU 可以进一步划分为 4×4 的 PU。图 3-33 所示为编码一帧图像的 CU 划分示意图。从图 3-33 中可以看出，部分区域的最佳尺寸为 64×64，不需要进一步划分，因此在进行实际的 CU 四叉树递归划分之前，如果能对 CU 做出深度预判，并为编码单元进行深度标记，就可以在实际的编码单元划分过程中，参考已经标记的深度信息，跳过或提前终止一些不必要的编码单元的计算，进而有效地加速编码单元划分，压缩编码时间。

2. 基于深度学习的 HEVC 帧内预测编码单元划分算法

（1）数据集选择。在 HEVC 编码单元划分算法中，由于一个 CTU 的划分需要通过 4 种不同大小的 CU（64×64、32×32、16×16、8×8）确定，而且划分也是一个迭代的过程，首先对 64×64 大小的 CU 计算出最佳的角度预测模式后得到率失真代价，然后对当前的 32×32 大小的 CU 进行同样的操作，找到每个 CU 的最佳角度预测模式及率失真代价，最后将 4 个 32×32 大小的 CU 的率失真代价相加，然后对得到的值与 64×64 大小的率失真代价进行比较，如果 64×64 大小的率失真代价更小，则当前 64×64 的 CU 不进行划分，否则将其划分成 4 个 32×32 大小的 CU，并对所有的 32×32 大小的 CU 进行同样的操作，直到将其划分为 8×8 大小的 CU。

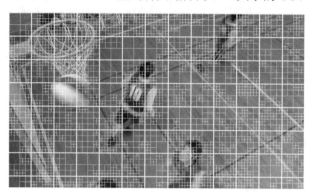

图 3-33 编码一帧图像的 CU 划分示意图

如果整个划分过程采用深度学习的方式，可以有两种不同的方式：一是直接对 CU 进行预测，判断当前 CU 的深度值；二是将整个预测流程分为 3 步，即先判断 64×64 大小的 CU 是否进行划分，然后对 32×32 大小的 CU 进行判断，最后对 16×16 大小的 CU 进行判断，根据一个 CTU 中的 1 个 64×64 大小的 CU、4 个 32×32 大小的 CU 和 16 个 16×16 大小的 CU 进行综合判断，确定当前 CTU 的划分方式。

如果采用方式一直接对 CU 进行深度判断，当采用 64×64 大小的 CU 进行预测时，如果一个 CTU 中只有部分 CU 的划分深度为 3，预测结果也为 3，则会对当前 CTU 下所有的 CU 进行深度为 3 的遍历判断，较为耗时；如果采用 32×32 大小的 CU 进行预测，划分深度为 3，当前 32×32 大小的 CU 下有部分 CU 的最佳划分深度也为 3，那么与 64×64 大小的 CU 类似，也比较耗时；如果采用 16×16 或 8×8 大小的 CU 进行判断，当 CU 的划分深度为 0 或 1 时，需要找到与当前 CU 的上一深度值对应的 CU，即 32×32 和 16×16 大小的 CU，这个过程比较复杂，得到的结果也比较粗略，因此本书采用第二种方式。

在制作数据集的时候，有 3 种 CU 的尺寸可供选择，分别是 64×64、32×32 和 16×16。训练网络模型时，可以将 3 种不同尺寸的 CU 分别作为输入进行训练，也可以将 3 种尺寸的 CU 缩放成一种 CU 作为输入进行训练。参考上一小节选取数据集的方法，本小节针对不同的分辨率（不同的 CU 尺寸）训练出不同的网络模型，具体流程如下。

以 B 类视频为例，在训练 B 类视频的过程中，训练集和测试集都选取 A、C、D、E 类视频的数据，B 类视频只作为验证模型的数据。由于在所有的视频序列中，64×64 大小的 CU 的数量不多，因此在选择数据集时采用视频的所有帧。将视频的所有帧分为训练集和测试集，选取视频的前 80%作为训练集，选取视频的后 20%作为测试集。因此在 B 类视频网络模型的训练数据集中，A 类视频中 64×64 大小的 CU 有 1000×150×80%×2=240000 个，B 类视频中 64×64 大小的 CU 有 480×500×80%×5=768000 个，C 类视频中 64×64 大小的 CU 有 91×500×80%×4=145600 个，D 类视频中 64×64 大小的 CU 有 18×500×80%×4=28800 个，E 类视频中 64×64 大小的 CU 有 220×500×80%×5=44000 个，考虑视频之间的均衡性数据越多越好，在训练时优先考虑数据较少的 D 类视频，只有 28800 个，且分为两类，因此在选取训练数据时，每类训练数据大约选取 50000 个，测试数据每类大约取 10000 个。对于其他类的视频，这里以同样的方式选择数据集，最终每类视频都有一个网络模型。视频和测试的视频数据类如表 3-23 所示，CNN 网络模型的 CU 数据来源如表 3-24 所示。

表 3-23   视频和测试的视频数据类

训练网络的数据集来源	训 练 集	测 试 集	验 证 集
Class B,C,D,E			Class A
Class A,C,D,E			Class B
Class A,B,D,E	前 80%	后 20%	Class C
Class A,B,C,E			Class D
Class A,B,C,D			Class E

表 3-24   CNN 网络模型的 CU 数据来源

CU 大小	数据集获取方式
64×64	50000 个 64×64 大小的 CU 设为 0，16500 个 32×32 大小的 CU 设为 1，16500 个 16×16 大小的 CU 设为 1，17000 个 8×8 大小的 CU 设为 1
32×32	50000 个 32×32 大小的 CU 设为 0，25000 个 16×16 大小的 CU 设为 1，25000 个 8×8 大小的 CU 设为 1
16×16	50000 个 16×16 大小的 CU 设为 0，50000 个 8×8 大小的 CU 设为 1

由于在编码单元划分过程中，最优划分结构主要受亮度的影响，而色度的影响较小，因此在训练网络模型的过程中，可以直接采用灰度图进行网络模型的训练。编码单元划分的过程也包含角度预测模式选择过程，因此在考虑编码单元划分过程时，同样需要考虑角度预测模式划分中的上方和左方的像素点对当前编码单元的影响。由于周围像素点对角度预测模式选择过程的影响较小，在编码单元划分过程中同样只选取当前的编码单元块作为网络模型训练的输入。

（2）网络结构设计与参数选择。在原始的编码单元划分过程中，CU 是以单个串行的方式进行编码计算的。因此在设计编码单元划分的网络结构时，主要考虑两方面，一方面是网络结构尽可能简单，在预测 CU 的划分标志位时，尽可能减少 CNN 模型的预测时间；另一方面是尽可能提高网络模型的正确率，得到较好的训练和预测效果，保证在相同的情况下可以较为准确地确定 CTU 的最佳划分方式。

基于以上分析，提出了一种简单的网络结构用于编码单元划分。以 B 类视频的 64×64 大小的数据集为例，在经典的网络上进行微调实验，以得到预期的正确率。对不同的网络结构进行对比，不同网络的正确率比较如表 3-25 所示。

从表 3-25 中可以看出，经典的 AlexNet 网络的正确率只有 78.32%，ResNet 的正确率最高，达到了 81.26%。本节提出的网络结构（The Proposed）的正确率与 ResNet 网络相比，正确率约相差两个百分数点，与其他网络结构差别不大，甚至优于 AlexNet 和 VGG16 这两种网络结构，考虑 ResNet 网络结构的复杂性及在编码单元划分算法中的适用性,在均衡时间复杂度和预测正确率两个指标后,本节提出的网络结构更具有说服力。

表 3-25 不同网络的正确率比较

网 络 结 构	Top1 正确率
AlexNet	78.32%
GoogleNet	79.64%
ResNet	81.26%
VGG16	78.56%
The Proposed	79.24%

将训练的编码单元划分 CNN 模型与 HM13.0 标准算法结合后,如果 CU 仍然以单个串行的方式输入,每次进行深度学习模型预测都会很耗时,在上一小节的基础上,这里直接将 CTU 的划分过程放在 GPU 上运行,每次输入一张图片,输出的就是这一张图片中所有的 64×64、32×32、16×16 大小的 CU 的预测结果。这样能够大大减少划分及预测的时间,下面介绍基于深度学习的编码单元划分算法的实验流程图,网络结构以输入大小为 64×64 的 CU 为例,如图 3-34 所示。

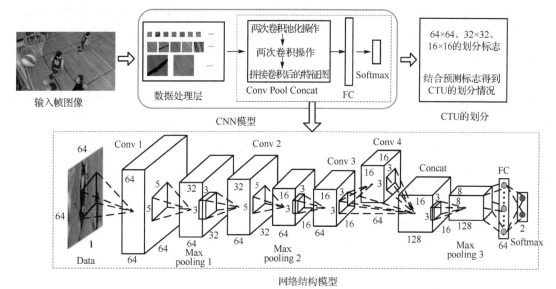

图 3-34 具体实施的实验流程图

如图 3-34 所示,一整帧视频图像首先经过 CNN 模型的数据处理层后,按照标准算法的四叉树方式将图像划分为 64×64、32×32、16×16 大小的 CU,如果通过复制的方式划分,所有像素点就需要重复复制 3 次(1 个 64×64 的 CTU 依次被复制成 64×64、32×32、16×16 这 3 种不同大小的 CU),而直接对整帧图像处理可以避免重复从 CPU 复制到 GPU,同时在 GPU 上划分 PU 的过程比在 CPU 上划分 PU 的速度快,因此能够减少数据处理的时间。针对不同大小的 CU 分别减去各自的均值,按批次输入网络模型,最终可以得到一整帧图像中所有需要尺寸的 CU 的 CNN 预测结果。

该网络由 1 个数据层(Data),4 个卷积层(Conv1、Conv2、Conv3、Conv4),3 个池化层

（Max pooling1、Max pooling2、Max pooling3），1 个拼接层（Concat），1 个全连接层（FC）和一个输出层（Softmax）组成。网络训练的数据为编码单元划分中的 CU，Conv1 有 64 个卷积核，卷积核的大小为 5×5。为了保证图片在经过卷积后大小不发生改变，在卷积过程中使用了补零操作，在 Conv1 中，添加 2 个零补充，并以步长 1 进行卷积操作，因此，Conv1 的输出特征图的大小为 64×64×64。这里选择 ReLU 激活函数以激活输出特征图。在卷积层后面连接的是 Max pooling1，用来减小特征图的大小，池化窗口的大小为 3×3，步长为 2，经过池化层后的特征图的大小为 64×32×32。这里使用与 Conv1 和 Max pooling1 相同的参数对 Conv2 和 Max pooling2 进行操作，最后生成的特征图的大小为 64×16×16。在 Max pooling2 之后继续进行卷积操作，连接两个卷积层，即 Conv3 和 Conv4，其中，每个卷积层都有 64 个卷积核，卷积核的大小为 5×5，也都采用 ReLU 激活函数，Conv3 和 Conv4 的输出都是 64×16×16 大小的特征图，然后通过 Concat 操作将两个卷积后的特征图拼接起来，合起来的输出特征图的大小为 128×16×16，然后经过一个池化层操作 Max pooling3，最后生成的特征图的大小为 128×8×8。增加一个全连接层 FC，将全连接层设为 64 维神经元节点。与卷积层类似，这里采用 ReLU 作为激活函数。为了避免在训练过程中出现过拟合的情况，在 FC 后面增加了 DropOut 层，将参数设置为 0.5。输出层的输出结果用于判断编码单元是否划分。例如，如果最后的预测结果为 1，则表明当前预测的 CU 需要进一步划分，如果预测结果为 0，则表明当前预测的 CU 不需要进一步划分。具体来说，CNN 网络模型的网络结构如表 3-26 所示。

表 3-26　CNN 网络模型的网络结构

类　　　型	结　　　构
Data	1×64×64
Conv	filter: 64×5×5, stride: 1, pad: 2, ReLU
Pool	Max, kernel: 3×3, stride: 2
Conv	filter: 64×5×5, stride: 1, pad: 2, ReLU
Pool	Max, kernel: 3×3, stride: 2
Conv	filter: 64×3×3, stride: 1, pad: 1, ReLU
Conv	filter: 64×3×3, stride: 1, pad: 1, ReLU
Concat	axis:1
Pool	Max, kernel: 3×3, stride: 2
FC	64, ReLU, dropout = 0.5
Softmax	2

训练采用 SGD 的优化策略，将基础学习率设置为 0.01，采用梯度方法进行训练，每迭代 20000 次以 0.2 的倍率减小学习率，参数偏置设为 0.0005，最大迭代次数设为 80000。最终 32×32 大小和 16×16 大小的 CU 以同样的方式进行网络模型的训练，最终的网络结构和训练参数与 64×64 大小的 CU 相同，即 3 种不同大小的 CU 的 CNN 模型具有相同的网络结构及相同的训练参数配置。

（3）确定最终 CTU 的划分方式。在深度学习训练网络的过程中，网络模型都是在 QP 为 32 的量化参数下得到的编码单元块，而在实际的编码过程中，在不同的量化参数下，编码单元的划分具有很大的差异，因此本小节将针对这一点进行验证。根据数据集的获取方式，对大小为 32×32

的 CU 在 4 个不同的 QP（22、27、32 和 37）下的实验数据分别进行网络结构的设计与网络模型的训练，如图 3-35 所示。

从图 3-35（a）中可以看出，如果都采用 QP=32 这种情况作为最佳网络结构，在相同的网络结构下，QP=37 的实验数据具有最高的正确率，然后依次是 32、27 和 22。从图 3-35（b）中可以看出，在不同 QP 下的实验数据训练的最佳网络结构的正确率有所不同，其中，正确率最高的是 QP=37 时，最低为 QP=22 时，QP 越高，对应的网络的正确率越高。对比图 3-35（a）和图 3-35（b）可以发现，在 QP 相同的情况下采用最佳网络结构和采用 QP=32 下的最佳网络结构的正确率曲线几乎重合。由此可以得出，在不同 QP 下，使用各自的最佳网络结构与使用 QP=32 下的最佳网络结构具有相似的效果，QP 对网络结构的正确率影响较小。因此在本小节中，所有的网络结构都是在 QP=32 的情况下得到的实验结果。

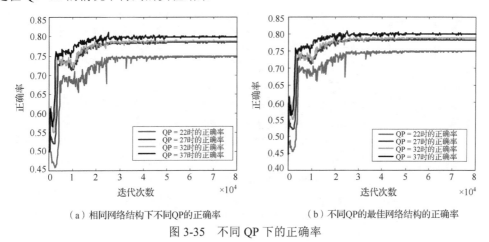

（a）相同网络结构下不同QP的正确率　　　　（b）不同QP的最佳网络结构的正确率

图 3-35　不同 QP 下的正确率

在 HEVC 中，编码单元的划分是一个复杂的迭代过程。判断某个 CU 是否进行划分时，需要对 CU 进行 35 种帧内预测模式的选择，计算出最佳模式的率失真代价，然后对当前 CU 下的 4 个子 CU 进行 35 种帧内预测模式的选择，计算出最佳模式的率失真代价，并与父 CU 的率失真代价进行对比。而经过深度学习的改进后，可以直接通过编码单元划分的 CNN 模型对 64×64、32×32、16×16 大小的 CU 进行划分标志位的预测，最终的 CTU 划分方式是通过当前 CTU 下的 1 个 64×64、4 个 32×32 和 16 个 16×16 大小的 CU 的 21 个预测值确定的。但是由于网络的正确率只有 80%左右，整个划分结果可能并不准确。在得到一个 CTU 的 1 个 64×64、4 个 32×32 和 16 个 16×16 大小的 CU 的预测结果时，根据原始的四叉树划分准则，采用另外的划分方式，CU 划分的具体过程如图 3-36 所示。其中，完全按照预测结果进行划分的方式为 Proposed-C，在这种情况下，编码划分误差较大，考虑将划分后的结果进行细分，因此有了 Proposed-A 和 Proposed-B 两种改进方案。

Proposed-B：当 64×64 大小的 CU 的预测结果是划分且 32×32 大小的子 CU 的预测结果是不划分时，通过对比 32×32 大小的子 CU 的率失真代价和 4 个 16×16 大小的子 CU 的率失真代价之和进一步判断是否将 32×32 大小的 CU 划分成 4 个 16×16 大小的子 CU，并且 16×16 大小的子 CU 不再划分成大小的 8×8 子 CU。其余情况均根据预测结果直接判断是否划分，如图 3-36（b）所示。

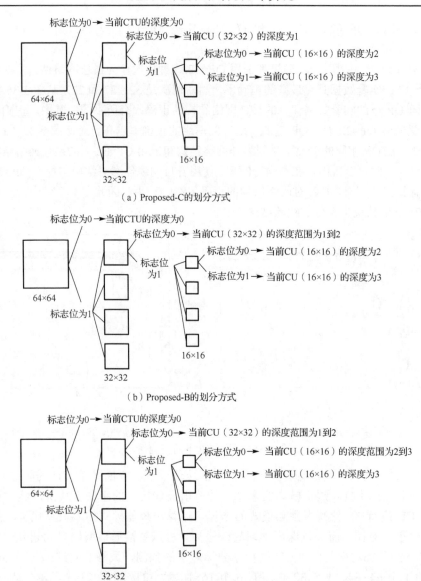

图 3-36　CU 划分的具体过程

Proposed-A：当 64×64 CU 的预测结果是划分且 32×32 CU 的预测结果是不划分时，则通过对比 32×32 大小的子 CU 的率失真代价和 4 个 16×16 大小的子 CU 的率失真代价之和进一步判断是否将 32×32 大小的 CU 划分成 4 个 16×16 大小的子 CU，并且 16×16 大小的子 CU 不再进一步划分成 8×8 大小的子 CU。当 32×32 大小的 CU 的预测结果是划分且 16×16 大小的子 CU 的预测结果是不划分时，则通过对比 16×16 大小的子 CU 的率失真代价和 4 个 8×8 大小的子 CU 的率失真代价之和进一步判断是否将 16×16 大小的子 CU 划分成 4 个 8×8 大小的子 CU。其余情况均根据预测结果直接判断是否划分，如图 3-36（c）所示。

基于深度学习的编码单元划分算法的整体流程如图 3-37 所示。其中，蓝色虚线框表示编码单元划分过程中的原始算法，黄色实线框表示经过 CNN 模型后的改进算法。当开始编码一帧时，重新开辟一个新的线程，在新的线程中输入一整帧图像，然后经过 CNN 网络模型。CNN 网络模型先将图像划分为 64×64、32×32、16×16 大小的 CU，然后对所有的 CU 进行划分标志位的预测。同时在原来的线程中，当获得一帧视频图像时，按照正常的编码流程进行编码，当编码到编码单元划分过程时，首先判断新线程中当前帧所有划分后的 CU 的预测过程是否完成，如果没有，就继续等待预测完成；如果已经预测完成，就直接取预测的实验结果，然后根据图 3-36 中的方式得到 CU 的划分结果。编码完一帧后继续进行下一步编码操作，整个过程循环往复，直到所有帧编码完成。

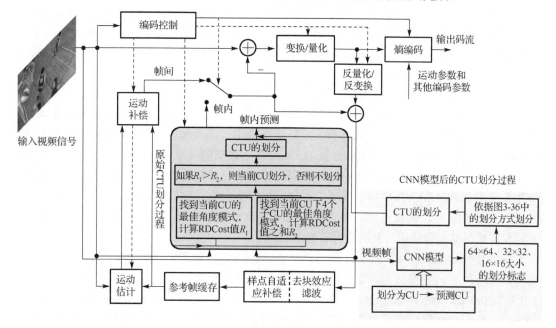

图 3-37　基于深度学习的编码单元划分算法的整体流程（见彩插）

由于 3 种不同大小的 CU 的 CNN 网络结构是完全一样的，因此同时进行了 1 种大小的网络模型的预测，即将 64×64、32×32、16×16 大小的 CU 通过双线性插值的方法统一成 32×32 大小的 CU，然后通过 32×32 大小的网络模型预测出所有的划分结果。

3. 实验结果及性能分析

通过下面两方面分析实验结果：①将 CTU 划分过程置入 GPU 中，并且在其他的线程中采用 3 个不同的网络模型预测划分结果；②将 CTU 划分过程置入 GPU 中，并且在其他的线程中采用 32×32 大小的网络模型预测划分结果，其中都包含图 3-36 中的 3 种划分方式。

（1）实验平台及参数设置。该算法的实验配置与 3.4.1 节的实验配置相同。

（2）该算法的性能分析。选取分辨率从 416×240 到 2560×1600 的 5 种标准 YUV 视频序列进行测试，每个序列选取所有帧。本实验需要对比的参数与 3.4.1 节相同。下面在不同的 QP（22、27、32、37）下，对基于深度学习的编码单元划分算法和 HM13.0 默认算法进行比较。

对应标准视频中的 5 种不同的分辨率,通过 3.4.1 节的数据集选择和网络结构设计与训练的方式分别训练 5 类不同的视频,最终的网络结构与 B 类视频的网络结构一样。在实验结果中,3 个不同的 CNN 网络模型指的是对所有分辨率的视频来说,输入为 64×64、32×32 和 16×16 三种不同大小的网络模型,即输入为 64×64 大小的 CU 采用 64 大小的 CU 对应的 CNN 网络模型来判断 64×64 大小的 CU 的划分标志位,输入为 32×32 大小的 CU 采用 32 大小的 CU 对应的 CNN 网络模型来判断 32×32 大小的 CU 的划分标志位,输入为 16×16 大小的 CU 采用 16 大小的 CU 对应的 CNN 网络模型来判断 16×16 大小的 CU 的划分标志位。1 个 CNN 网络模型指的是对所有分辨率的视频来说,把所有不同大小的 CU 都统一为 32×32 大小的 CU,然后使用 32×32 大小的网络模型来预测所有 CU 的划分标志位。其中,3 个不同的 CNN 网络模型和 1 个 CNN 网络模型又有 3 种不同的 CU 的最终划分方式,如图 3-36 所示。

采用 3 个不同的 CNN 网络模型,在得到所有 CU 的划分标志位后,根据图 3-36 中的划分方式(Proposed-A、Proposed-B 和 Proposed-C)来确定当前 CTU 的划分方式,对应的实验结果分别如表 3-27、表 3-28 和表 3-29 所示。

表 3-27 所示为 3 个不同的 CNN 网络模型下 Proposed-A 的实验结果,从表 3-27 中可以看出,在 3 个不同的 CNN 网络模型及 Proposed-A 这种划分方式下,各类视频均能取得较好的实验结果,平均可减少 54.08%的编码时间,同时 PSNR 降低 0.03dB,码率增加 1.33%,BDBR 增加 1.53%,PSNR 降低 0.09dB。其中,B 类视频的 BasketballDrive 甚至能减少 64.20%的编码时间,而 PSNR 仅仅降低 0.03dB,Kimono 在减少 71.66%的编码时间的同时,PSNR 降低 0.03dB,而 BlowingBubbles 的 PSNR 在增加 0.01dB 的同时,能减少 34.94%的编码时间。虽然有部分视频序列的编码时间减少的比例小于 50%,如 BasketballDrill、BQMall 等,但是整体来说,达到了降低编码时间的效果,同时能保证编码质量和码率,从而取得较好的结果。

表 3-28 所示为 3 个不同的 CNN 网络模型下 Proposed-B 的实验结果,从表 3-28 中可以看出在这种划分方式下,各类视频均能取得较好的实验结果,平均可减少 61.71%的编码时间,同时 PSNR 降低 0.04dB,码率增加 1.62%,BDBR 增加 2.20%,BDPSNR 为−0.12dB。其中,B 类视频中的 BasketballDrive 甚至能减少 73.19%的编码时间,而 PSNR 仅仅降低 0.04dB。但 D 类视频最多只能减少 47.28%的编码时间,E 类视频中的 SlideEditing 和 SlideShow 的 PSNR 的降低程度较大,Slide Editing 甚至超过了 0.2dB。与 Proposed-A 这种划分方式相比,Proposed-B 划分方式整体平均下来能减少更多的编码时间,但是 BDBR 和码率均有所增加,并且 BDPSNR 小于−0.1dB。

表 3-27　3 个不同的 CNN 网络模型下 Proposed-A 的实验结果

类　　别	视 频 序 列	ΔB/%	ΔP/dB	BDBR/%	BDPSNR/dB	T/%
Class A	PeopleOnStreet	1.72	−0.02	1.44	−0.07	−52.74
	Traffic	1.96	−0.02	2.69	−0.08	−56.72
Class B	BasketballDrive	2.09	−0.03	0.86	−0.05	−64.20
	Kimono	1.39	−0.03	0.20	−0.01	−71.66
	Cactus	1.52	−0.01	1.25	−0.07	−58.09
	BQTerrace	1.66	0.00	0.54	−0.04	−55.86
	ParkScene	1.58	0.00	0.96	−0.07	−56.15

续表

类　　别	视频序列	ΔB/%	ΔP/dB	BDBR/%	BDPSNR/dB	T/%
Class C	RaceHorsesC	1.38	0.00	1.58	−0.06	−52.32
	BasketballDrill	0.60	−0.05	2.19	−0.13	−46.47
	PartyScene	0.38	0.01	3.06	−0.13	−44.71
	BQMall	1.22	−0.01	2.18	−0.08	−48.99
Class D	BasketballPass	0.82	−0.01	3.03	−0.16	−43.89
	BlowingBubbles	0.38	0.01	1.56	−0.07	−34.94
	BQSquare	0.74	0.00	0.28	−0.02	−38.97
	RaceHorses	0.51	0.00	1.89	−0.11	−47.18
Class E	KristenAndSara	2.46	−0.03	1.26	−0.07	−66.00
	FourPeople	1.88	−0.03	0.50	−0.03	−55.44
	Johnny	2.60	−0.03	1.39	−0.22	−66.71
	SlideEditing	0.52	−0.17	2.09	−0.20	−51.25
	SlideShow	1.17	−0.11	2.13	−0.11	−69.23
平均值		1.33	−0.03	1.53	−0.09	−54.08

表 3-28   3 个不同的 CNN 网络模型下 Proposed-B 的实验结果

类　　别	视频序列	ΔB/%	ΔP/dB	BDBR/%	BDPSNR/dB	T/%
Class A	PeopleOnStreet	2.16	−0.04	3.51	−0.17	−63.55
	Traffic	2.31	−0.04	3.69	−0.11	−68.50
Class B	BasketballDrive	2.59	−0.04	0.86	−0.05	−73.19
	Kimono	1.50	−0.04	0.20	−0.01	−77.34
	Cactus	1.70	−0.02	2.32	−0.13	−69.49
	BQTerrace	1.82	−0.01	0.54	−0.04	−65.62
	ParkScene	1.61	−0.02	1.52	−0.10	−66.54
Class C	RaceHorsesC	1.50	−0.02	2.32	−0.08	−62.18
	BasketballDrill	1.49	−0.09	2.77	−0.15	−63.48
	PartyScene	0.54	−0.02	4.23	−0.18	−52.70
	BQMall	1.67	−0.03	2.60	−0.09	−61.35
Class D	BasketballPass	0.82	−0.01	3.95	−0.20	−43.33
	BlowingBubbles	0.38	0.01	2.06	−0.09	−35.55
	BQSquare	0.74	0.00	0.88	−0.06	−38.92
	RaceHorses	0.51	0.00	2.53	−0.14	−47.28
Class E	KristenAndSara	3.00	−0.05	1.87	−0.11	−72.91
	FourPeople	2.51	−0.06	0.50	−0.03	−67.11
	Johnny	3.43	−0.05	1.90	−0.30	−73.76
	SlideEditing	0.64	−0.21	2.89	−0.28	−56.95
	SlideShow	1.52	−0.15	2.92	−0.16	−74.43
平均值		1.62	−0.04	2.20	−0.12	−61.71

表 3-29 所示为 3 个不同的 CNN 网络模型下 Proposed-C 的实验结果，从表 3-29 中可以看出，在这种划分方式下，各类视频均能取得较好的实验结果，平均可减少 63.19%的编码时间，同时 PSNR 降低 0.05dB，码率增加 1.89%，BDBR 为 2.62%，BDPSNR 为–0.15dB。其中，效果较好的主要有 B 类视频，特别是 Kimono，约能降低 80%的编码时间，同时 PSNR 只降低 0.05dB。但也有效果较差的，如 D 类视频的编码时间的降低量都低于平均水平。与 Proposed-A 这种划分方式相比，Proposed-C 划分方式整体平均下来能减少更多的编码时间；与 Proposed-B 相比，Proposed-C 划分方式的编码时间的增加量只有 2%，但是其码率有所增加，BDPSNR 小于–0.1dB。

表 3-29　3 个不同的 CNN 网络模型下 Proposed-C 的实验结果

类　　别	视频序列	ΔB/%	ΔP/dB	BDBR/%	BDPSNR/dB	T/%
Class A	PeopleOnStreet	2.54	–0.04	4.02	–0.19	–65.88
	Traffic	2.71	–0.06	4.50	–0.13	–71.46
Class B	BasketballDrive	3.24	–0.05	0.86	–0.05	–75.67
	Kimono	1.86	–0.05	0.20	–0.01	–79.89
	Cactus	1.92	–0.03	2.65	–0.15	–69.34
	BQTerrace	1.98	–0.02	0.54	–0.04	–66.79
	ParkScene	1.71	–0.03	1.74	–0.12	–69.51
Class C	RaceHorsesC	1.73	–0.03	2.74	–0.10	–64.25
	BasketballDrill	1.93	–0.09	4.05	–0.23	–65.32
	PartyScene	0.57	–0.02	5.27	–0.22	–52.90
	BQMall	1.86	–0.04	3.22	–0.11	–62.83
Class D	BasketballPass	0.82	–0.01	4.92	–0.25	–43.69
	BlowingBubbles	0.38	0.01	2.43	–0.11	–34.60
	BQSquare	0.74	0.00	0.91	–0.07	–38.98
	RaceHorses	0.51	0.00	2.94	–0.17	–46.74
Class E	KristenAndSara	3.70	–0.07	2.24	–0.13	–75.76
	FourPeople	2.99	–0.07	0.50	–0.03	–69.74
	Johnny	4.20	–0.06	1.92	–0.31	–76.63
	SlideEditing	0.64	–0.21	3.31	–0.32	–57.16
	SlideShow	1.67	–0.17	3.53	–0.19	–76.58
平均值		1.89	–0.05	2.62	–0.15	–63.19

　　由于在本小节中，64×64、32×32、16×16 大小的 CU 对应的 CNN 网络模型的结构一样，训练的参数也一样，因此，如果将 64×64、32×32、16×16 大小的 CU 通过双线性插值处理后得到 32×32 大小的图片，然后统一由 32×32 大小的网络模型进行预测得到划分标志位，就能只通过一个网络模型得到所有 CU 的预测结果。针对这个想法进行实验验证，在图 3-36 所示的不同划分方式下的实验结果如表 3-30、表 3-31 和表 3-32 所示。

　　表 3-30 所示为 1 个 CNN 网络模型下 Proposed-A 的实验结果（32×32），在这种划分方式下，

各类视频均能取得较好的实验结果，平均可减少 52.24%的编码时间，同时 PSNR 降低 0.03dB，码率增加 0.56%，BDBR 为 1.01%，BDPSNR 为–0.06dB。其中，Kimono 能在降低 68.39%的编码时间的同时仅增加 0.73%的码率，并降低 0.03dB 的 PSNR。整体编码后视频的质量和码率的变化均可忽略不计，但平均能压缩 52.24%的编码时间。与用 3 个不同的 CNN 网络模型相比，1 个 CNN 网络模型在时间上的压缩量减少了 2%左右，但码率的增加量明显减少，同时视频质量几乎保持不变。

表 3-30　1 个 CNN 网络模型下 Proposed-A 的实验结果（32×32）

类　　别	视 频 序 列	ΔB/%	ΔP/dB	BDBR/%	BDPSNR/dB	T/%
Class A	PeopleOnStreet	0.29	–0.01	0.39	–0.02	–52.58
	Traffic	0.66	–0.02	1.04	–0.06	–51.10
Class B	BasketballDrive	1.51	–0.03	2.57	–0.08	–63.04
	Kimono	0.73	–0.03	1.57	–0.05	–68.39
	Cactus	0.61	–0.02	1.09	–0.04	–55.94
	BQTerrace	0.26	–0.01	0.44	–0.05	–53.40
	ParkScene	0.15	–0.03	0.95	–0.04	–53.31
Class C	RaceHorsesC	0.32	–0.03	0.78	–0.04	–50.50
	BasketballDrill	0.79	–0.02	1.34	–0.07	–46.68
	PartyScene	0.53	–0.03	0.94	–0.07	–43.05
	BQMall	0.37	–0.01	0.62	–0.03	–45.44
Class D	BasketballPass	0.42	–0.01	0.59	–0.04	–44.32
	BlowingBubbles	0.11	0.00	0.16	–0.01	–32.40
	BQSquare	0.11	0.00	0.13	–0.01	–38.17
	RaceHorses	0.12	–0.01	0.26	–0.02	–46.12
Class E	KristenAndSara	1.23	–0.03	1.77	–0.09	–64.59
	FourPeople	0.72	–0.02	1.06	–0.06	–52.29
	Johnny	1.58	–0.03	2.09	–0.09	–66.31
	SlideEditing	0.34	–0.11	0.99	–0.16	–49.66
	SlideShow	0.40	–0.10	1.39	–0.13	–67.40
平均值		0.56	–0.03	1.01	–0.06	–52.24

表 3-31 所示为 1 个 CNN 网络模型下 Proposed-B 的实验结果（32×32），在这种划分方式下，各类视频均能取得较好的实验结果，平均可减少 66.01%的编码时间，同时 PSNR 降低 0.10dB，码率增加 2.42%，BDBR 为 3.01%，BDPSNR 为–0.17dB。其中，A 类视频的编码时间压缩了 70%以上；B 类视频中除 BQTerrace 外，其他视频的编码时间都压缩了 70%以上，BQTerrace 也有 68.92%的编码时间压缩，在码率上；D 类视频中的 BasketballPass 与标准编码方式相比，码率增加了 6.41%，码率增加最少的是 BlowingBubbles，也增加了 1.71%。整体编码后视频的质量有所降低，码率也有所增加，但在编码时间上平均能压缩 66.01%的编码时间，整体上具有较好的实验效果。与用 3 个不同的 CNN 网络模型相比，用 1 个 CNN 网络模型在编码时间上的压缩量增加了 4%左右，码率的增加量只有不到 1%，同时视频质量几乎保持不变。

表 3-31　1 个 CNN 网络模型下 Proposed-B 的实验结果（32×32）

类　别	视频序列	ΔB/%	ΔP/dB	BDBR/%	BDPSNR/dB	T/%
Class A	PeopleOnStreet	2.87	−0.06	2.40	−0.13	−75.52
	Traffic	2.62	−0.10	3.29	−0.18	−70.31
Class B	BasketballDrive	3.40	−0.06	4.55	−0.14	−74.69
	Kimono	1.23	−0.05	2.18	−0.08	−77.28
	Cactus	1.95	−0.06	2.76	−0.10	−72.50
	BQTerrace	1.77	−0.05	2.43	−0.13	−68.92
	ParkScene	0.51	−0.10	2.33	−0.10	−75.14
Class C	RaceHorsesC	1.04	−0.08	1.91	−0.10	−68.12
	PartyScene	0.95	−0.09	1.86	−0.13	−55.96
	BasketballDrill	2.75	−0.09	3.90	−0.18	−63.54
	BQMall	2.09	−0.09	2.65	−0.15	−64.23
Class D	BasketballPass	6.41	−0.18	5.70	−0.33	−55.29
	BlowingBubbles	1.71	−0.10	2.06	−0.12	−46.71
	BQSquare	2.15	−0.07	1.82	−0.13	−45.63
	RaceHorses	4.01	−0.12	3.73	−0.20	−58.24
Class E	KristenAndSara	2.98	−0.08	3.74	−0.19	−73.79
	FourPeople	3.20	−0.11	3.49	−0.21	−71.35
	Johnny	3.87	−0.06	4.13	−0.18	−75.03
	SlideEditing	1.19	−0.25	2.40	−0.38	−55.08
	SlideShow	1.69	−0.16	2.89	−0.28	−72.88
平均值		2.42	−0.10	3.01	−0.17	−66.01

　　表 3-32 所示为 1 个 CNN 网络模型下 Proposed-C 的实验结果（32×32），在这种划分方式下，各类视频均能取得较好的实验结果，平均可减少 67.69% 的编码时间，同时 PSNR 降低 0.11dB，码率增加 2.74%，BDBR 为 4.18%，BDPSNR 为 −0.24dB。其中，效果较好的有 A 类视频和 B 类视频，这两类视频的编码时间都减少了 70% 以上，同时 PSNR 的降低量小于 0.11dB，大部分不超过 0.1dB。实验效果较差的主要是 D 类视频，整体上的时间压缩率不到 60%，有的视频只有不到 50% 的时间压缩率，同时码率增加了很多，BasketballPass 的码率增加了 7.57%。与 Proposed-B 相比，Proposed-C 整体编码后视频质量降低了很多，码率也增加了很多，但能多压缩不到 2% 的编码时间，整体上的实验效果没有 Proposed-B 好。与用 3 个不同的 CNN 网络模型相比，时间上的压缩量增加了 4% 左右，码率的增加量只有不到 1%，但 PSNR 的降低量明显增多。

表 3-32　1 个 CNN 网络模型下 Proposed-C 的实验结果（32×32）

类　别	视频序列	ΔB/%	ΔP/dB	BDBR/%	BDPSNR/dB	T/%
Class A	PeopleOnStreet	3.25	−0.06	3.74	−0.21	−72.22
	Traffic	2.96	−0.11	4.97	−0.26	−78.12

续表

类　别	视频序列	ΔB/%	ΔP/dB	BDBR/%	BDPSNR/dB	T/%
Class B	BasketballDrive	3.89	−0.07	5.83	−0.17	−76.89
	Kimono	1.56	−0.06	3.19	−0.11	−80.30
	Cactus	2.15	−0.07	3.83	−0.14	−74.57
	BQTerrace	1.93	−0.05	2.69	−0.16	−70.44
	ParkScene	0.58	−0.11	3.35	−0.15	−77.66
Class C	RaceHorsesC	1.23	−0.09	2.80	−0.16	−69.95
	BasketballDrill	3.05	−0.09	5.02	−0.24	−64.92
	PartyScene	0.97	−0.09	2.26	−0.16	−56.19
	BQMall	2.24	−0.09	3.99	−0.22	−65.36
Class D	BasketballPass	7.57	−0.20	6.52	−0.42	−57.61
	BlowingBubbles	1.72	−0.10	3.13	−0.21	−46.37
	BQSquare	2.49	−0.08	3.20	−0.26	−46.59
	RaceHorses	4.62	−0.14	6.51	−0.40	−60.15
Class E	KristenAndSara	3.57	−0.09	5.24	−0.27	−76.00
	FourPeople	3.65	−0.12	5.54	−0.31	−73.31
	Johnny	4.44	−0.07	5.76	−0.24	−76.67
	SlideEditing	1.17	−0.25	2.60	−0.41	−55.52
	SlideShow	1.70	−0.18	3.50	−0.34	−75.00
平均值		2.74	−0.11	4.18	−0.24	−67.69

从使用 3 个 CNN 网络模型和 1 个 CNN 网络模型的对比实验中可以看出,本小节基于深度学习的 HEVC 帧内预测编码单元划分算法能取得较好的实验结果,整体上能压缩 60% 以上的编码时间,同时本小节提出的网络模型结构也具有很好的泛化能力,将所有不同大小的 CU 通过双线性插值处理后,采用 1 个 CNN 网络模型预测的实验也取得了较好的实验结果,与采用 3 个 CNN 网络模型相比,采用 1 个 CNN 网络模型在整体上能压缩更多的编码时间。

将本章提出的算法与其他算法进行对比,如表 3-33 所示。其中,Pro-A-3 表示采用 3 个 CNN 网络模型时,通过 Proposed-A 这种划分方式得到的实验结果,Pro-A-1 表示采用 1 个 CNN 网络模型时,通过 Proposed-A 这种划分方式得到的实验结果,Pro-B-3 表示采用 3 个 CNN 网络模型时,通过 Proposed-B 这种划分方式得到的实验结果,Pro-B-1 表示采用 1 个 CNN 网络模型时,通过 Proposed-B 这种划分方式得到的实验结果,Pro-C-3 表示采用 3 个 CNN 网络模型时,通过 Proposed-C 这种划分方式得到的实验结果,Pro-C-1 表示采用 1 个 CNN 网络模型时,通过 Proposed-C 这种划分方式得到的实验结果。

表 3-33　本章提出的算法与其他算法对比的实验结果

算　法	BDBR/%	BDPSNR/dB	ΔT/%
文献[17]	2.12	—	−62.25
文献[18]	1.7	—	−53
文献[19]	0.78	—	−48.03
文献[20]	1.29	—	−55.51

续表

算　　法	BDBR/%	BDPSNR/dB	ΔT/%
文献[21]	0.68	—	−54.0
Pro-A-3	1.53	−0.09	−54.08
Pro-A-1	1.01	−0.06	−52.24
Pro-B-3	2.20	−0.12	−61.71
Pro-B-1	2.86	−0.17	−66.01
Pro-C-3	2.62	−0.15	−63.19
Pro-C-1	3.61	−0.20	−67.69

从表 3-33 中可以看出，本章提出的算法在减少编码时间上有一定的优势，最高能压缩 67.69% 的编码时间，考虑编码后的视频质量及码率，与文献[17]相比，本章提出的算法与其编码时间的减少量最为相似，文献[17]中的 BDBR 为 2.12%，本章提出的算法在 Pro-B-1 这种方式下，能压缩 66.01%的编码时间，BDBR 为 2.86%，综合考虑这两点，本章提出的算法比文献[17]具有更好的实验效果。

3.4.3　两种改进算法相结合的编码性能分析

两种改进算法相结合的具体流程图如图 3-38 所示。

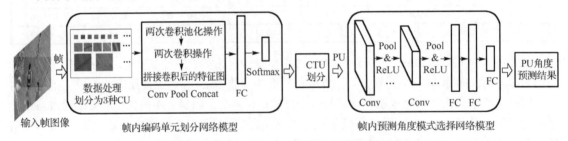

图 3-38　两种改进算法相结合的具体流程图

1. 两种改进算法的综合实现

基于 3.4.2 节的实验结果可以发现，在编码单元划分过程中，将 3 种不同大小的 CU 通过双线性插值处理得到相同大小（32×32）的 CU 时，实验效果较好。同时在得到各种不同大小的预测结果时，结合视频质量及视频的码率，图 3-36 中的 Proposed-B 具有较好的实验结果，因此在结合这两部分时，编码单元划分部分选择 1 个 CNN 网络模型，最终划分选择图 3-36 中的 Proposed-B 的划分方式。

由于编码单元划分和角度预测模式选择使用不同的网络模型，所以在 HM13.0 标准算法中需要嵌入两个不同的模型，即编码单元划分模型和角度预测模式选择模型。两个模型的工作流程：当输入一整帧图像到编码单元划分模型时，先通过 CNN 模型中的数据处理层将图像划分成 64×64、32×32、16×16 大小的 CU，然后统一经过双线性插值处理得到 32×32 大小的图像，通过 CNN 网络模型预测出所有 32×32 图像的划分标志位，根据图 3-36 中的 Proposed-B 这种划分方式得到当前帧所有 CU 的划分结果。根据划分结果得到需进行角度预测模式计算的 PU，将所有需要进行角度预测模式计算的 PU 通过双线性插值处理得到 8×8 大小的图像，然后输入角度预测模式选择 CNN 模型中，预测出所有 PU 的模式候选列表，接着根据表 3-18 的对应关系得到所有 PU 的完整角度预测模式候选列表，然后进行标准的角度预测模式选择过程，继续执行标准编码流程。

2．基于深度学习的帧内模式选择过程算法的性能分析

根据图 3-38 将帧内编码单元划分和帧内预测角度预测模式选择通过模型级联的方式结合起来，通过 3 个指标对实验结果进行分析，如表 3-34 所示。

表 3-34 基于深度学习的帧内模式选择过程算法的实验结果

类 别	视 频 序 列	ΔB/%	ΔP/dB	ΔT/%	BDPSNR/dB	BDBR/%
Class A	PeopleOnStreet	3.75	−0.07	−62.34	−0.26	4.63
	Traffic	3.37	−0.06	−65.77	−0.22	4.20
Class B	BasketballDrive	5.14	−0.06	−70.85	−0.17	6.03
	BQTerrace	4.52	−0.05	−64.88	−0.20	3.65
	Cactus	3.71	−0.05	−67.15	−0.16	4.50
	Kimono	2.30	−0.04	−77.33	−0.12	3.31
	ParkScene	1.81	−0.05	−65.46	−0.13	2.91
Class C	BasketballDrill	4.21	−0.14	−57.31	−0.33	6.84
	BQMall	4.16	−0.09	−56.74	−0.30	5.44
	PartyScene	1.67	−0.14	−54.75	−0.25	3.43
	RaceHorsesC	2.08	−0.09	−62.45	−0.20	3.55
Class D	BasketballPass	2.54	−0.09	−54.80	−0.23	3.85
	BlowingBubbles	1.14	−0.12	−48.72	−0.20	2.94
	BQSquare	2.57	−0.13	−46.41	−0.31	3.93
	RaceHorses	1.68	−0.09	−57.93	−0.19	3.09
Class E	FourPeople	4.24	−0.08	−63.74	−0.30	5.36
	Johnny	5.48	−0.07	−77.94	−0.27	6.66
	KristenAndSara	5.61	−0.08	−72.55	−0.34	6.79
平均值		3.33	−0.08	−62.62	−0.23	4.51

从表 3-34 中可以看出，使用该算法平均可以减少 62.62%的编码时间，同时 PSNR 降低 0.08dB，码率增加 3.33%，BDBR 为 4.51%，BDPSNR 为−0.23dB。将两种改进算法结合起来的实验结果的码率有所增加，同时视频质量有所下降，这是由于两个网络模型的预测结果都不够准确，而对于编码时间来说，降低的时间几乎和编码单元划分算法的时间一样，也就是说，整个过程中耗时最多的是编码单元划分，角度预测模式选择只占用了小部分时间，在通过深度学习减少编码单元划分的基础上，角度预测模式选择几乎不占用时间。

图 3-39 所示为 BasketballDrive 与 Kimono 视频序列的率失真曲线对比图。从率失真曲线可以看出，两条曲线基本重合，这表明在两种算法下所得到的编码图像质量和码率相差不大，也就是说，本文采用的基于深度学习的帧内模式选择算法和 HM13.0 算法相比，压缩性能的变化较小，进而验证了本文算法的可行性。

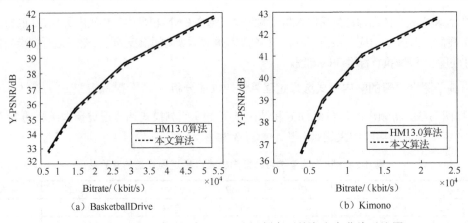

图 3-39　BasketballDrive 与 Kimono 视频序列的率失真曲线对比图

3.5　HEVC 帧内预测的高效 VLSI 架构设计与实现

3.5.1　整体架构设计

在超大规模集成电路（VLSI）设计领域中，面积小、频率高、功耗低这 3 方面是设计的基本要素，如何综合这 3 方面要素是设计者必须考虑的问题。下面介绍两种设计方案。

方案 1：对于不同尺寸的预测单元独立地设计一个预测模块。

方案 2：设计一种可配置的预测模块，把对所有不同尺寸的预测单元的预测值的计算都集中到一个运算模块中。

对于方案 1，在 HEVC 中，帧内预测单元的尺寸有 5 种，若对每种预测单元都设计一个预测模块，最少需要设计 5 个预测模块。该方案的好处是设计较为简单，容易达到较高的工作频率，但是，采用此方案必然会带来硬件设计面积大、功耗高的问题，而且，由于在对一帧图像进行帧内预测时，在同一时刻只有一种尺寸的预测单元再进行预测值计算，这会造成硬件资源的浪费。

相对于方案 1，方案 2 因为在设计上采用了可配置的预测模式，所以设计过程会较为复杂，但是方案 2 有硬件面积小、功耗低、利用率高等优点，通过一些硬件设计上的技巧也可以获得较高的工作频率。

综上所述，本小节选取了方案 2 作为最终的设计方案，采用了多级流水与信号的并行处理相结合的可配置硬件架构。

通过 3.1 节对 HEVC 中的帧内预测方法的分析可知，HEVC 帧内预测主要由 35 种预测模式构成，其中包括 33 种角度预测模式、DC 预测模式及 Planar 预测模式，而在预测之前通过查表选择参考像素是否需要经过平滑滤波（1-2-1 参考像素平滑滤波），设计了 HEVC 帧内预测 VLSI 整体架构框图，如图 3-40 所示，主要包括总体控制状态机的设计、1-2-1 参考像素平滑滤波模块、垂直方向预测模块、水平方向预测模块、DC 预测模块、Planar 预测模块 6 部分。

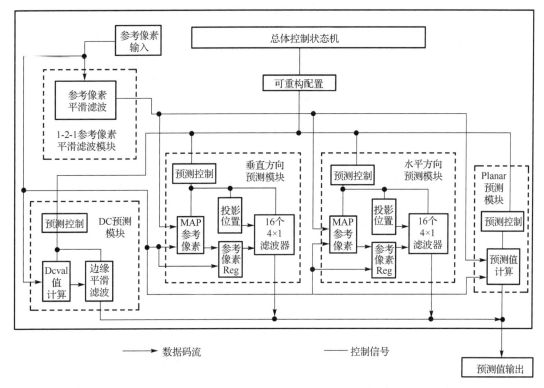

图 3-40　HEVC 帧内预测 VLSI 整体架构框图

上述 VLSI 架构主要针对 HEVC 的帧内预测值计算，包括可重构的支持大小为 4×4 到 64×64 的所有预测单元的 35 种预测模式的预测值计算。如图 3-41 所示，原始参考像素信号来源于当前预测单元的左下、左侧、上侧、右上参考像素集（均为与当前 PU 相邻的已重建像素块的像素值），共 257 个像素。对于 $n×n$（n={4,8,16,32,64}）大小的预测单元，Planar 和 DC 预测每个时钟周期输出一行预测值，即 $n×1$ 个像素预测值，而角度预测（水平方向预测和垂直方向预测）每个时钟周期输出 m（m=64/n）行，即 $m×1$ 个预测像素值。

在不考虑初始化所消耗的时钟周期的前提下，4×4 大小的 PU，即 16 种角度预测模式（包括 9 种垂直预测方向和 7 种水平预测方向），以及 DC 和 Planar 预测模式，共有 18 种预测模式，而对于所设计的 VLSI 架构，每个时钟周期可以预测 2×(64/4)=32 种预测方向，因此对于 4×4 大小的 PU，计算全部预测模式的预测像素值需要 1×4 = 4 个时钟周期。8×8 大小的 PU 支持全部的 35 种预测模式，每 8 个时钟周期可以预测 2×(64/8)=16 种预测方向，因此计算所有 35 种预测模式的预测像素值需要 3×8 = 24 个时钟周期。对于 16×16 大小的 PU，每 16 个时钟周期可以预测 2×(64/16)=8 种预测方向，因此计算所有 35 种预测模式的预测像素值需要 5×16=80 个时钟周期。对于 32×32 大小的 PU，每 32 个时钟周期可以预测 2×(64/32)=4 种预测方向，因此计算所有 35 种预测模式的预测像素值需要 9×32=288 个时钟周期。对于 64×64 大小的 PU，每 64 个时钟周期可以预测 2×(64/64)=2 种预测方向，因此计算所有 35 种预测模式的预测像素值需要 18×64=1152 个时钟周期。

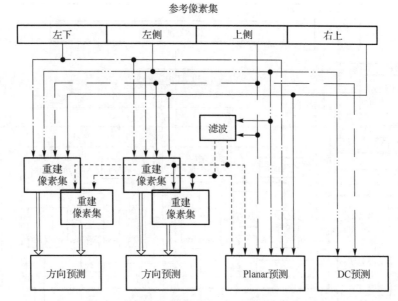

图 3-41　HEVC 帧内预测 VLSI 预测数据流图

通过对总体控制状态机进行控制，对于每次角度预测模块中的预测方向进行更新时，需要通过一个时钟周期对模块进行初始化设置，因此，4×4 大小的 PU 完成一次全预测模式的预测值的计算需要 5 个时钟周期，8×8 大小的 PU 需要 27 个时钟周期，16×16 大小的 PU 需要 85 个时钟周期，32×32 大小的 PU 需要 297 个时钟周期，64×64 大小的 PU 需要 1170 个时钟周期。

3.5.2　自适应参考像素平滑滤波器的架构设计

对于尺寸为 8×8、16×16、32×32 的 PU，当角度预测模式下的预测夹角 $|\theta|$ 大于设定的阈值时，原始输入参考像素就要经过一个 1-2-1 平滑滤波，因为需要滤波的 PU 的尺寸最大为 32×32 像素，因此滤波模块的输入像素只有上边和左侧的原始参考像素集（共有 129 个像素，如图 3-41 所示），经过滤波后将产生 127 个像素的已滤波参考像素集。当预测模式是 Planar 预测模式时，尺寸为 8×8、16×16、32×32 的 PU 均需要进行参考像素平滑滤波，DC 预测模式的所有尺寸的预测单元则不需要进行参考像素平滑滤波。综上所述，结合图 3-41 可以看出，对于角度预测模式和 Planar 预测模式的数据输入，既有原始参考像素也有经过滤波后的参考像素，而对于 DC 预测模式的输入只有原始参考像素。为了完成上述参考像素的平滑滤波过程，本文设计了参考像素平滑滤波模块，这个模块主要完成以下两方面的工作。

（1）把原始输入为上（Top）、右上（Top-right）、左（Left）、左下（Left-down）的参考像素（共 257 个像素）转化为上侧（Above），辅（Side）、延伸（Ext）参考像素（共 193 个像素）。

（2）对上侧（Above）参考像素和辅（Side）参考像素进行 1-2-1 平滑滤波，输出为上侧已滤波（Above-Filtered）和辅已滤波（Side-Filtered）参考像素。

如图 3-42 所示，垂直方向预测模式的输入为上边界参考像素集、右上参考像素集、左边界参考像素集和左上参考像素，通过选择算法对输入参考像素进行选择输出。如图 3-43 所示，水平方向预测模式的输入为上边界参考像素集、左边界参考像素集、左下参考像素集和左上参考像素。这里需要注意的是延伸（Ext）参考像素只有在 PU 的尺寸为 64×64 时才能使用。

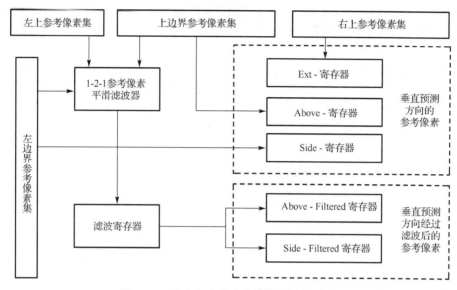

图 3-42　垂直方向参考像素平滑滤波框图

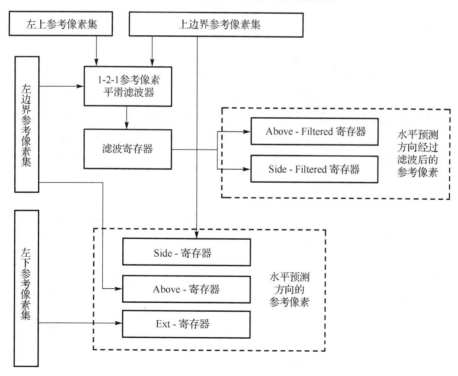

图 3-43　水平方向参考像素平滑滤波框图

　　这里通过 8×8 大小的 PU 举例说明 1-2-1 参考像素平滑滤波器的硬件结构图,如图 3-44 所示。这里只画出了其中的 7 个滤波像素的硬件结构,其余像素的硬件结构与这 7 个像素类似。

　　如图 3-44 所示,8×8 大小的 PU 中的左侧参考像素集中的左上参考像素及上侧参考像素集中的右上参考像素不经过计算直接作为输出。通过可配置的控制模块便可以自适应完成 8×8、16×16、32×32 大小的 PU 的参考像素平滑滤波。

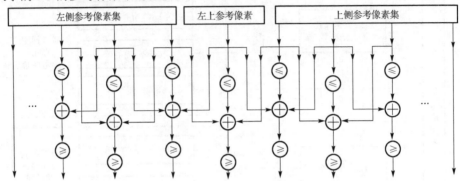

图 3-44　　1-2-1 参考像素平滑滤波器的硬件结构图

3.5.3　可重构的角度预测模块的架构设计

1. 参考像素的重建模块

　　通过前面的理论分析可知,对于水平预测模式和垂直预测模式定义了不同的主参考像素集(Main Reference Arrays)和辅参考像素集(Side Reference Aarrays), 图 3-41 中的重建像素集的功能是把与当前预测单元相邻的上一行的参考像素与左侧的参考像素映射到主参考像素集与辅参考像素集中。这里通过 4×4 像素预测单元举例说明,图 3-45(a)与图 3-45(b)分别表示垂直预测模式与水平预测模式的相邻参考像素的映射规则,其中,图 3-45(b)把预测单元以顺时针方向旋转了 90 度。

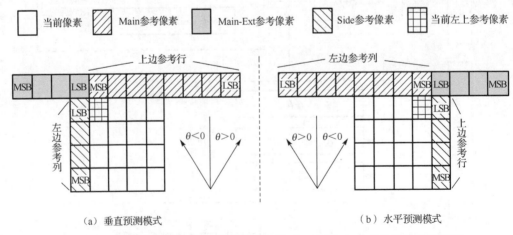

（a）垂直预测模式　　　　　　　　　　　　　　（b）水平预测模式

图 3-45　　垂直预测模式和水平预测模式中的 Main 与 Side 参考像素的映射规则

这里需要注意的是，水平预测模式与垂直预测模式中数据的起始位与截止位是不相同的。如图 3-45（a）所示，垂直预测模式中的左边参考列（辅参考像素集）的第一个像素为最低有效位（Least Significant Byte，LSB），而图 3-45（b）中的水平预测模式中的左边参考列（主参考像素集）的第一个像素为最高有效位（Most Significant Byte，MSB）。因此，在垂直预测模式中，数据的字节序为顺时针方向，在水平预测模式中，数据的字节序为逆时针方向。可以看出，这两种预测模式都满足以下条件：当预测角 $\theta < 0$ 时，预测矢量随着预测角绝对值 $|\theta|$ 增加越来越接近主-延伸（Main-Ext）参考像素的最高有效位，当预测角 $\theta > 0$ 时，预测矢量随着预测绝对值 $|\theta|$ 增加越来越接近主参考像素集的最低有效位。从图 3-45 中可以看出左上角的参考像素为主延伸（Main-Ext）参考像素的最低有效位（LSB）。参考像素通过上面所述的形式重建，可以大大简化接下来的角度预测模块中对于预测值的计算。

2. 角度预测 VLSI 架构

角度预测模块的输入信号来源于参考像素的重建模块。帧内角度预测模块主要由 16 个 4×1 像素的滤波器组成，这些 4×1 像素的滤波器可根据当前预测单元的大小自动进行配置，当前预测单元的尺寸为 $n×n$，这 16 个滤波器便可以分为 $64/n$ 个输出组。例如，对于 16×16 像素的预测单元，角度预测模块框图如图 3-46 所示。每组滤波器的输入都包含主参考像素和辅参考像素未经过滤波及经过滤波后的像素值。

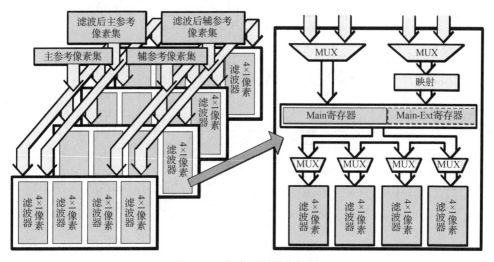

图 3-46　角度预测模块框图

根据当前 PU 的尺寸和预测方向的不同，各分组的滤波器首先选择原始像素或经过滤波后的像素作为参考像素来计算预测像素值。当预测角度 $\theta < 0$ 时，映射模块将生成 Main-Ext 参考像素集存储于 Main-Ext 寄存器中，以提供各个分组滤波器的使用率。这里需要注意的是，因为所有预测方向都会使用 Main 参考像素，所以在每一组 4×1 像素滤波器中并没有独立的 Main 寄存器。不同尺寸的角度预测所需的 Main-Ext 参考像素并不相同，因此对于每组 4×1 像素滤波器定义了独立的 Main-Ext 寄存器，即使用 n 个像素寄存器来存储当前预测单元的映射像素值。

如上所述，设计的 VLSI 架构每个时钟周期都输出当前 PU 的某一行预测像素值，对于垂直预测模式，同一行中的预测像素在 Main 参考像素中的截距Δx 是相同的，每个所需要的预测像素可以通过其在当前 PU 中的坐标及预测方向来计算出所需参考像素在 Main 参考像素中的截距Δx，从而确定所需的两个相邻参考像素。对于水平预测模式，同一行预测像素中的每个像素在左侧参考像素列中的截距Δx 各不相同，因此，对于同一行中的每个像素都需要独立计算其在左侧参考像素列中的截距Δx，从而确定所需的两个相邻参考像素，但是，对于同一列的预测像素，其在左侧参考像素列中的截距Δx 是相同的，所以只需要对第一行的所有参考像素计算其独立的截距Δx 即可。

这里通过 4×4 大小的 PU 举例说明角度预测硬件的实现过程，如图 3-47 所示，Main 和 Main-Ext 参考像素集由参考像素的重建模块生成，包含当前角度预测所需的参考像素，每个时钟周期角度预测模块输出一整行的预测像素值，方向位移 d 由当前的预测方向确定，可取值为 $\{0,\pm2,\pm5,\pm9,\pm13,\pm17,\pm21,\pm26,\pm32\}$。

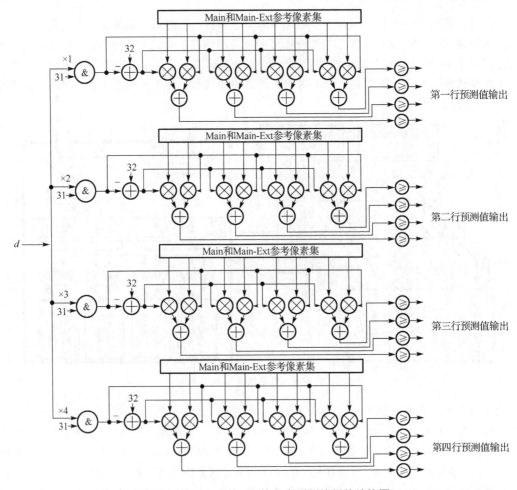

图 3-47 4×4 大小的 PU 的角度预测的硬件结构图

　　在第一个时钟周期，对于第一行像素，首先对方向位移 d 与 31 进行按位与操作，计算出权重 w_y，然后计算第一行像素中的预测像素在 Main 参考像素中的截距 Δx，找出每个像素对应的两个参考像素 $R_{i,0}$ 与 $R_{i+1,0}$（i-1,2,3,4），对 $R_{i,0}$ 与 $32-w_y$ 的差值进行乘法运算，对 $R_{i+1,0}$ 与 w_y 进行乘法运算，最后对两个乘法运算的值求和后进行移位操作，便可得到第一行像素的预测值。在第二个时钟周期，对于第二行像素，首先将方向位移 d 的值乘以 2，然后与 31 进行按位与操作，计算出权重 w_y，接着计算第二行中的预测像素在 Main 参考像素中的截距 Δx，找出每个像素所对应的两个参考像素 $R_{i,0}$ 与 $R_{i+1,0}$（i=1,2,3,4），对 $R_{i,0}$ 与 $32-w_y$ 的差值做乘法运算，对 $R_{i+1,0}$ 与 w_y 做乘法运算，最后对两个乘法运算的值求和后进行移位操作，便可得到第二行像素的预测值。在第三个时钟周期和四个时钟周期中，分别对第三行与第四行像素进行预测值的计算，计算方法与第一个时钟周期和第二个时钟周期的计算方法类似，只是在第一步对权重 w_y 的计算中，方向位移 d 分别乘以 3 与 4。通过上面的硬件计算过程可以看出，对于 4×4 大小的 PU 的一个预测方向的预测值的计算共需要 4 个时钟周期，需要一个 4×1 像素滤波器来完成。因此，在一个时钟周期内，一个角度预测模块中的 16 个 4×1 滤波器最多可同时完成 16 个方向的预测像素值的计算。

　　对 8×8 至 64×64 大小的 PU 的预测像素值的计算与 4×4 大小的 PU 是相似的，对于宽度为 n 的 PU 完成一个方向的预测只需要 n 个时钟周期，在每个时钟周期内，一个角度预测模块中的 16 个 4×1 滤波器最多可以同时完成 64/n 个方向的预测像素值的计算。本小节所设计的角度预测模块架构具有按行输出数据的特点，因此对于后续电路设计起到了很好的简化作用。例如，对于后续的 DCT 电路的设计利用按行输出数据的特点，就可以省去转置寄存器电路的设计、降低电路的设计复杂度、减小硬件设计面积、提高硬件使用效率。

3.5.4　累加架构的 Planar 预测模块架构设计

　　Planar 预测模块主要应用在比较平滑且渐变的图像区域，对于 4×4 和 64×64 的大小的 PU 使用相邻预测块的已编码参考像素值进行预测，对于 8×8、16×16、32×32 大小的 PU 使用相邻预测块的已编码参考像素经过平滑滤波后的像素值进行预测。Planar 预测算法与当前预测单元中每一行的预测方法类似，只是每一行处理不同的数据，得到预测像素的预测值。因此 Planar 预测模块架构只设计了一套核心计算模块，通过状态机控制每个时钟周期对预测单元的一行像素进行预测，输出相应像素的预测值。图 3-48 所示为 4×4 大小的预测单元的 Planar 预测硬件架构设计结构图。

　　如图 3-48 所示，对于 4×4 大小的 PU，其 Planar 预测模块的输入为当前 PU 的经过滤波后上面一行的参考像素、左边一列的参考像素、右上方的参考像素及左下方的参考像素，共 10 个参考像素点。Planar 预测算法第一行像素预测值的计算式如下。

$$P(x,1) = (4 \cdot R(x,0) + 4 \cdot F + R(x,5) + x \cdot K + 4) >> 3 \tag{3-36}$$

其中，$R(x,5)$ 为图 3-48 中的下边一行虚拟像素 O、P、Q、R 的计算值，对于第一行，倍乘了当前的行数 1，F 和 K 像素的计算值及其所处的位置见图 3-48。计算第二、三、四行像素时，分别要对 $R(x,5)$ 倍乘相应的行数。可以发现虽然每一行倍乘的参数并不相同，但是对于同一列像素中倍乘的参考像素却是相同的，因此对于 Planar 预测算法，本文设计了一种基于累加运算，寄存器

Reg 缓存累加值数据的硬件结构，来代替算法中的乘法运算（如图 3-48 中加速器方框所示），减少了乘法器的使用量。

在所设计的硬件架构中，左侧多通路的数据选择器 MUX 在第一个时钟周期中会选择出左侧参考列中的第一个参考像素，上边参考行中的所有像素进行相应的加法和移位计算，并计算出虚拟像素 O、P、Q、R 的像素值，分别存储于相应的寄存器 Reg 中，最终每个像素再应用对应的加法与移位计算得出第一行像素的预测值。对于第二个时钟周期，左侧多通路的数据选择器 MUX 会选择出左侧参考列中的第二个参考像素，上边参考行中的所有像素进行相应的加法和移位计算，并计算出虚拟像素 O、P、Q、R 的像素值，与相应寄存器 Reg 中存储的数据值相加后存储于对应的寄存器 Reg 中，最后每个像素再应用对应的加法与移位计算得出第一行像素的预测值。第三、四行像素的预测值计算，与第二行像素的计算方法类似，在相应的时钟周期中，寄存器 Reg 中的数据都会送回去和像素自身累加，这样可以减少乘法器的使用，当上面和左边的数据处理完后，进行加法和移位操作，即可得到每行的预测输出。

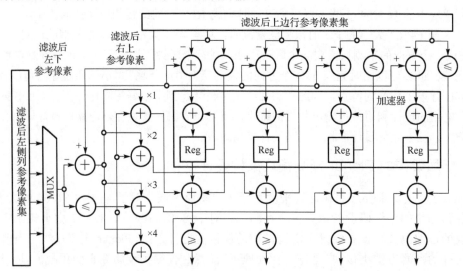

图 3-48   4×4 大小的预测单元的 Planar 预测硬件架构设计结构图

Planar 预测硬件的设计综合考虑了其算法的特点，该设计使用了加法器和寄存器相结合的结构替代了乘法器的使用，这样的设计可以有效地减小硬件最终的面积，提高硬件的使用效率。

3.5.5   复用结构的 DC 预测模块架构设计

由 DC 预测模式的算法可知，DC 预测模式的架构设计也应该由两部分组成。

DC 预测模式的架构包含预测值的计算模块和滤波操作模块两部分。若完全独立地设计两个模块，虽然可以取得较快的运算速度，但需要较大的硬件面积，降低了硬件使用率。因此本小节设计的 DC 预测模块架构在考虑 DC 预测值的计算和滤波操作的先后顺序的前提下，对所设计的模块进行复用，达到了省硬件面积的目的。DC 预测值计算模块硬件架构设计如图 3-49 所示。

如图 3-49 所示，DC 预测值计算模块硬件架构的输入为左侧/上边参考像素集，根据 PU 尺寸

的不同，参考像素的数量从 8～128 不等。其核心模块
为 4 个三输入的加法器，对于 4×4 大小的 PU 的 8 个参
考像素值，首先输入图 3-49 中第一层次的 3 个加法器
中，再将 3 个加法器求得的计算结果输入第二层次的 1
个加法器中，再将第二层次的加法器的计算结果存储在
Sum 寄存器中，最后经过一个移位运算便可得到 DC 预
测值。对于尺寸大于 4×4 的 PU，由于图 3-49 中的 Sum
寄存器的存储值被输入第一层次的第三个加法器，只需
要增加状态机的状态参数，进行多次计算，便可得到
8×8 至 64×64 大小的 PU 的 DC 预测的预测值。

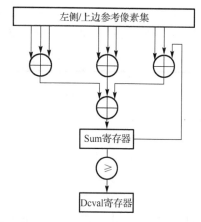

图 3-49　DC 预测值计算模块硬件架构设计

　　图 3-50 所示为 DC 预测模式中滤波操作的硬件架
构设计。在该设计中，使用移位和加法替代了乘法操作，
并且只设计了 4 个滤波单元。对于左上角的预测像素的滤波计算通过 MUX 选择器来选择对应的
参考像素后，通过一个三输入的加法器，再经过一个移位操作完成滤波。对于除左上角外的像素
通过 MUX 器来选择 DC 预测值 DCvalue，通过三输入的加法器进行加法运算后，再经过一个移
位操作完成滤波。对于不同尺寸的 PU，可以利用状态机来选择需要滤波的数据，在多个状态里
使用同一滤波模块来完成滤波操作。

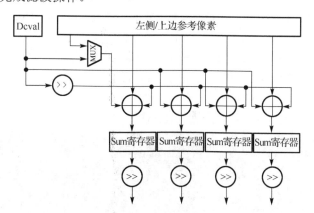

图 3-50　DC 预测模式中滤波操作的硬件架构设计

　　DC 预测模块的输出与前面所述的角度预测模块与 Planar 预测模块相同，也是按行输出预测值，
即每个时钟周期输出一行像素的预测值。对于 4×4、8×8、16×16、32×32、64×64 大小的 PU，DC 预
测模块要完成预测值的计算及边界滤波分别需要 1、6、12、24、48 个时钟周期。

3.5.6　实验结果与分析

1. 功能仿真

　　功能仿真的作用是通过测试向量来验证所设计的电路的功能的正确性，它贯穿整个电路设计

过程，提供了对电路正确性的一种验证方式。电路功能仿真的质量和效率一般取决于两方面：测试激励的完备性、充分性；测试环境的搭建质量。

在完成硬件描述语言 Verilog HDL 的代码设计后，为了验证硬件设计是否符合逻辑功能需求，首先需要对代码进行功能仿真。在前仿真时，一般与电路的具体实现方法无关，没有严格的电路延时信息，可以通过 Verilog HDL 仿真器验证电路的逻辑功能是否正确，本节所设计的电路寄存器传输级（RTL）功能仿真是在 Mentor 公司设计的 Modelsim6.5e 仿真工具上进行的。

HEVC 帧内预测值计算的逻辑功能仿真的输入数据来源于 HEVC 测试模型 HM6.0 中的帧内预测部分算法对于软件随机产生的参考像素值进行预测计算后的预测值，基本的验证过程如下：首先通过 HM6.0 对随机生成的参考像素值（这些随机生成的参考像素值存储于文本 1 中）进行帧内预测编码，在编码过程中截取帧内预测值输出到文本 2 中。编写相应的 testbench 测试文件，同样使用文本 1 使用的参考像素作为所设计硬件的参考像素值输入，然后将电路仿真结果与文本 2 中存储的预测值进行比较，验证本电路的功能是否正确。在验证过程中，对随机生成的大量的测试数据进行仿真验证，对于各个尺寸的 PU 的多种预测方向均要进行相应的验证，以提高验证的完备性。

图 3-51 所示为 4×4 大小的 PU 的功能仿真波形，因为篇幅的限制，对于输出的角度预测的预测值只截取了其中的一部分。在图 3-51 中，rnd_num 是对当前 PU 的计数，blk_with 是当前 PU 的宽度，row_cnt 是对当前 PU 中预测输出行数的计数，top_data 和 left_data 为输入参考像素，dc_pred 为 DC 预测的预测值输出，planar_pred 为 Planar 预测模式的预测值输出，adi0_pe15_pred～ adi0_pe0_pred 为垂直方向预测的预测值输出，adi1_pe15_pred～ adi1_pe0_pred 为水平方向预测的预测值输出（只截取到了其中的 adi0_pe15_pred 和 adi0_pe14_pred）。仿真的硬件预测值和 HM6.0 生成的预测值的异同用 error 表示，若二者的值不相同，则 error 的值为 1，否则为 0。从图 3-51 中可以看出，error 的值一直为 0，在实际的仿真中，一共对 4×4 大小的 PU 的所有方向进行了十组不同的随机预测值的验证，验证结果表明，本小节所设计的硬件预测值与 HM6.0 软件代码的预测结果完全一致。

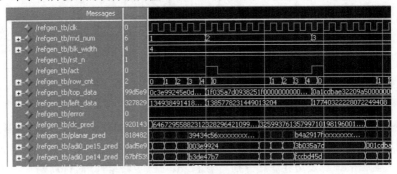

图 3-51　4×4 大小的 PU 的功能仿真波形

图 3-52 所示为 8×8 大小的 PU 的功能仿真波形（截取了一部分），从图 3-52 中可以看出，error 的值一直为 0，这表明 8×8 大小的 PU 的仿真结果正确。

图 3-53 所示为 16×16 大小的 PU 的功能仿真波形（截取了一部分），从图 3-53 中可以看出，error 的值一直为 0，这表明 16×16 大小的 PU 的仿真结果正确。

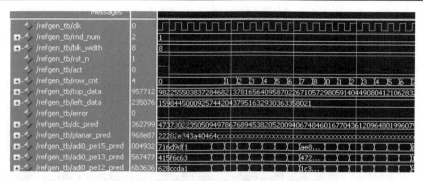

图 3-52　8×8 大小的 PU 的功能仿真波形

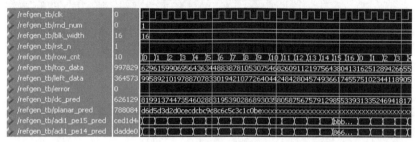

图 3-53　16×16 大小的 PU 的功能仿真波形

图 3-54 所示为 32×32 大小的 PU 的功能仿真波形（截取了一部分），从图 3-54 中可以看出，error 的值一直为 0，这表明 32×32 大小的 PU 的仿真结果正确。

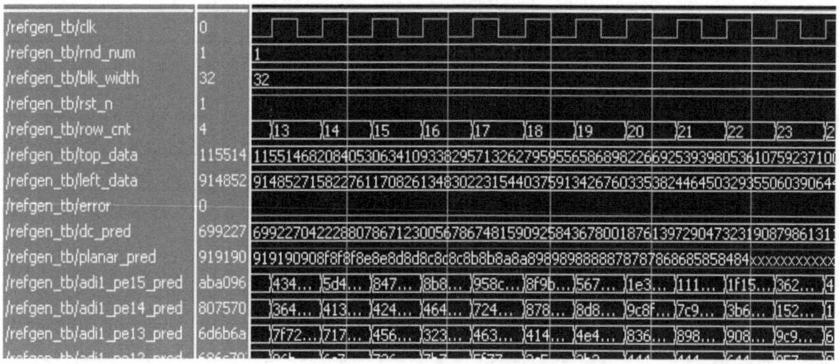

图 3-54　32×32 大小的 PU 的功能仿真波形

图 3-55 所示为 64×64 大小的 PU 的功能仿真波形（截取了一部分），从图中可以看出，error 的值一直为 0，这表明 64×64 大小的 PU 的仿真结果正确。

综上所述，对于全尺寸的所有 35 种帧内预测模式的预测值计算的硬件结构顺利通过了功能仿真验证，且达到了设计要求。

2. 逻辑综合

VerilogHDL 代码通过功能仿真验证后，电路就可以进行下一步的逻辑综合了，逻辑综合工具是 Synopsys 公司的设计编译器（Design Compiler，DC），布局、布线工具采用集成电路编译器

（IC-Compiler），工艺库采用 TSMC（台积电）90nm。在最差的工作条件下（0.9V，125℃），最高可以实现的工作频率为 357MHz。对于不同的典型工作频率下各模块的硬件消耗进行分析，如表 3-35 所示，功耗分析如表 3-36 所示。

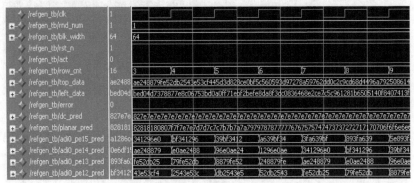

图 3-55　64×64 大小的 PU 的功能仿真波形

表 3-35　硬件消耗分析（千门）

模　　块	频率/MHz				
	166	233	300	333	357
角度预测模块	577.7	581.2	592.2	600.7	712.2
DC 预测模块	10.6	10.7	10.8	10.9	11
Planar 预测模块	44.8	44.9	47.4	47.6	48.4
1-2-1 滤波模块	45.3	45.3	45.3	45.6	45.6
总和	678.4	682.1	695.7	704.8	817.3

表 3-36　功耗分析（mW）

模　　块	频率/MHz				
	166	233	300	333	357
角度预测模块	40.7	56.7	74.5	86.0	92.1
DC 预测模块	1.7	2.4	3.1	3.5	3.8
Planar 预测模块	4.4	6.1	8.3	9.9	10.0
1-2-1 滤波模块	3.7	5.2	6.7	7.4	8.1
总和	50.5	70.4	92.6	101.4	114.0

通过表 3-35 与 3-36 可以看出，所涉及的硬件在 166MHz 的时钟频率下，共需要 678.4 千门电路，功耗为 50.5mW。在最高的工作频率（357MHz）下，共需要 817.3 千门电路，功耗为 114.0mW。吞吐量分析如表 3-37 所示，该硬件可完成 HD2560×1600@46fps 的视频序列的实时编码。

表 3-37　吞吐量分析（百万块/秒）

PU 尺寸	4×4	8×8	16×16	32×32	64×64
吞吐量	438.81	163.05	33.97	7.6	1.91

参 考 文 献

[1] Sofokleous A. Review: H. 264 and MPEG-4 Video Compression: Video Coding for Next-generation Multimedia. [J]. Computer Journal, 2005.

[2] Richardson I E G. The H. 264 Advanced Video Compression Standard[M]. Wiley John + Sons, 2010.

[3] Lainema J, Bossen F, Han W J, et al. Intra coding of the HEVC standard[J]. IEEE Transactions on Circuits and System for Video Technology, 2012,22(12): 1792-1801.

[4] Zhang H, Ma Z. Fast Intra Mode Decision for High Efficiency Video Coding (HEVC)[J]. IEEE Transactions on Circuits and Systems for Video Technology, 2014, 24(4): 660-668.

[5] 刘畅. HEVC 快速帧内预测算法研究[D]. 西安: 西北工业大学，2016.

[6] Bossen F. Common HM Test Conditions and Software Reference Configurations[C]. Doc. JCTVC-L1100, ITU-T SG16 WP3 and ISO/IEC JTC1/SC29WG11, Geneva, CH, 21-30 November, 2011.

[7] Bjontegaard G. Calculation of Average PSNR Differences between RD-curves[C]. Doc. VCEG-M33 ITU-T Q6/16, Austin, TX, USA, 2-4 April 2001.

[8] Seo H J, Milanfar P. Nonparametric bottom-up Saliency Detection by Self-resemblance[C]// IEEE Computer Society Conference on Computer Vision and Pattern Recognition Workshops. IEEE, 2009.

[9] Xiong L, Zhou W, Zhou X, et al. Saliency Aware Fast Intra Coding Algorithm for HEVC[C]// Signal and Information Processing Association Summit and Conference. IEEE, 2017.

[10] 熊丽圆. 基于 HEVC 的帧内预测模式算法研究[D]. 西安: 西北工业大学，2019.

[11] Simonyan K, Zisserman A. Very Deep Convolutional Networks for Large-scale Image Recognition. In Proc. International Conference on Learning Representations. http: //arxiv. org/abs/1409. 1556 (2014).

[12] Winkler S. Digital Video Quality: Vision Models and Metrics[M]. John, 2005.

[13] Jiang Q, Jeong J. Fast Intra Coding based on Reference Samples Similarity in HEVC[C]. Bangkok: International Conference on Signal-Image Technology and Internet-Based Systems (SITIS), 2015: 15-22.

[14] Liu H, Jie Y. Fast HEVC Intra-prediction Mode Decision based on Conditional Selection with Hybrid Cost Ranking[C]. IEEE Workshop on Signal Processing Systems (SiPS), 2015: 1-6.

[15] Jiang W, Ma H, Chen Y. Gradient based Fast Mode Decision Algorithm for Intra Prediction in HEVC[C]. International Conference on Consumer Electronics, Communications and Networks (CECNet), 2012: 1836-1840.

[16] Zhang T, Sun M, Zhao D, et al. Fast Intra-Mode and CU Size Decision for HEVC[J]. IEEE Transactions on Circuits and Systems for Video Technology, 2017, 27(8): 1714-1726.

[17] Li T, Xu M, Deng X. A Deep Convolutional Neural Network Approach for Complexity Reduction on Intramode HEVC[C]. Hong Kong: IEEE International Conference on Multimedia and Expo (ICME), 2017: 1255-1260.

[18] Zhang M, Zhai X, Liu Z. Fast and Adaptive Mode Decision and CU Partition Early Termination Algorithm for Intra-Prediction in HEVC[C]. Snowbird, UT: Data Compression Conference, 2018: 434-434.

[19] Lee D, Jeong J. Fast CU Size Decision Algorithm Using Machine Learning for HEVC Intra Coding[J]. Signal Processing Image Communication, 2018, 62: 33-41.

[20] Hu Q, Shi Z, Zhang X, et al. Fast HEVC Intra Mode Decision based on Logistic Regression Classification[C]. IEEE International Symposium on Broadband Multimedia Systems and Broadcasting (BMSB), 2016: 1-4.

[21] Shan Y, Yang E H. Fast HEVC Intra Coding Algorithm based on Machine Learning and Laplacian Transparent Composite Model[C]. IEEE International Conference on Acoustics, Speech and Signal Processing (ICASSP), 2017: 642-2646.

[22] 周巍，黄晓东，朱洪翔，等. HEVC 帧内预测 Planar 和 DC 模式的 VLSI 架构设计与实现[J]. 计算机工程与应用，2015(8): 160-164.

第4章 变换与量化

4.1 HEVC 中的变换与量化方法

4.1.1 DCT 与视频编码

在信号与系统理论中，离散余弦变换（Discrete Cosine Transform，DCT）是指将离散信号分解为不同振幅和频率的离散余弦波信号的组合。DCT 于 1974 年由 N.Ahmed 等人提出，它通常被认作处理语音和图像信号的近似最佳变换方法。DCT 的计算复杂度较高，但随着数字信号处理芯片和专用集成电路处理速度的不断提高，DCT 逐渐成为图像/视频编码中不可缺少的一个环节。H.261、MPEG-1、H.262/MPEG-2 和 H.264/AVC 等视频编码标准均采用 DCT 作为核心变换。

DCT 位于熵编码之前，其作用是将预测编码后的残差变换为更容易进行熵编码的数据块。由于 DCT 具有能量集中的特性，DCT 后残差的能量集中于低频部分，而高频部分包含的能量很少。若进一步舍去能量较小的系数（通过量化实现）而只保留能量较大的系数，则可以将变换后的数据块看成非零系数集中于方阵左上角的稀疏矩阵。对稀疏矩阵的编码有多种方式，如 H.264/AVC 中的游程编码及 HEVC 中的 Z 字形扫描。DCT、量化和变换系数编码这 3 种编码工具的结合大大提高了预测残差的编码效率。

一维 N 点 DCT 可以用式（4-1）表示，其中，$x(n)$ 是输入序列中的第 n 项，$y(k)$ 是输出序列中的第 k 项，$A(k)$ 的定义如式（4-2）所示。

$$y(k) = A(k) \sum_{n=0}^{N-1} x(n) \cos \frac{(2n+1)k\pi}{2N} \tag{4-1}$$

$$A(k) = \begin{cases} \sqrt{\dfrac{1}{N}}, & k = 0 \\ \sqrt{\dfrac{2}{N}}, & k = 1, 2, \cdots, N-1 \end{cases} \tag{4-2}$$

与式（4-1）对应的 DCT 反变换如式（4-3）所示。

$$x(n) = \sum_{k=0}^{N-1} A(k) y(k) \cos \frac{(2n+1)k\pi}{2N} \tag{4-3}$$

二维 $N \times N$ 大小的 DCT 相当于先对数据的每一行进行一维 DCT，然后对一维变换系数的每一列进行一维 DCT。二维 DCT 和二维 DCT 反变换如下所示。

$$Y(m,n) = A(m)A(n) \sum_{i=0}^{N-1} \sum_{i=0}^{N-1} X(i,j) \cos \frac{(2n+1)n\pi}{2N} \frac{(2n+1)m\pi}{2N} \tag{4-4}$$

$$X(i,j) = \sum_{m=0}^{N-1} \sum_{n=0}^{N-1} A(m)A(n)Y(m,n) \cos \frac{(2j+1)n\pi}{2N} \frac{(2i+1)m\pi}{2N} \tag{4-5}$$

其中，$X(i,j)$ 是像素块中第 i 行、第 j 列的元素，$Y(m,n)$ 是频率为 mn 的变换系数。式（4-4）也可以用矩阵相乘的形式表示，如式（4-6）所示。

$$Y = CXC^{\mathrm{T}} \tag{4-6}$$

其中，C 是变换系数矩阵，X 是数据块，Y 是变换后的频域数据块。变换矩阵 C 中第 i 行、第 j 列的系数为

$$C(i,j) = A(i) \cos \left[\frac{\pi}{N} \left(j + \frac{1}{2} \right) i \right] \tag{4-7}$$

从式（4-4）、（4-6）、（4-7）中可以看出，DCT 具有如下特点。

（1）变换矩阵的基向量是正交的，即对任意 $i \neq j$，都有 $c_i^{\mathrm{T}} c_j = 0$。正交基去除了预测残差间的相关性，使得数据更容易被压缩。

（2）DCT 具有能量集中的特性，残差经 DCT 后，能量集中分布在低频系数，使得数据更容易被编码。

（3）变换矩阵基向量的范数相等，即对任意的 $i = 0, \cdots, N-1$，都有 $c_i^{\mathrm{T}} c_j = 1$。这个特性有助于简化量化和反量化过程，即当量化误差的权重相等时，可以省去量化矩阵。

（4）令 $N = 2^M$，则 $2^M \times 2^M$ 的 DCT 矩阵是 $2^{M+1} \times 2^{M+1}$ 的 DCT 矩阵的子集，小矩阵的基向量与大矩阵偶数行的基向量的左半部分相同。因此小矩阵可以通过直接复用大矩阵的硬件资源实现，从而减小硬件成本。

（5）$2^M \times 2^M$ 的 DCT 矩阵中只有 $2^M - 1$ 个元素是不同的，因此 DCT 的硬件实现复杂度较低。

（6）基向量的偶数行具有偶对称性，而奇数行具有奇对称性。DCT 的一种快速算法——蝶形变换正是利用了这个特性。

（7）除（6）中的对称关系外，还可以利用 C 中系数间的三角关系减少运算的次数。

由于 DCT 系数矩阵中有些系数是无限不循环小数，所以 DCT 又被称作无限精度 DCT。H.264/AVC 之前的视频编码标准大多采用无限精度 DCT 作为核心变化，但无限精度 DCT 给视频编码带来了两个问题。一方面，计算机所能表示的位数是一定的，DCT 的无限精度本质上还是有限精度，而且由于不同计算机所能表示的浮点数精度不完全一致，因此解码时会造成精度漂移。另一方面，浮点运算的计算量和硬件实现成本都远高于整数运算。

针对无限精度 DCT 带来的问题，H.264/AVC 开始采用整数 DCT，该技术不仅解决了精度漂移问题，也大大简化了 DCT 的计算。HEVC 也采用整数 DCT，但其精度更高，与无限精度 DCT 接近。

整数 DCT 是对无限精度 DCT 的近似。无限精度 DCT 整数化的最直接的方法是先将变换矩阵中的每个系数放大一定的倍数，然后取整。H.264/AVC 中的系数是按不同比例放大的，系数间不

同的缩放比例会在量化部分得到补偿。因此，H.264/AVC 中的整数变换和量化不是相互独立的，它们之间有数据相关性。下面讲解 H.264/AVC 中 4×4 整数 DCT 的推导过程。

无限精度 4×4DCT 的变换矩阵如式（4-8）所示。

$$
C = \begin{bmatrix}
\dfrac{1}{2} & \dfrac{1}{2} & \dfrac{1}{2} & \dfrac{1}{2} \\[6pt]
\sqrt{\dfrac{1}{2}}\cos\left(\dfrac{\pi}{8}\right) & \sqrt{\dfrac{1}{2}}\cos\left(\dfrac{3\pi}{8}\right) & -\sqrt{\dfrac{1}{2}}\cos\left(\dfrac{-\pi}{8}\right) & \sqrt{\dfrac{1}{2}}\cos\left(\dfrac{\pi}{8}\right) \\[6pt]
\dfrac{1}{2} & -\dfrac{1}{2} & -\dfrac{1}{2} & \dfrac{1}{2} \\[6pt]
\sqrt{\dfrac{1}{2}}\cos\left(\dfrac{3\pi}{8}\right) & -\sqrt{\dfrac{1}{2}}\cos\left(\dfrac{\pi}{8}\right) & \sqrt{\dfrac{1}{2}}\cos\left(\dfrac{\pi}{8}\right) & -\sqrt{\dfrac{1}{2}}\cos\left(\dfrac{3\pi}{8}\right)
\end{bmatrix} \tag{4-8}
$$

令 $a = \dfrac{1}{2}$，$b = \dfrac{1}{\sqrt{2}}\cos\left(\dfrac{\pi}{8}\right)$，$c = \dfrac{1}{\sqrt{2}}\cos\left(\dfrac{3\pi}{8}\right)$，则 C 可以表示成式（4-9）。

$$
C = \begin{bmatrix}
a & a & a & a \\
b & c & -c & b \\
a & -a & -a & a \\
c & -b & b & -c
\end{bmatrix} \tag{4-9}
$$

将式（4-9）代入式（4-6）中，可得式（4-10）。

$$
\begin{aligned}
Y &= CXC^{T} \\
&= \begin{bmatrix}
a & a & a & a \\
b & c & -c & b \\
a & -a & -a & a \\
c & -b & b & -c
\end{bmatrix} X
\begin{bmatrix}
a & a & a & a \\
b & c & -c & b \\
a & -a & -a & a \\
c & -b & b & -c
\end{bmatrix} \\
&= \left(\begin{bmatrix}
1 & 1 & 1 & 1 \\
1 & d & -d & -1 \\
1 & -1 & -1 & 1 \\
d & -1 & 1 & -d
\end{bmatrix} X
\begin{bmatrix}
1 & 1 & 1 & 1 \\
1 & d & -d & -1 \\
1 & -d & -1 & 1 \\
d & -1 & 1 & -d
\end{bmatrix}\right) \otimes
\begin{bmatrix}
a^2 & ab & a^2 & ab \\
ab & b^2 & ab & b^2 \\
a^2 & ab & a^2 & ab \\
ab & b^2 & ab & b^2
\end{bmatrix}
\end{aligned} \tag{4-10}
$$

其中，$d = c/b$，运算符 $\otimes$ 表示标量乘，即两个矩阵中位置相同的元素相乘。为简化计算，将 a、b、d 的值重新修正为 $a = 0.5$，$b = \sqrt{2/5}$，$d = 0.5$。将 $d = 0.5$ 代入上式，并给变换矩阵的第 2 行和第 4 行乘因子 2，可得式（4-11）。

$$
\begin{aligned}
Y &= CXC^{T} \\
&= \left(\begin{bmatrix}
1 & 1 & 1 & 1 \\
2 & 1 & -1 & -2 \\
1 & -1 & -1 & 1 \\
1 & -2 & 2 & -1
\end{bmatrix} X
\begin{bmatrix}
1 & 1 & 1 & 1 \\
2 & 1 & -1 & -2 \\
1 & -1 & -1 & 2 \\
1 & -2 & 1 & -1
\end{bmatrix}\right) \otimes
\begin{bmatrix}
a^2 & ab/2 & a^2 & ab/2 \\
ab/2 & b^2/4 & ab/2 & b^2/4 \\
a^2 & ab/2 & a^2 & ab/2 \\
ab/2 & b^2/4 & ab/2 & b^2/4
\end{bmatrix} \\
&= (BXB^{T}) \otimes E
\end{aligned} \tag{4-11}
$$

　　H.264/AVC 将式（4-11）中的 (BXB^T) 作为整数 DCT，而将标量相乘运算 $\otimes E$ 整合到了量化部分。结果整数 DCT 部分只有整数的加、减、移位运算。H.264/AVC 中 4×4DCT 的一维蝶形算法如图 4-1 所示。

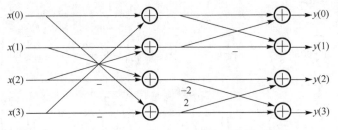

图 4-1　H.264/AVC 中 4×4DCT 的一维蝶形算法

　　在 HEVC 编码标准中，整数 DCT 的基本变换尺寸为 4×4，所以首先推导 4×4 整数 DCT 变换矩阵，其二维变换如式（4-12）所示。其中，$m=0,1,2,3$，$n=0,1,2,3$，当 m 和 n 的取值为 0 时，$C(m)$ 和 $C(n)$ 的值为 1/2，在其他情况下，$C(m)$ 和 $C(n)$ 的值为 $\dfrac{1}{\sqrt{2}}$。

$$R(m,n) = C(m)C(n)\sum_{x=0}^{3}\sum_{y=0}^{3}s(x,y)\cos\left[\frac{(2x+1)m\pi}{8}\right]\cos\left[\frac{(2y+1)n\pi}{8}\right] \qquad （4\text{-}12）$$

　　通过数学上的因式分解方法，可以将式（4-12）分解为

$$T(x,n) = C(n)\sum_{y=0}^{3}s(x,\text{y})\cos\left[\frac{(2y+1)n\pi}{8}\right] \qquad （4\text{-}13）$$

$$R(m,n) = C(m)\sum_{x=0}^{3}T(x,n)\cos\left[\frac{(2x+1)m\pi}{8}\right] \qquad （4\text{-}14）$$

　　通过上述形式的变换可以发现：二维整数 DCT 可以通过分解行和列的方法实现。一维整数 DCT 可以用式 $R = TS$ 来表示，S 表示输入的数据块，R 表示变换后的系数块，DCT 变换矩阵 T 的系数表达式为

$$T(i,j) = C(j)\cos\left[\frac{(2i+i)j\pi}{8}\right], \quad i,j = 0,1,2,3 \qquad （4\text{-}15）$$

　　在变换矩阵 T 的系数表达式中，变量 i 和变量 j 分别表示 T 的行序和列序。在数学上可以利用余弦函数的周期性将式（4-15）展开，可得 T 的矩阵形式为

$$T_4 = \begin{bmatrix} x & x & x & x \\ y & z & -z & -y \\ x & -x & -x & x \\ z & -y & y & -z \end{bmatrix} \qquad （4\text{-}16）$$

其中，$x = \dfrac{1}{2}$，$y = \dfrac{1}{\sqrt{2}}\cos\dfrac{\pi}{8} \approx 0.6533$，$z = \dfrac{1}{\sqrt{2}}\cos\dfrac{3\pi}{8} \approx 0.2706$。在 HEVC 中，变换矩阵主要利用其与较大的整数相乘来保留一定的小数精度。这样做不仅可以使整数 DCT 更接近浮点 DCT 的值，还可以提高计算速度。将上式中的 x、y 和 z 同时乘以 128 并四舍五入，为了保持矩阵的正交性，即满足 $2x^2 = y^2 + z^2$，还需要对 y 和 z 的值进行适当的调整，最终变换矩阵 T_4 的元素：$x = 64$，$y = 83$，$z = 64$。对应的变换矩阵为

$$T_4 = \begin{bmatrix} 64 & 64 & 64 & 64 \\ 83 & 36 & -36 & -83 \\ 64 & -64 & -64 & 64 \\ 36 & -83 & 83 & -36 \end{bmatrix} \tag{4-17}$$

综上所述，4×4 二维整数 DCT 式为 $(TXT^{\mathrm{T}}) \otimes (E_4 \otimes E_4^{\mathrm{T}})$。其中，$\otimes$ 表示矩阵对应位置上的元素相乘，矩阵 E_4 表示一维变换对应的修正矩阵，该矩阵中所有元素的值都为 1/128。

$$T_8 = \begin{bmatrix} 64 & 64 & 64 & 64 & 64 & 64 & 64 & 64 \\ 89 & 75 & 50 & 18 & -18 & -50 & -75 & -89 \\ 83 & 36 & -36 & -83 & -83 & -36 & 36 & 83 \\ 75 & -18 & -89 & -50 & 50 & 89 & 18 & -75 \\ 64 & -64 & -64 & 64 & 64 & -64 & -64 & 64 \\ 50 & -89 & 18 & 75 & -75 & -18 & 89 & -50 \\ 36 & -83 & 83 & -36 & -36 & 83 & -83 & 36 \\ 18 & -50 & 75 & -89 & 89 & -75 & 50 & -18 \end{bmatrix} \tag{4-18}$$

在 HEVC 中，在 4×4 的基础上还引入了 8×8、16×16 和 32×32 这 3 种变换尺寸，对应的变换矩阵的推导方法与 4×4 的尺寸基本相同，唯一的区别在于矩阵元素整数化时被放大的倍数有所不同（不同尺寸的变换矩阵对应的修正矩阵元素也不同）。由于篇幅的关系，这里仅给出 8×8 整数 DCT 的变换矩阵，如式（4-18）所示。对于 16×16 和 32×32 尺寸的整数 DCT 变换矩阵，可以参见 HEVC 标准。

通过上述严密的推导和观察可以发现：在 HEVC 编码标准中，整数 DCT 变换矩阵的特征共以下 5 点，这对整数 DCT 算法的优化及对应的 VLSI 实现有非常重要的意义，具体特征如下。

（1）在整数 DCT 变换矩阵中，系数之间存在三角函数关系。例如，在推导 4×4 整数 DCT 变换矩阵的过程中，令 $2x^2 = y^2 + z^2$，其中，$x = 64$，$y = 83$，$z = 36$。

（2）$2^M \times 2^M$（$M=3,4,5$）整数 DCT 变换矩阵的偶数行的前半部分元素构成 $2^{M-1} \times 2^{M-1}$ 整数 DCT 变换矩阵。例如，当 M 的取值为 3 时，8×8 整数 DCT 变换矩阵的所有偶数行的前 4（2^{M-1}）个元素构成了 4×4 整数 DCT 变换矩阵。

（3）$2^M \times 2^M$（$M=3,4,5$）整数 DCT 变换矩阵可以用 2^M-1 个元素表示。例如，4×4 整数 DCT 变换矩阵可以用 3（$M=2$）个元素表示，分别为 64、83 和 36。

（4）整数 DCT 变换矩阵的偶数行的元素保持中心偶对称，而奇数行的元素保持中心奇对称。例如，在 8×8 整数 DCT 变换矩阵中，第 0、2、4、6 行的元素保持中心偶对称，第 1、3、5、7

行的元素保持中心奇对称。

（5）$2^M \times 2^M$（$M=3$，4，5）整数 DCT 变换矩阵在整数化时被放大的倍数为 $2^{6+M/2}$，因此，可以对不同尺寸的整数 DCT 变换矩阵采用较为统一的蝶形算法进行处理。

4.1.2　整数 DCT 算法的研究

在 4×4 整数 DCT 模块中，设输入数据为 $s(i)$（$i=0,1,2,3$），经过一维整数 DCT 之后，输出的数据为 $r(i)$（$i=0,1,2,3$），整数 DCT 变换矩阵为 T_4，对应的变换表达式为

$$\begin{bmatrix} r(0) \\ r(1) \\ r(2) \\ r(3) \end{bmatrix} = \begin{bmatrix} 64 & 64 & 64 & 64 \\ 83 & 36 & -36 & -83 \\ 64 & -64 & -64 & 64 \\ 36 & -83 & 83 & -36 \end{bmatrix} \begin{bmatrix} s(0) \\ s(1) \\ s(2) \\ s(3) \end{bmatrix} \tag{4-19}$$

通过观察式（4-19），然后利用整数 DCT 变换矩阵的性质（4）将式（4-19）展开并整理可以得到：

$$\begin{cases} r(0) = (s(0)+s(3)) \times 64 + (s(1)+s(2)) \times 64 \\ r(1) = (s(0)-s(3)) \times 83 + (s(1)-s(2)) \times 36 \\ r(2) = (s(0)+s(3)) \times 64 - (s(1)+s(2)) \times 64 \\ r(3) = (s(0)-s(3)) \times 36 - (s(1)-s(2)) \times 83 \end{cases} \tag{4-20}$$

因此，在 4×4 整数 DCT 模块中，可以对输入数据采用统一的蝶形算法进行计算，对应的表达式为 $e(i)=s(i)+s(3-i)$，$o(i)=s(i)-s(3-i)$，$i=0,1$，进一步因式分解可得

$$\begin{bmatrix} r(0) \\ r(2) \end{bmatrix} = \begin{bmatrix} 64 & 64 \\ 64 & -64 \end{bmatrix} \begin{bmatrix} e(0) \\ e(1) \end{bmatrix} \tag{4-21}$$

$$\begin{bmatrix} r(1) \\ r(3) \end{bmatrix} = \begin{bmatrix} 83 & 36 \\ 36 & -83 \end{bmatrix} \begin{bmatrix} o(0) \\ o(1) \end{bmatrix} \tag{4-22}$$

由整数 DCT 变换矩阵的性质（3）可知，4×4 整数 DCT 变换矩阵中的系数只有 3 种取值，分别为 64、83 和 36。因此，与变换矩阵的乘法运算可以转换成与这 3 个值的乘法运算，进而转换成对应的移位运算和加法运算。

由整数 DCT 变换矩阵的性质（2）可知，$2^M \times 2^M$（$M=3,4,5$）整数 DCT 变换矩阵包含 $2^{M-1} \times 2^{M-1}$ 整数 DCT 变换矩阵。例如，在 8×8（$M=3$）整数 DCT 变换矩阵中，其偶数行的前 4（2^{M-1}）个元素构成 4×4 整数 DCT 变换矩阵 T_4，而奇数行的前 4（2^{M-1}）个元素能够组成的矩阵 G_4 如式（4-23）所示。

$$G_4 = \begin{bmatrix} 89 & 75 & 50 & 18 \\ 75 & -18 & -89 & -50 \\ 50 & -89 & 18 & 75 \\ 18 & -50 & 75 & -89 \end{bmatrix} \tag{4-23}$$

在 8×8 整数 DCT 模块中，设输入数据为 $s(i)$（$i=0,1,\cdots,7$），经过一维整数 DCT 之后，输出

的数据为 $r(i)$（$i=0,1,\cdots,7$）。利用整数 DCT 变换矩阵的性质（4），将 8×8 整数 DCT 的表达式 $r(i)=T_8 s(i)$ 展开分解为

$$\begin{bmatrix} r(0) \\ r(2) \\ r(4) \\ r(6) \end{bmatrix} = \begin{bmatrix} 64 & 64 & 64 & 64 \\ 83 & 36 & -36 & -83 \\ 64 & -64 & -64 & 64 \\ 36 & -83 & 83 & -36 \end{bmatrix} \begin{bmatrix} e(0) \\ e(1) \\ e(2) \\ e(3) \end{bmatrix} = T_4 \begin{bmatrix} e(0) \\ e(1) \\ e(2) \\ e(3) \end{bmatrix} \tag{4-24}$$

$$\begin{bmatrix} r(1) \\ r(3) \\ r(5) \\ r(7) \end{bmatrix} = \begin{bmatrix} 89 & 75 & 50 & 18 \\ 75 & -18 & -89 & -50 \\ 50 & -89 & 18 & 75 \\ 18 & -50 & 75 & -89 \end{bmatrix} \begin{bmatrix} o(0) \\ o(1) \\ o(2) \\ o(3) \end{bmatrix} = G_4 \begin{bmatrix} o(0) \\ o(1) \\ o(2) \\ o(3) \end{bmatrix} \tag{4-25}$$

其中，$e(i)=s(i)+s(3-i)$，$o(i)=s(i)-s(3-i)$，$i=0,1,2,3$。对输入数据进行蝶形处理，然后将经蝶形加法处理之后的数据利用 4×4 整数 DCT 进行处理，而将经蝶形减法处理过的数据利用矩阵 G_4 进行处理。矩阵 G_4 由 4 个元素构成，4×4 整数 DCT 变换矩阵 T_4 由 3 个元素构成，因此对于 8×8 整数 DCT 变换矩阵，共有 7（2^M-1，$M=3$）个元素，这满足整数 DCT 变换矩阵的性质（3）。

以此类推，16×16 和 32×32 整数 DCT 具有类似的处理方式。在 $2^M \times 2^M$（$M=3,4,5$）整数 DCT 模块中，设输入数据为 $s(i)$（$i=0,1,2\cdots2^{M-1}$，$M=2,3,4,5$），首先可以利用式（4-26）的方法进行蝶形加法或减法操作，以便后续进行统一处理。

$$e(i)=s(i)+s(3-i), \quad o(i)=s(i)-s(3-i), \quad i=0,1,\cdots,2^{M-1}-1 \tag{4-26}$$

接着，将通过蝶形加法计算之后的数据利用 $2^{M-1} \times 2^{M-1}$（$M=3,4,5$）整数 DCT 变换矩阵进行计算，将经蝶形减法计算后的数据利用尺寸为 $2^{M-1} \times 2^{M-1}$ 的矩阵 G_M 进行计算。矩阵 G_M 的表达式为 $G_{M/2}(i,j)=T_M(2i+1,j)$，$i=0,1,\cdots,2^{M-1}-1$，该操作的表达式如式（4-27）所示。

$$\begin{bmatrix} r(0) \\ r(2) \\ r(4) \\ \vdots \\ r(2^M-4) \\ r(2^M-2) \end{bmatrix} = T_{M/2} \begin{bmatrix} e(0) \\ e(1) \\ e(2) \\ \vdots \\ e(2^{M-1}-2) \\ e(2^{M-1}-1) \end{bmatrix}, \quad \begin{bmatrix} r(1) \\ r(3) \\ r(5) \\ \vdots \\ r(2^M-3) \\ r(2^M-1) \end{bmatrix} = G_{M/2} \begin{bmatrix} o(0) \\ o(1) \\ o(2) \\ \vdots \\ o(2^{M-1}-2) \\ o(2^{M-1}-1) \end{bmatrix} \tag{4-27}$$

在 4×4 整数 IDCT 模块中，设输入数据为 $s(i)$（$i=0,1,2,3$），经过一维 IDCT 解码之后，输出数据为 $r(i)$（$i=0,1,2,3$），整数 IDCT 变换矩阵 T_4^{T} 为

$$T_4^{\mathrm{T}} = \begin{bmatrix} 64 & 83 & 64 & 36 \\ 64 & 36 & -64 & -83 \\ 64 & -36 & -64 & 83 \\ 64 & -83 & 64 & -36 \end{bmatrix} \tag{4-28}$$

一维 4×4 整数 IDCT 的表达式为 $r(i)=T_4^{\mathrm{T}} s(i)$，$i=0,1,2,3$，将对应的各项展开可得

$$\begin{bmatrix} r(0) \\ r(1) \\ r(2) \\ r(3) \end{bmatrix} = \begin{bmatrix} 64 & 83 & 64 & 36 \\ 64 & 36 & -64 & -83 \\ 64 & -36 & -64 & 83 \\ 64 & -83 & 64 & -36 \end{bmatrix} \begin{bmatrix} s(0) \\ s(1) \\ s(2) \\ s(3) \end{bmatrix} \tag{4-29}$$

由整数 DCT 变换矩阵的性质（4）可以推出，在整数 IDCT 变换矩阵中，其偶数列的元素中心偶对称，奇数列的元素中心奇对称，将式（4-29）展开可得

$$\begin{cases} r(0) = 64s(0) + 64s(2) + 83s(1) + 36s(3) \\ r(1) = 64s(0) - 64s(2) + 36s(1) - 83s(3) \\ r(2) = 64s(0) - 64s(2) - 36s(1) + 83s(3) \\ r(3) = 64s(0) + 64s(2) - 83s(1) - 36s(3) \end{cases} \tag{4-30}$$

为了方便对比正变换和反变换的数学形式，在这里需要引入中间变量 $p(i)$ 和 $q(i)$，其具体的取值为

$$\begin{cases} p(0) = 64s(0) + 64s(2), \quad p(1) = 64s(0) - 64s(2) \\ q(0) = 83s(1) + 36s(3), \quad q(1) = 36s(1) - 83s(3) \end{cases} \tag{4-31}$$

因此，4×4 整数 IDCT 变换矩阵的乘法表达式如式（4-32）和（4-33）所示，而最终变换解码的输出数据如式（4-34）所示。

$$\begin{bmatrix} p(0) \\ p(1) \end{bmatrix} = \begin{bmatrix} 64 & 64 \\ 64 & -64 \end{bmatrix} \begin{bmatrix} s(0) \\ s(2) \end{bmatrix} \tag{4-32}$$

$$\begin{bmatrix} q(0) \\ q(1) \end{bmatrix} = \begin{bmatrix} 83 & 36 \\ 36 & -83 \end{bmatrix} \begin{bmatrix} s(1) \\ s(3) \end{bmatrix} \tag{4-33}$$

$$\begin{cases} r(0) = p(0) + q(0), \quad r(3) = p(0) - q(0) \\ r(1) = p(1) + q(1), \quad r(2) = p(1) - q(1) \end{cases} \tag{4-34}$$

通过观察式（4-21）和（4-32），以及式（4-22）和（4-33）能够发现，这两组等式中的变换矩阵相同，则对于 4×4 整数 DCT 和 IDCT，在进行第二步计算时可以采用相同的处理方式，这样可以采用较为统一的变换形式。

在 4×4 整数 DCT/IDCT 模块中，设输入数据为 $s(i)$（i=0,1,2,3），经过一维整数 DCT/IDCT 后，输出数据为 $r(i)$（i=0,1,2,3），变换矩阵为 T_4。首先对输入数据进行处理，若为 DCT，则进行蝶形处理；若为 IDCT，则进行置换处理。该步骤具体的处理方法如式（4-35）所示，其中，i=0,1。

$$\begin{cases} e(i) = s(i) + s(3-i), \quad o(i) = s(i) - s(3-i), \text{ DCT} \\ e(i) = s(2i), \qquad\qquad o(i) = s(2i+1), \qquad \text{IDCT} \end{cases} \tag{4-35}$$

然后将上一步处理之后的输出数据 $e(i)$ 和 $o(i)$ 分别按照式（4-36）和（4-37）进行统一的矩阵运算。

$$\begin{bmatrix} u(0) \\ u(1) \end{bmatrix} = \begin{bmatrix} 64 & 64 \\ 64 & -64 \end{bmatrix} \begin{bmatrix} e(0) \\ e(1) \end{bmatrix} \tag{4-36}$$

$$\begin{bmatrix} v(0) \\ v(1) \end{bmatrix} = \begin{bmatrix} 83 & 36 \\ 36 & -83 \end{bmatrix} \begin{bmatrix} o(0) \\ o(1) \end{bmatrix} \tag{4-37}$$

最后，将第二步中统一运算之后的数据进行相应的置换或加法运算并输出，具体的处理方法如式（4-38）所示，其中 $i=0,1$。

$$\begin{cases} r(2i) = r(i), & r(2i+1) = v(i), & \text{DCT} \\ r(i) = u(i) + v(i), & r(3-i) = u(i) - v(i), & \text{IDCT} \end{cases} \tag{4-38}$$

在 8×8 整数 IDCT 模块中，设输入数据为 $s(i)$（$i=0,1,\cdots,7$），经过一维整数 IDCT 解码之后，输出数据为 $r(i)$（$i=0,1,\cdots,7$），IDCT 变换矩阵 $\boldsymbol{T}_8^{\mathrm{T}}$ 为

$$\boldsymbol{T}_8^{\mathrm{T}} = \begin{bmatrix} 64 & 89 & 83 & 75 & 64 & 50 & 36 & 18 \\ 64 & 75 & 36 & -18 & -64 & -89 & -83 & -50 \\ 64 & 50 & -36 & -89 & -64 & 18 & 83 & 75 \\ 64 & 18 & -83 & -50 & 64 & 75 & -36 & -89 \\ 64 & -18 & -83 & 50 & 64 & -75 & -36 & 89 \\ 64 & -50 & -36 & 89 & -64 & -18 & 83 & -75 \\ 64 & -75 & 36 & 18 & -64 & 89 & -83 & 50 \\ 64 & -89 & 83 & -75 & 64 & -50 & 36 & -18 \end{bmatrix} \tag{4-39}$$

一维 8×8 整数 IDCT 的表达式为 $r(i) = \boldsymbol{T}_8^{\mathrm{T}} s(i)$，将该表达式中对应的各项分解展开后可得

$$\begin{bmatrix} r(0) \\ r(1) \\ r(2) \\ r(3) \\ r(4) \\ r(5) \\ r(6) \\ r(7) \end{bmatrix} = \begin{bmatrix} 64 & 89 & 83 & 75 & 64 & 50 & 36 & 18 \\ 64 & 75 & 36 & -18 & -64 & -89 & -83 & -50 \\ 64 & 50 & -36 & -89 & -64 & 18 & 83 & 75 \\ 64 & 18 & -83 & -50 & 64 & 75 & -36 & -89 \\ 64 & -18 & -83 & 50 & 64 & -75 & -36 & 89 \\ 64 & -50 & -36 & 89 & -64 & -18 & 83 & -75 \\ 64 & -75 & 36 & 18 & -64 & 89 & -83 & 50 \\ 64 & -89 & 83 & -75 & 64 & -50 & 36 & -18 \end{bmatrix} \begin{bmatrix} s(0) \\ s(1) \\ s(2) \\ s(3) \\ s(4) \\ s(5) \\ s(6) \\ s(7) \end{bmatrix} \tag{4-40}$$

接下来的处理方式可以参考 4×4 整数 IDCT，为了便于对比正变换和反变换的数学形式，引入了中间变量 $p(i)$ 和 $q(i)$，具体的处理方法分别为

$$\begin{bmatrix} p(0) \\ p(1) \\ p(2) \\ p(3) \end{bmatrix} = \begin{bmatrix} 64 & 83 & 64 & 36 \\ 64 & 36 & -64 & -83 \\ 64 & -36 & -64 & 83 \\ 64 & -83 & 64 & -36 \end{bmatrix} \begin{bmatrix} s(0) \\ s(2) \\ s(4) \\ s(6) \end{bmatrix} = \boldsymbol{T}_4^{\mathrm{T}} \begin{bmatrix} s(0) \\ s(2) \\ s(4) \\ s(6) \end{bmatrix} \tag{4-41}$$

$$\begin{bmatrix} q(0) \\ q(1) \\ q(2) \\ q(3) \end{bmatrix} = \begin{bmatrix} 89 & 75 & 50 & 18 \\ 75 & -18 & -89 & -50 \\ 50 & -89 & 18 & 75 \\ 18 & -50 & 75 & -89 \end{bmatrix} \begin{bmatrix} s(1) \\ s(3) \\ s(5) \\ s(7) \end{bmatrix} = \boldsymbol{G}_4 \begin{bmatrix} s(1) \\ s(3) \\ s(5) \\ s(7) \end{bmatrix} \tag{4-42}$$

最后，将 $p(i)$ 和 $q(i)$ 的值与反变换表达式中的每个输出结果进行对比，可以发现 $p(i)$ 和 $q(i)$ 与输出数据的关系为

$$\begin{cases} r(0)=p(0)+q(0),\ r(1)=p(1)+q(1),\ r(2)=p(2)+q(2),\ r(3)=p(3)+q(3) \\ r(7)=p(0)-q(0),\ r(6)=p(1)-q(1),\ r(5)=p(2)-q(2),\ r(4)=p(3)-q(3) \end{cases} \quad (4\text{-}43)$$

因此，在 8×8 整数 IDCT 模块中，输入数据经过相应的置换处理之后，偶数部分的数据可以利用 4×4 整数 IDCT 进行计算，而奇数部分的数据可以利用矩阵 G_4 进行计算。

经过论证可知：16×16 和 32×32 整数 IDCT 有类似的处理方式。因此，对 $2^M×2^M$（$M=2,3,4,5$）整数 DCT/IDCT 可以采用统一的处理方式。设输入数据为 $s(i)$，经过 DCT/IDCT 之后，输出数据为 $r(i)$，其中，$i=0,1,\cdots,2^{M-1}-1$。首先根据 DCT/IDCT 的模式进行相应的处理，如

$$\begin{cases} e(i)=s(i)+s(2^M-1-i),\ o(i)=s(i)-s(2^M-1-i), & \text{DCT} \\ e(i)=s(2i), \qquad\qquad\qquad o(i)=(2i+1), & \text{IDCT} \end{cases} \quad (4\text{-}44)$$

接着，将数据 $e(i)$ 部分利用 $2^{M-1}×2^{M-1}$ 整数 DCT 变换矩阵 $T_{M/2}$ 来进行计算，而数据 $o(i)$ 部分则利用尺寸为 $2^{M-1}×2^{M-1}$ 的矩阵 $G_{M/2}$ 进行计算。其中，变换矩阵 G_M 中的元素为 $G_{M/2}(i,j)=T_M(2i+1,j)$，$i=0,1,\cdots,2^{M-1}-1$。该操作的具体处理方法为

$$\begin{bmatrix} u(0) \\ u(1) \\ \vdots \\ u(2^{M-1}-2) \\ u(2^{M-1}-1) \end{bmatrix} = T_{M/2} \begin{bmatrix} e(0) \\ e(1) \\ \vdots \\ e(2^{M-1}-2) \\ e(2^{M-1}-1) \end{bmatrix}, \quad \begin{bmatrix} v(0) \\ v(1) \\ \vdots \\ v(2^{M-1}-2) \\ v(2^{M-1}-1) \end{bmatrix} = G_{M/2} \begin{bmatrix} o(0) \\ o(1) \\ \vdots \\ o(2^{M-1}-2) \\ o(2^{M-1}-1) \end{bmatrix} \quad (4\text{-}45)$$

最后，如果是整数 DCT，则进行数据置换处理；如果是整数 IDCT，则进行对应的蝶形操作，该步骤的处理方法为

$$\begin{cases} r(2i)=u(i), \qquad r(2i+1)=v(i), & \text{DCT} \\ r(i)=u(i)+v(i),\ r(2^M-1-i)=u(i)-v(i), & \text{IDCT} \end{cases} \quad (4\text{-}46)$$

在 HEVC 编码标准中，有 4 种变换尺寸，分别为 4×4、8×8、16×16、32×32。如果分别直接设计硬件架构，则共需要 4 种独立的模块。为了节省硬件资源，需要实现一种可重配置的硬件结构来计算不同尺寸的整数 DCT。然而，通过整数 DCT 算法来设计硬件架构时还存在一些问题，如快速 DCT 算法并没有与快速傅立叶变换类似的可伸缩性质，两个 $2^{M-1}×2^{M-1}$ 整数 DCT 变换矩阵不能用来计算 $2^M×2^M$ 整数 DCT。

通常情况下，在进行 $2^M×2^M$（$M=3,4,5$）整数 DCT 的过程中，首先对输入数据进行处理，输出结果为 $e(i)$ 和 $o(i)$；接下来将矩阵 $T_{M/2}$ 和 $e(i)$ 相乘，将矩阵 $G_{M/2}$ 和 $o(i)$ 相乘。如果将数据 $e(i)$ 和 $o(i)$ 都与矩阵 $T_{M/2}$ 相乘，即将式（4-45）中的矩阵 $G_{M/2}$ 用矩阵 $T_{M/2}$ 替换，就可以实现上述假设。此时矩阵的乘法表达式为

$$\begin{bmatrix} u(0) \\ u(1) \\ \vdots \\ u(2^{M-1}-2) \\ u(2^{M-1}-1) \end{bmatrix} = T_{M/2} \begin{bmatrix} e(0) \\ e(1) \\ \vdots \\ e(2^{M-1}-2) \\ e(2^{M-1}-1) \end{bmatrix}, \quad \begin{bmatrix} v(0) \\ v(1) \\ \vdots \\ v(2^{M-1}-2) \\ v(2^{M-1}-1) \end{bmatrix} = T_{M/2} \begin{bmatrix} o(0) \\ o(1) \\ \vdots \\ o(2^{M-1}-2) \\ o(2^{M-1}-1) \end{bmatrix} \tag{4-47}$$

通过分析可以发现，此时可以将 4×4 整数 DCT 变换矩阵作为基础运算模块，可以方便地进行更大尺寸的扩展。例如，32×32 整数 DCT 变换矩阵可以同时由 2 个 16×16 整数 DCT 变换矩阵来计算。以此类推，$2^M \times 2^M$ 整数 DCT 变换矩阵可以同时由两个 $2^{M-1} \times 2^{M-1}$ 整数 DCT 变换矩阵计算。因此将 4×4 整数 DCT 变换矩阵作为基础变换矩阵，不仅可以简化变换算法的计算复杂度，而且可以降低硬件实现的复杂度，可伸缩率和重复利用率会大幅提升。

4.1.3　整数 DCT 算法的优化

由 4.1.2 节可知，既然将 4×4 整数 DCT 变换矩阵 T_4 作为基本的运算矩阵，那么可以考虑对矩阵 T_4 进一步优化。由以上推导可知，矩阵 T_4 中的系数仅由 64、83 和 36 这 3 种取值构成，则矩阵 T_4 可采取的方案如式（4-48）所示。其中，/为实数除法运算符，Round(·) 表示四舍五入运算，$T(i,j)$ 为矩阵 T_4 中的系数。

$$T^{opt}(i,j) = 32 \times \text{Round}\left(T(i,j) \Big/ 32 \right), \quad (i,j=0,1,2,3) \tag{4-48}$$

通过式（4-48）对矩阵 T_4 进行优化，可得矩阵 T_4^{opt}，如式（4-49）所示：

$$T_4^{opt} = \begin{bmatrix} 64 & 64 & 64 & 64 \\ 64 & 32 & -32 & -64 \\ 64 & -64 & -64 & 64 \\ 32 & -64 & 64 & -32 \end{bmatrix} \tag{4-49}$$

对于经过优化后的 4×4 整数 DCT/IDCT，设输入数据为 $s(i)$（i=0,1,2,3），经过一维变换之后，输出数据为 $r(i)$（i=0,1,2,3），正变换矩阵为 T_4^{opt}，对应的反变换矩阵为 $(T_4^{opt})^T$。第一步：若为 DCT，则根据矩阵 T_4^{opt} 的对称性质进行蝶形处理；若为 IDCT，则进行置换处理。该步骤对应的处理方法如式（4-50）所示，其中，i=0,1。

$$\begin{cases} e(i) = s(i) + s(3-i), \ o(i) = s(i) - s(3-i), & \text{DCT} \\ e(i) = s(2i), & o(i) = s(2i+1), & \text{IDCT} \end{cases} \tag{4-50}$$

第二步：将第一步经过蝶形处理或置换处理的数据 $e(i)$ 和 $o(i)$ 分别进行统一的矩阵运算，对应的矩阵乘法表达式如式（4-51）和（4-52）所示。

$$\begin{bmatrix} u(0) \\ u(1) \end{bmatrix} = \begin{bmatrix} 64 & 64 \\ 64 & -64 \end{bmatrix} \begin{bmatrix} e(0) \\ e(1) \end{bmatrix} = \begin{bmatrix} 2 & 2 \\ 2 & -2 \end{bmatrix} \begin{bmatrix} e(0) \\ e(1) \end{bmatrix} \times 32 \tag{4-51}$$

$$\begin{bmatrix} v(0) \\ v(1) \end{bmatrix} = \begin{bmatrix} 64 & 32 \\ 32 & -64 \end{bmatrix} \begin{bmatrix} o(0) \\ o(1) \end{bmatrix} = \begin{bmatrix} 2 & 1 \\ 1 & -2 \end{bmatrix} \begin{bmatrix} o(0) \\ o(1) \end{bmatrix} \times 32 \tag{4-52}$$

第三步：根据式（4-53）对数据进行置换操作或蝶形操作并输出。

$$\begin{cases} r(2i) = u(i), \qquad r(2i+1) = v(i), & \text{DCT} \\ r(i) = u(i) + v(i), r(3-i) = u(i) - v(i), & \text{IDCT} \end{cases} \qquad (4\text{-}53)$$

其中，$i=0,1$。此时，8×8 整数 DCT 可以同时由 2 个优化后的 4×4 整数 DCT 变换矩阵 T_4^{opt} 计算，优化后的 8×8 整数 DCT 变换矩阵 T_8^{opt} 如式（4-54）所示。

$$T_8^{\text{opt}} = P_8 \begin{bmatrix} T_4^{\text{opt}} & 0 \\ 0 & T_4^{\text{opt}} \end{bmatrix} \begin{bmatrix} I_4 & J_4 \\ I_4 & -J_4 \end{bmatrix} = \begin{bmatrix} 64 & 64 & 64 & 64 & 64 & 64 & 64 & 64 \\ 64 & 64 & 64 & 64 & -64 & -64 & -64 & -64 \\ 64 & 32 & -32 & -64 & -64 & -32 & 32 & 64 \\ 64 & 32 & -32 & -64 & 64 & 32 & -32 & -64 \\ 64 & -64 & -64 & 64 & 64 & -64 & -64 & 64 \\ 64 & -64 & -64 & 64 & -64 & 64 & 64 & -64 \\ 32 & -64 & 64 & -32 & -32 & 64 & -64 & 32 \\ 32 & -64 & 64 & -32 & 32 & -64 & 64 & -32 \end{bmatrix} \qquad (4\text{-}54)$$

对于经过优化后的 8×8 整数 DCT/IDCT，设输入数据为 $s(i)$（$i=0,1,2,\cdots,7$），经过一维变换之后，输出数据为 $r(i)$（$i=0,1,2,\cdots,7$）；DCT 变换矩阵为 T_8^{opt}，对应的变换表达式为 $r(i) = T_8^{\text{opt}} s(i)$；IDCT 变换矩阵为 $(T_8^{\text{opt}})^{\text{T}}$，对应的反变换表达式为 $r(i) = (T_8^{\text{opt}})^{\text{T}} s(i)$。第一步：根据式（4-55）对输入数据进行蝶形处理或置换处理，其中，$i=0,1,2,3$。

$$\begin{cases} e(i) = s(i) + s(3-i), o(i) = s(i) - s(3-i), & \text{DCT} \\ e(i) = s(2i), \qquad o(i) = s(2i+1), & \text{IDCT} \end{cases} \qquad (4\text{-}55)$$

第二步：对于第一步处理的中间结果 $e(i)$ 和 $o(i)$ 分别进行统一矩阵运算，如式（4-56）和（4-57）所示，即将 $e(i)$ 和 $o(i)$ 都与矩阵 T_4^{opt} 相乘。

$$\begin{bmatrix} u(0) \\ u(1) \\ u(2) \\ u(3) \end{bmatrix} = T_4^{\text{opt}} \begin{bmatrix} e(0) \\ e(1) \\ e(2) \\ e(3) \end{bmatrix} \qquad (4\text{-}56)$$

$$\begin{bmatrix} v(0) \\ v(1) \\ v(2) \\ v(3) \end{bmatrix} = T_4^{\text{opt}} \begin{bmatrix} o(0) \\ o(1) \\ o(2) \\ o(3) \end{bmatrix} \qquad (4\text{-}57)$$

第三步：对第二步处理之后的数据进行置换或加法操作并输出，对整数 DCT 采取置换处理，对整数 IDCT 采用加法处理。具体的处理方法如式（4-58）所示，其中，$i=0,1,3,4$。

$$\begin{cases} r(2i) = u(i), \qquad r(2i+1) = v(i), & \text{DCT} \\ r(i) = u(i) + v(i), r(3-i) = u(i) - v(i), & \text{IDCT} \end{cases} \qquad (4\text{-}58)$$

以此类推，$N \times N$ 优化后的整数 DCT 可以由 2 个优化后的 $N/2 \times N/2$ 整数 DCT 计算。此时，$N \times N$ 整数 DCT 变换矩阵 T_N^{opt} 为

$$T_N^{\mathrm{opt}} = P_N \begin{bmatrix} T_{N/2}^{\mathrm{opt}} & \mathbf{0} \\ \mathbf{0} & T_{N/2}^{\mathrm{opt}} \end{bmatrix} \begin{bmatrix} I_{N/2} & J_{N/2} \\ I_{N/2} & -J_{N/2} \end{bmatrix}$$

其中，

$$P_N = \begin{bmatrix} P_{N-1,N/2}^{\mathrm{per}} & \mathbf{0}_{1,N/2} \\ \mathbf{0}_{1,N/2} & P_{N-1,N/2}^{\mathrm{per}} \end{bmatrix} \tag{4-59}$$

在式（4-59）中，$\mathbf{0}_{1,N/2}$ 表示尺寸为 $1\times N/2$、元素全部为 0 的行向量；$I_{N/2}$ 表示尺寸为 $N/2\times N/2$ 的单位矩阵；$J_{N/2}$ 表示尺寸为 $N/2\times N/2$ 的矩阵，副对角线上的元素为 1，其余元素全为 0；矩阵 $P_{N-1,N/2}^{\mathrm{per}}$ 的行向量表示为

$$P_{N-1,N/2}^{\mathrm{per}}(i) = \begin{cases} \mathbf{0}_{1,N/2}, & i = 1,3,5,\cdots,N-1 \\ I_{N/2}(i/2), & i = 0,2,4,\cdots,N-2 \end{cases} \tag{4-60}$$

对于 $2^M \times 2^M$（M=3,4,5）整数 DCT/IDCT，设输入数据为 $s(i)$，一维整数 DCT/IDCT 之后，输出数据为 $r(j)$，其中，j=0,1,$\cdots$,2^M-1，DCT 变换矩阵为 T_N^{opt}，IDCT 变换矩阵为 $(T_N^{\mathrm{opt}})^{\mathrm{T}}$。类似于 8×8 整数 DCT/IDCT，第一步：按照式（4-61）对输入数据进行相应的处理，其中，j=0,1,$\cdots$,$2^{M-1}-1$。

$$\begin{cases} e(j) = s(j) + s(3-j),\ o(j) = s(j) - s(3-j), & \mathrm{DCT} \\ e(j) = s(2j), \qquad o(j) = s(2j+1), & \mathrm{IDCT} \end{cases} \tag{4-61}$$

第二步：将第一步处理之后的输出结果 $e(j)$ 和 $o(j)$ 按照式（4-62）和（4-63）的方法分别进行统一的矩阵运算。

$$\begin{bmatrix} u(0) \\ u(1) \\ \vdots \\ u(2^{M-1}-2) \\ u(2^{M-1}-1) \end{bmatrix} = T_{N/2}^{\mathrm{opt}} \begin{bmatrix} e(0) \\ e(1) \\ \vdots \\ e(2^{M-1}-2) \\ e(2^{M-1}-1) \end{bmatrix} \tag{4-62}$$

$$\begin{bmatrix} v(0) \\ v(1) \\ \vdots \\ v(2^{M-1}-2) \\ v(2^{M-1}-1) \end{bmatrix} = T_{N/2}^{\mathrm{opt}} \begin{bmatrix} o(0) \\ o(1) \\ \vdots \\ o(2^{M-1}-2) \\ o(2^{M-1}-1) \end{bmatrix} \tag{4-63}$$

第三步：对经过统一操作之后的数据根据整数变换的模式进行置换或蝶形处理并输出，具体的处理方法如式（4-64）所示，其中，j=0,1,$\cdots$,$2^{M-1}-1$。

$$\begin{cases} r(2j) = u(j), \qquad r(2j+1) = v(j), & \mathrm{DCT} \\ r(j) = u(j) + v(j),\ r(3-j) = u(j) - v(j), & \mathrm{IDCT} \end{cases} \tag{4-64}$$

4.1.4　HEVC 中的其他残差处理方法

除 DCT 外，HEVC 中还引入了整数离散正弦变换（Discrete Sine Transform，DST）和变换跳过（Transform Skip）技术，以适应不同预测方式下的残差处理。DST 变换矩阵的整数处理与整数 DCT 类似。

在信号理论中，DST 是指将离散信号分解为不同振幅和频率的离散正弦波信号的组合。在视频编码等应用领域中，使用较广泛的变换形式有 2 类：Ⅰ类对应于 DST 形式，如式（4-65）所示；Ⅱ类为 IDST 形式，如式（4-66）所示。

$$\text{Ⅰ类：} \quad R(m) = \frac{2}{\sqrt{2N-1}} \sum_{n=1}^{N-1} s(n) \sin\left[\frac{(2m-1)n\pi}{2N-1}\right], \quad m = 1, 2, \cdots, N-1 \tag{4-65}$$

$$\text{Ⅱ类：} \quad R(m) = \frac{2}{\sqrt{2N-1}} \sum_{n=1}^{N-1} s(n) \sin\left[\frac{m(2n-1)\pi}{2N-1}\right], \quad m = 1, 2, \cdots, N-1 \tag{4-66}$$

在 HEVC 中，当亮度分量进行帧内编码时，如果变换尺寸为 4×4，则采用整数 DST 形式。二维整数 DST 的表达式如式（4-67）所示，其中，$C(m)=C(n)=2/3$，$m=0,1,2,3$，$n=0,1,2,3$。

$$R(m,n) = C(m)C(n) \sum_{x=1}^{4} \sum_{y=1}^{4} s(x,y) \sin\left[\frac{(2m-1)x\pi}{9}\right] \sin\left[\frac{(2n-1)y\pi}{9}\right] \tag{4-67}$$

二维整数 DST 可以通过因式分解的方法进行分离变换，其一维 DST 表达式为 $R = KS$。其中，S 代表输入数据块，R 代表变换后的 DST 系数矩阵块，变换矩阵 K 的定义如式（4-68）所示。

$$K(i,j) = C(j) \sin\left[\frac{(2j-1)i\pi}{9}\right], \quad i, j = 1, 2, 3, 4 \tag{4-68}$$

利用正弦函数的周期性可得 K 的矩阵形式如式（4-69）所示。

$$K = \begin{bmatrix} x & y & t & z \\ t & t & 0 & -t \\ z & -x & -t & y \\ y & -z & t & -x \end{bmatrix} \tag{4-69}$$

其中，$x = \frac{2}{3}\sin\frac{\pi}{9}$，$y = \frac{2}{3}\sin\frac{2\pi}{9}$，$t = \frac{2}{3}\sin\frac{3\pi}{9}$，$z = \frac{2}{3}\sin\frac{4\pi}{9}$，对 x、y、t、z 同时乘以 128 并四舍五入可得：$a \approx 29$，$b \approx 55$，$c \approx 74$，$d \approx 84$，最终的 DST 变换矩阵为

$$K = \begin{bmatrix} 29 & 55 & 74 & 84 \\ 74 & 74 & 0 & -74 \\ 84 & -29 & -74 & 55 \\ 55 & -84 & 74 & -29 \end{bmatrix} \tag{4-70}$$

综上所述，在 HEVC 中，4×4 二维整数 DST 的公式为 $K_{2D} = (KSK^{T}) \otimes (E_4 \otimes E_4^{T})$。其中，$\otimes$ 表示矩阵对应位置的元素相乘；E_4 为一维整数 DST 对应的修正矩阵，其所有元素值均为 1/128。

对于 4×4 整数 DST，设输入数据为 $s(i)$，$i=0,1,2,3$，经过一维整数 DST 后，输出数据为 $r(i)$，$i=0,1,2,3$，变换矩阵为 K，变换形式如式（4-71）所示。

$$\begin{bmatrix} r(0) \\ r(1) \\ r(2) \\ r(3) \end{bmatrix} = \begin{bmatrix} 29 & 55 & 74 & 84 \\ 74 & 74 & 0 & -74 \\ 84 & -29 & -74 & 55 \\ 55 & -84 & 74 & -29 \end{bmatrix} \begin{bmatrix} s(0) \\ s(1) \\ s(2) \\ s(3) \end{bmatrix} \tag{4-71}$$

将式（4-71）中的矩阵乘法运算依次展开，通过进一步的整理可以得到等式组，如式（4-72）所示。

$$\begin{cases} r(0) = 29\big[s(0)+s(3)\big] + 55\big[s(1)+s(3)\big] + 74s(2) \\ r(1) = 74\big[s(0)+s(1)-s(3)\big] \\ r(2) = 29\big[s(0)-s(1)\big] + 55\big[s(0)+s(3)\big] - 74s(2) \\ r(3) = 55\big[s(0)-s(1)\big] - 29\big[s(1)+s(3)\big] + 74s(2) \end{cases} \quad (4\text{-}72)$$

对 4×4 整数 IDST，设输入为 $s(i)$（i=0,1,2,3），经过一维整数 IDST 之后，输出数据为 $r(i)$，i=0,1,2,3。对应的 IDST 变换矩阵为 $\boldsymbol{K}^{\mathrm{T}}$，整数 IDST 表达式为 $r(i) = \boldsymbol{K}^{\mathrm{T}}s(i)$。类似于整数 DST 的处理方式，将 IDST 的表达式展开整理可得等式组：

$$\begin{cases} r(0) = 29\big[s(0)+s(2)\big] + 55\big[s(2)+s(3)\big] + 74s(1) \\ r(1) = 55\big[s(0)-s(3)\big] - 29\big[s(2)+s(3)\big] + 74s(1) \\ r(2) = 74\big[s(0)-s(2)+s(3)\big] \\ r(3) = 55\big[s(0)+s(2)\big] + 29\big[s(0)-s(3)\big] - 74s(1) \end{cases} \quad (4\text{-}73)$$

对式（4-72）与（4-73）进行对比可以得出整数 DST 和 IDST 的计算特点：输入数据进行了部分蝶形处理，并且乘法运算中的系数只有 29、55、74。利用这个特点，可以通过统一的变换形式实现整数 DST/IDST。

首先利用变换矩阵中元素的关系特征（84=29+55）将输入的数据根据正/反变换模式进行相应的蝶形处理，具体处理方法为

$$\begin{cases} a = s(0)+s(3), \ b = s(1)+s(3), \ c = s(0)-s(1), \ d = s(2), \ e = s(0)+s(1)-s(3), \ \text{DST} \\ a = s(0)+s(2), \ b = s(2)+s(3), \ c = s(0)-s(3), \ d = s(1), \ e = s(0)-s(2)+s(3), \ \text{IDST} \end{cases} \quad (4\text{-}74)$$

接着将第一步处理之后的结果进行统一的乘法运算，乘法系数分别为 29、55、74，在具体的实现过程中，将乘法运算转换为移位操作和加法操作。因为对于整数 DST/IDST，其变换结果只是输出数据中对应的次序不同，因此之后按照变换规则分别计算出对应的中间值即可。其相应的处理方法为

$$\begin{cases} A_1 = 29a, \ A_2 = 55a, \ B_1 = 29b, \ B_2 = 55b, \ C_1 = 29c, \ C_2 = 55c, \ D = 74d, \ E = 74e, \\ x = A_1 + B_2 + D, \ y = E, \ z = A_2 + C_1 - D, \ t = C_2 - B_1 + D \end{cases} \quad (4\text{-}75)$$

最后，根据正/反 DST 的模式进行相应的置换处理，以满足后续的时序要求，对于整数 DST/IDST 而言，其主要的作用是将前一步计算好的中间结果重新排序，具体的数据分配方案为

$$\begin{cases} r(0) = x, \ r(1) = y, \ r(2) = z, \ r(3) = t, \ \text{DST} \\ r(0) = x, \ r(1) = t, \ r(2) = y, \ r(3) = z, \ \text{IDST} \end{cases} \quad (4\text{-}76)$$

4.1.5　HEVC 中的量化

标量量化器（Scalar Quantizer）由于比较简单且容易实现而被广泛应用在视频编码中。标量量化是一种有损编码方式，其作用是将取值连续的输入数据按照一定的规则离散化。在如图 4-2

所示的标量量化器示意图中，设输入的连续信号为 s，在图中用横轴来表示，并将其依次分割为 9 个子区间：$m_t = [n_t, n_{t+1})$，$t = 0, 1, \cdots, 8$。

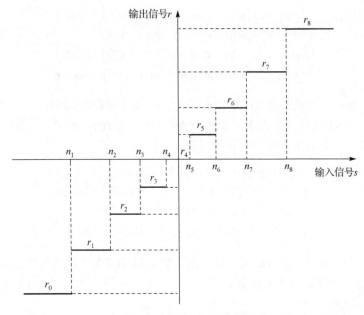

图 4-2　标量量化器示意图

根据图 4-2，若某一输入信号 s 正好位于某个区间 m_t 内，则此时输出信号（重建值）将量化为 r_t。例如，当输入信号 s 的取值位于区间$[n_3, n_4)$时，那么其重建值为 r_3。这种类型的标量量化器可以利用图 4-3（a）表示，即输入的信号将直接被量化为重建值。但在图像和视频编码中，则先将输入信号的量化值映射为某个重建值索引 i，然后经过反量化就可以得到重建值 r，如图 4-3（b）所示。

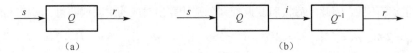

图 4-3　标量量化器的两种形式

在编码端，传统的标量量化器主要通过除以量化步长 Q_{step} 来实现，因此对于给定的输入视频数据，量化之后的值与量化步长 Q_{step} 成反比关系。同时在向下取整的过程中，为了减少舍入误差，还需要采用一定的补偿措施，具体的实现如式（4-77）所示。其中，floor($\cdot$)代表向下取整的函数。

$$r = \text{floor}\left(\frac{s}{Q_{\text{step}}} + f \right) \tag{4-77}$$

其中，r 为量化编码之后的值；s 为整数变换编码之后的系数；f 为舍入误差，用于进行精度补偿。

在视频压缩标准中，量化参数（Quantization Parameter，QP）占有举足轻重的地位，因为它直接影响着视频数据的码率。在 HEVC 编码标准中，QP 是量化步长 Q_{step} 函数的参数，可以通过灵活地选择 QP 来确定对应的函数值 Q_{step}。其中，量化参数 QP 的取值范围是 0~51，所以在量化编码的过程中，对应有 52 个量化步长 Q_{step}。量化参数与量化步长的关系如表 4-1 所示。

表 4-1　量化参数与量化步长的关系

QP	Q_{step}	QP	Q_{step}	QP	Q_{step}	QP	Q_{step}	QP	Q_{step}
0	0.625	11	2.25	22	8	33	28.5	44	102
1	0.7031	12	2.5	23	9	34	32	45	114
2	0.7969	13	2.8125	24	10	35	36	46	128
3	0.8906	14	3.1875	25	11.25	36	40	47	144
4	1	15	3.5625	26	12.75	37	45	48	160
5	1.125	16	4	27	14.25	38	51	49	180
6	1.25	17	4.5	28	16	39	57	50	204
7	1.4026	18	5	29	18	40	64	51	228
8	1.5938	19	5.625	30	20	41	72	—	—
9	1.7812	20	6.375	31	22.5	42	80	—	—
10	2	21	7.125	32	25.5	43	90	—	—

在某些特殊的应用场合，尤其是当视频数据的传输速率受到限制时，可以通过灵活控制量化参数 QP 使实际码率尽量接近给定码率。因此在视频编码的实际应用中，如何选择适宜的量化参数 QP 就变得至关重要。

视频信号通常是彩色信号，包括色度分量和亮度分量。如果色度分量在进行量化编码时，Q_{step} 的取值过大，解码之后会导致颜色漂移的问题。因此，色差信号的量化参数 QP 的取值不宜过大。HEVC 限制了色度分量的 QP 大小，其范围在 0~45。如果亮度分量的量化参数 QP 小于 30，则二者的量化参数 QP 的取值保持一致；如果亮度分量 QP 的取值范围是 30~51，则色度分量的 QP 小于亮度分量的 QP。亮度信号 QP 与色度信号 QP 的对应关系如表 4-2 所示。

表 4-2　亮度信号 QP 与色度信号 QP 的对应关系

亮度信号 QP	色度信号 QP	亮度信号 QP	色度信号 QP	亮度信号 QP	色度信号 QP	亮度信号 QP	色度信号 QP
30	29	36	34	42	37	48	42
31	30	37	34	43	37	49	43
32	31	38	35	44	38	50	44
33	32	39	35	45	39	51	45
34	33	40	36	46	40	—	—
35	33	41	36	47	41	—	—

通过观察表 4-1 可以得知：量化参数 QP 每增加 1，量化步长 Q_{step} 约扩大 12%，而量化参数 QP 每增加 6，量化步长 Q_{step} 就变为原来的 2 倍。因此，通过严密的数学理论推理可以得出两者的函数关系为

$$Q_{\text{step}}(\text{QP}) \approx (2^{1/6})^{\text{QP}-4} \tag{4-78}$$

在式（4-78）中，通过函数关系可以得出：当量化参数 QP 的值是 4 时，量化步长 Q_{step} 的函数值正好是 1，可以进一步用式（4-79）表示。

$$Q_{\text{step}}(\text{QP}) = \boldsymbol{G}(\text{QP}\%6) << \text{QP}/6 \tag{4-79}$$

在式（4-79）中，$\boldsymbol{G} = [G_0, \cdots, G_5]^{\text{T}} = [2^{-4/6}, 2^{-1/2}, 2^{-1/3}, 2^{-1/6}, 1, 2^{1/6}]^{\text{T}}$，对应的 QP%6 的取值分别为 0、1、2、3、4 和 5。其中，<<表示向左移位运算，%代表取余操作。

HEVC 将整数变换和量化相结合，从而减少舍入误差。整数 DCT/DST 中的比例缩放因子 $\eta = 2^{\text{shift1}}$ 为 2 的幂次方，shift1 表示变换编码中按比例伸缩时的移位个数。同时为了在量化编码时避免因为浮点数的存在而引入舍入误差，将式（4-77）中的分子（变换编码之后的系数）和分母（量化步长 Q_{step}）同时放大一定的倍数，然后进行取整运算。通过上述操作就可以在量化编码时保留一定的运算精度。变量 T_1' 和 N_1 的定义为

$$\begin{cases} T_1' = 14 + \text{floor}(\text{QP}/6) \\ N_1 = 2^{T_1'}/Q_{\text{step}} = \textbf{MF}(\text{QP}\%6), \quad \textbf{MF} = [26214, 23302, 20560, 18396, 16384, 14564]^{\text{T}} \end{cases} \tag{4-80}$$

在式（4-80）中，当 QP%6 的取值分别等于 0、1、2、3、4 和 5 时，对应着变量 N_1 的 6 个数值。对式（4-77）进行数学恒等变形之后可得式（4-81），其中，$f_1' = f << (T_1' + \text{shift1})$ 代表量化补偿，$T_1 = T_1' + \text{shift1}$ 表示向右移位的个数。

$$r = \text{floor}\left(\frac{s \cdot N_1}{2^{T_1' + \text{shift1}}} + f \right) = (s \cdot N_1 + f_1') >> T_1 \tag{4-81}$$

通过观察式（4-81）可以发现，HEVC 量化编码主要进行三步运算：首先将输入数据扩大 N_1 倍，然后进行舍入误差的补偿，即加上一个合适的数据 f_1'，最后向右移动 T_1 位，以满足正量化编码的要求。

在 HEVC 标准的解码端，传统的标量反量化器主要通过乘以量化步长 Q_{step} 来实现。因此，在输入数据的大小保持不变的情况下，量化步长 Q_{step} 越大，其反量化之后的数值就越大，具体的实现为

$$s' = r \cdot Q_{\text{step}} \tag{4-82}$$

其中，s' 为反量化之后的重建值，r 为量化编码之后的值。

由于量化是一个有损的过程，所以在一般情况下，$s' \neq s$，即反量化之后得到的重建值与原始数值不相等。因此，量化操作通常会引入失真。

HEVC 规定，整数变换需要与量化结合进行，因此在反量化的具体实现过程中，需要完成在反变换过程中的比例伸缩运算。类似于正量化式的推导过程，为了方便数学推导，变量 T_2 和 N_2 的定义如式（4-83）所示。其中，shift2 表示反量化过程中的缩放因子。

$$\begin{cases} T_2 = 6 + \text{floor}(\text{QP}/6) - \text{shift2} \\ N_2 = 2^6 \cdot Q_{\text{step}} = 2^{\text{floor}(\text{QP}/6)} \cdot \textbf{MF}(\text{QP}\%6), \quad \textbf{MF} = [40, 45, 51, 57, 64, 72]^{\text{T}} \end{cases} \tag{4-83}$$

在式（4-83）中，当 QP%6 的数值分别等于 0、1、2、3、4 和 5 时，对应着变量 N_2 的 6 个数值。将式（4-82）进行数学恒等变形之后如式（4-84）所示。其中，$f_2 = 1 << (T_2 - 1)$ 表示反量化时的控制误差，T_2 表示向右的移位个数。

$$s' = (r \cdot N_2 + f_2) >> T_2 \tag{4-84}$$

观察式（4-84）可以发现，HEVC 标准中的反量化过程也可以分成三步操作：首先将输入数据扩大 N_2 倍；然后进行舍入误差的控制，即加上一个合适的数据 f_2；最后向右移动 T_2 位，用以满足反量化的需求。

对于正量化过程而言，在具体实现中，主要将除法运算转换为对应的乘法和移位操作；而在反量化过程中，也主要将乘法运算转换为容易实现的加法和移位操作。观察式（4-81）和（4-84）可以发现，无论是正量化还是反量化，在具体实现过程中都可以大致分成三个步骤：首先进行乘法运算，即乘以系数 N；然后进行舍入误差的补偿，具体以加法运算的方式实现；最后还需要结合变换过程中的比例伸缩因子进行相应的移位操作。

在正量化（反量化）模块中，设输入数据为 $s(r)$，即 $2^M \times 2^M$（$M = 2,3,4,5$）整数正/反变换模块的输出数据；经过正量化（反量化）之后，输出数据为 $r(s')$；视频样本的比特深度为 B，除了 Main 10 档次 B 的取值为 10，其他档次 B 的取值为 8。正量化和反量化可以分别表示为 $r = (r \cdot N_1 + f_1) >> T_1$ 和 $s' = (r \cdot N_2 + f_2) >> T_2$。其中，$N_1$、$N_2$ 的取值和 QP%6 的对应关系如表 4-3 所示。

表 4-3　N_1、N_2 的取值和 QP%6 的对应关系

QP%6	0	1	2	3	4	5
$N1$	26214	23302	20560	18396	16384	14564
$N2$	40	45	51	57	64	72

由表 4-3 可以发现，对于统一的正/反量化算法而言，在第一步乘法运算过程中，乘数 N（N_1 和 N_2）的取值和两个因数有关系，分别是正/反量化的模式选择和量化参数 QP 的取值。例如，在正量化编码过程中，如果量化参数 QP 的取值为 9，对应的 QP%6 数值为 3，则此时 N_1 的数值为 18 396；在反量化编码过程中，如果量化参数 QP 的取值为 17，对应的 QP%6 的数值为 5，那么 N_2 的数值为 72。

第二步操作主要进行加法运算，加数是舍入偏移量（f_1 和 f_2），其作用是控制舍入误差，以减少在正/反量化过程中数值的精度损失。通常情况下，在正量化编码过程中，舍入偏移量的取值为 $f_1 = 1 << (B + M - 10)$。因此，舍入偏移量 f_1 的取值与视频数据的样本深度及整数变换的尺寸有关；在反量化过程中，舍入偏移量 f_2 的取值还与 QP 有关，$f_2 = 1 << (B + M - 10 - \text{floor}(QP / 6))$，在具体实现过程中还需要采取一定的措施。

第三步运算主要是移位操作，已知在 $2^M \times 2^M$（$M = 2,3,4,5$）整数变换编码过程中，比例缩放因子数值是 shift1 $= 15 - B - M$。当量化参数 QP 的值等于 4 时，量化步长 Q_{step} 的数值正好为 1。此时，对于正量化而言，$N_1 = 16\,384 = 2^{14}$，而对于反量化而言，$N_2 = 64 = 2^6$。在量化编码的过程中，需要完成整数变换编码中的比例缩放运算。因此，在正量化编码过程中，如果量化步长 Q_{step} 的值为 1，需要满足的关系式为 $2^{\text{shift1}} \cdot 2^{14} \cdot 2^{-T_1} = 1$，等价于 shift1 $+ 14 - T_1 = 0$，通过数学运算可以得出

正量化编码过程中需要向右移位的个数为 $T_1 = 29 - B - M + \text{floor}(\text{QP}/6)$。

在反量化过程中，如果量化步长 Q_{step} 的数值等于 1，此时需要满足的关系式为 $2^{\text{shift2}} \cdot 2^6 \cdot 2^{-T_2} = 1$，等价于 $\text{shift2} + 6 - T_2 = 0$。已知在 $2^M \times 2^M$（M=2,3,4,5）整数反变换解码过程中，比例缩放因子数值是 $\text{shift2} = B + M - 15$，通过数学运算可以得出反量化过程中需要向右移位的个数为 $T_2 = B + M - 9 - \text{floor}(\text{QP}/6)$。其中，如果 T_1 和 T_2 的取值为负数，则表示需要向左移位。

综上所述，在 HEVC 标准的正/反量化模块中，设输入数据为 signal，经过正/反量化之后，输出数据为 result。第一步操作中的乘法系数为 N，控制舍入误差为 f，最后需要向右移位的个数为 T，该模块的正/反量化算法为

$$\text{result} = (\text{signal} \cdot N + f) >> T \tag{4-85}$$

在式（4-85）中，N 的数值大小如表 4-3 表示，舍入误差 f 和向右移位个数 T 的取值如表 4-4 所示。可以发现：f 和 T 的取值与数据深度 B、整数变换的尺寸及量化参数 QP 有关。

表 4-4　舍入误差 f 和向右移位个数 T 的取值

	舍入误差 f	向右移位个数 T
正量化	$f_1 = 1 << (B + M - 10)$	$T_1 = 29 - B - M + \text{floor}(\text{QP}/6)$
反量化	$f_2 = 1 << (B + M - 10 - \text{floor}(\text{QP}/6))$	$T_2 = B + M - 9 - \text{floor}(\text{QP}/6)$

4.2　低复杂度 HEVC 变换与量化算法优化

4.2.1　全零块检测基本原理

在变换/量化的过程中，有很多量化后系数全部为 0 的变换块（Transform Block，TB），这种 TB 称为全零块（All Zero Block，AZB）。视频编码过程中存在大量 AZB。如图 4-4 所示，如果一个 TB 是 AZB，则可以跳过变换/量化过程以降低复杂度。当 QP 等于 32 时，AZB 的统计分布如表 4-5 所示。从表 4-5 中的数据易知，有大约 90% 的 TB 是 AZB。假设 AZB 检测的复杂度等于变换/量化复杂度的一半，并进一步假设能检测出来所有 AZB，则利用 AZB 检测能使变换/量化的复杂度降低 40%。因此，简单而高效的 AZB 检测算法能有效降低变换/量化的复杂度。

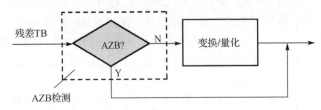

图 4-4　AZB 检测与变换/量化的关系

从表 4-5 中可知，TB 尺寸越大，AZB 的比例越小，且由于大尺寸的 TB（16×16 和 32×32）占总 TB 的比例较小（平均不超过 4%），所以大尺寸 AZB 的数量远小于小尺寸 AZB 的数量。然而这些数量较小的大尺寸 AZB 对变换/量化的整体复杂度有重要影响。不同尺寸 TB 的复杂度占

变换/量化总复杂度的比例如表 4-6 所示。从表 4-6 中的数据可知，8×8、16×16 及 32×32 大小的 TB 的变换/量化复杂度占变换/量化总复杂度的一半，而 8×8、16×16 及 32×32 大小的 TB 的变换/量化复杂度所占的比例相当。因此，各种尺寸的 AZB 都会显著影响变换/量化的复杂度，AZB 检测算法需要适用于各种大小的 TB。

　　AZB 的比例与 QP 的大小成正比。表 4-5 所示为 AZB 的统计结果（QP=32），但 QP 小于 32 时，AZB 也占较高的比例。不同 QP 下 AZB 的比例如图 4-5 所示（在序列 BasketballDrill 中）。从图 4-5 中可以看出，当 QP 大于 20 时，超过一半的 TB 都是 AZB（4×4 大小的 TB 在总 TB 中占绝大多数）。在常规编码中，大多将 QP 设为 30 左右。因此，AZB 检测具有普遍适用性。

表 4-5　AZB 的统计分布（QP = 32）

分 辨 率	视 频 序 列	TB 尺寸	TB 占总 TB 的比例/%	TB 中 AZB 的比例/%	AZB 占总 TB 的比例/%
416×240	BasketballPass	4×4	85.12	85.17	81.23
		8×8	11.75	63.32	
		16×16	2.74	44.17	
		32×32	0.39	20.98	
832×480	BasketballDrill	4×4	84.42	89.67	86.18
		8×8	12.14	72.25	
		16×16	2.99	53.38	
		32×32	0.44	26.55	
1280×720	FourPeople	4×4	85.89	98.32	97.41
		8×8	11.19	93.63	
		16×16	2.57	87.11	
		32×32	0.346	72.20	
1920×1080	ParkScene	4×4	85.29	95.64	93.69
		8×8	11.57	85.73	
		16×16	2.76	72.75	
		32×32	0.39	48.05	
平均值		4×4	89.18	92.2	89.63
		8×8	11.66	78.73	
		16×16	2.77	64.35	
		32×32	0.39	41.95	

表 4-6　不同尺寸 TB 的复杂度占变换/量化总复杂度的比例

视 频 序 列	TU 尺寸			
	4×4	8×8	16×16	32×32
BasketballDrill	46.74	19.21	18.87	15.17
FourPeople	55.42	19.01	15.69	9.88

　　根据式（4-77）可知，若变换系数的量化值等于 0，则该系数（绝对值）满足式（4-86），Y 是量化器的输入值；$Q_{bit} = T_1$，**MF** 是量化缩放因子构成的向量，**MF** 与 T_1 的定义见式（4-80）；F 是量化补偿，I 帧的取值为 171，B/P 帧的取值为 85。将 F 和 **MF** 移到小于号的右边，可得式（4-87）。

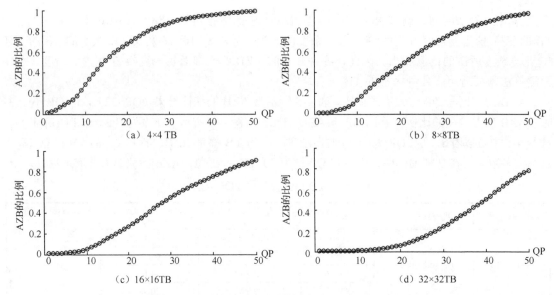

图 4-5　不同 QP 下 AZB 的比例（BasketballDrill）

$$(Y \times \mathbf{MF}(\text{QP}\%6) + F << (Q_{\text{bit}} - 9)) < 2^{Q_{\text{bit}}} \qquad (4\text{-}86)$$

$$T < (2^{Q_{\text{bit}}} - F << (Q_{\text{bit}} - 9)) / \mathbf{MF}(\text{QP}\%6) \qquad (4\text{-}87)$$

令

$$\text{THq} = (2^{Q_{\text{bit}}} - F << (Q_{\text{bit}} - 9)) / \mathbf{MF}(\text{QP}\%6) \qquad (4\text{-}88)$$

因此，当量化器的输入值小于 THq 时，该值会被量化为 0。若 TB 中的所有变换系数都小于 THq，则该 TB 是 AZB。同样的，若变换系数的最大值小于 THq，则该 TB 是 AZB。有两种检测 AZB 的方法，第一种方法是估算变换系数的上限，然后与 THq 比较；第二种方法是估算出每一个变换系数，然后逐个与 THq 比较。

第一种 AZB 检测方法适用于尺寸较小的 TB。由于估算上限值相当于计算变换系数的最大值，即只需要计算一个值，因此这类方法的复杂度通常较低。上限估算又分为精确估算和概率估算两种。精确估算就是根据预测残差直接求解变换系数的上限。由于计算出的上限与实际的最大值很接近，所以基于精确估算的算法通常有较高的检测效率，且不会将非 AZB 误检测成 AZB。但基于精确估算的 AZB 检测很难推广到大尺寸的 TB。随着 TB 的增大，这种估算方法的复杂度成几何级增长，很难用来有效降低变换/量化的复杂度。概率估算就是根据残差的概率分布模型求给定置信区间内的最大值。通过这种方法得到的最大值有可能小于实际最大值，因此会将部分非 AZB 误检测成 AZB。而且，对于大尺寸的 TB，用基于概率估算的方法检测的效率很低。这是因为随着尺寸的增大，变换系数的方差也会相应增大，而方差变大意味着不确定性变大，具体表现为估算精度的降低。

第二种方法通常利用哈达玛变换来估算 DCT 系数。由于哈达玛变换能较好地近似 DCT，所以估算出的 DCT 变换系数的精度较高，且检测效率较高。对于 4×4 TB，基于哈达玛变换的 AZB

检测算法的复杂度和检测效率与基于第一种方法的检测算法类似。然而，基于哈达玛变换的 AZB 检测算法很容易推广到大尺寸的 TB。本节中的 AZB 检测算法也使用哈达玛变换估算部分 DCT 变换系数。由于部分哈达玛变换系数可以直接从帧内预测或帧间预测的分数像素运动估计中得到，所以只需要较少的计算步骤就能得到最终的估算系数。

哈达玛变换是一种广义的傅立叶变换，它作为变换编码的一种形式在视频编码中有很久的历史。在近来的视频编码标准中，哈达玛变换多被用来计算变换残差绝对值的和（Sum of Absolute Transformed Difference，SATD）。哈达玛变换矩阵分为按沃尔什顺序排列的哈达玛变换矩阵、按佩利顺序排列的哈达玛变换矩阵和按哈达玛顺序排列的哈达玛变换矩阵 3 种，这 3 种变换矩阵间可以相互转换。本章使用的哈达玛变换矩阵均指按沃尔什顺序排列的哈达玛变换矩阵。

哈达玛变换矩阵由±1 组成。4×4 大小的哈达玛变换矩阵如式（4-89）所示。哈达玛变换中只用到了加法和减法运算，因此，其计算复杂度远低于傅立叶变换和 DCT。4×4 的哈达玛变换的快速算法如图 4-6 所示。

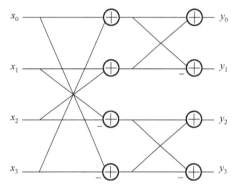

$$H_4 = \begin{bmatrix} 1 & 1 & 1 & 1 \\ 1 & 1 & -1 & -1 \\ 1 & -1 & -1 & 1 \\ 1 & -1 & 1 & -1 \end{bmatrix} \quad (4\text{-}89)$$

图 4-6 4×4 的哈达玛变换的快速算法

SATD 是指哈达玛变换系数的绝对值之和。设残差信号方阵为 X，则 SATD 可以用式（4-90）表示，其中，N 为方阵的大小，H 为归一化的 $N \times N$ 大小的哈达玛变换矩阵。式（4-89）中的 4×4 哈达玛变换矩阵没有进行归一化处理，将变换矩阵中的每个系数乘以 0.5 就可以得到归一化后的 4×4 哈达玛变换矩阵。在视频编码中，SATD 被用于估算 DCT 变换系数的绝对值之和。实验结果表明，SATD 能较好地近似 DCT 变换系数的绝对值之和，其精确度高于残差绝对值之和（Sum of Absolute Difference，SAD）。如式（4-91）所示，对 X 进行哈达玛变换和归一化处理，可得式（4-92）。同样，对 X 进行标准 DCT，可得式（4-93）。根据式（4-90）可得到式（4-92）的 SATD 为 35.3，式（4-93）的绝对值之和为 35，X 的 SAD 为 41，可以看出 SATD 与 DCT 变换系数的绝对值之和非常接近。由于哈达玛变换的复杂度远低于 DCT，视频编码中通常用 SATD 代替 DCT 变换系数的绝对值之和用于粗选编码模式。例如，HEVC 中的帧内预测有 35 种预测模式，若每种预测模式都进行 DCT，则帧内预测的复杂度会增加数倍。在 HEVC 的测试模型 HM 中，先用 SATD 估算每种预测模式的率失真代价，粗选出率失真代价较低的几种模式，然后进行 DCT 变换并计算这几种模式的实际率失真代价，并选择率失真代价最小的预测模式。虽然利用 SATD 估算的率失真代价与实际的率失真代价有所出入，但粗选的模式中往往包含实际率失真代价最小的预测模式，因此利用 SATD 估算率失真代价对编码性能的影响极小。

$$\text{SATD} = \sum_i \sum_j \left| (\boldsymbol{HXH})_{i,j} \right| \quad (4\text{-}90)$$

$$X = \begin{bmatrix} 5 & 4 & 2 & 2 \\ 3 & -2 & 5 & 1 \\ 2 & 1 & 4 & 3 \\ 0 & 3 & 2 & -2 \end{bmatrix} \tag{4-91}$$

$$\frac{1}{4}(H_4 X H_4) = \begin{bmatrix} 8.25 & -0.25 & -1.25 & 3.25 \\ 1.75 & 0.25 & 2.25 & 1.75 \\ -0.25 & 4.25 & -1.75 & -2.25 \\ 3.25 & 0.75 & 1.75 & -1.75 \end{bmatrix} \tag{4-92}$$

$$CXC = \begin{bmatrix} 8.25 & 1.013 & -1.25 & 3.098 \\ 2.861 & 0.841 & 2.748 & 0.667 \\ -0.25 & 3.066 & -1.75 & -3.705 \\ 2.333 & -0.323 & 0.756 & -2.341 \end{bmatrix} \tag{4-93}$$

哈达玛变换系数也可以用作 DCT 变换系数的估算值。从式（4-92）和式（4-93）中可以看出，在 4×4 哈达玛变换中，(0,0)、(0,2)、(2,0)和(2,4)4 个位置处的变换系数与 DCT 变换系数的大小一致，其他位置的变换系数的大小也比较接近。

SAD 和 SATD 能反映残差的能量或残差在变换域的能量，它们可以用于估算 DCT 变换系数。前面所述的第一种 AZB 检测方法大多采用 SAD 或 SATD 估算变换系数，这是因为 SAD 和 SATD 能够直接从预测模块中得到而无须额外计算，但其总体能量并不能反映残差的频域特性。式（4-94）是两种能量分布的极端情况，方阵 **A** 中的能量均匀分布，方阵 **B** 中的能量集中在直流分量中。虽然方阵 **A** 与方阵 **B** 的 SATD 相等，但方阵 **A** 中的系数的最大值远小于方阵 **B** 中的系数的最大值。当残差的总体能量较大时，基于 SAD 和 SATD 的系数估算误差较大。因此，基于 SAD 或 SATD 的 AZB 检测算法对大尺寸 AZB 的检测效率较低。

$$\text{SATD} = 48 \Rightarrow \begin{cases} A = \begin{bmatrix} 3 & 3 & 3 & 3 \\ 3 & 3 & 3 & 3 \\ 3 & 3 & 3 & 3 \\ 3 & 3 & 3 & 3 \end{bmatrix}, \text{能量均匀分布} \\[2em] B = \begin{bmatrix} 48 & 0 & 0 & 0 \\ 0 & 0 & 0 & 0 \\ 0 & 0 & 0 & 0 \\ 0 & 0 & 0 & 0 \end{bmatrix}, \text{只有直流分量} \end{cases} \tag{4-94}$$

4.2.2　全零块检测算法

当图像信号进行 DCT 后，能量集中在变换系数的低频部分，因此一个 TB 是否是 AZB 主要取决于低频系数。基于这个特点，本小节介绍的 AZB 检测算法分为低频系数估算和高频系数估算两部分。低频系数通过哈达玛变换系数估算，而高频系数通过高斯分布估算。AZB 检测的整体流程如图 4-7 所示。当估算低频系数时，首先计算残差块的哈达玛变换系数。由于从预测部分只能得到 4×4 和 8×8 大小的哈达玛变换，16×16 和 32×32 大小的哈达玛变换需要额外的计算才能得到。然后对哈达玛变换系数进行缩放，缩放的目的是使哈达玛变换系数与 DCT 变换系数的最大值相似。估算高频系数时，首先建立残差的高斯分布模型，并根据该模型推导变换系数的分布模型，求出高频系数的上限。HEVC 中的 DCT 与哈达玛变换的基向量范数不相等，估算出系数后还需要进行范数一致化处理。最后将估算的系数与式（4-88）中的阈值进行比较，就可以判断该 TB 是否是 AZB 了。

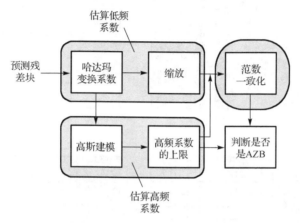

图 4-7　AZB 检测的整体流程

在 DCT 中，高频系数与低频系数间没有严格的界限。本书通过最大变换系数的分布人为地划定高频系数和低频系数的界限，以方便 AZB 检测算法的研究。高频系数与低频系数的分类如图 4-8 所示，其中，白色区域表示高频系数，灰色区域表示低频系数。从图 4-8 中可以看出，4×4 变换系数矩阵中所有的变换系数都被看作低频系数；而 8×8、16×16 和 32×32 变换系数矩阵中，只有少数或极少数变换系数被当作低频系数处理。这是因为大尺寸变换的能量集中性更好。高频系数与低频系数的这种划分是通过实验统计的方法得出的。由于增加低频系数的数量会在一定程度上增加 AZB 检测的复杂度，系数分类时综合考虑了算法的复杂度和检测效率。在这种划分方法下，最大变换系数出现在低频系数位置的概率如表 4-7 所示。从表 4-7 中的数据可以看出，最大变换系数出现在低频系数位置的平均概率在 94%以上。因此，所选的低频系数能较好地反映变换系数的能量分布特性，是影响 AZB 检测效率的主要部分。而高频系数中的能量较少，对检测效率的影响较小。实际上，由于系数估算存在一定误差，即使估算出所有的系数也不会带来检测效率的显著提升，因此只估算高频系数的最大值有利于降低算法的复杂度，且对检测效率的影响很小。

当视频的空域或时域的复杂度较高时，预测精度会降低，残差的能量会向高频分量转移。在这种情形下，TB 是否是 AZB 主要受高频分量的影响，若只利用低频系数检测 AZB 会将非 AZB 误检测成 AZB。但如前面所述，残差能量集中在高频分量的可能性很小，且估算每个高频系数的计算复杂度高于估算低频系数的复杂度，因此用处理低频系数的方法处理高频系数是不合理的。

这里采用基于概率分布的方法估算高频系数，该方法通过建立预测残差的概率分布模型推导变换系数的概率分布模型，并估算出高频系数在给定置信区间的最大值。

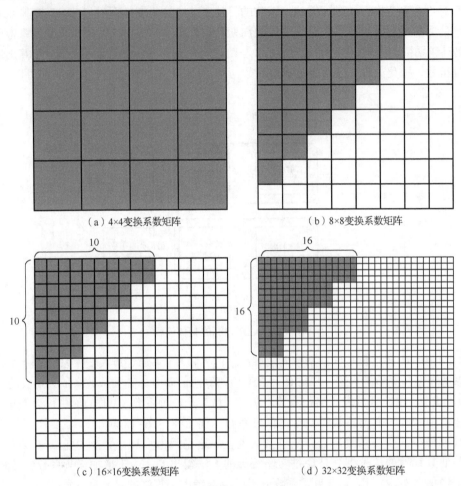

（a）4×4变换系数矩阵   （b）8×8变换系数矩阵

（c）16×16变换系数矩阵   （d）32×32变换系数矩阵

图 4-8   高频系数与低频系数的分类

表 4-7   最大变换系数出现在低频系数位置的概率（%）

序　列	TB 尺寸		
	8×8	16×16	32×32
Kimono	97.57	97.57	95.35
ParkScene	97.02	92.49	90.23
Traffic	98.63	96.04	94.43
PeopleOnStreet	99.48	99.15	97.31
平均概率	98.18	96.31	94.33

设预测残差 x 符合期望值为 0、标准差为 σ 的高斯分布，如式（4-95）所示。

$$p(x) = \frac{1}{\sqrt{2\pi}\sigma} e^{-\frac{x^2}{2\sigma^2}} \tag{4-95}$$

高斯分布模型中只有标准差一个未知量。典型的模型参数估计方法有最大似然估计、核密度估计等。这些估计方法虽然相对简单，但对于 AZB 检测来说仍然过于复杂。考虑到 SATD 是一个能够直接得到的参数，因此可以建立 SATD 与标准差间的关系以简化模型的建立。根据式（4-95）中的概率密度分布函数可以得到残差绝对值的期望值，如式（4-96）所示。

$$E[|x|] = \int_{-\infty}^{+\infty} |x| \frac{1}{\sqrt{2\pi}\sigma} e^{-\frac{x^2}{2\sigma^2}} dx = \sqrt{\frac{2}{\pi}}\sigma \tag{4-96}$$

由于 $\mathrm{SAD} = \sum\limits_{x=0}^{N-1}\sum\limits_{y=0}^{N-1}|x|$，$E[|x|]$ 也可以用式（4-97）近似表示。

$$E[|x|] \approx \mathrm{SAD}/N^2 \tag{4-97}$$

联立式（4-96）和式（4-97），可得式（4-98）。

$$\sigma \approx \sqrt{\frac{\pi}{2}}\frac{\mathrm{SAD}}{N^2} \tag{4-98}$$

SATD 与 SAD 近似相等，则高斯分布的标准差与 SATD 间的关系可以用式（4-99）近似表示。

$$\sigma \approx \sqrt{\frac{\pi}{2}}\frac{\mathrm{SATD}}{N^2} \tag{4-99}$$

符合高斯分布的预测残差经正交变换后，变换系数依然符合高斯分布，但不同频率点的变换系数的标准差不同。设某种变换的变换矩阵为 $\boldsymbol{A}$（DCT 或哈达玛变换），则 (u, v) 处的变换系数的方差如式（4-100）所示。

$$\sigma_{\mathrm{A}}^{2}(u,v) = \sigma^2 [\boldsymbol{ARA}^{\mathrm{T}}]_{u,u} [\boldsymbol{ARA}^{\mathrm{T}}]_{v,v} \tag{4-100}$$

其中，σ 表示残差的标准差，$[\cdot]_{u,u}$ 表示矩阵中 (u, u) 处的元素，$\boldsymbol{R}$ 是相关性矩阵，σ_{A} 表示残差经 $\boldsymbol{A}$ 变换后变换系数的标准差。4×4 大小的相关性矩阵如式（4-101）所示，其中，ρ 表示残差间的相关性，通常 ρ 的取值范围为 0.4～0.75，这里取 $\rho = 0.6$。

$$\boldsymbol{R} = \begin{bmatrix} 1 & \rho & \rho^2 & \rho^3 \\ \rho & 1 & \rho & \rho^2 \\ \rho^2 & \rho & 1 & \rho \\ \rho^3 & \rho^2 & \rho & 1 \end{bmatrix} \tag{4-101}$$

将式（4-99）代入式（4-100），可得变换系数的标准差与 SATD 间的关系，如式（4-102）所示。

$$\sigma_{\mathrm{A}}(u,v) = \sqrt{\frac{\pi}{2}}\frac{\mathrm{SATD}}{N^2}\sqrt{[\boldsymbol{ARA}^{\mathrm{T}}]_{u,u}[\boldsymbol{ARA}^{\mathrm{T}}]_{v,v}} \tag{4-102}$$

　　DCT 和哈达玛变换的标准差 σ_C 和 σ_H 也可以由上式得到。因此可以得到 (u, v) 处的变换系数的概率密度分布函数，如式（4-103）所示。

$$p(x) = \frac{1}{\sqrt{2\pi}\sigma_A(u,v)} e^{-\frac{x^2}{2\sigma_A{}^2(u,v)}} \tag{4-103}$$

　　由概率密度分布函数很容易得到随机变量在给定置信区间的最大值。根据概率论可知符合高斯分布且期望值为 0 的随机变量，其值在区间 $[-2\sigma, 2\sigma]$ 的概率等于 95.4%，如式（4-104）所示；在区间 $[-3\sigma, 3\sigma]$ 内的概率等于 99.7%，如式（4-105）所示。因此，系数不大于 2σ 的概率是 95.4%，不大于 3σ 的概率是 99.7%，可以认为 3σ 就是该位置变换系数的上限。但在实际使用时，取 3σ 作为系数的最大值会使 AZB 的检测效率降低。这是因为 3σ 在更多的情况下明显大于系数的实际值，而当 3σ 大于 THq 且实际值小于 THq 时，AZB 会被误当作非 AZB 处理。若取 2σ 作为最大值，估算值小于实际最大值的概率会增大，部分非 AZB 会被当作 AZB 处理。因此，估算值应在区间 $[2\sigma, 3\sigma]$ 内选取，(u, v) 处的估算值可以用式（4-106）表示，其中，γ 用于调节检测效率与误检测率。这里 γ 的取值为 3。

$$\int_{-2\sigma}^{+2\sigma} \frac{1}{\sqrt{2\pi}\sigma} e^{-\frac{x^2}{2\sigma^2}} dx = 0.954 \tag{4-104}$$

$$\int_{-3\sigma}^{+3\sigma} \frac{1}{\sqrt{2\pi}\sigma} e^{-\frac{x^2}{2\sigma^2}} dx = 0.997 \tag{4-105}$$

$$M_{est}(u,v) = \gamma \cdot \sigma_A(u,v), \quad \gamma \in [2,3] \tag{4-106}$$

　　图 4-7 中的所有高频系数都可以根据式（4-106）求得一个估算值，其中，最大的估算值就是待求解的高频系数上限。估算的高频系数上限 HM_{est} 可以用式（4-107）表示。将式（4-107）展开可以得到式（4-108）。在式（4-108）中，A 和 R 是常数矩阵，因此 max() 部分是固定值，即最大的估算值出现在固定的位置上，只需要求解该位置的估算值即可。综上所述，高频系数上限可以通过式（4-108）求得，整个求解过程可以简化为一次乘法运算和两次除法运算，其计算复杂度远小于 DCT。

$$\text{HM}_{est} = \gamma \cdot \max(\sigma_c(u,v)) \tag{4-107}$$

$$\text{HM}_{est} = \gamma \sqrt{\frac{\pi}{2}} \frac{\text{SATD}}{N^2} \max\left(\sqrt{\left[ARA^T \right]_{u,u} \left[ARA^T \right]_{v,v}} \right) \tag{4-108}$$

　　如前面所述，哈达玛变换系数可以作为 DCT 变换系数的近似。4×4 和 8×8 大小的 TB 能直接得到对应大小的哈达玛变换系数矩阵，而 16×16 和 32×32 大小的 TB 分别只能直接得到 4 个和 16 个 8×8 大小的哈达玛变换系数矩阵。因此需要从这些 8×8 大小的变换系数矩阵中得到 16×16 大小的哈达玛变换系数矩阵的低频分量和 32×32 大小的哈达玛变换系数矩阵的低频分量。

　　对于 16×16 大小的 TB，将 16×16 大小的预测残差块 f_{16} 划分成 4 个互不重叠的 8×8 大小的残差块，分别表示为 $f_8^{(0,0)}$、$f_8^{(0,1)}$、$f_8^{(1,0)}$ 和 $f_8^{(1,1)}$，并将 4 个 8×8 大小的哈达玛变换矩阵 H_8 组成的 16×16 大小的哈达玛变换矩阵（非沃尔什顺序）用式（4-109）表示。

$$H'_{16} = \begin{bmatrix} H_8 & H_8 \\ H_8 & -H_8 \end{bmatrix} \tag{4-109}$$

则 f_{16} 在 H'_{16} 下的哈达玛变换为

$$
\begin{aligned}
B'_{16} &= H'_{16} f_{16} H'_{16} \\
&= \begin{bmatrix} H_8 & H_8 \\ H_8 & -H_8 \end{bmatrix} \begin{bmatrix} f_8^{(0,0)} & f_8^{(0,1)} \\ f_8^{(1,0)} & f_8^{(1,1)} \end{bmatrix} \begin{bmatrix} H_8 & H_8 \\ H_8 & -H_8 \end{bmatrix} \\
&= \begin{bmatrix} B_8^{(0,0)} + B_8^{(0,1)} + B_8^{(1,0)} + B_8^{(1,1)} & B_8^{(0,0)} - B_8^{(0,1)} + B_8^{(1,0)} - B_8^{(1,1)} \\ B_8^{(0,0)} + B_8^{(0,1)} - B_8^{(1,0)} - B_8^{(1,1)} & B_8^{(0,0)} - B_8^{(0,1)} - B_8^{(1,0)} + B_8^{(1,1)} \end{bmatrix}
\end{aligned} \tag{4-110}
$$

其中，B'_{16} 是 f_{16} 的哈达玛变换系数矩阵（非沃尔什顺序），$B_8^{(i,j)}$ 是 $f_8^{(i,j)}$ 的哈达玛变换系数矩阵。

16×16 非沃尔什序哈达玛变换与沃尔什序哈达玛变换低频系数间的映射关系如图 4-9 所示。图 4-9（b）中的低频系数与图 4-9（a）中相同颜色的系数对应。因此，只需要计算图 4-9（a）中的系数就可以得到沃尔什序哈达玛变换低频系数，图 4-9（a）中的系数通过式（4-110）计算。实际上，图 4-9（a）中相同颜色的系数可以通过 $B_8^{(i,j)}$ 中 4 个相同位置的系数进行一次 2×2 哈达玛变换得到。若将 $B_8^{(i,j)}$ 看成一个整体，则式（4-110）可以用式（4-111）表示，其中，E_4 表示 4×4 的单位矩阵。设 $B_8^{(i,j)}$ 中 4 个相同位置的系数为 $b_k^{(i,j)}$，$b_k^{(i,j)}$ 在 $B_8^{(i,j)}$ 中的位置如图 4-11（a）所示，图中的序号与 k 对应。对 $b_k^{(i,j)}$ 进行 2×2 的哈达玛变换就可以得到 B_{16} 的低频系数。AZB 检测时按图 4-11（a）规定的顺序逐个求解 B_{16} 的低频系数，若估算的系数大于 THq，则认为该 TB 不是 AZB，并停止估算剩余的系数。

$$B'_{16} = \begin{bmatrix} E_4 & E_4 \\ E_4 & -E_4 \end{bmatrix} \begin{bmatrix} B_8^{(0,0)} & B_8^{(0,1)} \\ B_8^{(1,0)} & B_8^{(1,1)} \end{bmatrix} \begin{bmatrix} E_4 & E_4 \\ E_4 & -E_4 \end{bmatrix} \tag{4-111}$$

32×32 大小的哈达玛变换低频系数的计算方法与 16×16 大小的哈达玛变换低频系数的计算方法类似。将 32×32 大小的预测残差块 f_{32} 划分成 16 个互不重叠的 8×8 残差块，表示为 $f_8^{(i,j)}$（$i,j \in \{0,1,2,3\}$），并将由 16 个 8×8 哈达玛变换矩阵 H_8 组成的 32×32 哈达玛变换矩阵 H'_{32}（非沃尔什顺序）用式（4-112）表示。

$$H'_{32} = \begin{bmatrix} H_8 & H_8 & H_8 & H_8 \\ H_8 & -H_8 & H_8 & -H_8 \\ H_8 & H_8 & -H_8 & -H_8 \\ H_8 & -H_8 & -H_8 & H_8 \end{bmatrix} \tag{4-112}$$

将 $f_k^{(i,j)}$ 的哈达玛变换 $B_8^{(i,j)}$ 看成一个整体，则 f_{16} 在 H'_{16} 下的哈达玛变换如式（4-113）所示，其中，E_8 表示 8×8 的单位矩阵。

$$B'_{32} = \begin{bmatrix} E_8 & E_8 & E_8 & E_8 \\ E_8 & -E_8 & E_8 & -E_8 \\ E_8 & E_8 & -E_8 & -E_8 \\ E_8 & -E_8 & -E_8 & E_8 \end{bmatrix} \begin{bmatrix} B_8^{(0,0)} & B_8^{(0,1)} & B_8^{(0,2)} & B_8^{(0,3)} \\ B_8^{(1,0)} & B_8^{(1,1)} & B_8^{(1,2)} & B_8^{(1,3)} \\ B_8^{(2,0)} & B_8^{(2,1)} & B_8^{(2,2)} & B_8^{(2,3)} \\ B_8^{(3,0)} & B_8^{(3,1)} & B_8^{(3,2)} & B_8^{(3,3)} \end{bmatrix} \begin{bmatrix} E_8 & E_8 & E_8 & E_8 \\ E_8 & -E_8 & E_8 & -E_8 \\ E_8 & E_8 & -E_8 & -E_8 \\ E_8 & -E_8 & -E_8 & E_8 \end{bmatrix} \tag{4-113}$$

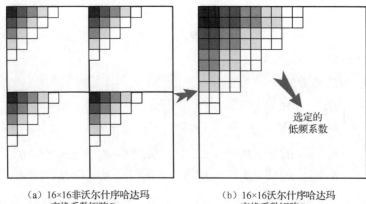

（a）16×16非沃尔什序哈达玛   （b）16×16沃尔什序哈达玛
　　　变换系数矩阵$\boldsymbol{B}_{16}$ 变换系数矩阵$\boldsymbol{B}_{16}$

图 4-9   16×16 非沃尔什序哈达玛变换与沃尔什序哈达玛变换低频系数间的映射关系

　　32×32 非沃尔什序哈达玛变换与沃尔什序哈达玛变换低频系数间的映射关系如图 4-10 所示。图 4-10（b）中的低频系数与图 4-10（a）中相同颜色的系数对应，图 4-10（a）中的系数通过式（4-113）计算可得。将 $\boldsymbol{B}_8^{(i,j)}$ 中 16 个对应相同位置的系数进行 4×4 的哈达玛变换可以得到 $\boldsymbol{B}_{32}$ 的低频系数。设 $\boldsymbol{B}_8^{(i,j)}$ 中 16 个相同位置的系数为 $b_k^{(i,j)}$，$b_k^{(i,j)}$ 在 $\boldsymbol{B}_8^{(i,j)}$ 中的位置如图 4-11（b）所示，图中的序号与 k 对应。对 $b_k^{(i,j)}$ 进行 4×4 的非沃尔什序哈达玛变换就可以得到 $\boldsymbol{B}_{32}$ 的低频系数，其中，变换矩阵即式（4-113）中的变换矩阵。AZB 检测时按图 4-11（b）规定的顺序逐个求解 $\boldsymbol{B}_{32}$ 的低频系数，若估算的系数大于 THq，则认为该 TB 不是 AZB 并停止估算剩余的系数。

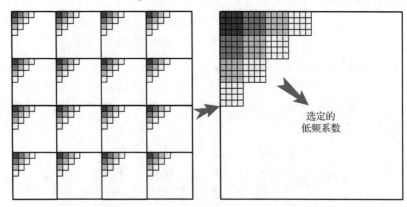

（a）32×32非沃尔什序哈达玛变换   （b）32×32沃尔什序哈达玛变换

图 4-10   32×32 非沃尔什序哈达玛变换与沃尔什序哈达玛变换低频系数间的映射关系

　　以上是求解 DCT 低频系数所对应的哈达玛变换系数的方法。哈达玛变换系数能较好地近似 DCT 变换系数。然而直接将哈达玛变换系数用于 AZB 检测会将大量的非 AZB 误检测成 AZB，这是因为哈达玛变换系数有时会小于 DCT 变换系数，因此有必要对哈达玛变换系数进行一定程度的放大。4×4 归一化 DCT 变换系数与归一化哈马达变换系数的标准差之比如式（4-114）所示。其中，$\sigma_{C/H}(u,v) = \sigma_C(u,v)/\sigma_H(u,v)$。利用变换系数的方差估算变换系数的最大值，估算值与方差成正比，因此方差能够反映变换系数的大小。从式（4-114）中可以看出，大部分 DCT 变换系数与哈达玛变换系数的方差近似相等，少部分有较小的差异。用哈达玛变换系数乘 $\sigma_{C/H}$ 能够得到更精确的 DCT 变换系数的估算值，但大量的浮点乘法运算增加了 AZB 检测算法的复杂度。对于一定大小的 TB 中的所有低频系数，这里使用相同的缩放因子 α 以减小计算复杂度。α 的取值如式（4-115）所示，其中，N 表示 TB 的大小。估算的低频系数如式（4-116）所示，其中，N 表示 TB 的大小，P_{choose} 表示选定的低频系数位置（如图 4-8 所示）。

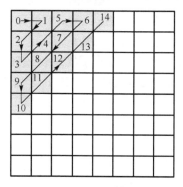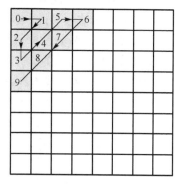

（a）对应于16×16的哈达玛变换　　　　　　　（b）对应于32×32的哈达玛变换

图 4-11　低频系数在 $\boldsymbol{B}_8^{(i,j)}$ 中的位置及计算顺序

$$\sigma_{C/H} = \begin{bmatrix} 1.000 & 1.039 & 1.000 & 0.900 \\ 1.039 & 1.079 & 1.039 & 0.935 \\ 1.000 & 1.039 & 1.000 & 0.900 \\ 0.900 & 0.935 & 0.900 & 0.811 \end{bmatrix} \tag{4-114}$$

$$\alpha = \begin{cases} \max(\sigma_{C/H}(u,v)), u,v \in [0, N-1], & N = 4,8 \\ \mathrm{mean}(\sigma_{C/H}(u,v)), \sigma_{C/H}(u,v) > 1, & N = 16,32 \end{cases} \tag{4-115}$$

$$\boldsymbol{L}_{est,N}(u,v) = \alpha_N \cdot \boldsymbol{B}_N(u,v), \quad u,v \in P_{choose} \tag{4-116}$$

在 HEVC 中，DCT 和哈达玛变换基向量的范数不相同（此处的向量范数均指二范数），将估算的低频系数与高频系数用于 AZB 检测前需要根据基向量范数的差异进行缩放。

$N \times N$ 大小的哈达玛变换的基向量范数等于 $\sqrt{N}$，因此未归一化的哈达玛变换系数相对于归一化的哈达玛变换系数放大了 N 倍。HEVC 中的 $N \times N$ 大小的 DCT 的基向量范数等于 $\sqrt{N} \cdot 2^6$，因此未归一化的 DCT 变换系数相对于归一化的 DCT 变换系数放大了 $\sqrt{N} \cdot 2^{12}$ 倍。在 HEVC 中，每进行一次 DCT 变换都需要将变换系数缩小到能用 16 位表示，二维 DCT 共需要将变换系数缩小 $N^2 \cdot 2^5$ 倍，因此在 HEVC 中，DCT 变换系数相对于归一化的 DCT 变换系数实际上放大了 $(\sqrt{N} \cdot 2^{12}) \div (N^2 \cdot 2^5) = 2^7 / N$ 倍。前面估算的 DCT 高频系数是基于归一化的哈达玛变换系数，因此需要放大 $2^7 / N$ 倍才能用于 AZB 检测。前面估算的 DCT 低频系数是基于范数等于 $\sqrt{N}$ 的哈达玛变换系数，因此需要放大 $2^7 / N^2$ 倍才能用于 AZB 检测。

综上所述，一个 AZB 需要满足条件（4-117），其中，HM_{est} 是估算的高频系数。在实际使用时，将低频系数中的常数项移到不等式右边能够降低计算复杂度，即

$$L_{\text{est},N}(u,v)=\alpha_N \cdot \boldsymbol{B}_N(u,v), u,v \in P_{\text{choose}} \tag{4-117}$$

且

$$\mathrm{HM}_{\text{est}} \cdot \frac{2^7}{N^2} < \mathrm{THq}$$

$$\boldsymbol{B}_N(u,v) < \boldsymbol{B}_N(u,v), \quad u,v \in P_{\text{choose}} \tag{4-118}$$

AZB 检测流程图如图 4-12 所示。首先逐个计算预测残差块的哈达玛变换系数（4×4 和 8×8 的 TB 无须进行计算），对哈达玛变换系数进行缩放并与 THq 比较。若估算的系数大于 THq，则认为该 TB 不是 AZB，并结束 AZB 检测；若估算的系数小于 THq，则继续估算剩余的低频系数，直到有系数大于 THq 或所有的系数都已估算完。若所有的低频系数都小于 THq，则估算高频系数的上限，若此上限依然小于 THq，则认为该 TB 是 AZB，否则该 TB 不是 AZB。

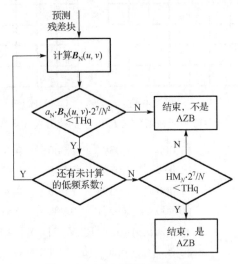

图 4-12　AZB 检测流程图

4.2.3　实验结果与分析

本文设计的 AZB 检测算法在 HM13.0 中进行测试。测试平台的硬件环境为 Intel Core i5-2400 CPU @3.1GHz，RAM 为 3GB；软件环境为 Windows 7 旗舰版 32 位，Visual Studio 2012。整个测试过程都在 Low-Delay 编码配置下进行。实验对 1920×1080 和 832×480 两种不同分辨率的标准视频序列进行了测试，每种分辨率下测试了 4 个序列，共 8 个序列。文献[10]和[11]中的 AZB 检测算法是当时 HEVC 中性能较好的 AZB 检测算法，本小节在检测效率、对编码质量的影响和对变换/量化复杂度的影响 3 方面对比文献[10]和文献[11]和本节提出的 AZB 检测算法。

AZB 检测算法的检测效率用误拒绝率（False Rejection Rate，FRR）和误接受率（False Acceptance Rate，FAR）两个指标衡量。FRR 和 FAR 的定义如式（4-119）所示，其中 mum_{mz}、mum_z、mum_{mn} 和 mum_n 分别表示未检测出的全零块的数目、全零块总数、将非全零块误检测为全零块的数目和非全零块总数。FFR 表示未检测出的 AZB 的相对数量。FFR 越小，则算法能够检测出的

AZB 越多。FAR 表示将非 AZB 误检测成 AZB 的相对数量。FAR 越小，则误检测的 AZB 越少，同时该算法对编码质量的影响越小。

$$FRR = \frac{mum_{mz}}{mum_z} \times 100\%$$

$$FAR = \frac{mum_{mn}}{mum_n} \times 100\%$$

（4-119）

AZB 检测效率如表 4-8 所示。文献[10]只针对 4×4 大小的 TB，因此表 4-8 中只有 4×4 大小的 TB 的实验数据。从表 4-8 中的数据可知，对于 4×4、8×8 和 16×16 的 TB，本节提出的 AZB 检测算法能检测出 90%以上的 AZB；对于 32×32 的 TB，本节提出的 AZB 检测算法能检测出约 80%的 AZB。与文献[10]相比，本节提出的 AZB 检测算法会将少量非 AZB 误检测成 AZB（FAR=1.63%），但未检测出的 AZB 的比例（FRR=0.35%）远小于文献[10]（FRR=52.83%）。本节提出的 AZB 检测算法在误检测率（FAR）方面与文献[11]类似，但未检测出的 AZB 的比例（FRR）比文献[11]低 10%左右。总体来说，在检测效率方面，本节提出的 AZB 检测算法优于文献[10]和文献[11]。

AZB 检测算法对编码质量的影响如表 4-9 所示。由于文献[11]的算法不会将非 AZB 误检测成 AZB，所以对编码质量没有影响。文献[11]会使平均码率增加 0.33%，本节提出的 AZB 检测算法会使平均码率增加–0.03%，使平均 PSNR 增加 0.0015，这两种算法对编码质量的影响都非常小，可以忽略不计。

表 4-8　AZB 检测效率

分　辨　率	TB 大小	文　献　[10]		文　献　[11]		AZB 检测算法	
		FRR	FAR	FRR	FAR	FRR	FAR
1980×1080	4×4	52.67	0	5.0	1.9	0.35	1.82
	8×8	—	—	13.7	2.7	2.84	3.07
	16×16	—	—	13.3	9.8	5.15	6.33
	32×32	—	—	29.6	5.5	13.65	4.91
832×480	4×4	53.79	0	8.5	1.0	0.85	1.44
	8×8	—	—	19.8	1.1	6.03	2.25
	16×16	—	—	22.4	3.7	10.5	4.19
	32×32	—	—	47.7	1.4	25.81	2.16
平均值	4×4	52.83	0	6.8	1.5	0.6	1.63
	8×8	—	—	16.8	1.9	4.44	2.66
	16×16	—	—	17.9	6.8	7.83	5.26
	32×32	—	—	38.9	3.5	19.73	3.54

表 4-9　AZB 检测算法对编码质量的影响

分　辨　率	视频序列	Wang H	Lee K	提出的算法	
		BDBR 增益/%	BDBR 增益/%	BDBR 增益/%	BDPSNR 增益/dB
1980×1080	BasketballDrive	0	0.92	0.195	−0.004
	Cactus	0	0.24	−0.114	0.003
	ParkScene	0	0.37	−0.011	0.000
	BQTerrace	0	0.12	0.011	0.000

续表

分　辨　率	视频序列	Wang H	Lee K	提出的算法	
		BDBR 增益/%	BDBR 增益/%	BDBR 增益/%	BDPSNR 增益/dB
832×480	BasketballDrill	0	−0.17	−0.020	0.001
	BQMall	0	0.55	−0.129	0.005
	RaceHorsesC	0	0.24	−0.131	0.005
	PartyScene	0	0.34	−0.037	0.002
平均值		0	0.33	−0.03	0.0015

以上 3 种 AZB 检测算法对变换/量化复杂度的影响如表 4-10 所示。复杂度用编码时间衡量，AZB 检测算法对变换/量化复杂度的影响用变换/量化部分节省时间的百分比表示。从表 4-10 中的数据可以看出，本节所提出的 AZB 检测算法能使变换/量化的总体复杂度降低 50%左右，远高于文献[10]（15.34%），比文献[11]高 10%左右。这是因为文献[10]中采用了复杂的基于精确估算的系数估算方法，因此只适用于 4×4 大小的 TB。而文献[11]中没有区分低频系数与高频系数，且没有推导 16×16 与 32×32 的哈达玛变换，因此整体的复杂度高且检测效率相对较低。

总体而言，本节提出的 AZB 检测算法在检测效率和复杂度上均优于文献[10]和文献[11]。本节提出的 AZB 检测算法对编码质量有轻微的影响，但这种影响是可以忽略不计的。

表 4-10　以上 3 种 AZB 检测算法对变换/量化复杂度的影响

分　辨　率	视频序列	变换/量化节省的时间/%		
		Wang H	Lee K	AZB 检测算法
1980×1080	BasketballDrive	15.93	40	51.21
	Cactus	16.58	43	55.16
	ParkScene	17.43	50	57.61
	BQTerrace	18.54	56	65.66
832×480	BasketballDrill	14.58	37	49.49
	BQMall	15.61	39	47.81
	RaceHorsesC	11.84	24	34.81
	PartyScene	12.18	31	37.79
平均值		15.34	40	49.94

4.2.4　量化与系数编码

常用的均匀量化器可以用式（4-120）表示，其中，Y 和 Z 分别是量化器的输入和输出，Q_{step} 是量化步长。

$$Z = \text{round}\left(\frac{Y}{Q_{step}}\right) \tag{4-120}$$

均匀量化器的量化区间是等长的，即 Q_{step}。但在视频编码中适当地增加 0 区间的长度有助于提高编码的率失真性能。因此，视频编码中的均匀量化通常会增加 0 区间的长度，如式（4-121）所示。

$$Z = \text{floor}\left(\frac{Y}{Q_{\text{step}}} + \text{offset}\right) \tag{4-121}$$

其中，对于 I 帧，offset 等于 1/3，对于其他帧，offset 等于 1/6。

HEVC 定义了 52 个 Q_{step}，每个 Q_{step} 的索引值称为量化参数（Quantization Parameter，QP）。Q_{step} 与 QP 间成幂次关系，即

$$Q_{\text{step}} \approx 2^{\frac{\text{QP}-4}{6}} \tag{4-122}$$

由上式可以看出，当 QP 等于 4 时，Q_{step} 等于 1，且 QP 每增加 6，对应的 Q_{step} 增大一倍。定义数组 $g[x]$，使其包含 Q_{step} 的前 6 个元素，即

$$g[x] = \{0.625, 0.7031, 0.7969, 0.8906, 1, 1.125\} \tag{4-123}$$

根据式（4-122）和式（4-123）可以得到 Q_{step} 与 g 的关系，即

$$Q_{\text{step}}[\text{QP}] = g[\text{QP\%6}] \cdot 2^{\text{QP}/6} = g[\text{QP\%6}] << (\text{QP}/6) \tag{4-124}$$

将式（4-123）代入式（4-121）可得式（4-125）。

$$Z = \text{floor}\left(\frac{Y}{g[x] \cdot 2^{\text{QP}/6}} + \text{offset}\right), \qquad x = \text{QP\%6} \tag{4-125}$$

式（4-125）中有除法运算，而除法运算很难用硬件实现。为了消除除法运算，可以将 $1/g[x]$ 放大 2^{14} 倍并取整，即

$$\mathbf{MF} = \frac{2^{14}}{g[x]} = \begin{cases} 26214, & x = 0 \\ 23302, & x = 1 \\ 20560, & x = 2 \\ 18396, & x = 3 \\ 16384, & x = 4 \\ 14564, & x = 5 \end{cases} \tag{4-126}$$

将式（4-126）代入式（4-125）可得

$$Z = \text{floor}\left(\frac{Y \times \mathbf{MF}[\text{QP\%6}]}{2^{\text{QP}/6+14}} + \text{offset}\right) \tag{4-127}$$

根据式（4-127）可得

$$Z = \text{floor}\left(\frac{Y \times \mathbf{MF}[\text{QP\%6}]}{2^{\text{QP}/6+14+\text{TransShift}}} + \text{offset}\right) \tag{4-128}$$

将式（4-128）中的除法运算（移位）提到括号外，可得

$$Z = [Y \times \mathbf{MF}[\text{QP\%6}] + F << (Q_{\text{bit}} - 9)] >> Q_{\text{bit}} \tag{4-129}$$

其中，$\text{offset} = \text{offset} << (\text{QP}/6 + 14 + \text{TransShift})$。

令 $F = \text{round}(\text{offset} << 9) = \begin{cases} 85, & B, P\ \text{slice} \\ 171, & I\ \text{slice} \end{cases}$，可以得到 HEVC 中的均匀量化，即

$$Z = [Y \times \mathbf{MF}[QP\%6] + F << (Q_{\text{bit}} - 9)] >> Q_{\text{bit}} \tag{4-130}$$

其中，$Q_{\text{bit}} = QP / 6 + 14 + \text{TransShift}$。

如前面所述，QP 与量化步长对应，它直接影响视频的质量和压缩比。QP 是码率控制的直接控制对象，通过改变 QP 的值可以为每个帧、Slice、CTU，甚至 CU 分配编码比特数。基于人眼视觉的压缩技术也是通过动态调整 QP 实现的，即利用人眼对变化剧烈的区域不敏感的特点，可以给变化剧烈的区域分配较大的 QP，以实现更高的压缩比。

在 H.264/AVC 中，一个宏块拥有一个 QP。而 HEVC 制定了更加灵活的 QP 控制机制，每个量化组（Quantization Group，QG）内共用一个 QP。QG 是固定大小的方形块分割结构，QG 的大小可以设置，但不能小于最小的 CU，也不能大于最大的 CU。QG 中可以包含多个 CU，这些 CU 使用相同的 QP。CU 中也可以包含多个 QG。CU 与 QG 的典型划分结构如图 4-13 所示。在图 4-13 中，一个 64×64 大小的 CTU 被划分成了 25 个 CU 和 16 个 QG，每个 QG 的大小是 16×16。其中，有 8 个 CU（a，b，l，m，r，w，x，y）的大小与 QG（0，1，8，9，11，13，14，15）的大小相同，有 1 个 CU（k）中包含 4 个 QG（4，5，6，7），有 4 个 QG（2，3，10，12）中各包含 4 个 8×8 大小的 CU。

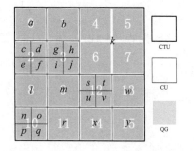

图 4-13　CU 与 QG 的典型划分结构

一个 QG 的亮度分量的 QP 由预测部分 predQP 和预测误差 deltaQP 两部分组成，如式（4-131）所示。预测部分等于当前 QG 上侧和左侧的 QG 的 QP 的平均值，为

$$QP_Y = \text{predQP} + \text{deltaQP} \tag{4-131}$$

$$\text{predQP} = QP_{左} + QP_{上} \tag{4-132}$$

当编码 QP_Y 时，实际编码的是 deltaQP 部分。对于与 CU 大小相同的 QG，每个 QG 编码一个 deltaQP；对于大于 CU 的 QG，该 QG 的 deltaQP 放在第一个含有非零量化系数的 CU 中编码；对于小于 CU 的 QG，只编码 CU 中第一个不等于 0 的 deltaQP。

色度分量的 QP 与亮度分量的 QP 略有不同。由于在高失真下色度失真更容易引起视频视觉质量的降低，因此在低码率下，QP_{chroma}（色度分量的 QP）应小于 QP_Y。在 H.264/AVC 中，QP_{chroma} 的取值范围是 0～39；而在 HEVC 中，其取值范围扩展至 0～52。当 QP_Y+chromaQPoffset≥0 时，QP_Y 与 QP_{chroma} 间的映射关系如式（4-133）所示，否则 $QP_{\text{chroma}}=QP_Y$+chromaQPoffset。

$$QP_{\text{chroma}}=\text{g\_aucChromaScale}[\ QP_Y+\text{chromaQPoffset}\ ] \tag{4-133}$$

式中，chromaQPoffset 是色度矫正参数，其大小由用户设定。

在熵编码前对变换/量化后的系数进行预编码的过程称为变换系数编码。HEVC 中的变换系数编码主要由 5 部分组成，分别为基于预测模式的系数扫描、常规系数编码、最后一个非零系数编码、分层编码和符号位隐藏。

为了更好地编码零系数较多的数据块，HEVC 中引入了编码组（Coding Group，CG）作为变换系数编码的基本单元。CG 是 4×4 大小的数据块，在对 TU 编码前需要先将 TU 划分成互不重叠的 CG，然后按一定的扫描顺序逐个编码 CG 和 CG 中的系数。扫描过程从 TU 中的最后一个非零系数开始，到 DC 系数结束（反向扫描）。HEVC 中定义了 3 种系数的扫描顺序：水平扫描、垂直扫描和对角扫描，如图 4-14 所示。其中，水平扫描与垂直扫描只适用于帧内预测的 4×4 和 8×8 大小的亮度块，以及帧内预测的 2×2 和 4×4 大小的色度块。

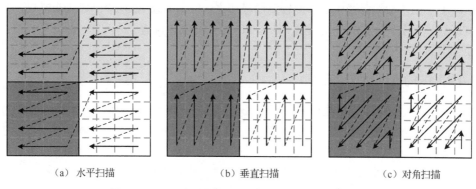

（a）水平扫描　　　　　　　　（b）垂直扫描　　　　　　　　（c）对角扫描

图 4-14　8×8 大小的 TU 中的系数的 3 种扫描顺序

扫描共经历 5 次，每次编码 CG 中的一个语法元素。其中，前 3 个语法元素用常规模式编码（基于上下文），后两个语法元素用旁路模式编码。5 个语法元素及其含义如下。

（1）significant_coeff_flag：系数是否为 0，若为 0，则 flag = 1。

（2）coeff_abs_level_greater1_flag：系数是否大于 1，若大于 1，则 flag = 1。

（3）coeff_abs_level_greater2_flag：系数是否大于 2，若大于 2，则 flag = 1。

（4）coeff_sign_glag：系数符号位，0 表示系数为正，1 表示系数为负。

（5）coeff_abs_level_remaining：系数编码后的剩余值。

HEVC 在编码系数前需要先编码 TU 中最后一个非零系数的位置（X, Y）。X 表示该系数在 TU 中的横坐标，Y 表示纵坐标。X 和 Y 在编码前需要进行二值化处理。二值化得到的二进制串由前缀和后缀两部分组成，前缀代表间隔索引，后缀代表坐标值与间隔索引对应值的差。

HEVC 中分三层对变换系数编码。最高层是 TU 层，对应的 flag 为 coded_block_flag；中间层是 CG 层，对应的 flag 为 coded_sub_block_flag；最低层是系数层，对应的 flag 为 significant_coeff_flag。若本层 flag 是 0，则意味着本层的系数全部为 0，本层无须继续编码。编码顺序为 coded_block_flag→最后一个非零系数的坐标→coded_sub_block_flag→系数。

HEVC 中引入了符号位隐藏（Sign Data Hiding，SDH）技术，用于编码 CG 第一个非零系数的符号位，将 CG 中第一个非零系数的符号位隐藏在 CG 系数的绝对和（absSum）中，从而减少一个编码位。解码时根据 absSum 的奇偶性推断符号位，符号位与 absSum 的最后一位相同。若编码时符号位与 absSum 的最后一位相同，则直接省略符号位；否则需要调整系数的大小，使两者一致。CG 中 SDH 的开启条件：按扫描顺序，最后一个非零系数的位置至少比第一个非零系数的位置大 4。

HM 中系数调整的基本思想（常规量化中）：使调整后的系数失真最小，而不考虑码率，即逐个比较系数变化后的失真变化，调整失真最小的系数，使所有系数的绝对值的和的最后一位与符号位相同。

4.3　快速 TU 划分算法研究

TU 划分是 HEVC 编码器中复杂度较高的模块之一。本节以 AZB 检测算法为基础，提出了一种快速 TU 划分算法，该算法首先根据 CU 和 PU 的分割信息自适应分配 TU 的划分深度，然后根据残差能量判断是否提前截止划分[20,22]。

4.3.1　HM 中的 TU 划分方法

一个 CU 可以按照四叉树结构递归划分成多个 TU，划分出来的 TU 结构称为残差四叉树（Residual Quad Tree，RQT）。对于最常见的以 4:2:0 格式采样的彩色视频信号，一个 TU 中包含一个尺寸与 TU 相同的亮度 TB 和两个尺寸只有 TU 的一半的色度 TB（TU 的大小等于 4×4时除外）。当 TU 的大小等于 4×4 且视频信号以 4:2:0 格式采样时，色度 TB 的大小不等于亮度 TB 的一半。这是因为若色度 TB 的大小等于亮度 TB 的一半，会出现 2×2 大小的色度 TB，而 HEVC 不支持 2×2 大小的变换单元。HEVC 对这个问题的处理方法是将 Z 字形扫描顺序中连续的 4 个 2×2 大小的色度 TB 作为 1 个 4×4 大小的色度 TB 处理，即 4 个 4×4 大小的亮度 TB 共享 1 个 4×4 大小的色度 TB。总体而言，色度 RQT 与亮度 RQT 有固定的对应关系，TU 划分、亮度 TB 划分和色度 TB 划分具有相同的含义。

对 TB 进行变换和量化，得到最终需要编码的系数。相对于小尺寸的变换，大尺寸的变换能够提供更好的能量集中效果，并能在量化后保留更多的图像细节，但会带来更强的振铃效应。因此，根据图像内容自适应选择变换块的大小有助于提高视频编码的率失真性能。

RQT 中有 3 个限定参数，分别是树的最大深度、允许的最小变换的大小和允许的最大变换的大小。HEVC 支持从 4×4 到 32×32 大小的变换，因此其允许的 TB 的大小最小为 4×4，最大为 32×32。RQT 的最大深度限定了 TU 的最大划分层。当 CU 大小为 32×32 且将树的最大深度设为 1 时，TU 只能划分 1 层，即只能划分成 1 个 32×32 大小的 TU（假设所允许的最大 TU 的尺寸是 32×32）。同理，当 CU 的大小为 32×32 且将树的最大深度设为 2 时，能划分出的最小 TU 为 16×16。

在以上情况下，TB 的大小不能大于所允许的最大 TB 的大小，也不能小于所允许的最小 TB 的大小，否则编码器会强行将 RQT 的深度调整到规定范围内。HM 中的默认配置为最大的 TB 尺寸为 32×32，最小的 TB 尺寸为 4×4，RQT 的最大深度为 3。在这种配置下，64×64 大小的 CU 对应的最大的 TU 尺寸是 32×32，最小的 TU 尺寸是 16×16；32×32 大小的 CU 对应的最大的 TU 尺寸是 32×32，最小的 TU 尺寸是 8×8；16×16 大小的 CU 对应的最大的 TU 尺寸是 16×16，最小的 TU 尺寸是 4×4；8×8 大小的 CU 对应的最大的 TU 尺寸是 8×8，最小的 TU 尺寸是 4×4。

HM 中采用遍历式的 TU 划分方法，在默认配置下，3 层 TU 的划分结构如图 4-15 所示。在遍历式的 TU 划分方法中，先通过一种类金字塔形的顺序计算 TU 的率失真代价，然后通过倒金字塔的顺序比较层间的率失真代价，最后选择出率失真代价最小的划分结构。

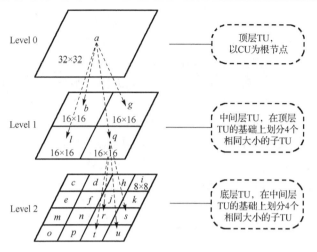

图 4-15　3 层 TU 的划分结构

率失真代价由编码失真和码率两部分组成，如式（4-134）所示。其中，编码失真用误差平方和（Sum of Square Error，SSE）度量，SSE_{luma} 表示亮度分量的失真，SSE_{chroma} 表示色度分量的失真；w_{chroma} 表示色度分量失真的权重，其大小根据式（4-135）计算；B_{mode} 表示编码 TU 所需的比特数；λ_{mode} 是拉格朗日系数，其计算方法如式（4-136）和式（4-137）所示。式（4-136）中的参数 W_k 与编码器的配置有关。

$$J_{mode} = (SSE_{luma} + w_{chroma} \times SSE_{chroma}) + \lambda_{mode} \times B_{mode} \qquad (4\text{-}134)$$

$$w_{chroma} = 2^{(QP-QP_{chroma})/3} \qquad (4\text{-}135)$$

$$\lambda_{mode} = \alpha \times W_k \times 2^{((QP-12)/3.0)} \qquad (4\text{-}136)$$

$$\alpha = \begin{cases} 1.0 - Clip3(0.0, 0.5, 0.05 \times B\text{帧的数量}), & \text{对于参考帧} \\ 1.0 & , & \text{对于非参考帧} \end{cases} \qquad (4\text{-}137)$$

在图 4-15 中，设 CU 的大小为 32×32，则 level 0 中 TU 的大小为 32×32，level 1 中 TU 的大小为 16×16，level 2 中 TU 的大小为 8×8。TU 划分的具体流程如下。

（1）计算 a 的率失真代价。

（2）计算 b 的率失真代价。

（3）分别计算 c、d、e、f 的率失真代价。

（4）将 b 的率失真代价与 c、d、e、f 的率失真代价之和进行比较，选择率失真代价小的作为当前位置的 TU 结构（1 个 16×16 或 4 个 8×8 大小的 TU），记作 $P(b,(c,d,e,f))$。

（5）与（2）、（3）类似，分别计算 g、h、i、j、k 的率失真代价，将 g 的率失真代价与 h、i、j、k 的率失真代价之和进行比较，选择率失真代价小的作为当前位置的 TU 结构（1 个 16×16 或 4 个 8×8 大小的 TU），记作 $P(g,(h,i,j,k))$。

（6）与（2）、（3）类似，分别计算 l、m、n、o、p 的率失真代价，将 l 的率失真代价与 m、n、o、p 的率失真代价之和进行比较，选择率失真代价小的作为当前位置的 TU 结构（1 个 16×16 或 4 个 8×8 大小的 TU），记作 $P(l,(m,n,o,p))$。

（7）与（2）、（3）类似，分别计算 q、r、s、t、u 的率失真代价，将 q 的率失真代价与 r、s、t、u 的率失真代价之和进行比较，选择率失真代价小的作为当前位置的 TU 结构（1 个 16×16 或 4 个 8×8 大小的 TU），记作 $P(q,(r,s,t,u))$。

（8）将 a 的率失真代价与 $P(b,(c,d,e,f))$、$P(g,(h,i,j,k))$、 $P(l,(m,n,o,p))$ 和 $P(q,(r,s,t,u))$ 的率失真代价之和进行比较，若 a 的率失真代价较小，则当前 CU 只划分成 1 个 TU，否则划分成 $P(b,(c,d,e,f))$、$P(g,(h,i,j,k))$、$P(l,(m,n,o,p))$ 和 $P(q,(r,s,t,u))$ 所对应的形式。

最终的 TU 划分结构如图 4-16 所示。从图 4-16 中可以看出，b 的率失真代价小于 c、d、e、f 的率失真代价之和；g 的率失真代价大于 h、i、j、k 的率失真代价之和；l 的率失真代价大于 m、n、o、p 的率失真代价之和；q 的率失真代价小于 r、s、t、u 的率失真代价之和；a 的率失真代价大于 b、h、i、j、k、m、n、o、p、q 的率失真代价之和。

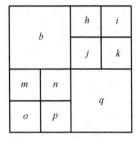

图 4-16　最终的 TU 划分结构

根据上述算法，3 层 TU 划分结构中一共需要计算 21 次率失真代价，计算复杂度很高。这种遍历式的 TU 划分结构中存在较大的计算冗余，即使最终的 TU 划分结构中没有 level 0、level 1 和 level 2 中的信息，也要逐层计算每个 TU 的率失真代价。例如，图 4-16 是最终的 TU 划分结构，其中并不包含 level 0。因此，减少 TU 划分所遍历的层数有助于降低 TU 划分的复杂度。

4.3.2　快速 TU 划分算法

上一节中描述了遍历式的 TU 划分方法，该方法计算每一层 TU 的率失真代价，因此能确保得到率失真最优的 RQT，但也带来了较大的计算复杂度。若能初步确定 TU 的深度范围，则能在一定程度上减少划分 TU 所需的时间。

图 4-17 所示为 HM 中的 TU 划分结果。从图 4-17 中可以看出，小尺寸的 TU 集中在纹理复杂或运动剧烈的区域，而纹理的复杂度和运动的剧烈程度可以通过 CU 的大小和 PU 的划分形式等信息表示。因此可以通过这些信息判断 TU 的深度范围，从而减小 TU 划分的复杂度。另外，若一个 TU 是 AZB，则该 TU 的子 TU 也极有可能是 AZB。在这种情况下，编码一个 TU 的率失真代价小于编码 4 个子 TU 的率失真代价之和，这是因为划分与不划分该 TU 所带来的率失真代价是相同的，但划分成 4 个子 TU 却会消耗更多的码率。因此，当一个 TU 是 AZB 时，可以结束 TU 的划分。只有少数量化系数非 0 的 TU 也有类似的特点，即当非零量化系数较少（稀疏）时，TU 继续划分的可能性较小。量化系数的稀疏性与预测残差的能量有关，当残差能量较小时，大多数量化系数都是 0。因此，可以用预测残差的能量作为是否继续划分 TU 的条件。

快速 TU 划分的整体流程如图 4-18 所示。首先根据 CU 大小、PU 的类型等信息自适应地为 RQT 分配深度（CTU 深度预测和基于 PU 预测的 TU 深度选择），然后自顶向下逐个计算 TU 的率失真代价。若其中某个 TU 满足能量条件（AZB 检测和能量检测），则停止划分，否则继续划分，直到达到设定的深度。在划分的过程中，自底向上比较不同层的率失真代价，选择率失真代价小的作为该位置的 TU 划分结构，直到确定完最顶层的结构。自适应深度选择算法和 TU 截止划分算法会在后面进行介绍。

图 4-17 HM 中的 TU 划分结果

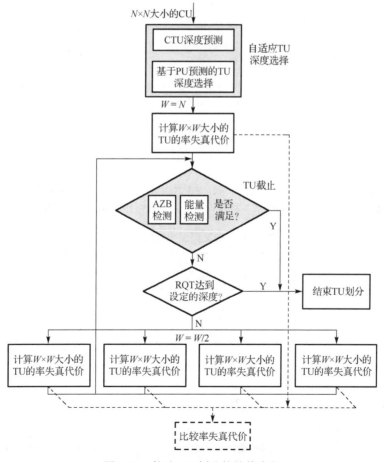

图 4-18 快速 TU 划分的整体流程

自适应 TU 深度选择算法由 CTU 深度预测和基于 PU 预测的 TU 深度选择两部分组成。CTU 深度预测利用邻近 CTU 的四叉树深度预测当前 CTU 的四叉树深度；基于 PU 预测的 TU 深度选择根据前一帧相同位置的 PU 类型及当前的 PU 类型分配 TU 深度。

在 HM 中，TU 的划分深度默认为 3 层。第一层只有一个 TU，其尺寸与 CU 相同；第二层有 4 个 TU，每个 TU 的尺寸是 CU 的一半；第三层有 16 个 TU，每个 TU 的尺寸是 CU 的四分之一。16×16 和 32×32 大小的 CU 遵循上述 TU 的划分规律，而 8×8 和 64×64 大小的 CU 略有不同。对于 8×8 大小的 CU，由于 HEVC 支持的最小变换单元的大小是 4×4，所以其 RQT 最多有两层。对于 64×64 大小的 CU，由于 HEVC 支持的最大变换单元的大小是 32×32，所以其 RQT 中实际只有 32×32 和 16×16 大小的 CU 两层。

由于视频序列中存在较强的空间相关性和时间相关性，同一幅图像中或相邻图像间邻近的区域往往具有类似的空间纹理和运动复杂度，因此可以根据相邻 CTU 四叉树的深度预测当前 CTU 四叉树的深度。此处 CTU 四叉树的深度是指同一位置 CU 四叉树的深度与 TU 四叉树的深度的和的最大值。相邻 CTU 包括左上 CTU、上侧 CTU、左侧 CTU 和相邻帧对应位置 CTU 4 类，如图 4-19 所示。

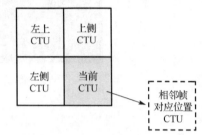

图 4-19　当前 CTU 与相邻 CTU 的位置关系

对当前 CTU 和相邻 CTU 四叉树的深度进行统计分析，如表 4-11 所示。从表 4-11 中可以看出，当前 CTU 四叉树的深度与相邻 CTU 四叉树的深度相同的概率大于 50%，且 4 个位置的深度相同的概率接近。这说明利用相邻 CTU 估算当前 CTU 四叉树的深度是合理的，且 4 个相邻位置应占据相同的比重。设左上 CTU、上侧 CTU、左侧 CTU 和相邻帧对应位置 CTU 四叉树的深度分别为 $d_{左上}$、$d_上$、$d_左$ 和 $d_{相邻}$，则当前 CTU 四叉树的深度的预测值 $d_{预测}$ 如式（4-138）所示，其中，$\lceil\ \rceil$ 表示向上取整，m 表示相邻 CTU 的个数。由于相邻 CTU 较少时预测的四叉树深度的误差较大，所以在 m 小于 3 时对预测值进行了放大处理，以降低其对编码效率的影响。

表 4-11　四叉树深度相同的概率

CTU 位置	上　侧	左　侧	左　上	相邻帧对应位置
概率	57.4%	55.2%	54.1%	57.8%

$$d_{预测} = \begin{cases} \left\lceil \sum_{i=1}^{m} d_i / m \right\rceil, & m \geq 3 \\ \left\lceil \sum_{i=1}^{m} d_i / m \right\rceil + 1, & m < 3 \end{cases} \quad (4\text{-}138)$$

不同深度和大小的 TU 对编码效率的影响是不同的。逐个禁用某尺寸的 CU 中 TU 的某种尺寸可以得到该种类型的 TU 对编码效率的影响。本节对这种影响进行了测试，并得到了实验结果，如表 4-12 所示。实验中所用到的视频序列是 HEVC 标准视频序列 Class B 中的 5 个序列（BasketballDrive、BQterrace、Cactus、Kimono、ParkScene），表 4-12 中的数据是 5 个序列的测试结果的平均值。

从表 4-12 中可以看出，TU 对编码效率的影响和 TU 与所在 CU 的相对大小有关，TU 与 CU 的大小越接近，其对编码效率的影响越大。当 TU 与 CU 大小相等时，TU 对编码效率的影响高于其他尺寸的 TU。当 CU 的大小为 32×32 时，其对编码性能的影响远高于 16×16 大小的 TU 和 8×8 大小的 TU，而 16×16 大小的 TU 对编码性能的影响又高于 8×8 大小的 TU。当 CU 的大小为 16×16 时也有类似的现象。因此，在编码过程中，可以有选择地跳过深层次的 TU 划分，在对编码效率影响最小的情况下跳过尽可能多的划分深度。由于不同 PU 类型对编码效率的影响不同，因此本节根据当前 PU 的类型来确定需要跳过的 TU 深度。

表 4-12　各种类型的 TU 对编码效率的影响（BDPSNR 增益 | BDBR 增益）

CU 尺寸	TU 尺寸			
	32×32	16×16	8×8	4×4
64×64	−0.011	0.417	−0.008	0.294	—	—
32×32	−0.05	1.828	−0.009	0.326	−0.003	0.156	—
16×16	—	−0.036	1.41	−0.008	0.366	−0.005	0.266
8×8	—	—	−0.018	0.714	−0.006	0.252

PU 类型与图像的纹理及运动复杂度有关，纹理简单且运动缓慢的区域更倾向于使用 2N×2N 类型的 PU，而纹理复杂或运动剧烈的区域更倾向于使用非 2N×2N 类型的 PU 以获得更高的预测精度。但图像中更多的是纹理简单且运动缓慢的区域，因此 2N×2N 类型的 PU 最常用。表 4-13 所示为不同 PU 类型在 HEVC 标准视频序列中出现的概率。从表 4-3 中的数据可以看出，绝大多数 PU 的类型为 2N×2N，而其他类型的 PU 出现的概率很小。这说明虽然在 PU 的模式选择过程中，非 2N×2N 类型的 PU 的计算次数远高于 2N×2N 类型的 PU 的计算次数，但非 2N×2N 类型的 PU 被选作最优 PU 的概率很小。因此，减少非 2N×2N 类型的 PU 的 TU 划分深度对编码效率的影响极小。

表 4-13　不同 PU 类型在 HEVC 标准视频序列中出现的概率（%）

分 辨 率	PU 类型							
	2N×2N	2N×N	N×2N	N×N	2N×nU	2N×nD	nL×2N	nR×2N
1080p	82.7	5.4	5.2	0.2	1.9	1.6	1.5	1.5
720p	91.0	1.6	3.5	0.2	0.6	0.5	1.4	1.2
480p	78.4	4.5	7.9	2.9	1.2	1.0	2.2	1.9
平均	84.0	3.8	5.5	1.1	1.2	1.0	1.7	1.5

另一方面，在非 2N×2N 类型的 PU 下划分 TU 时，深层划分的概率较小。表 4-14 所示为不同 PU 类型下 TU 划分深度所占的百分比（包含 Skip 模式）。其中，TU 深度为 0 表示不划分（TU 的大小等于 CU 的大小），深度为 1 表示划分 1 次，深度为 2 表示划分 2 次。表 4-14 中的数据表示在一定的 CU 尺寸下，不同 PU 类型中某种 TU 划分深度出现的比例。从表 4-14 中的数据可以看出，划分深度为 0 的 TU 占据大多数，只有少部分 TU 的划分深度为 1 或 2。因此可以选择性地跳过深层的 TU 划分。

表 4-14　不同 PU 类型下 TU 划分深度所占的百分比（%）

CU 尺寸	TU 深度	PU 类型						
		2N×2N	2N×N	N×2N	2N×nU	2N×nD	nL×2N	nR×2N
64×64	0	67.04	5.41	7.71	0.57	0.35	1.07	0.95
	1	7.32	0.59	1.23	0.13	0.19	0.3	0.29
	2	4.41	0.68	1.21	0.1	0.06	0.16	0.21
32×32	0	67.76	4.27	7.44	2.46	2.12	4.33	3.86
	1	1.48	0.29	0.36	0.13	0.12	0.24	0.22
	2	2.08	0.49	0.71	0.35	0.3	0.52	0.48
16×16	0	68.78	3.34	5.86	1.96	1.73	3.8	3.27
	1	1.93	0.28	0.41	0.1	0.1	0.19	0.17
	2	4.11	0.58	0.88	0.49	0.43	0.82	0.77
8×8	0	72.4	5.615	8.42	—	—	—	—
	1	9.84	3.48	2.22	—	—	—	—

　　如前面所述，减少某些 PU 下的 TU 划分会对编码效率产生轻微的影响。而这种影响可以通过预测当前 CU 的最佳 PU 的尺寸是否是 $2N×2N$ 进一步减小。假设预测精度足够高，若预测的最佳 PU 类型是 $2N×2N$，且当前 PU 的尺寸不是 $2N×2N$，则减少当前 PU 下的 TU 划分深度不会影响编码效率。本节使用相邻帧对应位置 PU 的类型估计当前 CU 的最佳 PU 类型是不是 $2N×2N$。若相邻帧对应位置 PU 的类型是 $2N×2N$，则认为当前 CU 的最佳 PU 类型也是 $2N×2N$，反之亦然。

　　自适应 TU 深度选择算法的流程图如图 4-19 所示。TU 深度预测部分：首先根据式（4-138）预测当前 CTU 四叉树的深度 d_1，d_1 减去当前 CU 的深度 d_{CU} 即可得到初步预测的 TU 深度 d_3。基于 PU 预测的 TU 深度选择部分：首先查看前一帧同一位置的 CU 的 PU 类型是否是 $2N×2N$，若是，则认为当前 CU 的最佳 PU 类型也是 $2N×2N$，否则不再对当前 CU 进行基于 PU 预测的 TU 深度选择（等同于将深度设为 2）。在当前 CU 的最佳 PU 类型是 $2N×2N$ 这一条件下，若当前 PU 属于非 $2N×2N$ 的对称类型，则将 TU 的深度设为 1（$d_2=1$）；若当前 PU 属于非对称类型，则将 TU 深度设为 0（$d_2=0$，不划分 TU）。取 d_2 和 d_3 中的最小值作为 TU 深度预测的最终结果 $d_{预测}$。在进行 TU 划分时，只将 TU 划分到 $d_{预测}$ 层。需要注意的是，由于没有 64×64 大小的 TU，对于 64×64 大小的 CU 至少应划分成 4 个 32×32 大小的 CU，在这种情况下，应保证 $d_{预测}$ 不小于 1。

　　TU 划分可以用划分截止的思想进行考虑。当 TU 划分到某种程度时，继续划分并不会提高编码效率，或对编码效率的影响非常小，这时候就可以停止 TU 的进一步划分，从而降低编码复杂度。

　　接下来考虑预测残差能量较小时的 TU 划分。假设某个 8×8 大小的 TU 是全零块（指亮度 TB 是全零块，下同），如图 4-21 所示。现在将这个 8×8 大小的 TU 划分成 4 个 4×4 大小的 TU，则这 4 个子 TU 会出现以下两种情况：第一种情况是 4×4 大小的 TU 也是全零块，此时 8×8 大小的 TU 与 4×4 大小的 TU 相同，但 8×8 大小的 TU 的编码比特数更小，因此 8×8 大小的 TU 的率失真代价小于 4×4 大小的 TU，划分可以提前截止；另一种情况是 4×4 大小的 TU 不是全零块，有极少数系数非零（通常其绝对值等于 1），此时 4×4 大小的 TU 的失真略小于 8×8 大小的 TU，但需要额外的比特编码 TU 结构和非零系数，因此 4×4 大小的 TU 的率失真代价与 8×8 大小的 TU 近似相等，在 8×8 大小的 TU 处截止划分对编码效率的影响极小。在以上两种情况下，截止 TU 划分对编码性能的影响都很小，因此当 TU 是全零块时可以提前截止 TU 划分。

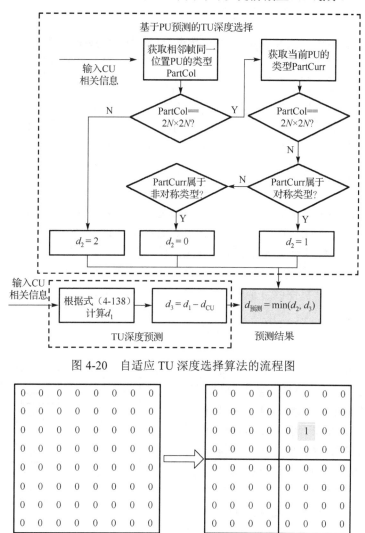

图 4-20　自适应 TU 深度选择算法的流程图

图 4-21　全零块的 TU 划分

实际上，当 TU 中有极少数非零系数时，截止 TU 划分对编码效率的影响也非常小。设某尺寸的 TU 经变换/量化后有 n 个非零系数，可以统计出这种 TU 不继续划分的概率。对标准视频序列 Class B 中的 5 个序列进行上述统计，可以得出不同 QP、不同 TU 大小和不同非零系数个数下的 TU 无须继续划分的概率，如表 4-15 所示。表 4-15 中概率的计算方法：无须继续划分的 TU 数量/TU 总数（QP、TU 和 n 的大小固定）。从表 4-15 中可以看出，当 TU 是全零块时，TU 无须继续划分的概率高达 97%，几乎可以认为当遇到全零块时，RQT 已达到最优划分；而当 TU 中有一个非零系数时，TU 无须继续划分的概率也高达 93%。对于 n 大于 1 的情况，会有超过 10% 的 TU 需要进一步划分才能达到最优，若将此作为 TU 划分的截止条件会影响整体编码效率，但 $n=2$ 可以用来调节编码效率与编码复杂度。本书用非零系数的个数 n 作为是否截止 TU 划分的条件，即当非零系数的个数不超过 n 时停止 TU 划分。

表 4-15　TU 中有 n 个非零系数时 TU 不用继续划分的概率（%）

TU 尺寸		32×32				16×16				8×8			
非零系数的个数		$n=0$	$n=1$	$n=2$	$n=3$	$n=0$	$n=1$	$n=2$	$n=3$	$n=0$	$n=1$	$n=2$	$n=3$
QP	22	96.2	92.1	85.4	78.3	98.4	94.3	90.3	81.1	96.6	93.5	86.1	81.6
	27	97.4	93.1	85.2	80.1	99.1	93.6	89.3	82.2	97.4	94.1	87.3	82.3
	32	97.8	93.8	84.7	79.7	98.9	93.4	87.7	83.2	96.5	92.9	85.2	80.7
	37	98.1	93.3	83.9	76.5	97.8	94.1	88.5	83.9	98.0	93.4	84.2	83.4
平均		97.4	93.1	84.8	78.7	98.5	93.6	88.8	82.6	97.1	93.5	85.7	82

4.2 节中的全 AZB 检测算法可以用来进一步加速 TU 划分。在变换/量化前先用 AZB 检测算法检测当前 TB 是否是 AZB，若是，则跳过变换/量化并截止 TU 划分；若不是，则进行变换/量化，并根据量化后非零系数的个数判断是否截止 TU 划分。设变换/量化的复杂度为 C_{TQ}，AZB 检测算法的复杂度为 C_{AZB}，并假设 C_{AZB} 等于 C_{TQ} 的 1/3，在大于 4×4 的 TU 中，AZB 的比例为 x。则加入 AZB 检测后，TU 截止算法的复杂度与原来的复杂度的差为

$$\Delta = [x \cdot C_{AZB} + (1-x) \cdot (C_{AZB} + C_{TQ})] - C_{TQ} \qquad (4\text{-}139)$$
$$= C_{TQ} \cdot (1/3 - x)$$

其中，令 $\Delta < 0$，可得 $x > 1/3$，即当 TU 中的 AZB 的比例超过 1/3 时，AZB 检测算法有助于降低 TU 划分的复杂度。而根据表 4-15，TU 中 AZB 的平均比例超过 80%，因此在一般复杂度的视频序列中，AZB 检测算法有助于降低 TU 划分的复杂度。

基于全零块的快速 TU 划分算法的流程图如图 4-22 所示。首先进入处理单元（流程 1）的是 RQT 的根节点，即与 CU 尺寸相同的 TU。然后根据相邻 CU 的 PU 类型及 RQT 深度为当前 RQT 分配深度。紧接着进行 AZB 检测，若是 AZB，则截止 TU 划分，否则，进行变换/量化。根据变换/量化的结果，若非零系数不超过 n，则截止 TU 划分，否则，若 TU 未达到分配的最大深度，则将当前 TU 划分成数个子 TU，每个子 TU 分别进入处理单元（流程 1）。

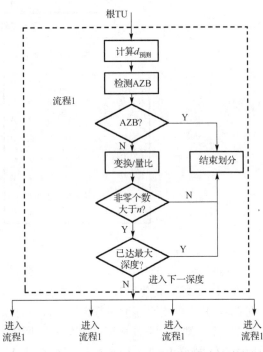

图 4-22　基于全零块的快速 TU 划分算法的流程图

4.3.3　实验结果与分析

　　快速 TU 划分算法在 HM13.0 中进行测试。测试平台的硬件环境为 Intel Core i5-2400 CPU @3.1GHz，3GB RAM；软件环境为 Windows 7 旗舰版 32 位，Visual Studio 2012。整个测试过程都在 Low-Delay 编码配置下进行。

　　本实验中使用 HEVC 标准视频序列进行测试，测试结果如表 4-16 和表 4-17 所示。其中，ΔBitrate、ΔPSNR 和ΔT 分别指使用快速 TU 划分算法后码率增加的百分比、PSNR 的平均增加量和 TU 划分所用时间的变化。

　　表 4-16 所示为快速 TU 划分算法与文献[16]的实验对比结果。文献[16]没有充分利用 TU 与 CU 和 PU 之间的关系，只是简单地利用非零系数的个数截止 TU 划分，因此快速 TU 划分算法能节省更多的 TU 划分时间。从表 4-16 中的数据容易看出，快速 TU 划分算法平均能使 TU 划分的复杂度降低 69.71%，同时使码率增加 1.46%左右。与文献[16]相比，快速 TU 划分算法不仅能使 TU 划分的复杂度进一步降低 6.8%左右，而且对编码效率的影响更小。因此，快速 TU 划分算法优于文献[16]算法。

表 4-16　快速 TU 划分算法与文献[16]的实验对比结果

视频序列	文献 [16]			快速 TU 划分算法		
	ΔBitrate/%	ΔPSNR/dB	ΔT/%	ΔBitrate/%	ΔPSNR/dB	ΔT/%
BasketballDrive	1.4702	−0.0348	−62.78	1.1337	−0.0266	−67.17
BQTerrace	2.5618	−0.0390	−63.51	2.2373	−0.0404	−76.95
Cactus	1.1530	−0.0282	−63.71	0.8262	−0.0194	−69.63
Kimono	0.9984	−0.0319	−62.48	0.5895	−0.0203	−66.11
ParkScene	2.5662	−0.0794	−63.50	2.0079	−0.0626	−69.81
PeopleOnStreet	1.7422	−0.0797	−63.53	1.3745	−0.0627	−59.93
Traffic	0.9501	−0.0296	−62.92	0.7510	−0.0238	−75.19
BasketballDrill	1.3379	−0.0514	−62.28	1.2037	−0.0462	−65.55
BQMall	2.7710	−0.1087	−63.84	2.5621	−0.1006	−66.28
PartyScene	3.8192	−0.1614	−63.02	3.0033	−0.1281	−55.53
RaceHorsesC	3.3839	−0.1265	−62.54	2.5668	−0.0968	−55.67
FourPeople	0.7212	−0.0249	−64.36	0.4839	−0.0167	−79.89
Johnny	0.8900	−0.0227	−64.61	1.0518	−0.0252	−84.11
KristenAndSara	0.6341	−0.0192	−64.30	0.6484	−0.0190	−81.07
平均值	1.7856	−0.0598	−63.38	1.4601	−0.0492	−69.71

　　表 4-17 所示为快速 TU 划分算法与文献[17]的实验对比结果。文献[17]也使用当前 CU 的 PU 类型设置 TU 的划分深度，同时根据 CU 的大小分配 TU 深度。但由于文献[17]的算法中需要计算残差的方差，所以整体计算复杂度较高。从表 4-17 中的数据可以看出，与文献[17]相比，快速 TU 划分算法可以使 TU 划分的复杂度进一步降低 20%左右，但只增加了 0.27 的码率。

表 4-17　快速 TU 划分算法与文献[17]的实验对比结果

视 频 序 列	文　献　[17]			快速 TU 划分算法		
	∆Bitrate/%	∆PSNR/dB	ΔT/%	∆Bitrate/%	∆PSNR/dB	ΔT/%
BasketballDrive	1.46	−0.02	−43.21	1.13	−0.0266	−67.17
BQTerrace	0.87	−0.03	−47.72	2.24	−0.0404	−76.95
Cactus	0.88	−0.02	−46.25	0.83	−0.0194	−69.63
Kimono	1.97	−0.05	−45.42	0.59	−0.0203	−66.11
ParkScene	1.48	−0.05	−42.36	2.01	−0.0626	−69.81
BasketballDrill	1.82	−0.07	−42.50	1.20	−0.0462	−65.55
BQMall	1.78	−0.07	−43.22	2.56	−0.1006	−66.28
PartyScene	2.40	−0.12	−47.81	3.00	−0.1281	−55.53
RaceHorsesC	1.06	−0.05	−39.16	2.57	−0.0968	−55.67
平均值	1.52	−0.05	−44.18	1.79	−0.0601	−65.85

4.4　HEVC 变换与量化的高效 VLSI 架构设计与实现

4.4.1　整数 DCT 的 VLSI 实现

本节首先实现一维整数 DCT/IDCT 的硬件架构,然后采用基于单口的 SRAM 来实现转置模块,最后通过乒乓操作实现二维整数变换的三级流水线硬件架构。

4×4 整数 DCT/IDCT 模块只涉及加法运算和移位运算。设输入数据为 $s(i)$（i=0,1,2,3）,经过一维整数变换之后,输出数据为 $r(i)$（i=0,1,2,3）。第一步:对输入数据进行蝶形或置换处理。4×4 整数 DCT 的输入数据第一步对应的流程图如图 4-23（a）所示,主要进行加法操作,简称输入加法单元（Input-Add-Unit,IAU）;整数 IDCT 的输入数据第一步对应的流程图如图 4-23（b）所示,主要进行置换操作,简称输入置换单元（Input-Permutation-Unit,IPU）。其中,虚线表示取反操作。

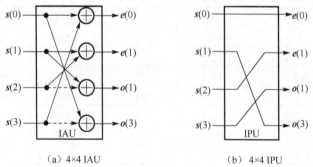

（a）4×4 IAU　　　　　　　　　　　　（b）4×4 IPU

图 4-23　4×4 整数 DCT/IDCT 的输入数据第一步对应的流程图

第二步:将第一步的处理结果 $e(0)$、$e(1)$ 和 $o(0)$、$o(1)$ 采用统一的处理方式处理。4×4 整数 DCT/IDCT 第二步流程图如图 4-24 所示。其中,虚线表示取反操作。该模块简称移位加法单元（Shift-Add-Unit,SAU）,将矩阵的乘法运算都转换为移位运算和加法运算,并将结果统一向左移 5 位（乘以 32），其具体的处理方法如式（4-51）和（4-52）所示。

　　第三步：对经过移位和加法运算之后的数据进行置换或蝶形处理并输出，具体的处理方法如式（4-53）所示。4×4 整数 DCT 第三步流程图如图 4-25（a）所示，主要进行置换操作，简称输出置换单元（Output-Permutation-Unit，OPU）；4×4 整数 IDCT 第三步流程图如图 4-25（b）所示，主要进行加法操作，简称输出加法单元（Output-Add-Unit，OAU）。其中，虚线表示取反操作。

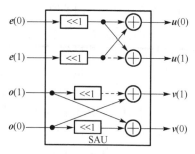

图 4-24　4×4 整数 DCT/IDCT 第二步流程图

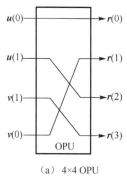

（a）4×4 OPU

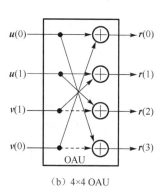

（b）4×4 OAU

图 4-25　4×4 整数 DCT/IDCT 第三步流程图

　　由上可知，4×4 整数 DCT 和 IDCT 是基本的运算模块，它们第二步的数据流程图相同。因此 DCT 和 IDCT 可以共享相同的硬件结构，这样可以减少硬件资源。4×4 整数 DCT/IDCT 的一维架构如图 4-26 所示。如果是整数 DCT，即分路器和选择器的输入信号为 0，则输出数据为整数 DCT 对应的数据流；如果是整数 IDCT，即分路器和选择器的输入信号为 1，则输出数据对应的是整数 IDCT 对应的数据流。

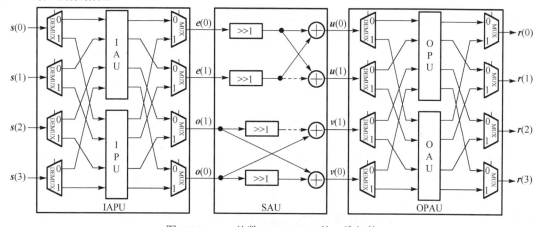

图 4-26　4×4 整数 DCT/IDCT 的一维架构

在图 4-26 中，4×4 整数 DCT/IDCT 的一维架构包括 3 个模块：第一个模块主要根据整数 DCT/IDCT 的模式对输入数据进行相应的处理，简称输入加法/置换单元（Input-Add-or-Permutation-Unit，IAPU）。若为 DCT，则选择 IAU 进行处理，若为 IDCT，则选择 IPU 进行处理；第二个模块为共用模块，即 SAU，主要进行加法和移位操作；第三个模块主要根据整数 DCT/IDCT 的模式对输出数据进行处理，简称输出置换/加法单元（Output-Permutation-or-Add-Unit，OPAU）。若为 DCT，则选择 OPU 进行处理，若为 IDCT，则选择 OAU 进行处理。

在 8×8 整数 DCT/IDCT 模块中，设输入数据为 $s(i)$（$i=0,1,2,\cdots,7$），经过一维变换之后，输出数据为 $r(i)$（$i=0,1,2,\cdots,7$）。8×8 整数 DCT 的一维架构如图 4-27 所示，其中，虚线表示取反操作。第一个模块为 IAU，主要利用变换矩阵元素的奇偶对称性对输入数据进行蝶形加法处理。

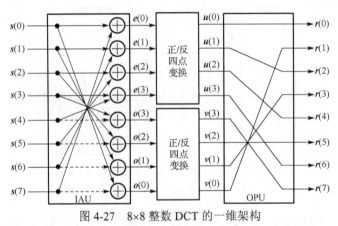

图 4-27　8×8 整数 DCT 的一维架构

在图 4-27 中，将第一个模块的输出结果 $e(i)$ 和 $o(i)$ 分别作为 4×4 整数正/反四点变换模块的输入数据，即利用 4×4 整数正/反四点变换模块来计算第一步的操作结果。第三个模块为 OPU，主要对第二个模块的输出数据进行重新排序并输出，以满足正确的数据时序。

8×8 整数 IDCT 一维架构的第二个模块与 8×8 整数 DCT 一维架构的第二个模块相同，都是利用 4×4 整数正/反四点变换来计算第一个模块的输出结果 $e(i)$ 和 $o(i)$。而第三个模块与 8×8 正 DCT 一维架构的第一个模块的操作类似，简称 OAU，主要对第二个模块的输出结果 $u(i)$ 和 $v(i)$ 进行时序置换，以满足后续需求，如图 4-28 所示。

由于 8×8 整数 DCT 和整数 IDCT 的一维架构中的第二个模块相同，所以在硬件优化时可以共享第二个模块，以减少相应的硬件资源。对于第一个模块和第三个模块的选择可以通过分路器和选择器来实现，以满足 DCT/IDCT 模式的选择。8×8 整数 DCT/IDCT 的一维架构如图 4-29 所示。

8×8 整数 DCT/IDCT 一维架构主要包括三个模块，第一个模块为 IAPU，主要根据 DCT/IDCT 的模式，通过分路器和选择器完成 IAU 和 IPU 的选择，以完成适当的操作流程。若为整数 DCT，则利用 IAU 计算，详见图 4-27 中的 IAU 的处理方法。若为整数 IDCT，则利用 IPU 进行时序置换。第二个模块由两个正/反四点变换模块构成，分别用来计算 IAPU 模块输出的 $e(i)$ 和 $o(i)$。第三个模块为 OPAU，若为 DCT，则调用 OPU 进行时序置换；若为 IDCT，则根据需要利用 OAU 进行计算。

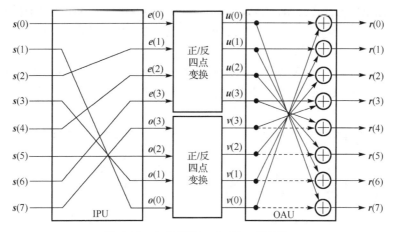

图 4-28　8×8 整数 IDCT 的一维架构

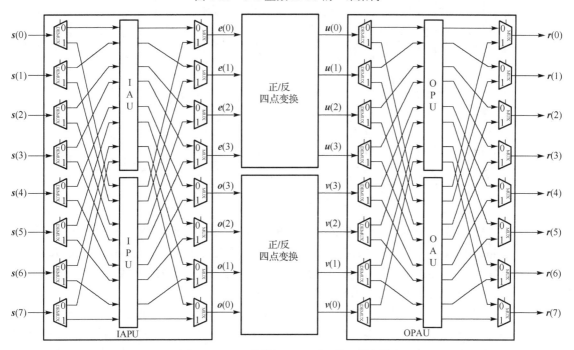

图 4-29　8×8 整数 DCT/IDCT 的一维架构

在 $2^M \times 2^M$（M=2,3,4,5）整数 DCT/IDCT 模块中，设输入数据为 $s(i)$，经过一维整数变换之后，输出数据为 $r(i)$，其中，i=0,1,…,2^M−1。DCT 变换矩阵为 $\boldsymbol{T}_N^{\text{opt}}$，IDCT 变换矩阵为 $(\boldsymbol{T}_N^{\text{opt}})^{\text{T}}$。以此类推，$N \times N$ 整数 DCT/IDCT 的一维架构也由三个模块组成，如图 4-30 所示。其中，$N = 2^M$。

第一个模块为 IAPU，根据正/反 N/2 点变换的模式信号来选择 IAU 或 IPU。若为正变换编码，则利用 IAU 对输入数据进行蝶形处理；若为反变换解码，则利用 IPU 对输入数据进行置换处理。

　　第二个模块为两个平行的正/反 N/2 点变换模块，同时可以计算 IAPU 单元模块输出的 e(i) 和 o(i)。正是由于此模块的存在，N×N 整数正/反 N/2 点变换模块可以利用两个平行的 N/2×N/2 整数正/反 N/2 点变换模块计算而得。例如，32×32 整数正/反 N/2 点变换模块可以利用两个平行的 16×16 整数正/反 N/2 点变换模块计算而得。

　　第三个模块为 OPAU，通过 N 个分路器和 N 个选择器来选择 OPU 和 IAU。若为整数 DCT，则选择信号 0，通过 OPU 来进行时序置换；若为整数 IDCT，则选择信号 1，通过 OAU 计算输出数据。

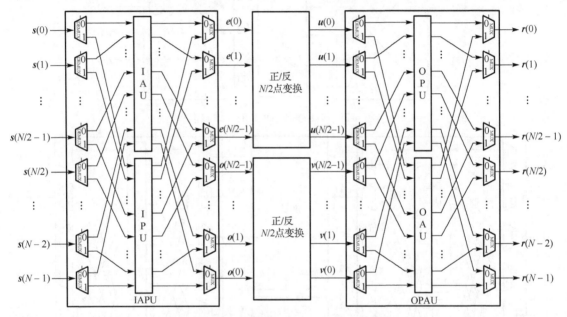

图 4-30　N×N 整数 DCT/IDCT 的一维架构

　　在 HEVC 编码标准中，优化后的整数 DCT 可以通过行列分解的方法（Row-Column Decomposition Method，RCDM）来实现二维整数变换。即先将经过一维行（列）整数 DCT 之后的中间数据转置，然后进行一维列（行）整数 DCT。本节将详细介绍经过优化后的变换的转置模块的数据流的时钟分配方式及具体的硬件实现。

　　在实现二维变换的转置模块的方案中，通常情况下，主要有基于 SDRAM 和寄存器阵列的实现方案。由于 SDRAM 的访问性能不可预测，而且时延比较严重，所以 SDRAM 不适用于高性能的实时视频处理系统；对于大尺寸的转置存储器而言，寄存器阵列的硬件面积开销也比较大，另外，在具体实现过程中，需要在水平和垂直方向都进行移位操作。因此，下面将采用基于单口 SRAM 的方案来实现二维变换中的转置模块。通常情况下，单口 SRAM 不能既从行的方向读写数据，又从列的方向进行操作。在具体实现过程中，首先将经过一维变换之后的数据按照对角线的方向写入不同的单口 SRAM 中，在需要输出数据的时候沿着列的方向同时从不同的单口 SRAM 中将数据取出，这样就间接地实现了中间数据的转置。

4×4 整数 DCT 作为最基本的运算模块，其对应的转置存储器支持 3 种不同的读写频率。4×4 整数 DCT 吞吐量为 1 的转置架构如图 4-29 所示，其对应的吞吐量为每个时钟周期处理 1 个数据样本。

图 4-31 左边方块中的数字 1～16 表示在对应的时钟周期内将一维变换之后的中间结果经过处理后写入 SRAM，对于 4×4 整数 DCT，一维行变换需要 16 个时钟周期就可以输出对应的中间结果。该方案只需要一个 SRAM，即 bank0。该存储器的深度和宽度均为 16，即只可以写入 16 个数据，每个数据为 16 位。在第一个时钟周期内，一维变换后的数据写入 SRAM 地址为 0 的内存；在第二个时钟周期内，一维变换后的结果写入 SRAM 地址为 4 的内存。以此类推，经过 16 个时钟周期之后，4 个中间结果（1、5、9、13）被连续写入 SRAM 地址从 0 到 3 的内存；4 个中间结果（2、6、10、14）被连续写入 SRAM 地址从 4 到 7 的内存。如图 4-31 图右边所示，其他的中间结果以类似的方式分别写入 SRAM。当进行列变换时，按连续的内存地址值，每个时钟周期读出一个数据，经过 16 个时钟周期可以将 16 个数据全部读出。因此该数据映射方案可以简单地实现一维变换之后中间数据的转置功能。

通常情况下，如果每个时钟周期只读写一个数据，系统的操作频率将会受到很大的限制，因此需要对映射方法进行优化。4×4 整数 DCT 吞吐量为 2 的转置架构如图 4-32 所示，其对应的吞吐量为每个时钟周期处理 2 个数据样本，箭头表示一维变换后的中间数据在 SRAM 物理内存中的实际映射方向。

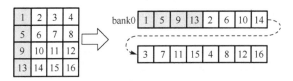

图 4-31　4×4 整数 DCT 吞吐量为 1 的转置架构

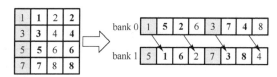

图 4-32　4×4 整数 DCT 吞吐量为 2 的转置架构

在进行整数 DCT 的过程中，利用 4×4 整数变换矩阵 T_4^{opt} 的性质，采用图 4-24 的变换架构，每个时钟周期可以产生 2 个数据样本。图 4-32 左图中的数字 1～8 代表经过 8 个时钟周期就可以完成一维行变换，每个对应的时钟周期产生 2 个中间结果。为了便于区分，分别用常规和加粗的阿拉伯数字表示，并且按照对角线方向分别写入两个不同的 SRAM，即 bank0 和 bank1。每个 SRAM 的深度为 8，宽度为 16，即一个 SRAM 只能写入 8 个数据，每个数据的深度为 16 位。在第一个时钟周期，一维行变换产生两个数据（1 和 **1**），数据 1 写入 bank0 地址为 0 的内存中，数据 **1** 写入 bank1 地址为 1 的内存中。经过 8 个时钟周期，16 个中间结果分别写入两个单独的 SRAM。图 4-32 右图中灰色背景的数字 1 和 3 写入 bank0 的内存中，地址分别为 0 和 4；图 4-32 右图中灰色背景的数字 5 和 7 写入 bank1 的内存中，地址分别为 0 和 4。以此类推，同一个时钟周期产生的两个数据沿着螺旋方向存入不同的 SRAM 中。在进行列变换时，每个时钟周期可以从两个 SRAM 中各读取一个数据，因此该方案的吞吐量为每个时钟周期产生 2 个样本值。

若合理利用资源，采用图 4-26 所示的一维架构，IAU 每个时钟周期最多可以输出 4 个数据。如图 4-33 所示，只需要 4 个时钟周期就可以输出一维变换的中间结果，箭头表示一维变换之后的中间数据在 SRAM 物理内存中的实际映射方向。

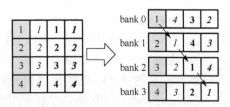

图 4-33　4×4 整数 DCT 读写吞吐量为 4 的转置架构

在图 4-34 中，右图表示经过一维行变换后中间结果的逻辑分布情况。分析后发现，只需要 4 个时钟周期就可以输出一维行变换后的所有结果，即该方案的吞吐量为每个时钟周期可以读写 4 个样本数据。转置存储器共有 4 个单口 SRAM，分别为 bank0、bank1、bank2 和 bank3。每个 SRAM 的深度为 4，宽度为 16。为了便于区分，每个时钟周期产生的数据分别用常规、倾斜、加粗和倾斜加粗的阿拉伯数字表示。例如，第一个时钟周期产生 4 个中间结果值（1、*1*、**1** 和 ***1***），数据 1 写入 bank0 地址为 0 的内存，数据 *1* 写入 bank1 地址为 1 的内存，数据 **1** 写入 bank2 地址为 2 的内存，数据 ***1*** 写入 bank3 地址为 3 的内存，经过 4 个时钟周期，全部数据被写入 4 个不同的 SRAM 中。图 4-34 右图中灰色背景的数字 1、2、3、4 分别写入 4 个不同的 SRAM 地址为 0 的内存中，同一个时钟周期写入的数据正好沿着对角线映射的方向。进行列变换时，每个时钟周期分别从 bank0、bank1、bank2 和 bank3 中读取一个数据，该设计方案的吞吐量为每个时钟周期处理 4 个样本数据。

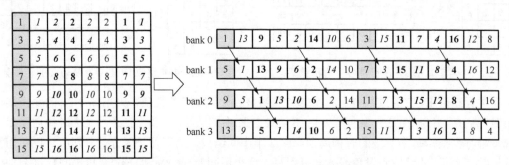

图 4-34　8×8 整数 IDCT 吞吐量为 4 的转置架构

对于不同尺寸的整数变换可以采用类似的斜对角映射方案，如果变换需求的吞吐量为每个时钟周期 T 个样本数据，则需要 T 个 SRAM。同时随着变换尺寸的增加，SRAM 的深度也需要增加。对于 $N×N$ 二维整数转置架构，如果其需求的读写吞吐量为每个时钟周期处理 T 个样本数据，则共需要 N 个 SRAM，其中，每个 SRAM 的深度为 N^2/T，而宽度始终保持为 16 位。

上述转置存储器映射方案同样适用于整数 IDCT。例如，对于 8×8 整数 IDCT，其对应的转置架构如图 4-34 所示，每个时钟周期可以处理 4 个样本数据，共需要 4 个 SRAM，每个 SRAM 的深度和宽度均为 16。

在图 4-29 所示的 8×8 整数 DCT/IDCT 的一维架构中，整数 IDCT 对应的 OAU 每个时钟周期可以输出 4 个数据，其对应的逻辑分布情况如图 4-34 右图所示，为了便于区分，每个时钟周期产生的数据分别用常规、倾斜、加粗和倾斜加粗的阿拉伯数字表示。对于 8×8 整数 IDCT，共需要

16 个时钟周期就可以完成一次行变换。在第一个时钟周期产生 4 个中间结果（1、*1*、**1** 和 *1*），数据 1 写入 bank0 地址为 0 的内存中，数据 *1* 写入 bank1 地址为 1 的内存中，数据 **1** 写入 bank2 地址为 2 的内存中，数据 *1* 写入 bank3 地址为 3 的内存中，同一个时钟周期写入的数据正好沿着对角线的方向。经过 16 个时钟周期就可以将一次行变换的中间结果全部写入 4 个不同的 SRAM 中。如图 4-34 右图所示，图 4-34 左图灰色背景的数据 1、5、9 和 13 分别写入 4 个不同的 SRAM 地址为 0 的内存中，3、7、11 和 15 分别写入 4 个不同的 SRAM 地址为 8 的内存中。在进行列变换的过程中，每个时钟周期可以从 4 个不同的 SRAM 中各读取一个数据，因此该映射方案的吞吐量为每个时钟周期处理 4 个样本数据。图 4-29 对应的 8×8 整数 DCT/IDCT 的一维架构每个时钟周期最多可以输出 8 个中间结果，如果二维架构需要的吞吐量为每个时钟周期处理 8 个样本数据，此时就需要 8 个 SRAM，每个 SRAM 的深度为 8。

综上所述，对于 $N \times N$ 二维整数 DCT/IDCT，若其需求的吞吐量为每个时钟周期读写 T 个样本数据，则共需要 T 个 SRAM，其中，每个 SRAM 的深度为 N^2/T，宽度始终为 16。一维行变换输出的中间结果在 SRAM 中的存储位置沿对角线方向，其具体的映射方法根据不同的吞吐量需要采用对应的方案。

在 HEVC 编码标准中，二维整数变换可以通过行列分解的方法实现。由于一维行变换与列变换的硬件架构相同，在具体的硬件实现过程中，一般情况下有两种设计方案，即折叠型架构和流水线型架构，如图 4-35 所示。

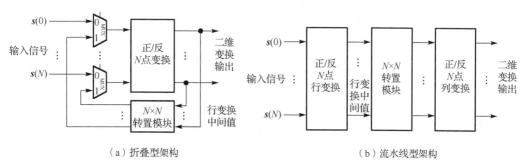

（a）折叠型架构　　　　　　　　　　　　　　（b）流水线型架构

图 4-35　二维整数变换架构

在图 4-35 中，对于图 4-35（a）所示的折叠型架构，其通过一个硬件模块来计算行或列变换。如果选择器的输入信号为 0，表示此时的输入数据为初始的输入数据，如果选择器的输入信号为 1，表明输入数据为经过一维行变换转置之后的数据。折叠型架构虽然可以节约一定的硬件成本，但是其时钟频率受到了一定的限制。在图 4-35（b）中，首先进行一维行整数变换，接着通过转置模块对中间值进行转置处理，最后利用另外一个相同的模块进行一维列整数变换。虽然流水线型架构可以改善操作频率，但是对硬件资源的消耗比较大。

在二维整数变换流水线型架构中，转置模块需要采用乒乓操作，这时需要两个转置模块，如图 4-36 所示。当分路器和选择器的输入信号为 0 时，对转置单元 B 进行写操

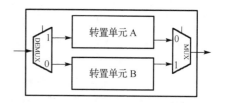

图 4-36　转置单元乒乓结构

作，同时对转置单元 A 进行读操作；当分路器和选择器的输入信号为 1 时，对转置单元 A 进行写操作，对转置单元 B 进行读操作。这样轮流对转置单元 A 和 B 进行读写操作，就能够完成一维变换之后的转置任务。

在 $2^M \times 2^M$（$M=2,3,4,5$）二维整数 DCT/IDCT 模块中，进行一维行/列变换之后都需要进行系数的伸缩处理，以保证每一次运算完的中间数据的深度是 16 位。变换量化中的系数的伸缩流程如图 4-37 所示，其中包括一维行（列）正（反）变换，正（反）量化。矩阵 $\boldsymbol{R}$ 为原始的 DCT 矩阵，矩阵 $\boldsymbol{T}_N$ 为整数 DCT 变换矩阵，矩阵 $\boldsymbol{T}_N^{\text{opt}}$ 为变换矩阵 $\boldsymbol{T}_N$ 经过优化后的矩阵。因为所有的伸缩系数均为 2 的整数次幂，因此很容易通过移位算法来操作。假设在最坏的情况下输入数据的最大幅度均为 $2^B - 1 = 255$，为了方便处理，将变换系数的最大幅度设为 $2^B = 256$。

由于 HEVC 编码标准中的变换矩阵都扩大了 $2^{6+M/2}$ 倍，而在实际运算中，还有 5 位没有向左移动，所以只扩大了 $2^{1+M/2}$ 倍。在进行二维整数正/反变换的过程中，需要进行一维的正（反）行（列）变换，当所有运算结束之后，结果扩大了 2^{4+2M} 倍，所以在伸缩过程中，所有移位的个数之和为 $4+2M$。

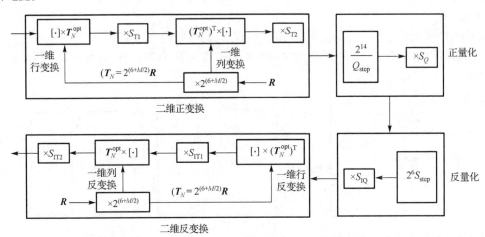

图 4-37　变换量化中的系数的伸缩流程

下面以 4×4 整数 DCT/IDCT 的过程为例来推算每一步操作中伸缩系数的大小。设输入数据的深度为 B，变换矩阵中最大的元素为 64，所以经过一维行变换之后，输出数据的最大值为 $2^B \times 2^M \times 2^6$。为了使这个值保持在 16 位深度内，此时需要缩小的倍数为 $2^B \times 2^M \times 2^6 \times 2^{-15}$。由图 4-24 可知，在实际的变换过程中，仍有 5 位没有向右移动，所以，$S_{\text{T1}} = 2^{-(B+M+6-15)+5} = 2^{-(B+M-14)}$，即需要向右移动 $B+M-14$ 位；在进行一维列变换的过程中，在进行变换之前，系数矩阵只有第一行的系数值为 2^{10}，变换之后，输出数据的最大取值为 $2^{10} \times 2^M \times 2^6$。为了使这个值保持在 16 位深度内，需要缩小的倍数为 $2^{15} \times 2^M \times 2^6 \times 2^{-15}$，所以，$S_{\text{T2}} = 2^{-(15+M+6-15)+5} = 2^{-(M+1)}$，即需要向右移 $M+1$ 位，其中，+5 是因为还有 5 位并没有向右移动。

在进行一维行变换之前，系数矩阵的第一个元素的取值为 2^{15}。通过整数行 IDCT 之后，系数矩阵的第一个元素变成 $2^{15} \times 2^6$，还有 5 位没有向左移动。为了使变换之后的中间值保持在 16 位的深度内，同时考虑量化步骤可能会导致进行 IDCT 前输入的系数矩阵的最大元素超过 2^{15}，因此

$S_{\text{IT1}} = 2^{-2}$，即需要向右移 2 位。

在进行一维列变换时，输入的系数矩阵中只有第一行的数据为 2^{15}，经过变换之后，输出矩阵中最大的系数为 $2^{15} \times 2^6$，为使该值保持在 16 位深度内，同时考虑量化步骤可能会导致反变换之前输入的系数矩阵的最大元素超过 2^{15}，而且在进行一维列变换时，还有 5 位尚未向左移动，因此 $S_{\text{IT2}} = 2^{-(15-B)}$，即需要向右移 15–B 位。

综上所述，在进行整数 DCT 和 IDCT 的过程中，正/反变换过程中的系数伸缩表如表 4-18 所示。通过观察可以发现，正变换编码和反变换解码这两个过程对应的系数伸缩情况正好相反，这就保持了编/解码中数据样本的一致性。

表 4-18　正/反变换过程中的系数伸缩表

正变换编码		反变换解码	
列　　项	伸 缩 因 子	列　　项	伸 缩 因 子
行变换运算	$2^{1+M/2}$	行变换运算	$2^{1+M/2}$
S_{T1}	$2^{-(B+M-14)}$	S_{IT1}	2^{-2}
列变换运算	$2^{1+M/2}$	列变换运算	$2^{1+M/2}$
S_{T2}	$2^{-(M+1)}$	S_{IT2}	$2^{-(15-B)}$
总计	$2^{-(B+M-15)}$	总计	2^{B+M-15}

在 HEVC 中，为了使每次运算的结果都保持在 16 位深度内，每次变换之后都进行了移位操作，这样的处理方式在整数 DCT/IDCT 过程中不可避免地引入了另外一个问题，即数据的精度损失。

对于输入数据 s（假设其位数足够大），向右移 n 位后其值变为 r，对应的运算式为 $r = s >> n$。若 n 为正值，表示向右移位，若 n 为负值，表示向左移位。如果恢复 r 为原始数据的大小，需要将 r 向左移 n 位，其值变为 s'，对应的运算式为 $s' = r << n$。在一般情况下，$s \neq s'$，所以移位操作会导致数据的不准确性。因此，在对硬件模块进行设计与实现的过程中，通常在进行移位操作前先将数据加上一个相应大小的数值 add 作为精度补偿，再向右移 n 位。通常情况下，add 的取值为 2^{n-1}，这样的操作可以保证其精度误差不超过 2^{n-1}，从而解决上述问题。

4×4 整数 DCT/IDCT 作为 HEVC 标准中最基本的变换单元，其一维架构主要包括 4 部分：首先是 IAPU，然后为 SAU，其次是 OPAU，这 3 者的具体架构参见图 4-26，最后一个新增的部分为精度补偿移位单元（Offset-Shift-Unit，OSU）。对于二维整数 DCT/IDCT 的硬件实现将采用三级流水线型架构，如图 4-38 所示。

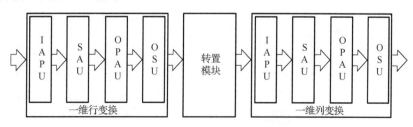

图 4-38　4×4 整数 DCT/IDCT 的三级流水线型架构

　　一维行/列变换中新增的 OSU 部分主要有两方面的作用：①进行精度补偿，弥补移位操作时的数据精度损失；②进行移位操作以满足转置模块中 16 位深度的存储要求，便于后续的数据处理，具体的移位取值如表 4-18 所示。转置模块采用如图 4-36 所示的乒乓结构，共需要两个转置单元，轮流进行读写操作，这样便于流水线操作。每个转置的具体实现如图 4-33 所示，每个时钟周期可以对 4 个数据样本进行读写，以满足实时的编码要求。

　　对于 $N×N$（N=8,16,32）整数 DCT/IDCT 变换模块，其二维变换也采用类似的三级流水线型架构，如图 4-39 所示。在一维正/反变换架构中，主要包括 IAPU、OPAU 和两个 $N/2×N/2$ 正/反变换模块，这样通过同时利用这两个模块就可以实现大尺寸的变换，如图 4-30 所示。同时其中增加了 OSU 模块，其对应的功能实现和 4×4 三级流水线型架构中的 OSU 一致。而对于转置的实现也采用乒乓操作，利用两个转置单元进行轮流读写，根据现实应用中的不同读写吞吐量需求进行相应的规划。

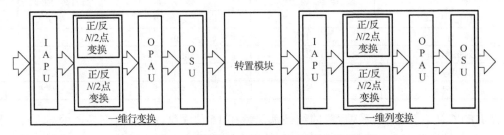

图 4-39　$N×N$ 整数 DCT/IDCT 三级流水线型架构

4.4.2　实验结果与分析

　　通过优化 DCT/IDCT 可以简化其计算的复杂度。基本的运算模块为 4×4 整数 DCT/IDCT，其一维变换只有简单的移位运算和加法运算。将其与 HEVC 测试模型 HM13.0、文献[18]和文献[19]中涉及的尺寸分别为 4×4、8×8、16×16 和 32×32 的一维 DCT 算法的计算复杂度进行对比，如表 4-19 所示。

表 4-19　四种算法的计算复杂度的对比关系

算　　法	HM13.0			文　献　[18]		文　献　[19]		本 节 算 法	
尺　　寸	乘　法	加　法	移　位	加　法	移　　位	加　法	移　位	加　法	移　位
4×4	4	8	2	14	10	—	—	8	4
8×8	22	28	4	50	30	22	0	24	8
16×16	86	100	8	186	86	66	0	64	16
32×32	342	372	16	682	278	152	0	160	32

　　在表 4-19 中，通过观察可以发现，在 HM13.0 算法中，还会涉及乘法运算，而在后三者的算法中，只有加法运算和移位运算。同时，还可以发现，文献[19]和本节算法的计算复杂度较低，这对软件编码和硬件的实现特别有利。

　　另外，统一的整数 DCT/IDCT 的计算复杂度相对于 DCT/IDCT 算法整体的计算复杂度来说也有一定的简化。下面介绍尺寸为 4×4、8×8、16×16 和 32×32 时各算法单独实现的计算复杂度之和与统一实现的计算复杂度的对比，如表 4-20 所示。

表 4-20　单独实现与统一实现的计算复杂度的对比

架　　构	单 独 实 现		统 一 实 现	
尺　　寸	加　　法	移　　位	加　　法	移　　位
4	16	8	12	4
8	48	16	32	8
16	128	32	80	16
32	320	64	192	32

在表 4-20 中，统一实现的算法相对于单独实现的算法在计算复杂度方面有明显的降低。在统一实现的算法中，移位运算只占单独实现时整体的一半，同时随着尺寸从 4×4 增长到 32×32，加法运算减少的比例也越来越大，其范围为 25%～40%。

由于文献[19]和本节算法都是对整数 DCT/IDCT 的一种近似优化，所以还需要在 HM13.0 模型中进行测试，以验证正优化后 DCT/IDCT 的确定性与可行性。根据 JCT-VC 测试条件文件中的规定，使用 6 类（A、B、C、D、E 和 F 类）视频序列对 HM13.0、文献[19]和本节算法进行测试。视频数据深度 B 的值为 8，在 All-Intra、Low-Delay 和 Random-Access 三种编码模式下，分别设置量化参数为 22、27、32、37 和 51，然后进行单独测试并取平均值，如表 4-21 所示，其中，ΔPSNR 表示文献[19]或本节算法的 PSNR 与 HM13.0 的 PSNR 之差。

表 4-21　文献[19]和本节算法的 ΔPSNR 的测试结果对比

编码器配置	All-Intra		Low-Delay		Random-Access	
类别和视频序列	文　献　[19]	本 节 算 法	文　献　[19]	本 节 算 法	文　献　[19]	本 节 算 法
A（WQXGA）	−0.60	−0.35	—	—	−0.41	−0.37
B（1080P）	−0.37	−0.09	−0.24	−0.09	−0.15	−0.08
C（WVGA）	−1.43	−0.74	−1.21	−0.62	−1.50	−0.74
D（240i）	−0.56	−0.48	−0.64	−0.57	−0.53	−0.60
E（720P）	−0.81	−0.16	−0.67	−0.31	−0.57	−0.57
F（XGA）	−0.48	−0.29	−0.58	−0.25	−0.62	−0.14
平均	−0.71	−0.35	−0.67	−0.37	−0.63	−0.42

从表 4-21 中可以看出，文献[19]和本节算法相对于 HM13.0 的 ΔPSNR 均为负值，这表明文献[19]和本节算法都对视频的质量产生了一些负面影响。然而，对于所有的视频序列及编码器配置，本节算法的 ΔPSNR 均小于文献[19]的 ΔPSNR，这说明本节算法对视频质量的影响小于文献[19]。

实验中还测试了文献[19]和本节算法对码率（Bitrate）的影响，如表 4-22 所示，其中，ΔBitrate 表示文献[19]或本节算法的 Bitrate 相对于 HM13.0 的 Bitrate 的变化百分比。当 ΔBitrate 为负时表示码率降低。通过对比可以发现，文献[19]和本节算法对码率的影响都极小，几乎可以忽略不计。

优化整数 DCT/IDCT 的初衷是在对视频压缩效率不产生明显影响的前提下，降低整数变换的复杂度。因此，实验中测试了本节优化后的 DCT/IDCT 相对于 HM13.0 中的 DCT/IDCT 的运行时间变化的百分比，如表 4-23 所示。

表 4-22   文献[19]和本节算法的 ΔBitrate 的测试结果对比（%）

格　式	All-Intra		Low-Delay		Random-Access	
类别和视频序列	文　献　[19]	本 节 算 法	文　献　[19]	本 节 算 法	文　献　[19]	本 节 算 法
A（WQXGA）	−0.10	−0.07	—	—	−0.08	−0.06
B（1080P）	−0.06	−0.04	−0.05	−0.03	−0.04	−0.02
C（WVGA）	−0.25	−0.18	−0.33	−0.29	−0.26	−0.26
D（240i）	−0.10	−0.13	−0.18	−0.17	−0.15	−0.14
E（720P）	−0.09	−0.02	−0.10	−0.05	−0.13	−0.12
F（XGA）	−0.13	−0.06	−0.19	−0.08	−0.16	−0.07
平均	−0.12	−0.08	−0.17	−0.12	−0.14	−0.11

表 4-23   本节优化后的 DCT/IDCT 相对于 HM13.0 中的 DCT/IDCT 的运行时间变化的百分比（%）

类别和视频序列	22	27	32	37	51
A（WQXGA）	−21.72	−20.23	−17.97	−16.91	−11.93
B（1080P）	−24.65	−23.01	−20.61	−19.52	−12.63
E（720P）	−22.78	−21.19	−20.52	−18.85	−12.04
F（XGA）	−22.13	−20.37	−17.65	−17.02	−11.86

表 4-23 中的结果表明，本节优化后的 DCT/IDCT 的运行时间相较于 HM13.0 中的 DCT/IDCT 的运行时间减少了 11.93%～24.65%。

在硬件实现中利用的是 Xilinx ISE 软件，通过 Verilog HDL 语言对本节优化后的 DCT/IDCT 进行 RTL 建模，然后在 Spartan6 LX45T 器件的基础上，利用 XST 进行硬件综合，并使用 Modelsim 软件进行功能和时序的仿真。仿真结果验证了硬件实现与理论结果的一致性。文献[19]不涉及尺寸为 4×4 的 DCT 实现，对于其他尺寸的一维整数 DCT 变换的硬件实现，文献[19]与本节算法在面积、时间（周期）和功耗方面基本持平。

本节优化后的 DCT/IDCT 与 HM13.0 中 DCT/IDCT 的硬件实现的综合结果对比如表 4-24 所示。表 4-24 中的结果表明，对于一维整数 DCT，本节算法的硬件实现在面积、时间和功耗方面均优于 HM13.0。面积和功耗的优化可以节省相关资源，时间的缩短可以使该硬件实现适用于实时的视频应用系统。

表 4-24   本节优化后的 DCT/IDCT 与 HM13.0 中 DCT/IDCT 的硬件实现的综合结果对比

尺　寸	HM13.0				本 节 算 法			
种　　类	4	8	16	32	4	8	16	32
面积/LUT	317	1403	5029	18852	89	264	705	1821
时间/ns	4.51	5.11	5.83	6.46	2.37	2.41	2.44	2.49
功耗/mW	3.16	13.52	57.27	217.45	1.53	3.05	6.47	17.13

在相同的条件下，对于一维整数 DCT/IDCT 分别进行硬件实现，用于对比统一的整数 DCT/IDCT 硬件实现时需要的硬件资源情况。通过硬件综合，本节优化后的 DCT/IDCT 和 DCT+IDCT 的 LUT 数量的对比如表 4-25 所示。

表 4-25　本节优化后的 DCT/IDCT 和 DCT+IDCT 的 LUT 数量的对比

尺　　寸	DCT	IDCT	DCT+IDCT
4×4	89	104	138
8×8	264	305	406
16×16	705	821	1017
32×32	1821	2107	2635

在表 4-25 中，硬件实现综合之后，DCT+IDCT 所需要的 LUT 数量比 DCT 与 IDCT 需要的 LUT 的数量之和要少。例如，对于尺寸为 8×8 的一维实现，大约可以节省 28.6% 的 LUT。因此，统一的硬件实现在缺少相关资源的情况下，可以有效地精简电路。同时，由于在 IAPU 和 OPAU 模块中需要进行变换模式的判断，所以时钟频率会有所下降，这可能会对实时性能略有影响。4×4 整数 DCT/IDCT 作为基本的计算单元，在二维变换的硬件实现过程，对于转置模块采用乒乓操作，使用 Xilinx ISE 中自带的 IP 核实现，对中间结果进行转置操作，将其读写数据的吞吐量设置为每个时钟周期读取 4 个样本数据。通过硬件综合之后，用分辨率为 2560×16000、码率为 30fps 的视频序列进行测试，运算的最大频率为 47MHz。

4.4.3　整数 DST 的 VLSI 实现

与 DCT/IDCT 类似，本节使用统一的 VLSI 架构设计实现 DST/IDST 模块。在 4×4 整数 DST/IDST 模块中，设输入数据为 $s(i)$（i=0,1,2,3），经过一维 DST/IDST 后，输出数据为 $r(i)$（i=0,1,2,3）。第一步：利用变换矩阵元素的性质对输入的数据进行部分蝶形处理，具体的处理方法如式（4-65）所示。4×4 整数 DST 第一步流程图如图 4-40（a）所示，该步骤主要进行加法运算，简称正向输入加法单元（Forward-Input-Add-Unit，FIAU）；4×4 整数 IDST 第一步流程图如图 4-40（b）所示，该步骤主要进行加法操作，简称反向输入加法单元（Inverse-Input-Add-Unit，IIAU）。其中，虚线表示取反操作。

第二步：对于整数 DST/IDST 第一步蝶形处理的结果 a、b、c、d 和 e 采用相同的操作方法，具体的处理方法如式（4-66）所示，4×4 整数 DST/IDST 第二步流程图如图 4-41 所示，简称移位加法单元（Shift-Add-Unit，SAU）。其中，虚线表示取反操作。

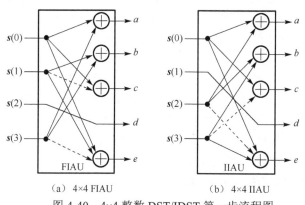

（a）4×4 FIAU　　　　（b）4×4 IIAU

图 4-40　4×4 整数 DST/IDST 第一步流程图

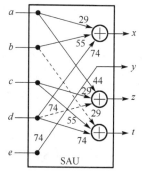

图 4-41　4×4 整数 DST/IDST 第二步流程图

对于第一步输出的中间结果 a、b、c、d 和 e，在进行加法操作之前，都要先进行乘法运算，如图 4-42 所示。系数 29、55 和 74 都通过移位运算和加法运算实现，如图 4-42 所示。将系数 29 分解为 $29 = 16 + 8 + 4 + 1 = 2^4 + 2^3 + 2^2 + 2^0$。将系数 55 和 74 依次分解为 $55 = 32 + 16 + 4 + 2 + 1 = 2^5 + 2^4 + 2^2 + 2^1 + 2^0$ 和 $74 = 64 + 8 + 2 = 2^6 + 2^3 + 2^1$。

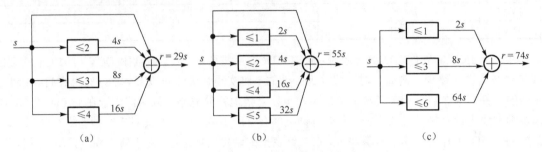

图 4-42　数据 29、55 和 74 的运算流程图

第三步：主要将经过第二步移位运算和加法运算之后的数据根据整数正/反 DST 的模式进行置换操作并输出，以满足后续时序的需求，具体的处理方法如式（4-76）所示。4×4 整数 DST/IDST 第三步流程图如图 4-43 所示。其中，虚线表示取反操作。

该模块通过选择器进行选择置换，简称输出置换单元（Output-Permutation-Unit，OPU）。对于 4×4 整数 DST/IDST 模块，其第二步采用相同的数据流程结构，因此整数 DST/IDST 可以共享该硬件结构，以减少相关的资源。4×4 整数 DST/IDST 的一维架构如图 4-44 所示。该一维架构包括 3 个模块，第一部分根据整数变换模式对输入数据通过 FIAU 或 IIAU 进行对应的处理,简称输入加法单元

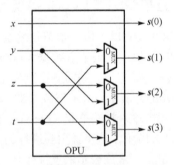

图 4-43　4×4 整数 DST/IDST 第三步流程图

（Input-Add-Unit，IAU）。若为整数 DST，则选择 FIAU 进行处理，若为整数 IDST，则选择 IIAU 进行处理。第二部分为共享模块，即 SAU，通过加法和移位操作实现倍乘运算。第三部分根据整数 DST/IDST 的模式对输出数据进行置换处理，简称输出置换单元（Output-Permutation-Unit，OPU）。若选择器的选择信号为 0，则输出数据为整数 DST 的结果；若选择器的选择信号为 1，则输出数据为整数 IDST 的结果。

由于整数 DST 的基函数对预测特征有很好的适应性，因此在 HEVC 编码标准中，在帧内 4×4 模式的亮度分量残差编码中将采用整数 DST，在保持复杂度基本不变的情况下，帧内编码的码率可以降低 0.8%左右。对于 4×4 整数 DST/IDST，其一维架构主要包括 4 个模块：首先是 IAU，然后为 SAU，其次是 OPU，这三者的具体架构参见图 4-44，另外一个新增的模块为精度补偿移位单元（Offset-Shift-Unit，OSU）。而对于二维整数 DST/IDST，将采用如图 4-35（b）所示的流水线型架构，4×4 整数 DST/IDST 三级流水线型架构如图 4-45 所示。

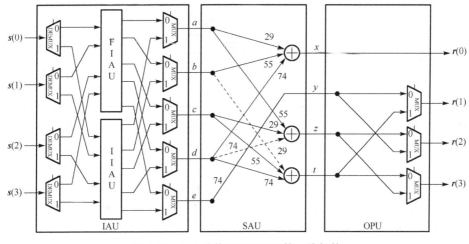

图 4-44　4×4 整数 DST/IDST 的一维架构

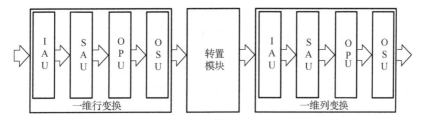

图 4-45　4×4 整数 DST/IDST 三级流水线型架构

对于一维行/列变换的最后一个模块 OSU，该模块的作用与整数 DCT 变换架构中的 OSU 的作用相同，首先为弥补后续移位操作对数据造成的精度损失进行精度补偿。若向右移 n 位，假定 n 的取值为正，则加上 2^{n-1}，这样可以保证误差不超过 2^{n-1}。因为转置模块的读写数据的深度为 16 位，所以接下来进行移位操作，以满足存储要求。而转置模块同样利用乒乓操作的方式，为了便于流水线作业，两个转置单元轮流进行读写操作。4×4 整数 DCT 读写吞吐量为 4 的转置架构如图 4-46 所示，同一个时钟周期内可以对 4 个数据样本同时进行读写操作，以满足实时系统的编解码需求。

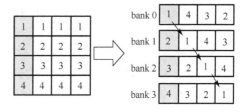

图 4-46　4×4 整数 DCT 读写吞吐量为 4 的转置架构

4.4.4　实验结果与分析

在 4.4.3 小节中，将 4×4 整数 DST/IDST 通过蝶形算法进行了统一，然后利用 Verilog HDL 语言进行了如图 4-44 所示的 RTL 级建模，将 HEVC 测试模型 HM13.0 的计算结果作为参考，使用 Modelsim 软件进行功能和时序的仿真。对实现的硬件架构利用 TSMC 180nm 工艺在 200MHz 的频率下进行综合，并针对门数和功耗等方面与一维整数 DST/IDST 架构的结果进行比较分析，如表 4-26 所示。

表 4-26　整数 DST/IDST 硬件综合数据对比

架　构	门数/k	功耗/mW
DST	2.53	7.86
IDST	2.61	7.73
DST/IDST	3.52	8.94

在表 4-26 中统一了整数 DST/IDST，需要对整数 DST/IDST 模式进行选择，分别实现其对应的硬件架构，因此当其与 DST/IDST 综合架构需要的门数相比较时，其所需要的硬件资源更多；但是当与 DST/IDST 整体的硬件资源相比较时，在综合门数方面，统一的 DST/IDST 硬件架构大约可以节省 31.5%的硬件资源。由于需要额外的相关操作，在功耗方面，统一的 DST/IDST 架构与 DST 或 IDST 的功耗相比，都有一定程度的增加。综上所述，统一的整数 DST/IDST 的硬件架构在功耗有所增加的情况下，可以节省一定的硬件资源。

在同样的条件下，对图 4-45 所示的 4×4 整数 DST/IDST 三级流水线型架构在 RTL 建模的基础上进行对应的行为仿真并综合。综合数据结果显示，共需要的门数为 12.07k，功耗为 21.39mW。该实验结果表明该设计有效、可靠，可以精简电路。

4.4.5　量化算法的 VLSI 实现

正/反量化的原理框图如图 4-47 所示。输入数据主要涉及经过正/反整数变换之后的数据 signal，整数变换的尺寸 $2^M \times 2^M$（M=2,3,4,5），输入数据的深度为 B，量化参数为 QP，正/反量化的模式选择信号为 Q_{mode}；输出数据主要是经过量化的数据 result。

在图 4-47 中，如果模式选择信号 Q_{mode} 的输入值是 0，则表示进行正量化编码，如果模式选择信号 Q_{mode} 的输入值是 1，则表示进行反量化编码；视频输入数据 signal 和编码之后的输出数据 result 的深度均为 16 位；视频样本的深度为 B，除了 Main 10 档次中输入视频数据深度 B 的取值为 10，其余档次中视频数据深度 B 的取值都为 8；输入信号 M 的数值可以为 2、3、4 和 5，其对应的整数变换尺寸分别为 4×4、8×8、16×16 和 32×32；量化参数 QP 的数值在 0 到 51 之间。

在式（4-85）中，对于正/反量化只需要进行三步运算，而在具体的实现过程中，需要根据逻辑关系将其详细地分为四个阶段。在第一个阶段中，由于在后续的操作中都会用到数值 Q_{step} 及 floor（QP/6），所以首先需要根据输入的量化参数 QP 来计算这两个值；然后根据 QP/6、整数变换尺寸参数 M、正/反量化模式的模式选择信号 Q_{mode} 及视频的比特深度 B 来计算当需要计算控制舍入误差 f 时需要移位的个数 num；在计算正/反量化编码时，num 之间的数值只相差 floor(QP/6)，其具体的数值可以参见表 4-4。因此，可以通过借助选择器来解决 floor（QP/6）的取舍问题，数值 mum 的实现结构如图 4-48 所示。

在图 4-48 中，如果模式选择信号 Q_{mode} 的取值为 0，表示此时进行正量化编码，选择器的输出信号为 0，这时 num 的取值为 $B+M-10$；如果 Q_{mode} 的取值为 1，则表示进行反量化编码，选择器的输出数据为 floor（QP/6），这时 num 的取值为 $B + M - 10 - floor(QP/6)$。在第一个阶段中还需要根据 QP%6 和模式选择信号 Q_{mode} 的取值来计算乘法系数 N，其具体的取值如表 4-3 所示。

在第二阶段中，通过 num 数值的大小和方向进行移位运算来计算控制舍入误差 f。如果 num

的取值为正，则控制舍入误差的值为将 1 向左移 num 位，如果 num 的取值为负，则将 1 向右移位 num 的绝对值位。在这个阶段中，同时需要进行乘法操作，主要通过移位操作和加法运算来实现。例如，在进行反量化时，如果 QP%6 的数值是 3，此时对应的乘法系数 N 的取值是 57。通过将其按照 $57 = 32 + 16 + 8 + 1 = 2^5 + 2^4 + 2^3 + 2^0$ 的方法进行分解，如图 4-49 所示。

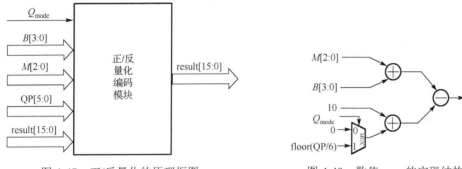

图 4-47　正/反量化的原理框图　　　　　图 4-48　数值 num 的实现结构

在第三阶段中，主要进行加法运算，即对数据进行舍入误差的补偿。另外，还要根据模式选择信号 Q_{mode} 来计算在第四阶段中进行移位操作时需要移位的个数 T。在反量化编码过程中，计算的结果是 $T_2 = B + M - 9 - \text{floor}(QP / 6)$，而在正量化编码过程中，此时计算的结果为 $T_1 = B + M - 9 - \text{floor}(QP / 6)$，移位个数 T 的实现如图 4-50 所示。

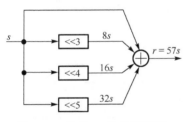　　　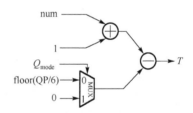

图 4-49　数值 57 的分解框图　　　　　图 4-50　移位个数 T 的实现

在图 4-50 中，如果模式选择信号 Q_{mode} 的输入信号为 0，表示此时进行正量化编码，选择器的输出数据为 floor（QP/6），这时 $T = B + M - 9 - \text{floor}(QP / 6)$；如果模式选择信号 Q_{mode} 的输入信号为 1，表示此时需要进行反量化编码，选择器的输出数据为 0，此时 $T = B + M - 9 - \text{floor}(QP / 6)$。

在第四阶段中，主要进行移位操作，其目的是使正/反量化之后输出数据的深度保持在 16 位内。如果模式选择信号 Q_{mode} 的取值为 1，表示此时进行反量化编码。若移位个数 T 的数值为正，则需要向右移 T 位，若移位个数 T 的数值为负，则需要向左移动 T 的绝对值位。如果模式选择信号 Q_{mode} 的取值为 0，表示此时进行正量化编码。若移位个数 T 的数值为正，则需要向左移 T 位；若移位个数 T 的数值为负，则需要向右移 T 的绝对值位。最后在输出数据 result 的过程中，如果模式选择信号 Q_{mode} 的取值为 0，则首先将编码后的数据向右移 20 位，然后输出低位的 16 位数据；如果选择信号 Q_{mode} 的取值为 1，则直接输出低位的 16 位数据。综上所述，统一的正/反量化算法的硬件架构如图 4-51 所示。

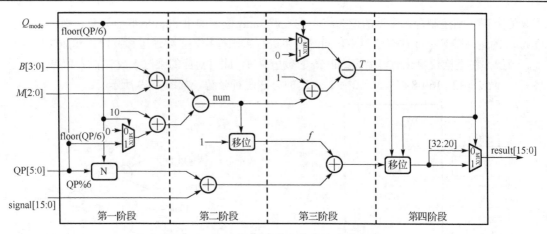

图 4-51　统一的正/反量化算法的硬件架构

4.4.6　实验结果与分析

利用 Verilog HDL 语言实现图 4-51 中的硬件架构的 RTL 级的建模，在 Modelsim 软件中进行功能仿真和时序仿真，通过与 HM13.0 软件中测试的数据进行对比，发现两者的计算数据基本相等。同时在 TSMC 180nm 工艺下对统一的正/反量化算法的硬件架构进行综合分析，为了突出统一的正/反量化算法的硬件架构的性能和硬件面积的优势，还单独实现了正量化和反量化的硬件架构，并进行了硬件综合，正/反量化硬件综合结果如表 4-27 所示。

表 4-27　正/反量化硬件综合结果

架　　　构	门数/k	最大工作频率/MHz
正量化	3.249	679.2
反量化	2.583.	994.5
正量化/反量化	4.361	603.7

在表 4-27 中，由于在实现正/反量化时需要对正/反量化的模式做出选择，然后分别实现对应的硬件架构，所以当单独和正量化编码或反量化编码的综合结果（门数）相比较时，所需要的硬件资源更多；但是统一的正/反量化算法的硬件架构相对于正量化编码和反量化编码的整体硬件资源而言，还是节省了一部分资源。在综合门数方面，通过统一的正/反量化算法的硬件架构大约可以节省 25.2%的硬件资源。而在最大工作频率方面，由于统一的正/反量化算法的硬件架构需要额外的相关操作，所以与正量化编码或反量化编码的工作频率相比，都有一定程度的降低。综上所述，通过统一正/反量化算法的硬件架构，在牺牲一定的工作频率的情况下，大约可以节省 25.2%的硬件资源。

参 考 文 献

[1]　Sze V, Budagavi M. Parallelization of CABAC Transform Coefficient Coding for HEVC[C]. Picture Coding

Symposium (PCS), 2012. IEEE, 2012: 509-512.

[2] Chen C, Smith C, Fralick S. A Fast Computational Algorithm for the Discrete Cosine Tranfsorm[J]. IEEE Transactions on Communications, 1977, 25(9): 1004-1009.

[3] Xie Z, Liu Y, Liu J, et al. A General Method for Detecting All-Zero Blocks Prior to DCT and Quantization[J]. IEEE Transactions on Circuits and Systems for Video Technology, 2007, 17(2):237-241.

[4] Chiang P T, Tian S C. Fast Zero Block Detection and Early CU Termination for HEVC Video Coding[C]. IEEE International Symposium on Circuits and Systems (ISCAS). IEEE, 2013:1640-1643.

[5] Zhou X, Yu Z, Yu S. Method for Detecting All-zero DCT Coefficients Ahead of Discrete Cosine Transformation and Quantisation[J]. Electronics Letters, 1998, 34(19): 1839-1840.

[6] Wang H, Kwong S. Hybrid model to detect zero quantized DCT coefficients in H.264[J]. IEEE Transactions on Multimedia, 2007, 9(4): 728-735.

[7] Liu Z, Li L, Song Y, et al. Motion Feature and Hadamard Coefficient-Based Fast Multiple Reference Frame Motion Estimation for H. 264[J]. IEEE Transactions on Circuits and Systems for Video Technology, 2008, 18(5):620-632.

[8] Wang H, Kwong S. Prediction of Zero Quantized DCT Coefficients in H.264/AVC Using Hadamard Transformed Information[J]. IEEE Transactions on Circuits and Systems for Video Technology, 2008, 18(4): 510-515.

[9] Jain A K. Fundamentals of Digital Image Processing[M]. Prentice-Hall, Inc, 1989.

[10] Wang H, Du H, Lin W, et al. Early Detection of All-zero 4×4 Blocks in High Efficiency Video Coding[J]. Journal of Visual Communication and Image Representation, 2014, 25:1784-1790.

[11] Lee K, Lee H J, Kim J, et al. A Novel Algorithm for Zero Block Detection in High Efficiency Video Coding[J]. IEEE Journal of Selected Topics in Signal Processing, 2013, 7(6):1124-1134.

[12] Malvar H S, Hallapuro A, Karczewicz M, et al. Low-complexity Transform and Quantization in H.264/AVC[J]. IEEE Transactions on Circuits and Systems for Video Technology, 2003, 13(7): 598-603.

[13] Chien W J, Rojals J S, Chen J, et al. Transform Coefficient Coding: U. S. Patent Application 13/862, 818[P]. 2013-4-15.

[14] Sole J, Joshi R, Karczewicz M. CE11: Scanning Passes of Residual Data in HEVC[C]. Doc. JCTVC-G320, ITU-T SG16 WP3 and ISO/IEC JTC1/SC29/WG11, Geneva, CH, 21-30 November, 2011.

[15] Clare G, Henry F, Jung J. Sign Data Hiding[C]. Doc. JCTVC-G271, ITU-T SG16 WP3 and ISO/IEC JTC1/SC29/WG11, Geneva, CH, 21-30 November, 2011.

[16] Choi K, Jang E S. Early TU Decision Method for Fast Video Encoding in High Efficiency Video Coding[J]. Electronics Letters, 2012, 48(12):689-691.

[17] Zhang Y, Li Z, Zhao M, et al. Fast Residual Quad-Tree Coding for the Emerging High Efficiency Video Coding Standard[J]. China Communications, 2013, 10(10):155-166.

[18] Meher P K, Sang Y P, Mohanty B K, et al. Efficient Integer DCT Architectures for HEVC[J]. IEEE Transactions on Circuits and Systems for Video Technology, 2014, 24(1): 168-178.

[19] Jridi M, Alfalou A, Meher P K. A Generalized Algorithm and Reconfigurable Architecture for Efficient and

Scalable Orthogonal Approximation of DCT[J]. IEEE Transactions on Circuits and Systems, 2015, 62(2): 449-457.

[20] 魏恒璐. HEVC 变换编码快速算法的研究[D]. 西安: 西北工业大学，2016.

[21] Wei H, Zhou W, Zhou X, et al. An Efficient All Zero Block Detection Algorithm based on Frequency Characteristics of DCT in HEVC[C]. Visual Communications and Image Processing. 2016.

[22] Zhou W, Yan C, Wei H, et al. Fast RQT Structure Decision Method for HEVC[C]. Signal and Information Processing Association Summit and Conference. 2016.

[23] 蔡冬冬. HEVC 中变换量化模块的 VLSI 设计与实现[D]. 西安: 西北工业大学，2017.

第5章 熵 编 码

5.1 HEVC 中的熵编码方法

Marpe 等在 2001 年率先提出了 CABAC 的算法模型，接着又进行了某些改进，可以更好地利用编码符号的统计特性为当前编码符号分配相应的码字，逐步形成了 H.264 中的 CABAC 模型。随后，Vivienne 等又对 CABAC 模型针对新一代视频编码标准 HEVC 的特点进行了进一步的改进，使其能够更好地适应高清及超高清视频的特点。

基于上下文的自适应二进制算术编码将二进制算术编码和上下文模型结合起来，并且可以自适应地更新概率模型，有效地提高了熵编码的效率。如图 5-1 所示，CABAC 模型的处理流程可以简单描述为二进制化、上下文建模和二进制算术编码，其中，二进制算术编码又可以分为常规编码和旁路编码。

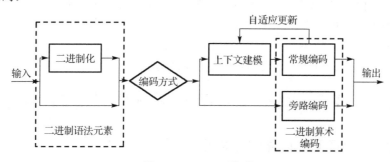

图 5-1 CABAC 模型

5.1.1 二进制化

二进制化是将待编码的非二进制元素转化成由字符 0 和 1 构成的二进制序列（Bin String）。其中常用的方法有截断莱斯二进制化（TR）、定长二进制化（FL）和 K 阶指数哥伦布二进制化等（EGK）。可以针对不同语法元素及其概率分布的特征选择使用哪种二进制化方法。假如输入信息本身就是二进制数，则跳过这一步，信息可以被直接传递到下一步进行处理。

5.1.2 上下文建模

由于被编码的符号之间存在相关性，因此根据条件熵理论，可以利用前面已编码的上下文信息对当前被编码的符号进行条件编码。

对于一个长度为 N 的符号序列，在已知前面 $N-1$ 个符号（$X_1, X_2, \cdots, X_{N-2}, X_{N-1}$）时，第 N 个符号所携带的平均信息量，即它的 N 阶条件熵可以表示为

$$H(X_N|X_1,X_2,\cdots,X_{N-2},X_{N-1})=-\sum_{i_1=1}^{q}\cdots\sum_{i_N=1}^{q}p(X_{i_1},X_{i_2},\ldots,X_{i_{N-1}},X_{i_N})\log_p(X_{i_N}|X_{i_1},X_{i_2},\cdots,X_{i_{N-2}},X_{i_{N-1}})$$

$$(5\text{-}1)$$

这表明符号之间的依赖关系越大，后面符号的不确定性越弱，也就是说前面给出的条件越多，得到的条件熵越小。因此通过引入上下文信息，可以得到比独立编码更好的性能。

在 HEVC 标准中，每个语法元素的概率分布不同，通常采用查表的方式进行上下文模型的初始化工作。

5.1.3　二进制算术编码

帧间预测采用算术编码的本质是为整个输入流分配一个码字，而不是对每个字符分配码字。CABAC 模型将待编码符号序列表示成 0 和 1 之间的一个区间，根据符号的概率和前一个已经被划分完的区间进行递归处理，不断缩小区间范围，输出数据时只要取最终区间中的一个二进制值就可以表示这个输入流。在理想情况下，这个二进制值的长度近似等于待编码符号序列的熵。

针对统计概率不相等的字符串，会采用常规编码模式，即首先根据语法元素上下文建模，然后结合概率模型表进行概率估计，接着进行算术编码，完成区间划分，确定区间的上下限及区间长度。最后根据前面的已编码符号为下一个待编码符号进行自适应更新。

针对统计概率近似相等的字符串，则采用旁路编码的模式。采用旁路编码模式时，无须为每个 Bin 更新概率模型，而是采用将字符取 0 和 1 的概率都设为 0.5 的方式进行固定概率编码，因此，编码复杂度大大降低。为了简化区间划分，并没有将区间长度二等分，而是将区间下限值 L 加倍。

5.2　低复杂度 HEVC 熵编码算法优化

5.2.1　变换系数熵编码优化算法的思想

HEVC 是基于块进行编码的，其中又可以分为编码单元（CU）、预测单元（PU）和变换单元（TU）。TU 的有关处理涉及大量信息，在视频编码过程中占有重要的作用。在经过一系列的预测、变换和量化处理之后，TU 中的变换系数具有非常显著的特点，即数据向左上角高度集中，也就是每个 TU 中只在左上角有少量的非零系数，其他位置的系数大部分为零。

在 HEVC 中，无论是亮度信息还是色度信息，均是以变换块的形式来进行处理的，每个变换块继续被分割为 4×4 大小的子块。在进行熵编码前，按照变换系数幅值的分布情况选择具体的扫描方式：对角扫描、水平扫描或垂直扫描。将一组变换系数转换成一维数组，并且将幅值接近的系数尽量排列在相邻的位置，从而便于建立高效的 CABAC 模型，提高编码效率。

图 5-2 所示为 4×4 子块变换系数组采用对角扫描时变换系数的扫描顺序。一个 4×4 变换单元中变换系数的处理流程如下。

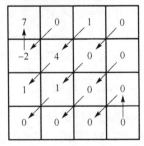

图 5-2　4×4 子块变换系数组采用对角扫描时变换系数的扫描顺序

（1）last_significant_coeff_flag_x（X）。

扫描出该变换单元中的最后一个非零变换系数的位置，将最后一个非零变换系数的水平坐标值输出。

（2）last_significant_coeff_flag_y（Y）。

传送最后一个非零变换系数的坐标 y 值。

（3）significant_coeff_flag（SCF）。

按照扫描顺序对所有在 LASTX 和 LASTY 之前的变换系数都传送一个 SCF，以此表示当前被编码的变换系数是否为零。

（4）coeff_abs_level_greater1_flag（GR1）。

假如 SCF 是 1，传送 GR1 表示当前被编码的变换系数是否大于 1。

（5）coeff_abs_level_greater2_flag（GR2）。

假如 GR1 是 1，传送 GR2 表示当前被编码的变换系数是否大于 2。

（6）coeff_abs_level_remaining（REM）。

假如该位置的 GR2 是 1，则 REM 表示该值减去 3 之后变换系数的剩余幅值；假如该位置的 GR2 是 0 且 GR1 是 1，则 REM 表示该值减去 2 之后变换系数的剩余幅值。

（7）coeff_sign_flag（SIGN）。

SIGN 表示该位置的变换系数的符号。

在标准算法 HM 中，对于图 5-2 表示的变换系数，HEVC 变换系数编码如表 5-1 所示。除 REM 和 SIGN 采用旁路编码外，其余的语法元素都通过 CABAC 常规编码来处理。

表 5-1　HEVC 变换系数编码

位　置	15	14	13	12	11	10	9	8	7	6	5	4	3	2	1	0
COE	0	0	0	0	0	0	0	0	1	0	1	4	1	0	−2	7
SCF	0	0	0	0	0	0	0	0	1	0	1	1	1	0	1	1
X	—	—	—	—	—	—	—	1	—	—	—	—	—	—	—	—
Y	—	—	—	—	—	—	—	2	—	—	—	—	—	—	—	—
GR1	—	—	—	—	—	—	—	—	0	0	0	1	0	0	1	1
GR2	—	—	—	—	—	—	—	—	—	—	—	1	—	—	—	—
REM	—	—	—	—	—	—	—	—	—	—	—	1	—	—	—	4
SIGN	—	—	—	—	—	—	—	0	—	—	—	0	—	—	1	0

由变换编码的原理可知，对于像素值变化缓慢的像素块，经过 DCT（离散余弦变换）或 DST（离散正弦变换）后，大多数能量（非零系数）都集中在左上角的低频系数中；反之，当像素块包含较多的纹理特征时，将会有较多的能量分散在高频系数区域。

BasketballDrill（832×480）是标准视频序列之一，图 5-3 所示为在不同 QP 下 Basketball Drill 的变换系数个数的分布情况。由图 5-3 可见，随着 QP 减少，非零变换系数的个数会越来越多。因此，可以将视频的量化参数 QP 作为衡量变换系数编码复杂度的标准。

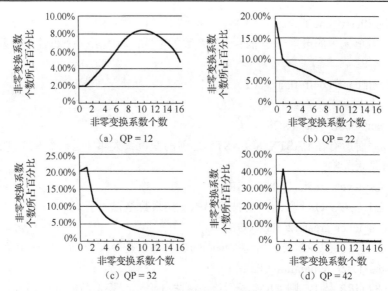

图 5-3   在不同 QP 下 Basketball Drill 的变换系数个数的分布情况

通过前面对于 CABAC 常规编码特点的描述可以发现，CABAC 常规编码具有很强的数据相关性，这使得其难以被并行处理。另外，在算术编码的区间递归处理、概率的自适应更新和上下文的选择等过程中，常规编码的计算复杂度较高，严重制约整个视频编码的效率。而旁路编码模式无须进行概率更新，编码过程相对简单。并且每个 TU 中存在大量变换系数为零的情况，没有必要继续传输后面剩余的大量零系数。在一个 4×4 大小的 TU 中，GR1 中的少量非零系数主要集中在左上角位置，而 GR2 中的非零系数出现的频率更小。因此，可以通过减少对 GR1 和 GR2 的处理来简化变换系数编码的过程。接下来的改进主要就是针对 4×4 大小的 TU 中变换系数的这一特点，围绕在视频编码复杂度高的较小的 QP 设置下如何去除其数据相关性或减少其编码字节来进行的。

在标准算法中，最后一个非零变换系数的位置信息 X、Y、SCF、GR1 和 GR2 都是采用的常规编码模式，而 SIGN 和 REM 采用的是旁路编码模式。其中，仅编码前 8 个非零变换系数的 GR1，后面的非零系数默认其 GR1 为 0；仅编码第一个非零变换系数的 GR2，后面的非零变换系数默认 GR2 为 0。

根据前面的分析可知，变换系数中非零系数的个数随着 QP 的减小而增加。因此本节算法针对 QP 较小的情况，通过减少编码 GR1 的个数达到降低熵编码复杂度的目的。具体来说，当 QP≤22 时，视频的编码复杂度较高，这时将仅处理前两个非零变换系数的 GR1，而不再编码非零系数的 GR2。同时，REM 也要进行调整，当 GR1 为 1 时，REM 表示该变换系数减 2 后的剩余幅值。采用这种方式编码变换系数可以将大量使用 CABAC 常规编码模式进行处理的变换系数转化为使用旁路编码模式来处理的变换系数。

采用两种算法编码图 5-2 中的变换系数，如图 5-4 所示。对于图 5-2 中的变换系数，采用本节算法可以节约 7 个 CABAC 常规编码模式的 Bin，而仅增加一个旁路编码模式的变换系数。

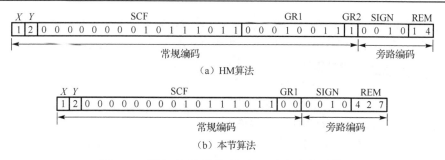

（a）HM算法

（b）本节算法

图 5-4　采用两种算法编码图 5-2 中的变换系数

5.2.2　变换系数熵编码优化算法的流程

图 5-5 所示为编码一个 4×4 变换系数组的流程，具体描述如下。

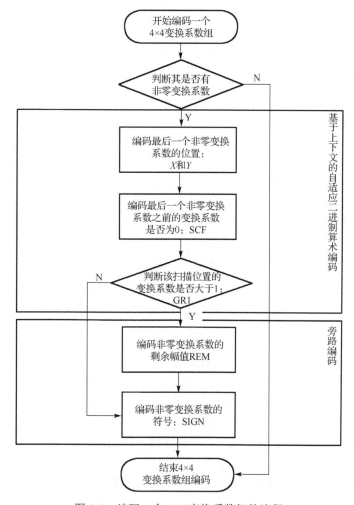

图 5-5　编码一个 4×4 变换系数组的流程

（1）首先判定该 4×4 变换系数组内有没有非零系数，假如有非零系数，则按照幅值分布情况选择扫描模式，将 16 个变换系数排列成便于处理的一维数组，进入步骤（2）；否则，跳过该系数组，进入下一个系数组进行编码。

（2）编码变换系数，编码该系数组内的最后一个非零变换系数，将其坐标记为 X 和 Y。

（3）编码最后一个非零系数之前的变换系数，若该系数是 0，则 SCF 为 0；否则，SCF 的值为 1，直到编码完该变换系数组内所有的变换系数为止。

（4）编码非零变换系数的剩余幅值，其中，编码前两个非零系数幅值的绝对值若大于 1，则 GR1 等于 1，否则，GR1 等于 0。

（5）若 GR1 等于 1，则编码该变换系数的剩余幅值；若 REM 等于该变化系数，则绝对值减 2。

（6）编码非零变换系数是正值还是负值，假如是正值，则 SIGN 为 0；假如是负值，则 SIGN 为 1。

采用本节算法可以将变换系数的剩余幅值由复杂的 CABAC 常规编码模式转换为较简单的旁路编码模式进行处理，可以更好地利用变换系数的特性来提高熵编码的效率。

5.2.3　实验结果与分析

为了验证本节算法的编码性能，对仿真实验进行如下设置。

（1）将标准测试平台 HM10.0 作为基准进行数据比对。

（2）使用 5 个级别的 12 种标准视频序列。Class A：Traffic。Class B：Kimono、BQTerrace、BasketballDrive。Class C：RaceHorsesC、BQMall、BasketballDrill。Class D：BasketballPass、BQSquare。Class E：Vidyo1、Vidyo3、Vidyo4。

（3）配置文件使用的是 encoder_intra_main。

（4）客观评价标准采用 ΔBitrate 和 T，其中，ΔBitrate 表示本节算法与 HM10.0 标准算法相比码率降低的百分比，ΔT 表示本节算法与 HM10.0 标准算法相比编码时间减少的百分比，ΔT 的计算方法为

$$\Delta T = \frac{T_{\text{Proposed}} - T_{\text{HM}}}{T_{\text{HM}}} \times 100\%$$

采用本节算法针对标准的 5 个不同级别的 12 个标准视频序列在 HM10.0 上进行测试，如表 5-2 所示。其中，配置模式使用的是全 I 帧，在量化参数 QP 分别设置为 2、12 和 22 的条件下，本节算法分别可以节约 37.31%、26.34%和 20.63%的编码时间。同时，由表 5-2 中所列举出的数据也可以看出，本节算法对于量化参数设置为较低数值的视频序列及具有较高的分辨率的视频序列来说，在节约编码时间和降低编码复杂度上具有更好的提升效果。

由图 5-3 可以看出，当 QP 的值较小时，变换系数组中不为零的变换系数的数量会增多，采用本节算法可以节约更多的 CABAC 常规编码模式的 Bin 数量，从而有效地降低编码的 Bin 数量，提高编码效率。

采用本节算法，在表 5-2 设置的条件下，将量化参数 QP 分别设置为 2、12 和 22，引起的码率增加的百分比分别是 0.81%、1.29% 和 0.95%，如表 5-3 所示。另外，由于本节算法与 HM 标准算法相比，仅改变了编码方式，并没有改变编码信息，因此其峰值信噪比是不变的。

表 5-2　本节算法的实验结果 ΔT（%）

类　别	大　小	视 频 序 列	QP=22	QP=12	QP=2
Class A	2560×1600	Traffic	−8.40	−35.51	−51.59
Class B	1920×1080	Kimono	−26.14	−6.11	−36.28
		BQTerrace	−7.47	−23.03	−39.59
		BasketballDrive	−43.08	−26.60	−44.34
Class C	832×480	RaceHorsesC	−14.22	−40.04	−12.21
		BQMall	−19.84	−26.78	−39.63
		BasketballDrill	−6.30	−34.25	−41.36
Class D	416×240	BasketballPass	−9.95	−24.86	−40.90
		BQSquare	−20.84	−56.61	−43.99
Class E	1280×720	Vidyo1	−35.47	−8.91	−26.81
		Vidyo3	−50.90	−15.46	−38.77
		Vidyo4	−4.92	−17.96	−32.22
平均值			−20.63	−26.34	−37.31

表 5-3　本节算法的实验结果 ΔBitrate（%）

类　别	大　小	视 频 序 列	QP=22	QP=12	QP=2
Class A	2560×1600	Traffic	1.00	1.32	0.88
Class B	1920×1080	Kimono	1.01	0.73	0.67
		BQTerrace	0.19	1.20	1.22
		BasketballDrive	1.78	1.39	0.33
Class C	832×480	RaceHorsesC	0.90	1.56	0.42
		BQMall	0.51	1.97	0.40
		BasketballDrill	0.76	0.79	0.40
Class D	416×240	BasketballPass	1.06	0.66	0.69
		BQSquare	0.62	0.54	0.24
Class E	1280×720	Vidyo1	0.52	1.83	1.94
		Vidyo3	0.32	1.79	2.07
		Vidyo4	1.03	1.69	2.14
平均值			0.81	1.29	0.95

图 5-6 所示为序列 BQSquare 采用两种算法的视觉比对情况，从图 5-6 中可以看出，两者并无差异。

（a）HM 算法整帧效果　　　　　　　　　　（b）本节算法整帧效果

（c）HM 算法细节效果　　　　　　　　　　（d）本节算法细节效果

图 5-6　序列 BQSquare 采用两种算法的视觉对比情况

5.3　哥伦布及等概率编码优化

旁路编码主要用于残差系数符号的编码，此外，当系数幅值较大时，经过常规编码后仍有剩余的信息未处理，这部分信息首先被转换成哥伦布-莱斯码的表示形式（二进制化），再通过等概率编码写入最终码流。本节将对上述过程进行改进，进一步提高码率估计的效率。

5.3.1　哥伦布-莱斯码

在 HEVC 标准中，哥伦布码和莱斯码通常被联合使用，即哥伦布-莱斯码，如表 5-4 所示。

表 5-4　哥伦布-莱斯码

编　号	Order k		
	$k=0$	$k=1$	$k=2$
0	0_	0_0	0_00
1	10_	0_1	0_01
2	110_	10_0	0_10
3	1110_	10_1	0_11
4	11110_0	110_0	10_00
5	11110_1	110_1	10_01
6	111110_00	1110_0	10_10
7	111110_01	1110_1	10_11
8	111110_10	11110_00	110_00
9	111110_11	11110_01	110_01
10	1111110_000	11110_10	110_10
11	1111110_001	11110_11	110_11

续表

编　　号	Order k		
	$k=0$	$k=1$	$k=2$
12	1111110_010	111110_000	1110_00
13	1111110_011	111110_001	1110_01
14	1111110_100	111110_010	1110_10
15	1111110_101	111110_011	1110_11
...	...	...	...

　　如表 5-4 所示，编码器根据 k 选择使用哥伦布码还是莱斯码，当编码值小于 3×2^k 时，使用莱斯码进行编码，否则，使用哥伦布码进行编码。变量 k 同时是莱斯码和哥伦布码的参数。通过表 5-4 可以看出，对于较小的编码值，小的 k 值具有更好的编码效果，即码长较短；而随着编码值增大，较大的 k 值具有更好的编码效果。

　　在一个 4×4 子块中，将需要进行哥伦布编码的参数按照倒序进行扫描，因此经扫描的参数序列具有递增的趋势。在子块的编码中，k 的初始值均为 0，每当编码值大于或等于 3×2^k 时，k 的值增加 1，直到 k 等于 4 为止。可以看出，k 在编码过程中是动态变化的，哥伦布编码过程依赖 k 的更新顺序执行。综上可知，设编码值为 x，残差系数中的剩余信息二进制化（哥伦布–莱斯形式）的流程如图 5-7 所示。

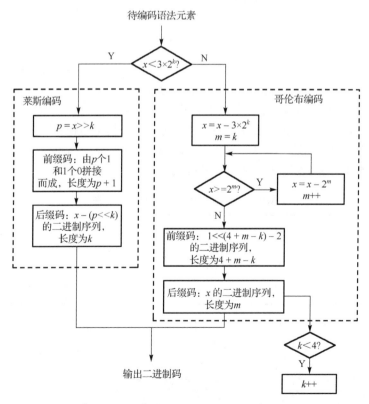

图 5-7　残差系数中的剩余信息二进制化的流程

5.3.2 哥伦布编码估计

本节针对 5.3.1 节所述的过程提出了一种码长估计方式，不需要执行编码过程即可直接估计出编码后的码长，该过程不依赖 k 值，从而使并行化处理成为可能。

从表 5-4 中的数据可以看出，对于一个编码值 x（$x<48$），设 $k=k_{opt}$ 时编码效果最好（编码后的码长最短），则 k_{opt} 应满足式（5-2）。如果编码值 x 在最优状态（k_{opt}）下编码，那么将只进行莱斯编码（不使用哥伦布编码），于是可以得出编码 x 消耗码率的最小值，对于不小于 48 的编码值，k_{opt} 只能取最大值 4。

$$3 \times 2^{k_{opt}} \leqslant x \leqslant 3 \times 2^{k_{opt}+1} \tag{5-2}$$

在理想情况下，假设所有编码值都在其对应的最优状态下进行编码，此时可以达到码率最小。但这种情况是不存在的，因为那些促使 k 值增加的编码值 x（$x=3 \times 2^k$）不可能在其最优状态下进行编码，对于这部分编码值，需要消耗的码率大于理想状态下的码率。

对于上述情况，我们采取分组讨论的方法。首先，假设每个编码值 x 都在其最优状态下进行编码，所消耗的码率为 r_{opt}，该值可通过式（5-3）计算出来。

$$r_{opt}(x) = \begin{cases} 1 & x = 0 \\ \lfloor \log_2 x \rfloor + 2 & 0 < x < 48 \\ 8 & 48 \leqslant x < 64 \\ 2\lfloor \log_2(x-48) \rfloor + 2 & x \geqslant 64 \end{cases} \tag{5-3}$$

然后，用一个常量 r_c 来补偿上述假设造成的与真实码率间的误差，显然 r_c 与当前子块中 k 增加的次数有关。虽然无法准确地知道 k 增加了多少次，但可以通过该子块中编码值的最大值——x_{max} 来进行估计，表 5-5 所示为 x_{max} 和估值之间的对应关系。

之后，由于对 r_c 和 k 增加的次数间的关系建立准确的分析模型较为复杂，在这里采用通过实验获取经验值的做法来对 r_c 进行估计：在编码器中统计实际码率的情况，并计算实际码率与 r_{opt} 的平均差异，将其作为 r_c 的近似值，如表 5-5 所示。

表 5-5　x_{max} 和估值之间的对应关系

x_{max} 的范围	k 增加的次数	r_c
$3 \leqslant x_{max} < 6$	1	1.46
$6 \leqslant x_{max} < 12$	2	3.25
$12 \leqslant x_{max} < 24$	3	4.49
$x_{max} \geqslant 24$	4	6.64

最后，对于 TU 中的一个子块，设其中进行哥伦布编码的元素可表示为 $\{x_1, x_2, \ldots, x_{n-1}, x_n\}$，则其对应的总码率可以通过式（5-4）计算出来。

$$r_g = \sum_{i=1}^{n} r_{opt}(x_i) + r_c \tag{5-4}$$

5.3.3 等概率编码过程的简化

残差系数中的剩余信息在转换成哥伦布-莱斯码的形式（二进制化）之后，再通过等概率编码（旁路编码）写入最终码流。基于 5.3.2 节所提出的方案可以直接计算出二进制化后的码长，但并没有进行实际的编码过程。哥伦布编码及等概率编码的简化流程如图 5-8 所示。

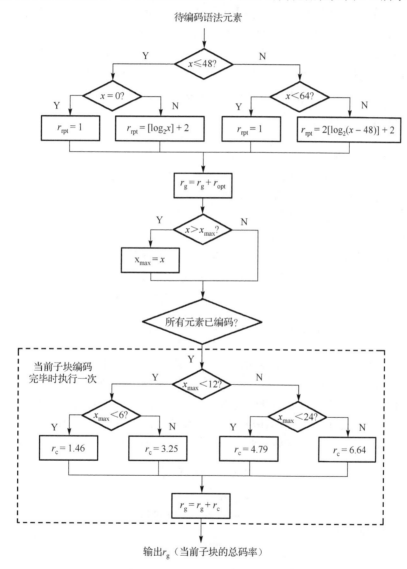

图 5-8　哥伦布编码及等概率编码的简化流程

等概率编码首先根据待编码语法元素的符号进行区间划分，在这里，每个被编码值的概率均为 1/2，以区间长度不变、下限加倍的方式实现区间二等分。然后，需要对划分后的子区间进行重归一化，以保证新的编码区间长度在合理范围内。

　　之所以进行以上操作，是因为等概率编码是 CABAC 编码的一部分，需要保持编码的结构，而用于码率估计时却不需要如此。由于等概率编码中各语法元素的概率均为 1/2，所以每输入一个编码比特，编码完成后就会有一个编码比特输出到最终码流中，即输出码率等于输入码率。因此在只需要知道所消耗的码率的 RDO 过程中，等概率编码器只需要一个计数器的功能，即统计当前单元内待编码的二元字符数，统计结果就是编码这部分元素所产生的码率。

　　在标准算法中，TU 残差系数中剩余信息的编码需经过二进制化转化为二元字符的形式，生成的二元字符再经等概率编码才能转化为最终码流，进而计算出相应的码率。综合本节所提出的方案，剩余信息的编码流程（包括哥伦布编码和等概率编码）便简化成图 5-8，该过程具有并行性，每一步都只包含简单的逻辑或算术运算，与标准算法中的迭代编码过程相比，大幅提高了编码效率。

5.3.4　实验结果与分析

　　对于 TU 中进行等概率（旁路）编码的语法元素，使用 5.3.2 和 5.3.3 节提出的算法代替原始方案进行码率估计：SIGN 直接通过简化的等概率编码方式即可计算出准确的码率，剩余信息按照图 5-8 所示的流程即可估计出编码后的码率。

　　将上述方案结合 CABAC 快速码率估计算法，同时应用在 TU 残差系数的码率估计中，测试环境如表 5-6 所示。

　　主要从以下 4 个指标来衡量实验性能：码率计算时间节省率（RateEst AST）、总编码时间节省率（Total AST）、BDBR、BDPSNR。其中，前两个指标用来衡量目标算法在时间节约方面的性能，时间节省率（Average Saving Time，AST）可以用式（5-5）表示。

$$AST[\%] = \frac{AnchorTime - TargetTime}{AnchorTime} \times 100\% \qquad (5-5)$$

　　因此，AST 是一个百分数，其中，AnchorTime 是进行对比所用的算法编码的时间，在此就是按照完整的 CABAC 流程（包括二进制化、上下文建模、区间细分、区间重归一化、突出位处理、模型更新）进行码率估计所用的时间，TargetTime 为按照目标算法进行码率估计所用的时间。在 RateEst AST 中，AnchorTime 和 TargetTime 分别对应两种方式中用于码率估计部分的时间，在 Total AST 中，AnchorTime 和 TargetTime 分别为两种方式的总编码时间。显然，AST 为正代表目标算法更节省时间。

表 5-6　测试环境

视频序列	RaceHorses_832×480_30、PartyScene_832×480_50、BQMall_832×480_50 RaceHorses_416×240_30、BQSquare_416×240_60、BasketballPass_416×240_50、BlowingBubbles_416×240_50 Johnny_1280×720_60
测试条件	QP=22,27,32,37；Low-Delay，其中，参数配置参照文献[9]
编码帧数	50 帧
性能对比	（1）标准码率计算过程：严格按照 CABAC 流程执行（5.1 节）； （2）JCTVC-G763[10]中的算法：基于查找表的快速估计； （3）本节所提出的算法：基于二进制化的快速估计

　　BDBR、BDPSNR 用来衡量所使用的算法在编码质量上的损失情况。其中，BDBR 表示在相

同编码质量下，与原始算法相比，目标算法在输出码率上的节约情况，该值为负代表目标算法在压缩率上的性能有所提升。BDPSNR 表示在相同的输出码率下，与原始算法相比，目标算法在峰值信噪比（PSNR），即编码质量上的提升情况，该值为正代表目标算法的性能有所提升。

综合算法如表 5-7 所示。

表 5-7　综合算法

视 频 序 列	Total AST/%	RateEst AST/%	BDBR/%	BDPSNR/dB
RaceHorses_832×480_30	1.809544	39.92656	2.196	−0.0902
PartyScene_832×480_50	2.575484	41.92844	3.2486	−0.1451
BQMall_832×480_50	0.164394	35.94961	2.5387	−0.1059
RaceHorses_416×240_30	2.331971	40.55905	2.0771	−0.0991
BQSquare_416×240_60	3.331771	40.61001	1.8775	−0.0801
BasketballPass_416×240_50	1.567453	35.16329	2.3821	−0.1096
BlowingBubbles_416×240_50	1.674023	36.82258	2.4374	−0.0975
Johnny_1280×720_60	1.311243	17.39351	1.2831	−0.0256
Average	1.845735	36.0441313	2.2550625	−0.09414

通过对表 5-7 中的数据分析可得：基于两种算法综合的快速码率估计算法在平均码率增加 2.26%、编码质量下降 0.09dB 的情况下，实现了总编码时间节约 1.85%、码率计算时间节约 36.04% 的效果。

由于这部分编码主要针对一些小概率事件，在整个编码体系中所占的比例较小，对整体效果的影响并不明显，且在实现时采用的是 C++的顺序执行方式，并行处理的优势并未显现出来，因此，总编码时间只降低了 2%左右。尽管如此，该实验结果也证明了码率估计算法在降低编码复杂度上有一定的效果。

参 考 文 献

[1]　Marpe D, Blättermann G. Wiegand T. Adaptive codes for H.26L[C]. ITU-T SG 16/Q.6. Eibsee, 2001:1-3.

[2]　Nguyen T, Schwarz H, Kirchhoffer H, et al. Improved context modeling for coding quantized transform coefficients in video compression[C]. Picture Coding Symposium, 2010:378-381.

[3]　Marpe D, Blättermann G, Heising G, et al. Video compression using context-based adaptive arithmetic coding[C]. International Conference on Image Processing, 2001:558-561.

[4]　Marpe D, Schwarz H, Wiegand T. Context-based adaptive binary arithmetic coding in the H.264/AVC video compression standard[J]. IEEE Transactions on Circuits and Systems for Video Technology, 2003, 13(7):620-636.

[5]　Sze V, Budagavi M. High Throughput CABAC Entropy Coding in HEVC[J]. IEEE Transactions on Circuits & Systems for Video Technology, 2012, 22(12):1778-1791.

[6]　Heo J, Ho Y S. Improved Context-Based Adaptive Binary Arithmetic Coding over H.264/AVC for Lossless Depth Map Coding[J]. IEEE Signal Processing Letters, 2010, 17(10):835-838.

[7]　Sole J, Joshi R, Nguyen, et al. Transform Coefficient Coding in HEVC[J]. IEEE Transactions on Circuits and Systems for Video Technology, 2012, 22(12):1765-1777.

[8]　Sullivan G J, Ohm J, Han W J, et al. Overview of the High Efficiency Video Coding (HEVC) Standard[J]. IEEE Transactions on Circuits and Systems for Video Technology, 2012, 22(12): 1649-1668.

[9]　Bossen F. Common HM test conditions and software reference configurations[C]. Doc.JCTVC-L1100, ITU-T SG16 WP3 and ISO/IEC JTC1/SC29WG11, Geneva, CH, 21-30 November, 2011.

[10]　Bossen F. CE1: Table-based bit estimation for CABAC[C]. Doc. JCTVC-G763, ITU-T SG16 WP3 and ISO/IEC JTC1/SC29/WG11, Geneva, CH, 21-30 November, 2011.

[11]　Shan N, Zhou W, Duan Z. A Fast CABAC Algorithm for Transform Coefficients in HEVC[C]. Processing Springer International Publishing, Algorithms and Architectures for Parallel, 2014:712-719.

[12]　单娜娜. 高性能视频编码中的低复杂度算法研究[D]. 西安: 西北工业大学, 2016.

[13]　张河山. HEVC 快速码率估计算法研究[D]. 西安: 西北工业大学, 2017.

第6章 环 路 滤 波

6.1 HEVC 中的环路滤波方法

HEVC 中的环路滤波模块包括去块效应滤波和样点自适应补偿。视频编码的变换和量化部分会给解码后的图像带来失真，主要失真包括方块效应、振铃效应、色彩偏移等。HEVC 环路滤波可以在一定程度上修复方块效应、振铃效应、色彩偏移等失真，提高视频的主观质量和率失真性能。

6.1.1 去块效应滤波

H.264 首先引入去块效应滤波用于去除方块效应。方块效应是指图像中由块边界周围的灰度值产生的不连续现象。产生方块效应的因素有两个方面：一方面是对预测后的残差进行变换和量化，量化是一种有损参考帧压缩，反量化后不能完全与原始像素对应，不同块之间的块边界的失真会更加明显；另一方面是运动补偿的参考数据的不确定性，即运动补偿的参考像素可以是同一帧不同位置的内插值，也可以是不同帧不同位置的点，因此造成预测误差，引起方块效应。方块效应是比较明显的图像失真，会对图像的主观质量产生较大的影响。HEVC 中的去块效应滤波大约可以节省 9% 的码流，并显著减少图像失真，提高图像质量。

H.264 采用低通滤波器按照宏块的扫描顺序对 4×4 块的边界进行平滑滤波处理。而 HEVC 首先以 8×8 块为基本单位进行边界判定，对需要滤波的边界进行标记，然后计算边界的滤波强度。边界判定和边界强度计算根据边界两边像素的梯度和量化参数等进行。HEVC 去块效应滤波对 8×8 块的边界进行滤波，且该边界必须为变换单元和预测单元的边界，相比于 H.264 的 4×4 块，其次数显著降低。HEVC 去块效应滤波只改变边界两边的各 3 个像素，这样可以对每条线并行进行滤波操作，即可以先对所有的垂直边界进行处理，再进行水平边界的处理，而 H.264 由于处理单位为 4×4 块，存在数据相关性，所以只能对垂直边界和水平边界交叉进行滤波。虽然 HEVC 去块效应滤波处理的边界较少，但由于 HEVC 预测单元和变换单元的尺寸都不小于 4×4，因此不会影响视频质量。

视频图像中包含真实的边界，而变换和量化也会造成图像边界两边像素的不连续性，形成"伪边界"，因此去块效应滤波过程中至关重要的一步是确定需要滤波的边界，即区分真实边界和"伪边界"。若对真实边界进行去块效应滤波，则会损失图像的细节信息，图像会变得模糊。HEVC 中需要滤波的边界主要为 CU、PU 和 TU 的边界，表示为变换单元和预测单元划分的块，在边界强度计算和滤波决策中通过与量化和预测参数的阈值进行对比，即可决定是否进行滤波及滤波的强度。

6.1.2　样点自适应补偿

在混合视频编码框架中，视频图像经过变换、量化和预测后会产生一定的失真，在编码过程中丢失一部分高频信息，解码时会出现类似吉布斯分布的波纹现象，这种失真就是振铃效应。如图 6-1 所示，圆点表示高频信息丢失后的重建像素值，虚线表示原始像素值。由于编码单元中的变换、量化等有损参考帧压缩模块会造成重建像素高频分量的损失，所以与周围像素对比，重建后当前像素中有波峰、波谷和拐点等现象，如图 6-1 中的实心点。样点自适应补偿（Sample Adaptive Offset，SAO）的主要思想是对上述现象的像素分别加上或减去不同的补偿值，使之接近原始像素，减小图像的失真。

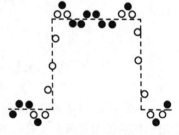

图 6-1　振铃效应

若将每个重建像素与原始像素的差值传输，将会大大增加码率。样点自适应补偿采用了一种分类补偿的方式，每一类像素对应一个补偿值，这样虽然没有完全正确地对重建像素进行修正，但是可以对很大范围内的像素进行补偿，从而改善图像质量。经过大量的实验测试，打开样点自适应补偿后，可以节约 2%～6%的码率，虽然这样从语法结构上多了 SAO 等相关参数的传输，但是可以使重建像素的失真减小，从而提高帧间预测精度并降低码率。

样点自适应补偿的分类方式有两种，边界补偿（EO）和边带补偿（BO），以 CTU 为单位，可以按照当前像素与周围像素的比较进行 EO 分类，BO 则根据本身像素的灰度值进行分类。EO 补偿的目的是对图像的边缘部分进行分类补偿；BO 则主要针对像素灰度值较集中的块进行补偿，如背景等像素灰度值变化不大的区域。另外，SAO 还包括融合模式，即当前 CTU 直接利用左邻或上邻 CTU 的 SAO 参数，无须根据当前 CTU 计算 SAO 参数。具体的算法实现将在后面进行具体描述。

6.1.3　去块效应滤波的标准算法

去块效应滤波器主要用于去除由变换和量化带来的虚假边界现象。与 H.264 类似，HEVC 也采用去块效应滤波器来去除视频图像在编解码过程中的方块效应。HEVC 去块效应滤波器主要包括边界判定、边界强度（BS）计算、滤波决策、滤波处理 4 个模块。去块效应滤波器的流程图如图 6-2 所示。

1. 边界判定

HEVC 将编码单元（CU）、变换单元（TU）、预测单元（PU）作为滤波的基本单元，去块效应滤波器对所有 PU 和 TU 的边界中的 8×8 块边界进行处理。HEVC 将一帧图像以 64×64 的 CTU 为单位进行分割，利用一种 Z 字扫描的方法，如图 6-3 所示，边界判定算法根据该 CTU 对应的深度信息（Depth）、变换信息（TransformIdx）、预测信息（Pusize）等参数递归划分标记出 CU、PU 和 TU 的边界，对需要滤波的边界进行标记。虽然 HEVC 以 8×8 块作为基本的滤波单元，但实际处理时，会将 8×8 块分成两块进行处理，将垂直边界的滤波分成两个 8×4 块进行处理，将水平边界的滤波分成两个 4×8 块进行处理。

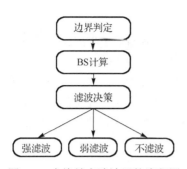

图 6-2 去块效应滤波器的流程图

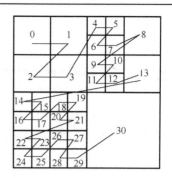

图 6-3 Z 字扫描顺序示意图

2．BS 计算

在对需要滤波的边界进行标记后，根据帧内预测模式、参考帧、变换系数是否为 0、运动矢量等参数决定边界强度的大小，图 6-4 所示为 BS 计算流程图，BS 的值为 0、1 或 2，P 和 Q 是滤波边界处的两个块。对于亮度块的边界，当 BS 等于 0 时，该边界不进行滤波，不需要进行后续计算；反之，当 BS 等于 1 或 2 时，继续计算边界的滤波类型，判断对该边界进行强滤波还是弱滤波。对于色度块的边界，滤波只有两种模式，即进行滤波和不进行滤波，当 BS 等于 0 或 1 时，无须对色度块进行后续处理；当 BS 等于 2 时，需要对色度块进行滤波处理。

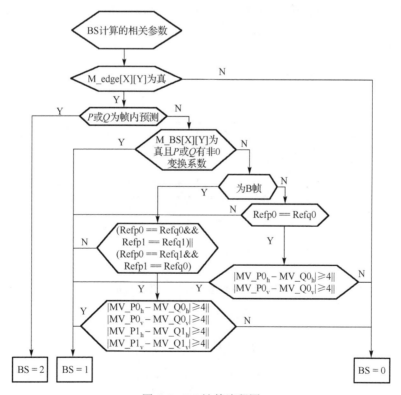

图 6-4 BS 计算流程图

3. 滤波决策

（1）滤波开关判断。如果 BS 大于 0，则需要进一步判断该边界的滤波类型。一般如果边界两边的像素值相对平滑，但是边缘处像素值的变化较大时，如图 6-5（a）所示，则该边界需要滤波。因为边界处呈现出明显的不连续性，人眼可以很清楚地识别出来。另外，如果对所有边界进行滤波处理，会减弱某些区域该有的纹理信息。图 6-5（b）所示为典型的不需要滤波的边界。滤波决策模块就是根据边界两边像素的变化信息来判定该边界是否需要进行滤波操作的。

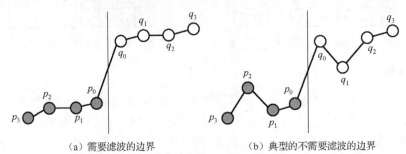

（a）需要滤波的边界　　　　　　（b）典型的不需要滤波的边界

图 6-5　图像中的块边界

由上述信息可知，实际的滤波操作是以 8×4 或 4×8 块为单位的。如图 6-6 所示，px_y 和 qx_y 分别为边界两边的像素，滤波操作仅对边界两边各三个像素进行更新，像素的变化幅度的计算如式（6-1）～（6-4）所示，$dp0$ 和 $dq0$ 表示 P 块和 Q 块第一行像素的变化，同理，$dp3$ 和 $dq3$ 表示 P 块和 Q 块第四行像素的变化。

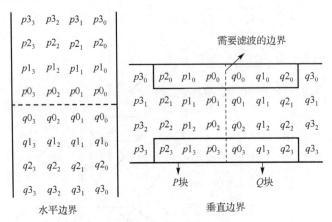

图 6-6　滤波边界有关像素的分布

$$dp0 = \left| p2_0 - 2p1_0 + p0_0 \right| \tag{6-1}$$

$$dp3 = \left| p2_3 - 2p1_3 + p0_3 \right| \tag{6-2}$$

$$dq0 = \left| q2_0 - 2q1_0 + q0_0 \right| \tag{6-3}$$

$$dq3 = \left| q2_3 - 2q1_3 + q0_3 \right| \tag{6-4}$$

边界的整体纹理度 d_{pq} 的计算方法如式（6-5）所示，该边界的纹理度越大，表示边界周围的区域越不平坦，当纹理度达到一定值时，则不需要进行滤波，设 β 为滤波开关的阈值，若 $d_{pq} < \beta$，表示打开滤波开关，若不满足该条件，则不进行滤波。其中，β 值的大小与 P 块和 Q 块的量化参数 QP 有关，利用查表的方法可以得出 β 的值。

$$d_{pq} = dp0 + dp3 + dq0 + dq3 \tag{6-5}$$

（2）滤波强弱判断。在滤波开关打开后，需要进一步计算，确定滤波的强度。一般情况下，边界两边的像素越平坦，人眼视觉上感知边界处的方块效应就会越明显，该块边界就需要较大幅度的修正。当边界处的像素差值在一定范围内时，则进行滤波。因为失真一般会处于合理范围内，所以当差值较大时，一般考虑为视频图像的纹理本身。边界强度的判定方法如式（6-6）所示，其中，T_c 为边界处像素值的变化阈值，其大小与量化参数 QP 有关。

$$
\begin{aligned}
&2 \times (dp0 + dq0) < (\beta >> 2) \\
&|p3_0 - p0_0| + |q0_0 - q0_3| < (\beta >> 3) \\
&|p0_0 - q0_0| < (5 \times T_c + 1) >> 1 \\
&2 \times (dp3 + dq3) < (\beta >> 2) \\
&|p3_3 - p0_3| + |q0_3 - q3_3| < (\beta >> 3) \\
&|p0_3 - q0_3| < (5 \times T_c + 1) >> 1
\end{aligned} \tag{6-6}
$$

4．滤波处理

HEVC 中的亮度滤波包括强滤波和弱滤波，而色度块只有一种滤波方式。HEVC 规定：在滤波过程中，首先进行垂直边界滤波，然后进行水平边界滤波，两种滤波的计算方法相同。

（1）亮度强滤波。进行亮度强滤波时会对 4 行像素依次进行处理，且更新边界两边各 3 个像素，式（6-7）表示亮度强滤波中第一行像素的更新，其余行像素的处理方法与其类似。

$$
\begin{aligned}
p0_0' &= (p2_0 + 2 \times p1_0 + 2 \times p0_0 + 2 \times q0_0 + q1_0 + 4) >> 3 \\
q0_0' &= (p1_0 + 2 \times p0_0 + 2 \times q0_0 + 2 \times q1_0 + q2_0 + 4) >> 3 \\
p1_0' &= (p2_0 + p1_0 + p0_0 + q0_0 + 2) >> 2 \\
q1_0' &= (p0_0 + q0_0 + q1_0 + q2_0 + 2) >> 2 \\
p2_0' &= (2 \times p3_0 + 3 \times p2_0 + p1_0 + p0_0 + q0_0 + 4) >> 3 \\
q2_0' &= (p0_0 + q0_0 + q1_0 + 3 \times q2_0 + 2 \times q3_0 + 4) >> 3
\end{aligned} \tag{6-7}
$$

（2）亮度弱滤波。亮度弱滤波只对边界两边各一个像素进行处理，首先按照式（6-8）计算边界两边像素的变化值 Δ，若满足式（6-9），则无须对该行像素进行处理，若不满足式（6-9），则计算式（6-10），求出变化值。

$$\Delta = (9 \times (q0_0 - p0_0) - 3 \times (q1_0 - p1_0) + 8) >> 4 \tag{6-8}$$

$$|\Delta| \geq T_c \times 10 \tag{6-9}$$

$$\Delta = \mathrm{Clip3}(-T_c, T_c) \tag{6-10}$$

　　然后计算参数 $dEp1$ 和 $dEp2$，用于确定滤波像素的位置：若式（6-11）成立，则 $dEp1=1$，利用式（6-12）对像素 $p1_0$ 进行处理，否则利用式（6-13）对像素 $p0_0$ 进行处理。

$$dp0 + dp3 < (\beta + (\beta >> 1)) >> 3 \tag{6-11}$$

$$\Delta_p = \text{Clip3}(-(T_c >> 1), T_c >> 1, (((p2_0 + p0_0 + 1) >> 1) - p_{1,0} + \Delta) >> 1)$$
$$p'1_0 = \text{Clip1}Y(p1_0 + \Delta_p) \tag{6-12}$$

$$p'0_0 = \text{Clip1}Y(p0_0 + \Delta) \tag{6-13}$$

　　若式（6-14）成立，则 $dEq1=1$，会对像素 $q1_0$ 进行处理，如式（6-15）所示；否则对 $q0_0$ 进行处理，如式（6-16）所示。

$$dq0 + dq3 < (\beta + (\beta >> 1)) >> 3 \tag{6-14}$$

$$\Delta_q = \text{Clip3}(-(T_c >> 1), T_c >> 1, (((q2_0 + q0_0 + 1) >> 1) - q1_0 - \Delta) >> 1)$$
$$q'1_0 = \text{Clip1}Y(q1_0 + \Delta_q) \tag{6-15}$$

$$q'0_0 = \text{Clip1}Y(q0_0 - \Delta) \tag{6-16}$$

　　（3）色度滤波。在 BS 计算模块中，若 BS>2，则进行色度滤波。如图 6-7 所示，色度滤波只对边界两边的像素 $p0_0$ 和 $q0_0$ 进行修正，具体计算方法如式（6-17）所示。

$$\Delta = \text{Clip3}(-T_c, T_c, ((q0_0 - p0_0) << 2 + p1_0 - q1_0 + 4) >> 3)$$
$$p'0_0 = \text{Clip1}C(p0_0 + \Delta)$$
$$q'0_0 = \text{Clip1}C(q0_0 + \Delta) \tag{6-17}$$

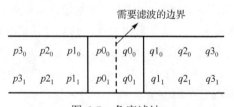

图 6-7　色度滤波

6.1.4　样点自适应补偿的标准算法

　　以 CTB 为单位，根据原始像素和去块效应滤波后的像素在不同的分类模式下自适应地选出最优的补偿值，并计算和比较对应模式下率失真代价的大小，然后选择率失真代价最小的 SAO 模式。SAO 模式包括边界补偿和边带补偿。

1. 边界补偿

　　边界补偿（EO）是指根据当前像素与周围像素的比较进行分类，根据边界方向计算补偿值。考虑到复杂度和编码效率，EO 包括 EO_0（水平方向）、EO_1（垂直方向）、EO_2（135°方向）、

EO_3（45°方向）4 种，如图 6-8 所示。其中，C 为当前像素，A 和 B 为相邻像素。根据 C 与 A 和 B 之间的大小关系可以分成 4 类，即每种 EO 模式对应 4 种不同的类别，如图 6-9 所示，对于类别 1 和类别 2，像素 C 位于波谷，则加上正补偿值；对于类别 3 和类别 4，像素 C 位于波峰，则加上负补偿值，若不属于这 4 种类别，则不进行补偿。这种分类方式表明了 EO 的目的是减小当前像素与周围像素的差值。对于一个 CTB 而言，对这 4 种 EO 模式进行遍历，选出率失真最优的一组 SAO 参数，在同一种类别下，所有像素对应同一个补偿值。为了减小相关信息的传输量，在 HEVC 中，EO 类型对像素的分类在编码端和解码端分别进行计算，只将 SAO 类型和补偿值传输到解码端，虽然这种编码方式会导致计算量增加，但显著减小了码率。

　　JCTVC-G680 的结果表明，在 EO 模式下，90%以上的补偿值符号与类别相匹配。根据这一规律，在 EO 模式下，按照不同的类别对补偿值的符号进行限制，即类别 1 和类别 2 的补偿值符号均为正，类别 3 和类别 4 的补偿值符号均为负。因此，EO 模式只需对补偿值的绝对值进行熵编码即可，解码器将根据类别判断出补偿值的符号，这样可以减小码率。

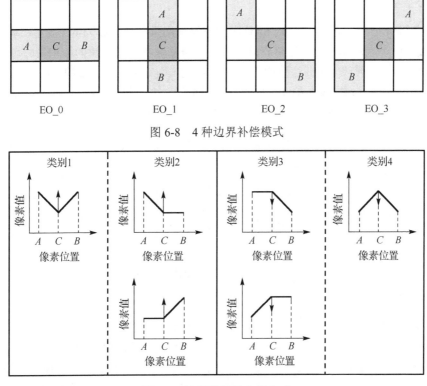

图 6-8　4 种边界补偿模式

图 6-9　边界补偿的分类方式

2．边带补偿

　　边带补偿（BO）是指将像素的灰度值分成 32 个边带，对于位深度为 8 的像素，大小范围为 0～255，如图 6-10 所示，每个边带包含 8 个像素值，则第 i 条边带的像素值范围是[8i, 8i+7]，i

的取值范围为$[0, 31]$，在一个 CTU 中，根据每个边带对应的重建像素值与原始值之差计算出相应的补偿值。一般来说，在一个 CTU 范围内，像素灰度值的波动范围很小，大部分像素会集中在几个边带中，BO 类型选择 4 个连续的边带，只对属于这 4 个边带的像素进行补偿，32 个边带一共可以组成 29 组 4 个连续的边带，选择率失真最优的一组边带，并将对应的补偿值和边带开始的位置传递到解码端。

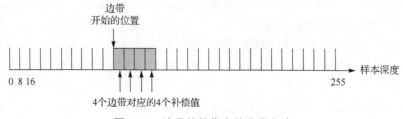

图 6-10　边带补偿像素的分类方式

3．SAO 参数融合

SAO 参数融合是指当前 CTU 块的 SAO 参数直接使用上邻块（merge-up）或左邻块（merge-left）的 SAO 参数，而不利用本身的像素进行计算，只需传输参考了哪个块的标识符即可。SAO 参数融合示意图如图 6-11 所示。需要注意的是，Y、Cr、Cb 均参考 merge 块的 SAO 参数，即只要表明 SAO 类型为 merge-up 或 merge-left，则当前编码单元（C）的所有 SAO 参数均从参考块（A 或 B）直接复制。这种 SAO 参数融合模式有效地减小了参数决策的计算量和需要编码传输的数据量，降低了码率。

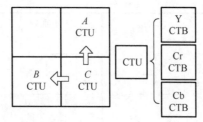

图 6-11　SAO 参数融合示意图

4．率失真优化算法

率失真优化（RDO）是视频编码中的一种编码参数选择算法，其作用是在一定的编码比特数下选择最优编码参数使视频的失真最小，或者给定视频质量使编码比特数最少。SAO 模式选择通过率失真优化计算后选择最优的一组，包括各种模式下补偿值的计算、BO 条带初始位置的选择、new 模式的选择和整体 SAO 模式的选择等，目的是使处理后的像素尽可能逼近原始像素，在边缘区域或平滑区域提高图像的视觉质量。SAO 模式判别中需要多次 RDO 计算，计算复杂度非常高，因此 SAO 使用一种快速率失真优化算法，进而降低基于率失真优化的 SAO 模式选择的计算复杂度。

$$D_{pre} = \sum_{k \subset C} (s(k) - x(k))^2 \tag{6-18}$$

在式（6-18）中，D_{pre} 表示标准像素与重建像素之间的失真，k 表示像素的位置，$s(k)$ 为原始像素值，$x(k)$ 为重建像素值，即去块效应滤波后的像素值。在式（6-19）中，D_{post} 表示原始像素与 SAO 处理后的像素的失真，h 表示补偿值。式（6-20）为 D_{post} 与 D_{pre} 的差值计算，其中，N 表示像素个数，E 表示原始像素和重建像素的差值的累加和，如式（6-21）所示。

$$D_{\text{post}} = \sum_{k \subseteq C} (s(k) - (x(k) + h))^2 \qquad （6-19）$$

$$\Delta D = D_{\text{post}} - D_{\text{pre}} = \sum_{k \subseteq C} (h^2 - 2h(s(k) - x(k))) = Nh^2 - 2hE \qquad （6-20）$$

$$E = \sum_{K \subseteq C} (s(k) - x(k)) \qquad （6-21）$$

$$\Delta J = \Delta D + \lambda R \qquad （6-22）$$

基于上述方法，在 SAO 模式选择中采用的率失真优化计算式为式（6-22）。其中，λ 表示拉格朗日乘子，R 为对应 SAO 参数的编码比特数。在 EO 或 BO 模式补偿值的计算过程中，R 与补偿值的绝对值有关。以 EO 模式为例，假设图 6-9 中的 4 种类别对应的累计差值和的数量分别为 diff(x) 和 count(x)（x=0,1,2,3），如式（6-23）所示，首先计算得到 diff(x) 和 count(x) 相除后的值为 a，然后式（6-24）对 a 取整得到初始补偿值 tempoft，取整后建立补偿值候选列表，如表 6-1 所示。应保证补偿值的绝对值不大于 7，对补偿值进行限幅，以显著减小码率。

$$a = \frac{\text{diff}(x)}{\text{count}(x)} \qquad （6-23）$$

$$\text{tempoft} = \begin{cases} (\text{int})(a + 0.5), & a > 0 \\ (\text{int})(a - 0.5), & a < 0 \end{cases} \qquad （6-24）$$

表 6-1 SAO 中 new 模式下的补偿值候选列表

tempoft 范围	<−7	−7～0	0～7	>7
候选补偿值 i	−7～−1	tempoft～−1	1～tempoft	1～7
EO 模式下 R 值的计算式	$R=|i|+1$			
BO 模式下 R 值的计算式	$R=|i|+2$			

EO 或 BO 模式下补偿值的选择流程图如图 6-12 所示，对补偿值候选列表进行遍历，在补偿值选择部分的率失真优化算法中，R 值只需考虑补偿值的绝对值即可，图 6-12 以候选补偿值 i 的绝对值进行判定。如果为 EO 模式下对应的补偿值计算，则 R 值为 i 的绝对值加 1，BO 模式下则为 i 的绝对值加 2。然后计算率失真代价 J，并与最小率失真代价 J_{min} 进行比较，其中，J_{min} 的初始值为补偿值为 0 时的结果，如果当前 J 小于 J_{min}，则对 J_{min} 进行更新，并保存对应的补偿值，然后判断当前补偿值候选列表是否遍历完成，若未完成则继续进行遍历，否则输出最终的补偿值 oft。

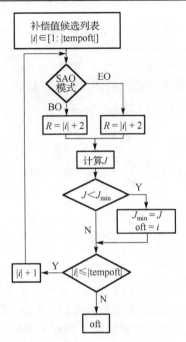

图 6-12　EO 或 BO 模式下补偿值的选择流程图

在其余的 SAO 参数选择中，R 利用熵编码进行计算。在最终进行 SAO 模式的决策时，选择率失真代价最小的 SAO 模式。

6.2　基于视觉感知的 HEVC 环路滤波算法优化

6.2.1　算法的思想

现在很多视频相关的研究在尝试将视觉显著性的有关理论和模型相结合。Li 等通过检测视频中的视觉显著性区域，提出了基于视觉注意机制的比特分配视频编码算法，可以比使用标准的比特分配算法达到更好的主观视觉效果。姚军财等利用人眼的视觉感知特性，分别从视频的色度、亮度、目标运动特点和对比度 4 方面提取特征，分别计算它们的强度，建立视觉感知模型，计算视频质量评价的分数。

对于样点自适应补偿，目前主要有两方面：一方面是在统计阶段需要处理大量的像素点；另一方面是率失真优化的计算复杂度高。因此，本节将从视觉显著性的角度来优化样点自适应补偿的相关算法，减少样点自适应补偿需要处理的像素点，降低其率失真优化的复杂度。

图 6-13（a）是标准的视频序列 BasketballPass（大小为 416×240，帧率为 50fps）中的某一帧，采用文献[4]中的视觉显著性模型对该视频进行建模，可以生成与其对应的视觉显著性图，如图 6-13（b）所示。在图 6-13（b）中可以看到，红色的、亮度大的区域的显著性较大，这是人眼较为关注的区域；而深蓝色的、亮度小的区域的显著性较小，这属于人眼不太关注的区域。

（a）视频序列中的某一帧　　　　　　　　　（b）视觉显著性图

图 6-13　视频序列中的某一帧及其视觉显著性图（见彩插）

通过统计标准视频序列 BQMall（大小为 832×480，帧率为 60fps）中某一帧 CTU 的视觉显著性的平均值和 SAO 补偿为非零值的情况可以得到图 6-14。由图 6-14 可以看出，在视觉显著性较小的区域，经过一系列复杂的样点自适应补偿处理之后，大多数的 SAO 补偿值为 0。因此，可以根据视觉显著性和样点自适应补偿的特点及它们之间的关系将视频每一帧中的区域分为人眼关注区域和非关注区域，并分别对其进行样点自适应补偿处理。

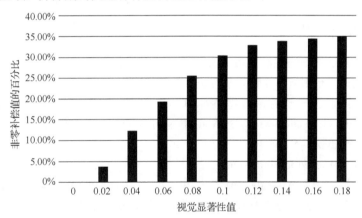

图 6-14　视觉显著性值和非零补偿值的百分比

6.2.2　算法的流程

在 HM16.0 标准的样点自适应补偿算法中，SAO 补偿的处理对象是每个像素点（包含一个亮度分量和两个色度分量）。由于所有像素点都要经过边界补偿模式、边带补偿模式及 SAO 参数融合模式的遍历，在每个边界补偿模式下还要分别计算其不同的种类，因此 SAO 的编码复杂度极高。下面以 CTU 为基本处理单位，首先根据视觉显著性模型分别计算每个像素的显著性值，并根据像素的显著性值求得 CTU 的显著性均值 S_T，然后将视频按照其显著性特点分为非显著性区域和显著性区域。对于非显著性区域而言，人眼可以觉察到的变化并不明显，可以不进行 SAO 处理；而显著性区域的像素的变化较剧烈，人眼较为关注，应对其进行标准的样点自适应补偿处理并进行率失真代价比较，从而选择最优的补偿值。

由图 6-14 可以看出，当视觉显著性值为 0.10 时，已经有 30.42% 的样点自适应补偿值非零，并且当视觉显著性大于 0.10 时，非零补偿值所占的百分比的增长速度在逐渐变缓，因此，将 0.10 设为判定 SAO 强度的阈值。

基于视觉显著性的 SAO 流程如图 6-15 所示，具体表述如下。

（1）根据视觉显著性模型生成视觉显著性图。

（2）根据视觉显著性图得到 CTU 内每个像素的视觉显著性值。

（3）求得每个 CTU 的平均视觉显著性值，记为 S_T。

（4）若 $S_T \leqslant 0.10$，则该 CTU 为非显著性区域，不需要进行样点自适应补偿；若 $S_T > 0.10$，则该 CTU 为显著性区域，需要进行样点自适应补偿，按照标准流程进行 SAO 处理即可。

（5）进行下一步的熵编码。

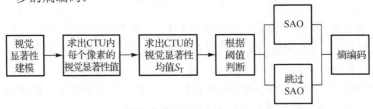

图 6-15　基于视觉显著性的 SAO 流程

6.2.3　实验结果与分析

为了验证本节算法的编码性能，仿真实验做出了如下设置。

（1）将标准测试平台 HM16.0 作为基准进行数据比对。

（2）使用 5 个级别的 12 个标准视频序列。Class A：Traffic。Class B：Kimono、BQTerrace、BasketballDrive。Class C：RaceHorsesC、BQMall、BasketballDrill。Class D：BasketballPass、BQSquare。Class E：Vidyo1、Vidyo3、Vidyo4。

（3）配置文件使用 encoder_intra_main。

（4）客观评价标准采用 ΔBitrate、ΔPSNR 和 ΔT，其中，ΔPSNR 为负值表示环路滤波算法相对于标准的 HM16.0 算法峰值信噪比有所下降，ΔBitrate 为正值表示本节算法相对于标准的 HM16.0 算法码率有所增加，ΔT 为负值表示本节算法相对于标准的 HM16.0 算法编码时间有所减少。ΔT 的计算方法为

$$\Delta T = \frac{T_{\text{Proposed}} - T_{\text{HM}}}{T_{\text{HM}}} \times 100\% \tag{6-25}$$

1．客观评价

实验结果如表 6-2 所示，其中，配置模式使用的是全 I 帧，量化参数 QP 设置为 32。在亮度分量峰值信噪比（PSNR）的减少量、码率（BR）减少的百分比和编码时间（T）减少的百分比 3 方面对本节算法与 HM16.0 标准算法的数据进行比对。

通过表 6-2 中的数据可以看出，本节算法与 HM16.0 标准算法相比，PSNR 平均减小了 0.0019dB，BR 平均增加了 0.02%，编码时间平均减少了 27.02%。也就是说，本节算法可以有效降低 SAO 的编码时间，而码率仅有小幅度的增加，峰值信噪比也仅有极小幅度的下降。

表 6-2　实验结果

类　　别	尺　寸	视 频 序 列	ΔPSNR/dB	ΔBR/%	ΔT/%
Class A	2560×1600	Traffic	−0.0007	0.01	−41.84
Class B	1920×1080	Kimono	−0.0013	0.01	−36.53
		BQTerrace	−0.0011	0.01	−33.44
		BasketballDrive	−0.0010	0.01	−32.09
Class C	832×480	RaceHorsesC	−0.0013	0.01	−26.45
		BQMall	−0.0019	0.01	−29.31
		BasketballDrill	−0.0021	0.01	−26.29
Class D	416×240	BasketballPass	−0.0034	0.03	−21.08
		BQSquare	−0.0025	0.02	−16.29
Class E	1280×720	Vidyo1	−0.0036	0.03	−21.60
		Vidyo3	−0.0011	0.02	−15.79
		Vidyo4	−0.0026	0.02	−23.53
平均值			−0.0019	0.02	−27.02

2．主观评价

当将量化参数 QP 设置为 32 时，分别采用 HM16.0 算法和本节算法对视频序列 BQMall （832×480）中某一帧整体的主观编码效果进行比较，可以得到图 6-16（a）和图 6-16（b）。图 6-16 （c）和图 6-16（d）是选取了某些细节部分之后进行的主观编码效果的比较。可以看出，由于本节算法是建立在视觉显著性模型上，对非显著区域适当地减少样点自适应补偿而处理的，因此在有效降低编码复杂度的同时，几乎不会影响视频的主观质量。

（a）HM16.0 算法的整帧效果

（b）本节算法的整帧效果

（c）HM16.0 算法的细节效果

（d）本节算法的细节效果

图 6-16　HM16.0 算法与本节算法的编码效果的比较

6.3 基于深度学习的 HEVC 环路滤波算法优化

样点自适应补偿是 HEVC 标准中为了降低振铃效应而采用的一种新编码技术。在 HEVC 标准中，SAO 以 CTB 为基本单位，通过解析去块效应滤波后的重构图像的统计信息将重构像素划分类别，然后对不同类别的像素使用合适的补偿值。SAO 包括两大类补偿形式，分别是边界补偿和边带补偿。除此之外，SAO 还引入了参数融合技术。

6.3.1 基于卷积神经网络的样点自适应补偿算法

虽然 HEVC 中的样点自适应补偿算法平均可以节省 1.9%～6.2%的码率，但由于其边界补偿中对于同一种类的像素值必须采用相同的补偿值，且边带补偿中仅考虑相邻的 4 条边带，所以其滤波效果并未达到最优。因此仍可对样点自适应补偿算法进行改进，最大化降低重构像素与原始像素之间的失真。

超分辨率（Super-Resolution）重构技术是指根据低分辨率图像重建出相应的高分辨率图像。目前，深度学习中的卷积神经网络在超分辨率图像重构中已得到广泛应用，并且带来了显著的性能提升。基于卷积神经网络的超分辨率图像重构算法的一般过程制作包含大量低分辨率输入与对应高分辨率标签的数据集，然后设计卷积神经网络结构，使用该数据集对网络结构中的参数进行训练调优，最终生成高映射、低分辨率关系的网络模型。超分辨率重构的过程可以理解为对模糊图像进行降噪、清晰化处理的过程，而样点自适应补偿技术的根本目的在于降低编码后的重构图像与原始图像之间的失真，因此利用卷积神经网络的超分辨率重构方法，通过网络训练进行端到端的学习，亦可建立起样点自适应补偿过程中输入的重构图像与原始图像之间的映射关系，如图 6-17 所示。

图 6-17（a）给出了基于卷积神经网络的超分辨率重构算法中经典的极深网络超分辨率技术（Very Deep Network Super Resolution，VDSR）的网络结构示意图，该结构由 Kim 等提出，通过建立深度为 20 层的卷积神经网络，增加网络参数的数量及网络层数，扩大了输入图像的感受野，最终获得了更多的图像性能提升。在图 6-17（b）中，样点自适应补偿过程中的原始图像可视作图 6-17（a）中的高分辨率图像，而重构图像可视作图 6-17（a）中放大至与高分辨率图像尺寸相同的低分辨率图像。

本节将结合 HEVC 的编码特性，研究基于卷积神经网络的样点自适应补偿算法。下面将详细介绍基于卷积神经网络的样点自适应补偿算法的研究过程。

1. 数据集的制作

用以进行深度学习的数据集一般包含训练集和测试集。其中，训练集用来训练模型，确定模型参数；而测试集则用于评估和检验网络模型的性能，即测试网络模型的泛化能力。在深度学习中，卷积神经网络的训练过程是监督学习的过程，所谓监督学习，是指利用大量的输入数据与其对应标签的样本对来不断学习输入数据与标签之间的映射关系，进而逐步调整网络模型中的参数，使其达到所要求的性能的过程。因此需要分别准备训练集与测试集的输入数据与标签。

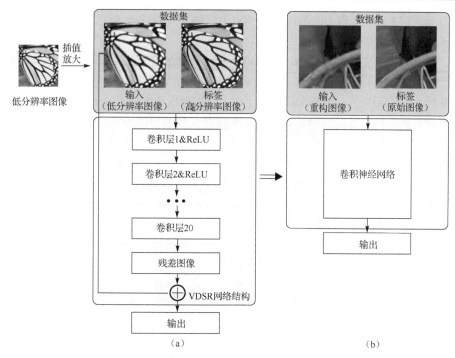

（a）　　　　　　　　　　　　　　　　（b）

图 6-17　利用 CNN 进行超分辨率重构与样点自适应补偿的类比示意图

在一帧图像中，随着图像区域位置的变化，其相应的特征也不相同，同时为保证最终的模型适用于不同分辨率的视频序列，数据集采用分割成同等尺寸的图像块而不是某一分辨率下的整帧图像作为输入数据。在 HEVC 中，SAO 将整帧图像划分为多个 CTB，以 CTB 为基本单位进行信息统计与补偿滤波。为保持与 HEVC 中编码块的结构的一致性，便于后续的部署应用，用于卷积神经网络训练的数据集同样采用 64×64 大小的 CTB。由于人眼对图像中的亮度信息更为敏感，下面仅对亮度 CTB 的样点自适应补偿算法进行优化研究。

在制作数据集之前，需要明确该卷积神经网络需要优化的对象及最终的优化目的，以确定数据集的输入数据与标签。HEVC 样点自适应补偿模块的编码器结构如图 6-18 所示。从图 6-18 中可以看出，SAO 的输入数据为去块效应滤波后的重构图像及对应的原始 YUV 视频数据，最后输出的参数通

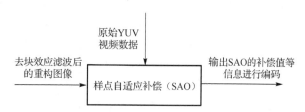

图 6-18　HEVC 样点自适应补偿模块的编码器结构

过熵编码器进行编码、传输。因此可以提取去块效应滤波后的重构图像作为数据集中的输入数据，采集该重构图像对应的原始图像作为输入数据对应的标签。

训练卷积神经网络需要丰富的样本数据来拟合复杂的函数关系，使网络模型获得更全面的目标特征。这里使用 HEVC 官方提供的 PeopleOnStreet（2560×1600）、Traffic（2560×1600）、BasketballDrive（1920×1080）、BQTerrace（1920×1080）、FourPeople（1280×720）、Johnny（1280×720）、

BasketballDrill（832×480）和 BQMall（832×480）4 种分辨率的 8 个视频序列制作训练集与测试集，以保证数据集内容的多样性。

在第 2 章中提到了在视频编码中，量化过程不可避免地会带来失真，直接影响视频的图像质量与码率，因此量化是 HEVC 中极其重要的处理环节。当量化步长比较大时，提高压缩效率，相应地会造成较大的图像失真；当量化步长较小时，可以保留更多的图像细节，但降低失真的同时，压缩效率也会有所下降。因此本节考虑到量化参数对视频编码的影响，针对 QP=22,27,32,37 的情况，共制作了 4 组数据集。

在 HM13.0 的开源代码框架中进行全帧内环境配置，输入上述视频序列，分别在 QP=22,27,32, 37 的情况下进行 HEVC 帧内编码。当编码流程进行到去块效应滤波模块处理后，提取输出的重构亮度 CTB 与对应的原始亮度 CTB，将其像素值保存为 opencv 中的 mat 形式。图 6-19 所示为 SAOCNN 数据集的示例。

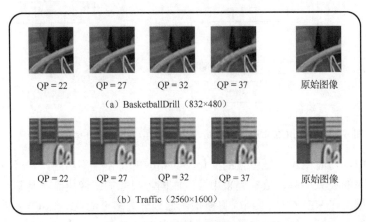

QP = 22　　QP = 27　　QP = 32　　QP = 37　　原始图像
（a）BasketballDrill（832×480）

QP = 22　　QP = 27　　QP = 32　　QP = 37　　原始图像
（b）Traffic（2560×1600）

图 6-19　SAOCNN 数据集的示例

分辨率不同会导致不同视频中的 CTB 数量差异较大。对于 832×480 的视频序列，可提取 91 个完整的亮度 CTB，而 2560×1600 的视频序列可以提取 1000 个亮度 CTB。在制作数据集时，需要尽可能地排除由于人工行为带来的数据偏向性。因此，为保证数据集的均匀化与自然化，从每个视频的 0～99 帧中提取所有亮度分量的重构 CTB 后，在每一帧中随机抽取 90 个 CTB，然后将最终采集的所有输入 CTB 与标签 CTB 进行混合得到训练集，则训练集共有 8×100×90=72 000 个样本对。采用同样的方法从每个视频的 100～149 帧中制作测试集，最终可获得 8×50×90=36 000 个测试数据。将训练集与测试集中的输入与标签分别从 mat 格式转为 lmdb 格式进行保存，准备进行网络结构的设计与训练优化。

2．网络结构的设计与训练优化

VDSR 网络结构采用了 20 个卷积层，虽然对模型的性能有所提升，但在网络应用时会带来大量的计算复杂度。为了不过多地增加 HEVC 的编码时间，本节对 VDSR 的网络结构进行了精简，设计了适用于样点自适应补偿算法的卷积神经网络（Sample Adaptive Offset Convolutional Neural Network，SAOCNN），如图 6-20 所示。

　　本节设计的 SAOCNN 减少了 VDSR 网络的卷积层数及卷积核个数，从而降低了网络需要训练的参数数量，即 SAOCNN 的网络结构相较于 VDSR 更加轻便。

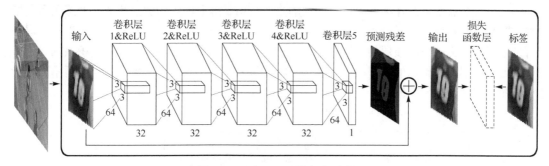

图 6-20　SAOCNN 的网络结构

　　如图 6-20 所示，SAOCNN 采用了 5 层卷积层，前 4 层卷积层全部采用 32 通道的 3×3 卷积核进行特征提取与非线性映射的学习，用 $F_n(x)$ 表示第 n 个卷积层 n&ReLU 的输出，n 的取值范围为 [1,4]，对于前 4 个卷积层，n&ReLU 均可表示为：

$$F_n(x) = \max(0, W_n \times F_{n-1}(x) + B_n) \tag{6-26}$$

其中，W_n 和 B_n 分别代表该卷积层中的滤波器的权重和偏差，W_n 的大小为 $c×f×f×m$；c 是输入图像的通道数，由于采用的数据仅为亮度分量，所以通道数 c 为 1；f 是卷积核的大小，此外为 3；m（每层网络卷积核的数量）为 32。B_n 是一个 32 维的向量，每个元素都与一个卷积核有关。卷积操作最终会输出 32 张特征图，然后采用修正线性单元（Rectified Linear Unit，ReLU），即 $\max(0, f(x))$ 函数进行激活。在上式中，$F_0(x)$ 与 x 相等，表示第一层的输入。

　　对于图 6-20 中的卷积层 5，采用单通道的 3×3 滤波器进行图像重建，即将 32 维的特征图像转换为 1 维残差图像。进行卷积操作后不需要对其进行激活操作。可表示为式（6-27）：

$$F_5(x) = W_5 \times F_4(x) + B_5 \tag{6-27}$$

其中，W_5 的大小为 32×3×3×1，B_5 是一个 1 维向量。

　　需要注意，在卷积层 5 输出特征图后，由于网络训练采用的是残差学习，需要将预测残差与网络输入图像对应的像素点相加，因此在卷积过程中需要对每一层的输入进行补零操作，以保证所有卷积层输出的特征图的大小均为 64×64。

　　在网络的训练过程中，需要将图 6-20 中的输出（残差+输入）与标签传递至损失函数层进行计算，逐步降低损失，对网络参数迭代优化。而在应用网络模型时，不需要损失函数层，因此图 6-20 中的损失函数层用虚线表示。若给定训练集 $\{x_i, y_i\}_{i=1}^N$，由于 SAOCNN 的最终目标是预测重构图像的像素值，为回归任务，网络采用 Euclidean Loss 作为损失函数，其计算方式如式（6-28）所示：

$$L(\theta) = \frac{1}{N} \sum_{i=1}^{N} \| y_i - F(x_i \mid \theta) \|^2 \tag{6-28}$$

式中，θ 为网络中的参数 $\{W_n, B_n\}$，F 表示拟合的输入与标签之间的映射关系，x 表示输入的重构图像块，y 表示 x 对应的原始图像标签。

SAOCNN 模型具备较强的适用性得益于其轻便的网络结构设计及高效的训练优化方法,具体可表述为下列 5 方面。

(1)小尺寸卷积核的连续使用。卷积层的主要作用是提取输入图像的特征,而感受野是指卷积神经网络中某种特征映射到输入空间的区域。感受野可分为局部感受野和全局感受野。局部感受野指某层的特征映射到该层的输入空间所占的区域,其大小为该卷积层中的卷积核的尺寸;全局感受野指某层网络输出的特征图中的像素点在原输入图像上映射的区域。图 6-21 所示为连续小卷积核的全局感受野示意图。

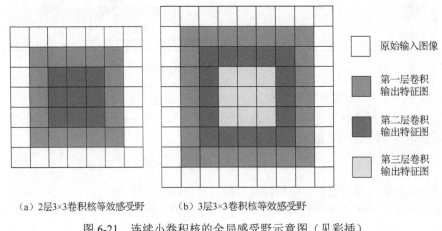

（a）2层3×3卷积核等效感受野　　　　（b）3层3×3卷积核等效感受野

原始输入图像

第一层卷积
输出特征图

第二层卷积
输出特征图

第三层卷积
输出特征图

图 6-21　连续小卷积核的全局感受野示意图（见彩插）

图 6-21（a）对 7×7 的输入图像采用 2 层 3×3 卷积核进行步长为 1 的连续卷积,每进行一层卷积,在不对输入进行 padding 处理的情况下,输出的特征图的尺寸相较于输入都会减小,由图 6-21 可知,在第二层卷积输出特征图中,每个蓝色矩形都对第一层输出特征图的 3×3 的绿色区域的特征信息进行提取融合,而在第一层卷积输出特征图中,每个绿色矩形都对原始输入图像的 3×3 的白色区域的特征信息进行提取融合,即可以将每个蓝色矩形看作 5×5 的白色区域的特征信息载体,因此第二层卷积核的全局感受野为 5×5。如果将第一层卷积层的输入与第二层卷积层的输出视为一层卷积层的输入与输出,则卷积层的卷积核为连续两个卷积层的 3×3 大小的卷积核经过非线性组合得到的局部感受野为 5×5 的卷积核;同样,三层连续卷积层的等效卷积核的局部感受野可以达到 7×7,如图 6-21（b）所示。

SAOCNN 通过连续 4 层的 3×3 卷积核的非线性组合来扩大等效卷积核的局部感受野至 9×9,即第四层卷积核的全局感受野为 9×9,因此可以在特征提取过程中充分利用原始输入的像素信息,更有利于整个卷积神经网络提取出高维特征。同时,相对于直接使用一个 9×9 大小的卷积核,4 个 3×3 大小的卷积核所需要的参数数目更少,便于网络训练。

(2)残差学习。为了加快训练的收敛速度,SAOCNN 采用文献[6]中提出的 Residual Block 结构来训练网络。图 6-22 所示为普通网络结构与 Residual Block 结构的示意图。在图 6-22 中,x 表示网络输入,设网络的优化目标为 y,可以看到,在普通网络中,$F(x)$ 表示 x 与 y 之间的映射关系;而在 Residual Block 结构中,由于网络的输出为 $F(x)$ 与 x 之和,使得 $F(x)=y-x$,所以此时 F 表示输入与标签之间的残差映射关系。当输入和标签高度相似时，大部分残差值为 0，从而降低了网络训练学习的成本，加快了学习速度。

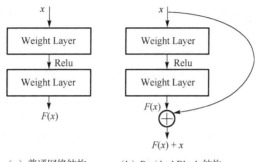

（a）普通网络结构　　（b）Residual Block 结构

图 6-22　普通网络结构与 Residual Block 结构的示意图

由于去块效应滤波后的重构图像与原始图像之间在较多区域上具有相同的像素信息，因此可以对重构图像与原始图像之间的残差图像进行建模。如图 6-20 所示，这里在 SAOCNN 网络结构中引入全局残差。在残差学习过程中，实际残差 $r=y-x$，则 $y=r+x$，损失函数式（6-28）可变换为式（6-29）。

$$L(\theta) = \frac{1}{N}\sum_{i=1}^{N}\|r+x_i-F(x_i\mid\theta)\|^2 = \frac{1}{N}\sum_{i=1}^{N}\|r-(F(x_i\mid\theta)-x)\|^2 = \frac{1}{N}\sum_{i=1}^{N}\|r-f(x_i\mid\theta)\|^2 \quad (6\text{-}29)$$

其中，$f(x_i\mid\theta)$ 表示网络预测残差，即通过 5 层卷积网络的训练学习，网络由预测重构图像 $F(x_i\mid\theta)$ 变换为预测残差图像 $f(x_i\mid\theta)$，将网络预测的残差图像 $f(x_i\mid\theta)$ 与输入图像 x 相加，即可得到最终的重构图像。

设计并搭建卷积神经网络结构后，即可进行网络训练。网络模型最终的优化效果除了受到网络结构的影响，训练过程中权重参数的初始化、学习率的设置及梯度优化方法的选择等也会带来很大的影响。

（3）权重参数的初始化。权重参数的初始化方法的正确选择能够有效避免多层卷积神经网络传播过程中的梯度消失和梯度爆炸问题，对于网络的收敛速度及质量的提升有较大的帮助。高斯初始化是一种常见的权重参数的初始化策略，通过设置高斯分布的均值和方差对权重参数进行初始化。但该方法仅适用于浅层次的网络，对于深层次的网络，因为权重过小，所以容易在反向传播过程中引起梯度消失。此外，目前主流的权重参数的初始化方法还有 Xavier 初始化和 MSRA 初始化。其中，Xavier 初始化采用的是均值为 0、方差为 $1/n$（n 表示各层网络输入的个数）的均匀分布，它是基于线性激活函数的初始化方法；而 MSRA 初始化基于 ReLU 函数推导而得，采用的是均值为 0、方差为 $2/n$（n 同样表示各层网络输入的个数）的高斯分布。因为 SAOCNN 采用 ReLU 作为网络的激活函数，所以对每层网络中的权重采用 MSRA 初始化方法。

（4）学习率的设置。在训练卷积神经网络时，学习率的设置至关重要。学习率过高会使网络参数在更新过程中产生较大波动，导致网络一直处于振荡不收敛的状态；而学习率过低则会极大程度地降低网络参数的更新幅度，使收敛速度极其缓慢。因此在训练 SAOCNN 的过程中，采用

"step" 学习策略, 使学习率随迭代次数的增加逐渐降低, 即在网络训练初期, 设置较高的学习率, 使网络快速收敛到一定程度后, 在网络的迭代过程中逐步降低学习率, 从而保证网络学习的平稳性, 提升网络模型的性能。在该过程中, 学习率的更新如式 (6-30) 所示。

$$lr = lr_{base} \times gamma^{\left(\frac{iteration}{stepsize}\right)} \tag{6-30}$$

式 (6-30) 中的 lr_{base} 为基础学习率, 对于 SAOCNN, lr_{base} 设置为 0.001; gamma 值为 0.1; iteration 表示当前已进行的迭代次数; stepsize 值设为 30000。整个式的含义表示每经过 30000 次训练迭代, 学习率就降低为原来的 1/10。

(5) 梯度优化算法的选择。训练 CNN 模型实质上就是不断对权重参数进行迭代更新, 通过沿着损失函数梯度下降的方向更新权重参数来最小化损失函数, 优化网络模型。常用的梯度优化方法有 SGD、Adagrad、AdaDelta、RMSProp 及 Adam 等。其中, Adam 算法是一种自适应学习的方法, 它根据损失函数对每个参数的梯度的一阶矩估计和二阶矩估计, 对每个参数的学习率进行动态调整。Adam 算法同样属于基于梯度下降的方法, 每次迭代学习率经过偏置校正后, 都有其确定的范围, 因此参数比较平稳。所以本节选用 Adam 算法作为 SAOCNN 的梯度优化算法。

3. 将 SAOCNN 模型应用至 HEVC 编码端

完成 SAOCNN 的模型训练后, 需要将其加载至 HEVC 编码端来测试网络模型对 HEVC 视频编码性能的影响, 如图 6-23 所示。

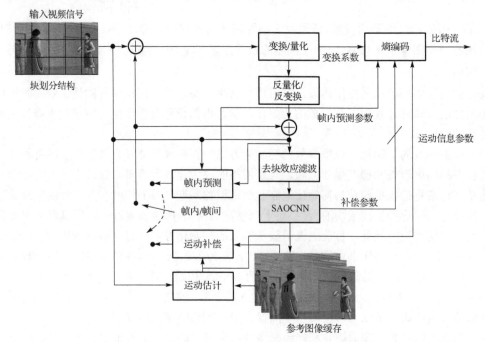

图 6-23　将 SAOCNN 模型应用至 HEVC 编码端

原始 SAO 过程的输入为去块效应滤波处理后的重构图像, 经过 SAO 的信息统计、模式选择等过程,最终输出一组 SAO 参数(包括模式、补偿值、边带信息等),并经熵编码器传递给解码端。这里用 SAOCNN 模型替换原始样点自适应补偿的所有处理流程。在网络训练阶段,已经考虑到模型的最终应用要和 HEVC 中的 SAO 上下模块匹配,使用的输入数据为去块效应滤波后的亮度 CTB。因此在应用阶段,不需要对输入数据进行预处理,可以直接将去块效应滤波后的亮度分量 CTB 逐个输入训练完毕的 SAOCNN 模型中,进行前向传播,输出重构亮度 CTB,循环遍历完每帧图像。

在该方法中,熵编码过程不需要传递样点自适应补偿参数给解码端,通过在解码端去块效应滤波后加载与编码端相同的 SAOCNN 模型即可还原出与编码端一致的重构图像。所以在 HEVC 编码过程中使用 SAOCNN 替代样点自适应补偿的过程可以进一步降低 HEVC 的传输码率,提高压缩效率。

6.3.2 实验结果与分析

本节进行实验的硬件配置为一台 GPU 服务器(含有一个 Intel(R) Xeon(R) CPU E5-2620 v4 处理器)、2 块 NVIDIA GeForce GTX TITAN X 显卡、操作系统为 Ubuntu 14.04。将训练好的 SAOCNN 模型嵌入 HEVC 官网提供的测试代码 HM13.0 中,在 Linux 下通过 Makefile 进行编译。整个实验过程在全帧内(All-Intra)的配置条件下进行,分别对 SAOCNN 算法和 HEVC 的 SAO 算法在不同分辨率的视频及不同 QP 下的编码性能进行测试。

实验测试从 HEVC 官方提供的标准视频序列中选用 14 个典型视频序列,涵盖 A 类(2560×1600)、B 类(1920×1080)、C 类(832×480)、D 类(416×240)和 E 类(1280×720)5 种分辨率,对每个视频的前 150 帧在 QP 为 22、27、32、37 的条件下分别进行测试,将不同的 SAOCNN 模型中嵌入各自对应的 QP 配置。

实验通过 Bjontegaar delta 指标 BDPSNR 和 BDBR 来衡量 SAOCNN 与 SAO 对 HEVC 编码性能的影响。其中,PSNR 是一种衡量图像客观质量的指标,反映了重构图像相较于原始图像的失真程度。BDPSNR 和 BDBR 分别表示在给定的同等码率下,两种方法的 PSNR 的差异,以及在相同的客观质量下,两种方法的码率节省情况。

表 6-3 所示为 SAOCNN 算法对编码质量的影响。从表 6-3 中可以看出,改进算法相较于原始算法约可降低 2.24%的码率,同时 BDPSNR 平均有约 0.12dB 的增加。其中,改进算法对于视频序列 BasketballDrill 的质量提升尤为明显,码率降低了 7.48%,BDPSNR 增加了 0.37dB。图 6-24 所示为 SAOCNN 与 SAO 的编码效果对比图,可以看出,SAOCNN 算法对于图像细节的处理有较大提升。

表 6-3 SAOCNN 算法对编码质量的影响

类　　别	视 频 序 列	BDBR/%	BDPSNR/dB
Class A	PeopleOnStreet	−2.4744	0.1405
	Traffic	−2.7081	0.1454
Class B	BQTerrace	−0.7065	0.0305
	Cactus	−0.8057	0.0263
	ParkScene	−0.2228	0.0068
Class C	BasketballDrill	−7.4788	0.3734
	BQMall	−2.6845	0.1552
	PartyScene	−0.7102	0.0510

续表

类 别	视 频 序 列	BDBR/%	BDPSNR/dB
Class D	BasketballPass	−1.6150	0.0907
	BlowingBubbles	−1.3131	0.0791
	BQSquare	−1.1794	0.1043
	RaceHorses	−2.2636	0.1350
Class E	FourPeople	−4.7426	0.2734
	KristenAndSara	−2.3906	0.1167
平均值		−2.2354	0.1235

（a）SAOCNN（Y-PSNR：35.7677dB）　　　　（b）SAO（Y-PSNR：35.4406dB）

图 6-24　SAOCNN 与 SAO 的编码效果对比图

　　表 6-4 统计了在不同 QP 下，所有视频序列的码率的平均增加量（ΔBitrate）及 Y-PSNR 的平均增加量（ΔY-PSNR）。ΔBitrate 与 ΔY-PSNR 的计算式为

$$\Delta \text{Bitrate} = \frac{\text{Bitrate}_{\text{pro}} - \text{Bitrate}_{\text{org}}}{\text{Bitrate}_{\text{org}}} \times 100\% \tag{6-31}$$

$$\Delta \text{Y-PSNR} = \text{Y-PSNR}_{\text{pro}} - \text{Y-PSNR}_{\text{org}} \tag{6-32}$$

其中，$\text{Bitrate}_{\text{pro}}$ 表示优化算法的码率，$\text{Bitrate}_{\text{org}}$ 表示原始算法的码率；$\text{Y-PSNR}_{\text{pro}}$ 与 $\text{Y-PSNR}_{\text{org}}$ 分别表示优化算法与原始算法的亮度分量的峰值信噪比。

表 6-4　ΔBitrate 与 ΔY-PSNR 的统计结果

QP	22	27	32	37
ΔBitrate/%	−0.3535	−0.5711	−0.7370	−0.8522
ΔY-PSNR/dB	−0.2025	0.0302	0.1174	0.1786

　　通过分析可知，在 QP 较高的情况下，由于去块效应滤波后的重构图像的失真程度较明显，因此视频的客观质量的可提升空间较大，利用卷积神经网络可以在一定程度上拟合重构图像与原始图像间的映射关系。而在 QP 较低的情况下，重构图像与原始图像在较多区域具有相似的像素信息，采用基于信息统计的 SAO 算法进行重构图像的补偿更为精确。因此这里采用的网络结构及训练方法得到的 SAOCNN 模型更适用于视频进行高 QP 编码的应用场景。

　　表 6-5 所示为 SAOCNN 算法与文献[13]算法的对比结果。文献[13]利用图像直方图观察序列

原始帧的边带分布，自适应地提取帧内预测模式的纹理信息，新增了 4 种边带补偿模式，改进了 SAO 中的边带补偿算法。从对比结果可以看出，对于不同分辨率的视频序列，在码率压缩效率上，SAOCNN 算法优于文献[13]算法。BasketballDrill 和 KristenAndSara 的 R-D 曲线图如图 6-25 所示。

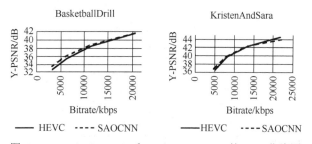

图 6-25 BasketballDrill 和 KristenAndSara 的 R-D 曲线图

表 6-5 SAOCNN 算法与文献[13]算法的对比结果

类 别	文 献 [13]	SAOCNN
	BDBR/%	BDBR/%
A	−0.15	−2.59
B	−0.11	−0.58
C	−0.43	−3.62
D	−0.49	−1.59
E	−0.63	−3.57
平均值	−0.45	−2.39

6.4 HEVC 环路滤波的高效 VLSI 架构设计与实现

6.4.1 易于硬件实现的快速边界判定算法

在 HEVC 中，标准的边界判定算法是对一个 CTU 采用一种递归划分的方式判定 CU、PU 和 TU 的边界，标记出需要滤波的 8×8 块的边界，标记的数组为 m_edge[iDir][uiBSiDX]和 m_BS[iDir][uiBSiDX]，其中，uiBSiDX 表示该块的位置，iDir 表示为左边或上边的边界。图 6-26 所示为标准边界判定流程图。边界判定算法分为 CU 边界判定、PU 边界判定和 TU 边界判定。首先进行 CU 边界判定，深度参数（depth）表示划分深度，depth 的范围为 0~3，分别对应的 CU 面积为 64×64、32×32、16×16、8×8，并对 CU 块左边和上边的边界进行标记，变换参数（transformIdx）在划分完成的 CU 内部继续进行划分，transformIdx 的取值范围和对应的面积大小与 CU 类似，最终 TU 的面积大小不仅与变换参数有关，还与最终划分的 CU 的大小有关，TU 的大小与参数的对应关系如表 6-6 所示。预测参数（pusize）的每种值代表一种 PU 划分类型，同样，PU 的大小是由 CU 和 pusize 共同决定的，如表 6-7 所示。

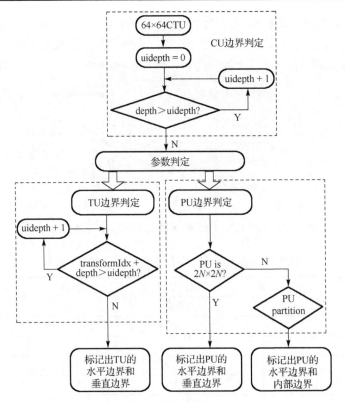

图 6-26　标准边界判定流程图

表 6-6　TU 的大小与参数的对应关系

transformIdx	depth			
	0	1	2	3
0	64×64	32×32	16×16	8×8
1	32×32	16×16	8×8	4×4
2	16×16	8×8	4×4	—
3	8×8	4×4	—	—

　　根据统计数据的结果，图 6-27（a）和图 6-27（b）分别代表一个 CTU 中的 TU 和 PU 的边界标记，红色表示标记出的边界，当该 CTU 对应的 depth=1 时，将 CTU 划分为 4 个 32×32 块，这 4 个 32×32 块对应的 depth=0，表示不需要继续划分，则 CU 的大小确定。左下角的 32×32 块对应的 transformIdx=1，则进一步划分，其余 3 个块的 transformIdx=0，则不用划分。按照这种方法依次划分，直到某步的 transformIdx=0，表示划分结束，TU 的边界确定。图 6-30（b）为该 CTU 的 PU 边界的标记。在 4 个 CU 块中求出参数 pusize，其中左上角和右下角部分需要进行下一步划分，标记出 PU 的边界。此时该 CTU 的滤波边界确定，并对红色线进行标记，该 CTU 需要滤波的全部边界如图 6-27（c）所示。

表 6-7　PU 块的大小与参数的对应关系

pusize	depth			
	0	1	2	3
0	64×64	32×32	16×16	8×8
1	64×32	32×16	16×8	8×4
2	32×64	16×32	8×16	4×8
3	32×32	16×16	8×8	4×4
4	64×16	32×8	—	—
5	64×48	32×24	—	—
6	16×64	8×32	—	—
7	48×64	24×32	—	—

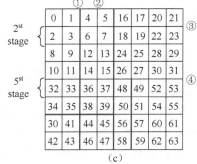

图 6-27　CU、PU 和 TU 的边界标记情况（见彩插）

标准算法从 CTU 开始逐步递归判断各个参数的大小，改进算法以 8×8 块为基本单位提取其对应的参数信息，若这些参数信息满足算法，则对该 8×8 块的上边界和左边界进行标记，通过对 CTU 所有 8×8 块的信息进行统计，发现其满足以下 4 条规律。

（1）CTU 中每个 8×8 块的边界都可以通过 depth、transformIdx 和 pusize 的参数信息直接确定其是否为 CU、TU 或 PU 的边界。

（2）若该 CTU 的边界也是一帧图像的边界，则不标记该边界。

（3）同一水平线上所有水平边界的判定算法相同。

（4）同一垂直线上所有垂直边界的判定算法相同。

以图 6-27（c）的块 4 为例，如果该块的参数满足式（6-33）～式（6-38）中的任意一个公式，则对块 4 的左边界进行标记。同时，与块 4 在同一垂直线上的块 6、12、14、36、38、44、48 的左边界与块 4 的判定算法相同。通过对一个 CTU 中所有的垂直边界进行统计，可以得出同一垂直线上的垂直边界的判定算法相同。

$$depth = 0 \text{ 且 } transformIdx \geq 2 \tag{6-33}$$

$$depth = 1 \text{ 且 } transformIdx \geq 1 \tag{6-34}$$

$$depth = 2 \tag{6-35}$$

$$depth = 3 \tag{6-36}$$

$$depth = 0 \text{ 且 } pusize = 6 \tag{6-37}$$

$$depth = 1 \text{ 且 } pusize = 2 \tag{6-38}$$

同理，块 32、33、36、37、48、49、52、53 的上边界（水平边界）的判定算法相同。若这些对应块的参考信息满足式（6-39）～式（6-43）中的任意一个公式，则对块的水平边界进行标记。

$$depth = 0 \text{ 且 } transformIdx > 0 \tag{6-39}$$

$$depth = 1 \tag{6-40}$$

$$depth = 2 \tag{6-41}$$

$$depth = 3 \tag{6-42}$$

$$depth = 0 \text{ 且 } pusize = 1 \tag{6-43}$$

基于前面提出的规律（3）和规律（4），对 CTU 对应的所有 8×8 块边界的判定式进行统计，组成有利于硬件设计的快速边界判定算法。图 6-28 所示为易于硬件实现的快速边界判定算法流程图，首先将 CTU 分成 8×8 块的基本单位；然后提取 8×8 块的参数信息（depth、transformIdx、pusize），进而判断 8×8 块的参数信息是否满足条件；最后对相应的边界进行标记。对 8×8 块的处理顺序同样是以 Z 字扫描方式进行的。然后完成对整个 CTU 需要滤波的边界的标记。由于快速边界判定算法的水平边界和垂直边界是分开标记的，所以只需要标记出对应块的位置即可。

在硬件设计中，可以根据前面的规律提出一种复用算法，以减少硬件面积。若在硬件设计中边界判定采用的是递归算法，则会存在数据使用的不连续性等问题，需要将该 CTU 的所有判定参数从存储器中读取出来，占用面积较大且所需的时钟周期较多。易于硬件实现的快速边界判定算法有效地避免了这个缺点，且对码率和失真没有影响。

如图 6-29 所示，图 6-29（a）和图 6-29（b）为块 4 和块 5 的垂直边界（左边界）判定算法，图 6-29（c）和图 6-29（d）分别为块 6 和块 36 的水平边界（上边界）判定算法，需要依次使用 depth、teansformIdx 和 pusize 的值判定该边界是否输入 PU 或 CU，然后对边界进行标记，其余块的算法与其类似。

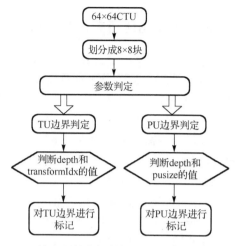

图 6-28　易于硬件实现的快速边界判定算法流程图

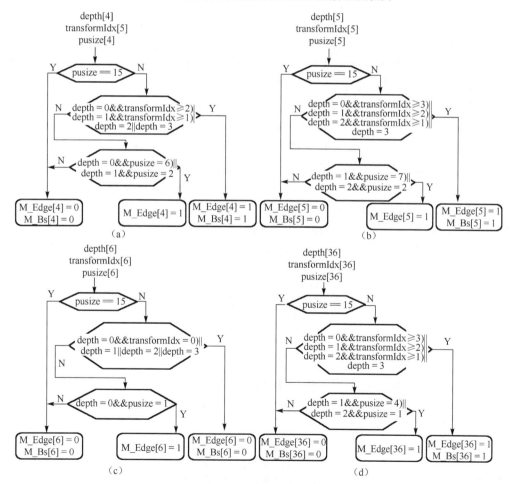

图 6-29　改进的边界判定算法

6.4.2　样点自适应补偿中的快速编码比特数预测算法

在基于率失真优化的 SAO 模式选择算法中,首先计算对应分类下原始像素与重建像素的差值和数量,在这一过程中,拉格朗日因子 λ 在亮度(Y)和色度(Cr 和 Cb)中分别是不同的浮点常数,只需计算出编码比特数 R 即可完成率失真代价的计算。在选择 EO 或 BO 模式,整体 new 或 merge 模式时,需要利用熵编码计算编码比特数 R,其值的大小与 SAO 补偿模式和 4 个补偿值有关,该计算比较复杂,在硬件实现时至少需要 8 个滤波周期,为了减少计算复杂度,且有利于后面的硬件架构的设计,下面对这部分编码比特数 R 的计算方法进行优化,提出了一种线性编码比特数 R 的预测算法,从而在对视频编码质量影响不大的情况下降低计算复杂度。

在 SAO 的 new 模式选择中,对 SAO 类型和 4 个补偿值进行编码,SAO 类型为 EO_0、EO_1、EO_2、EO_3 和 BO 5 种,可以假设 SAO 类型的编码比特数相同,即无论采用 EO 模式还是 BO 模式,其所占用的编码比特数均是相同的。在确定 SAO 类型后,R 的值还与补偿值的大小及其符号有关。在 EO 类型中,解码器可以根据分类方式判断出对应补偿值的正负号,即编码器只需要对补偿值的绝对值进行编码即可,解码器端会自动根据分类判别补偿值的正负号。因此对于 EO 类型的 R 进行预测,只需考虑需要编码的补偿值的绝对值即可。对于 BO 模式下的 R 计算,编码器需要传输边带开始的位置及对应的 4 个补偿值,且需要对补偿值的大小和正负号进行编码。可以假设 29 种边带位置占用的编码比特数相同。

综上所述,对 HM 测试架构中的样点自适应滤波的 R 值和对应的补偿值进行统计,在 EO 模式下,快速 R 值预测方法如式(6-44)所示,其中,a 为常数,oft(i)分别对应 4 个补偿值,b 为补偿值绝对值的系数,求解该式对应的系数 a 和 b 需要进行二元线性拟合。

与 EO 模式类似,BO 模式下的快速 R 值预测方法如式(6-45)所示,其中,oft(i)分别对应 4 个补偿值,b 为补偿值绝对值的系数,另外,在 BO 模式下需要考虑补偿值的正负号,c 表示补偿值为负号的个数,n 为 c 的系数,a 为常数,求式(6-45)的相关系数需要进行三元线性拟合。下面分别介绍二元线性拟合算法和三元线性拟合算法。

$$R_{\mathrm{EO}} = b\left(\sum_{i=0}^{3}\left|\mathrm{oft}(i)\right|\right) + a \tag{6-44}$$

$$R_{\mathrm{BO}} = b\left(\sum_{i=0}^{3}\left|\mathrm{oft}(i)\right|\right) + nc + a \tag{6-45}$$

1. 二元线性拟合算法

假设在 n 个样本数据 (x_i, y_i) 中,对于 EO 模式,计算出每个样本中的 4 个补偿值的绝对值之和为 $x_1, x_2, \cdots, x_n$,对应的 R 值为 $y_1, y_2, \cdots, y_n$,则拟合式为式(6-46)。

$$\begin{bmatrix} y_1 \\ y_2 \\ \vdots \\ y_n \end{bmatrix} = b\begin{bmatrix} x_1 \\ x_2 \\ \vdots \\ x_n \end{bmatrix} + a \tag{6-46}$$

在进行二元线性拟合时，要求 y_i 观测值的偏差平方 Q 最小，即式（6-47）的值最小

$$Q = \sum_{i=1}^{N}[y_i - (a + bx_i)]^2 \tag{6-47}$$

然后将 Q 分别对 a 和 b 求偏导

$$\frac{\partial Q}{\partial a} = -2\sum_{i=1}^{N}(y_i - a - bx_i) = 0 \tag{6-48}$$

$$\frac{\partial Q}{\partial b} = -2\sum_{i=1}^{N}[y_i - (a + bx_i)]x_i = 0 \tag{6-49}$$

整理后得到式（6-50）

$$\begin{cases} aN + b\sum x_i = \sum y_i \\ a\sum x_i + b\sum x_i^2 = \sum x_i y_i \end{cases} \tag{6-50}$$

对上述方程组进行求解即可得到 a 和 b 的值，即

$$a = \frac{\left(\sum x_i^2\right)\left(\sum y_i\right) - \left(\sum x_i\right)\left(\sum x_i y_i\right)}{N\left(\sum x_i^2\right) - \left(\sum x_i\right)^2}$$

$$b = \frac{N\left(\sum x_i y_i\right) - \left(\sum x_i\right)\left(\sum y_i\right)}{N\left(\sum x_i^2\right) - \left(\sum x_i\right)^2} \tag{6-51}$$

2. 三元线性拟合算法

在 BO 模式下，编码器需要对边带开始的位置和补偿值进行编码，与 EO 模式不同的是，在 BO 模式下，补偿值的符号也需要编码，因此样本数据分别为补偿值的绝对值和、补偿值为负号的个数及其对应的 R 值。假设空间内的方向向量为 $s=(a, b, m)$，且该直线过点 (x_0, y_0, z_0)，则 BO 模式下的三元线性拟合公式为

$$\frac{x - x_0}{a} = \frac{y - y_0}{b} = \frac{z - z_0}{m} \tag{6-52}$$

当样本数据 (x_i, y_i, z_i) 不在拟合直线上时，其在 x、y、z 3 个方向上的偏差分别为 δx_i、δy_i、δz_i，根据最佳平方逼近准则，需满足式（6-53）中 Q 值最小的是三元线性拟合公式的第一约束条件，且在 3 个方向的误差应服从正态分布，即满足式（6-54）是三元线性拟合公式的第二约束条件。

$$Q = \sum_{i=1}^{N}(\delta^2 x_i + \delta^2 y_i + \delta^2 z_i) \tag{6-53}$$

$$\sum_{i=1}^{N}\delta^2 x_i = 0 \ , \quad \sum_{i=1}^{N}\delta^2 y_i = 0 \ , \quad \sum_{i=1}^{N}\delta^2 z_i = 0 \tag{6-54}$$

根据上述两个约束条件，可以确定样本(x_i, y_i, z_i)的三元线性拟合公式为式（6-55），其行列式的值为式（6-56），还可以推导出式（6-57）。

$$\begin{pmatrix} i & j & k \\ a & b & m \\ x-x_0 & y-y_0 & z-z_0 \end{pmatrix} \tag{6-55}$$

$$[b(z-z_0)-m(y-y_0)]\boldsymbol{i}+[m(x-x_0)-a(z-z_0)]\boldsymbol{j}+[a(y-y_0)-b(x-x_0)]\boldsymbol{k}=\boldsymbol{0} \tag{6-56}$$

$$\begin{cases} bz-my = bz_0-my_0 = A_0 \\ mx-az = mx_0-az_0 = B_0 \\ ay-bx = ay_0-bx_0 = C_0 \end{cases} \tag{6-57}$$

将第i个样本(x_i, y_i, z_i)带入式（6-57）中可得式（6-58），其中，δx_i、δy_i、δz_i为样本在x、y、z 3 个方向上的偏差。

$$\begin{cases} bz_i-my_i = A_0+\delta x_i \\ mx_i-az_i = B_0+\delta y_i \\ ay_i-bx_i = C_0+\delta z_i \end{cases} \tag{6-58}$$

将式（6-57）与式（6-58）相减可得式（6-59），然后对式（6-59）等号两边求和可得式（6-60）。

$$\begin{cases} b(z-z_i)-m(y-y_i) = \delta x_i \\ m(x-x_i)-a(z-z_i) = \delta y_i \\ a(y-y_i)-b(x-x_i) = \delta z_i \end{cases} \tag{6-59}$$

$$\begin{cases} \displaystyle\sum_{i=1}^{N}[b(z-z_i)-m(y-y_i)] = \sum_{i=1}^{N}\delta x_i \\[3mm] \displaystyle\sum_{i=1}^{N}[m(x-x_i)-a(z-z_i)] = \sum_{i=1}^{N}\delta y_i \\[3mm] \displaystyle\sum_{i=1}^{N}[a(y-y_i)-b(z-z_i)] = \sum_{i=1}^{N}\delta z_i \end{cases} \tag{6-60}$$

对式（6-60）进行化简可得

$$\begin{cases} \displaystyle(bz-my)-\frac{1}{N}\sum_{i=1}^{N}(bz_i-my_i) = \frac{1}{N}\sum_{i=1}^{N}\delta x_i \\[4mm] \displaystyle(mx-az)-\frac{1}{N}\sum_{i=1}^{N}(mx_i-az_i) = \frac{1}{N}\sum_{i=1}^{N}\delta y_i \\[4mm] \displaystyle(ay-bx)-\frac{1}{N}\sum_{i=1}^{N}(ay_i-bx_i) = \frac{1}{N}\sum_{i=1}^{N}\delta z_i \end{cases} \tag{6-61}$$

根据第二约束条件可得式（6-62），将式（6-61）化简可得式（6-63）。对式（6-63）等号两边求平方和可得式（6-64），根据第一约束条件化简可得式（6-65）。

$$\begin{cases} (bz-my)-\dfrac{1}{N}\sum_{i=1}^{N}(bz_i-my_i)=A_0 \\[2mm] (mx-az)-\dfrac{1}{N}\sum_{i=1}^{N}(mx_i-az_i)=B_0 \\[2mm] (ay-bx)-\dfrac{1}{N}\sum_{i=1}^{N}(ay_i-bx_i)=C_0 \end{cases} \tag{6-62}$$

$$\begin{aligned} \delta x_i &= bz_i-my_i-A_0 = bz_i-my_i-\frac{1}{N}\sum_{i=1}^{N}(bz_i-my_i) \\[2mm] \delta y_i &= mx_i-az_i-B_0 = mx_i-az_i-\frac{1}{N}\sum_{i=1}^{N}(mx_i-az_i) \\[2mm] \delta z_i &= ay_i-bx_i-C_0 = ay_i-bx_i-\frac{1}{N}\sum_{i=1}^{N}(ay_i-bx_i) \end{aligned} \tag{6-63}$$

$$\begin{aligned} \sum_{i=1}^{N}\delta^2 x_i &= \sum_{i=1}^{N}(bz_i-my_i)^2 - \frac{1}{N}\left[b\sum_{i=1}^{N}z_i - m\sum_{i=1}^{N}y_i\right]^2 \\[2mm] \sum_{i=1}^{N}\delta^2 y_i &= \sum_{i=1}^{N}(mx_i-az_i)^2 - \frac{1}{N}\left[m\sum_{i=1}^{N}x_i - a\sum_{i=1}^{N}z_i\right]^2 \\[2mm] \sum_{i=1}^{N}\delta^2 z_i &= \sum_{i=1}^{N}(ay_i-bx_i)^2 - \frac{1}{N}\left[a\sum_{i=1}^{N}y_i - b\sum_{i=1}^{N}x_i\right]^2 \end{aligned} \tag{6-64}$$

$$\begin{aligned} \sum_{i=1}^{N}(\delta^2 x_i+\delta^2 y_i+\delta^2 z_i) =\ & a^2\left(\sum_{i=1}^{N}y^2_i+\sum_{i=1}^{N}z^2_i-\frac{(\sum_{i=1}^{N}y_i)^2+(\sum_{i=1}^{N}z_i)^2}{N}\right)+ \\[2mm] & b^2\left(\sum_{i=1}^{N}x^2_i+\sum_{i=1}^{N}z^2_i-\frac{(\sum_{i=1}^{N}x_i)^2+(\sum_{i=1}^{N}z_i)^2}{N}\right)+ \\[2mm] & m^2\left(\sum_{i=1}^{N}x^2_i+\sum_{i=1}^{N}y^2_i-\frac{(\sum_{i=1}^{N}x_i)^2+(\sum_{i=1}^{N}y_i)^2}{N}\right)+ \\[2mm] & 2ab\left(\frac{\sum_{i=1}^{N}x_i\sum_{i=1}^{N}y_i}{N}-\sum_{i=1}^{N}x_iy_i\right)+ \end{aligned}$$

$$2am\left(\frac{\sum\limits_{i=1}^{N}x_i\sum\limits_{i=1}^{N}z_i}{N}-\sum\limits_{i=1}^{N}x_iz_i\right)+$$

$$2bm\left(\frac{\sum\limits_{i=1}^{N}y_i\sum\limits_{i=1}^{N}z_i}{N}-\sum\limits_{i=1}^{N}y_iz_i\right)$$
（6-65）

式（6-65）为三元二次方程式，需要确定的参数为 a、b、m。下面采用非线性方程组快速下降法迭代计算，首先选择一组可能的初始值代入，在迭代次数范围之内反复进行计算，直到满足所需的精度，具体的计算方法如下。

$$f_i(x_1,x_2,\cdots,x_n)=0，\qquad i=1,2,\cdots,N$$
（6-66）

（1）定义目标函数为 $F=f(x_1,x_2,\cdots,x_N)=\sum\limits_{i=0}^{N}f^2_i$。

（2）选取一组可能的初始值 $(x_1,x_2,\cdots,.x_N)$ 代入上述目标函数进行计算。

（3）设要求的计算精度不大于 ξ，若计算结果 $F<\xi$，则 $X=(x_1,x_2,\cdots,x_N)$ 为方程的一组实根，计算结束，否则计算继续。

（4）计算各个变量的偏导数：$\dfrac{\partial F}{\partial x_i}=2\sum\limits_{j=1}^{N}f_j\cdot\dfrac{\partial f_j}{\partial x_i}$，$i=1,2,\cdots,N$。

（5）再计算：$Q=\sum\limits_{j=1}^{N}\left(\dfrac{\partial F}{\partial x_i}\right)^2$

（6）新的变量 x_i 为 $x_i-\dfrac{F}{D}\dfrac{\partial F}{\partial x_i}=x_i-\alpha\dfrac{\partial F}{\partial x_i}\Rightarrow x_i$，其中，$\alpha=\dfrac{F}{Q}$，然后返回步骤（2）进行计算，直到满足精度要求为止。

在上述计算中，当 $Q=0$ 时，该点为局部极值点，可以计算出 a、b、m 的值，且直线过点 (x_0, y_0, z_0)，可通过式（6-67）求出，最终求得的三元线性拟合式如下。

$$\begin{cases}x_0=\dfrac{1}{N}\sum\limits_{i=1}^{N}x_i\\[3mm]y_0=\dfrac{1}{N}\sum\limits_{i=1}^{N}y_i\\[3mm]z_0=\dfrac{1}{N}\sum\limits_{i=1}^{N}z_i\end{cases}$$
（6-67）

以上分别为二元和三元线性拟合算法，分别对应 EO 和 BO 模式下的 R 值预测式。本节对标准视频序列的编码比特数 R 值与对应采用的 SAO 类型进行提取，发现在 I 帧中，其计算式与其他类型的帧（P 帧和 B 帧）不同，为了提高统计规律的正确性，下面分别对 I 帧和非 I 帧的数据的规律进行分析。

对于 EO 模式，利用前面推导出的二元线性拟合公式，分别对亮度块和色度块的数据进行拟合，在亮度块和色度块中，R 值的预测公式分别为式（6-68）和式（6-69）。

$$\begin{cases} R_{Y} = \sum_{i=0}^{3} \left| \text{offset} \right| + 7, & \text{该CTU属于I帧} \\ R_{Y} = \sum_{i=0}^{3} \left| \text{offset} \right| + 13, & \text{该CTU不属于I帧} \end{cases} \tag{6-68}$$

$$\begin{cases} R_{\text{Cr/Cb}} = \sum_{i=0}^{3} \left| \text{offset} \right| + 11, & \text{该CTU属于I帧} \\ R_{\text{Cr/Cb}} = \sum_{i=0}^{3} \left| \text{offset} \right| + 17, & \text{该CTU不属于I帧} \end{cases} \tag{6-69}$$

在 BO 模式下，根据三元线性拟合公式分别对亮度块和色度块的数据进行拟合，在亮度块和色度块中，对应的 R 值的预测公式分别为式（6-70）和式（6-71）。其中，c 为补偿值为负号的个数。

$$\begin{cases} R_{Y} = \sum_{i=0}^{3} \left| \text{offset} \right| + c + 10, & \text{该CTU属于I帧} \\ R_{Y} = \sum_{i=0}^{3} \left| \text{offset} \right| + c + 14, & \text{该CTU不属于I帧} \end{cases} \tag{6-70}$$

$$\begin{cases} R_{\text{Cr/Cb}} = \sum_{i=0}^{3} \left| \text{offset} \right| + c + 19, & \text{该CTU属于I帧} \\ R_{\text{Cr/Cb}} = \sum_{i=0}^{3} \left| \text{offset} \right| + c + 23, & \text{该CTU不属于I帧} \end{cases} \tag{6-71}$$

式（6-72）为 new 模式下整体 R 值的预测式，在分别求出亮度块和色度块所采用的 SAO 参数后，将亮度块和色度块对应的 R 值相加即可得到对应的 new 模式下的 R 值。

$$R_{\text{new}} = R_{Y} + R_{\text{Cr}} + R_{\text{Cb}} \tag{6-72}$$

以上是 new 模式下的快速 R 值预测方法，即根据 CTB 本身的像素计算出的 SAO 模式。在 SAO 模式选择中，还有一种 SAO 关闭模式（OFF），在 OFF 模式下，该 CTU 不进行 SAO 处理，通过数据分析可以推测出 OFF 模式下的 R 值的预测式为

$$R_{\text{OFF}} = 2 \tag{6-73}$$

此外，SAO 还有一种 merge 模式，根据定义可知，merge 模式只需传输标识符即可，标识符代表该 CTB 的 SAO 参数是复制左邻块还是上邻块的 SAO 参数，包括亮度块和色度块的 SAO 类型和补偿值，根据统计数据可以发现，merge 模式中的 R 值在 4 附近振荡，merge 模式下的 R 值的预测式为

$$R_{\mathrm{merge}} = 4 \qquad\qquad (6\text{-}74)$$

以上为进行 SAO 计算时编码比特数 R 值的预测式，可以跳过熵编码的处理过程直接用线性式进行计算，这样不仅减少了处理时间，还在进行硬件设计时减小了设计复杂度，并减少了硬件面积。

6.4.3　实验结果与分析

1. 易于硬件实现的快速边界判定算法的实验结果

为了评估易于硬件实现的快速边界判定算法的性能，本节在 HEVC 测试模型 HM13.0 中进行验证和测试，实验中所用的电脑配置为 Inter Core i5-2400K CPU @ 3.1GHz & 4G RAM，HEVC 的性能测试一般分别在 3 种不同的配置条件下编码：All-Intra、Low-Delay 和 Random-Access。这里设置默认量化参数 QP 为 32，视频序列使用 JCT-VC 规定的 10 种视频序列，根据视频分辨率和使用方法将其分为 5 组进行编码，包括 Class A（2560×1600）、Class B（1920×1080）、Class C（832×480）、Class D（416×240）和 Class E（1280×720）。实验中用 ΔT 衡量整个去块效应滤波模块相对于标准算法运行时间的变化，计算方法如式（6-75）所示。易于硬件实现的去块效应滤波算法的实验结果如表 6-8 所示。

$$\Delta T = \frac{T_{\mathrm{proposed}} - T_{\mathrm{HM}}}{T_{\mathrm{HM}}} \times 100\% \qquad\qquad (6\text{-}75)$$

表 6-8　易于硬件实现的去块效应滤波算法的实验结果

类　别	视 频 序 列	All-Intra			Low-Delay			Random-Access		
		标准/s	改进/s	ΔT/%	标准/s	改进/s	ΔT/%	标准/s	标准/s	ΔT/%
Class A	Peopleonstreet	65.32	50.93	−22.03	33.58	26.43	−21.29	31.17	24.9	−20.12
	Traffic	57.05	44.44	−22.10	15.80	13.49	−14.62	14.17	12.21	−13.83
Class B	BasketballDrive	21.15	17.73	−16.17	10.38	8.94	−13.87	8.97	7.95	−11.37
	BQ Trerace	27.81	20.19	−27.40	7.13	5.99	−15.99	6.41	5.36	−16.38
Class C	Party scene	7.07	4.58	−35.22	2.58	1.90	−26.36	2.19	1.62	−26.03
	Rare horses	5.84	4.41	−24.49	3.12	2.44	−21.79	2.83	2.25	−20.49
Class D	Blowingbubbles	1.74	1.23	−29.31	0.7	0.54	−22.86	0.6	0.47	−20.67
	BQ Square	1.71	1.12	−34.50	0.5	0.37	−26	0.38	0.29	−23.68
Class E	Duckstakeoff	7.57	6.31	−16.64	4.75	4.05	−14.74	3.47	2.96	−14.70
	Crowd run	12.36	8.98	−27.35	6.59	4.58	−30.5	5.62	4.09	−27.22

本节只是对快速边界判定算法的判断方式进行了改进，将标准算法中对一个 CTU 进行递归划分进而标记出边界的方式改进成以 8×8 块为单位，判断每个 8×8 块的边界是否满足条件，进而对 8×8 块的左边界或上边界进行标记。这种算法对边界的标记结果与标准算法完全相同。该算法主要针对降低计算复杂度和有利于硬件架构的设计与实现进行优化，因此改进算法的 PSNR 和码率保持不变。表 6-8 只展示了在处理时间上的变化，其中，优化最多的是 Party scene 序列，其处

理时间减少了 35.22%；优化最少的是 Basketball Drive，其处理时间减少了 11.37%。可以看出，快速边界判定算法节省了较多的处理时间，尤其是在视频信息复杂的视频序列（如 Party scene、Crowd run 等）中，其减少滤波时间的性能更加明显。

总体而言，易于硬件实现的快速边界判定算法避免了递归分析算法的计算复杂度，以一种 Z 字扫描的顺序分别对各 8×8 块进行垂直边界和水平边界的标记，在不改变视频质量（PSNR 和码率）的前提下，显著地减少了处理时间。视频序列的细节信息越多，运动越剧烈，对编码时间的优化越明显。本节主要介绍了快速边界判定算法在 HM 上的测试结果，其有利于硬件实现这一性能将会在后面的硬件架构中进行具体描述。

2．快速编码比特数预测算法的实验结果

快速编码比特数预测算法是一种线性预测模型。为了避免在样点自适应补偿的率失真优化中熵编码对编码比特数的计算，文献[14]也提出了一种编码比特数的预测算法，为了与文献[14]进行对比，本实验同样选用模型 HM9.0 作为测试平台，量化参数 QP 分别为 22、27、32、37，且配置文件与快速边界判定算法的测试相同，分别在 All-Intra（AI）、Low-Delay（LD）和 Random-Access（RA）下计算出对应的平均码率差 BDBR 并进行比较。视频序列与文献[14]相同，为 5 个 Class 中不同特征的 10 个序列，快速编码比特数预测算法的 BDBR（%）如表 6-9 所示。

表 6-9　快速编码比特数预测算法的 BDBR（%）

类　　别	测 试 序 列	快速编码比特数预测			文　献　[14]		
		AI	LD	RA	AI	LD	RA
Class A	Traffic	0	0	0.1	0.1	0.1	0
	People on street	0	0	0	0.2	0.2	0.2
Class B	Park Scene	0.1	0.1	0	0.1	0.2	0.2
	Basketball Drill	0	0.1	0	0.1	0.5	0
Class C	Party scene	0	0	0	0	0	0.1
	BQMall	0.1	0	0	0	0.1	0
Class D	BasketballPass	0.1	0	0	0.1	0.1	0.1
	BQSquare	0	0.1	0.1	0.1	0.3	0.4
Class E	FourPeople	0.1	0	0.1	0.1	0.3	0
	KristenAndSara	0.1	0	0.1	0	0.4	0.2

从表 6-9 中可知，快速编码比特数预测算法的 BDBR 最大为 0.1%，最小值为 0，而在文献[14]中，BDBR 的波动较大，最大为 0.5%，表明编码比特数预测算法更逼近标准算法中熵编码的编码比特数，在硬件设计中，熵编码一般需要 8 个时钟周期；而快速编码比特数预测算法是一种线性计算方法，在硬件实现中只需要 1 个时钟周期，降低了设计复杂度。

3．环路滤波器的整体实验结果

根据上述两种优化算法对整个环路滤波器架构进行测试，由于去块效应滤波模块中的易于硬件实现的快速边界判定算法对 PSNR 和码率没有影响，仅改变滤波的处理时间，所以环路滤波模

块对 PSNR 和码率的影响只与样点自适应补偿模块的快速编码比特数预测算法相关，在快速 *R* 值预测算法中，表 6-9 计算了其对码率的影响 BDBR，在相同的测试条件下，环路滤波中的 BDBR 应与表 6-9 相同，因此这里仅对两种快速算法对整体环路滤波处理时间的影响进行比较。

整体环路滤波算法在 HEVC 测试模型 HM9.0 下进行测试，其实验环境与快速编码比特数预测算法一致，设置量化参数为 32。分别统计去块效应滤波和样点自适应补偿的 ΔT，如表 6-10 所示。从表 6-10 中可以看出，去块效应滤波器（DF）模块节约的时间较多，而样点自适应补偿（SAO）对时间的影响较小，对这两个模块进行优化的主要目的是在保证视频编码质量的前提下，优化硬件的设计和实现。

表 6-10　环路滤波器整体的 ΔT（%）

类　　别	视频序列（TS）	AI		LD		RA	
		DF	SAO	DF	SAO	DF	SAO
Class A	Traffic	−20.4	−9.3	−15.61	−10.72	−17.58	−11.05
	People on street	−23.2	−4.9	−21.03	−17.9	−21.51	−10.3
Class B	ParkScene	−22.97	−3.3	−20.79	−27.63	−18.63	−9
	Basketball Drill	−14.95	−11.58	−15.83	−16.88	−13.54	−19.69
Class C	Party Scene	−38.78	−5.2	−18.16	−14.90	−17.83	−27.84
	BQMall	−27.81	−4.1	−21.67	−5.7	−22.5	−9.7
Class D	BasketballPass	−22.39	−3.00	−21.26	−11	−22.96	−6.25
	BQSquare	−35.23	−2.08	−16.11	−7.2	−23.06	−5.44
Class E	FourPeople	−21.96	−3.01	−11.02	−4.5	−9.4	−12.15
	KristenAn-dSara	−18.92	−10.38	−10.86	−5.5	−9.2	−13.62

6.4.4　HEVC 中环路滤波整体架构设计

HEVC 中环路滤波器的硬件设计模块主要包括存储器模块、时序控制模块、去块效应滤波模块和样点自适应补偿模块。环路滤波整体架构设计如图 6-30 所示，主控制器由存储控制器和时序控制器组成，分别控制像素的读取和处理时序。首先以 CTU 为单位，将像素及一些相关参数存储到单端口 SRAM 中，共采用了 9 个单端口 SRAM，其中，6 个 SRAM（SRAM_L1、SRAM_L2、SRAM_Cr、SRAM_Cb、SRAM_T1 和 SRAM_T2）分别存储亮度像素、色度 Cr 像素、色度 Cb 像素、边界判定参数及 2 种边界强度计算参数。其余 3 个 SRAM（SRAM_L3、SRAM_C1、SRAM_C2）分别存储亮度、Cr 和 Cb 左边界的部分像素，用于后续 CTU 的去块效应滤波处理。在存储控制器下将 SRAM 像素转存至乒乓数据缓存结构，然后进行去块效应滤波器的相关操作，包括边界判定、BS 计算、滤波决策和滤波处理。去块效应滤波后的重建像素继续进行样点自适应补偿计算，首先需要对重建像素值进行分类，分为 EO_0、EO_1、EO_2、EO_3、BO 5 种模式，并求出原始像素和重建像素的差值，通过率失真优化来选择每种模式下对应的补偿值，确定样点自适应补偿类型后，再计算 new 模式下整体的 RDCost，并与 merge 模式下的 RDCost 比较，确定出最终的样点自适应补偿参数信息并输出。其中，绿色箭头表示原始像素的流向，红色箭头表示去块效应滤波后的像素流向和样点自适应补偿参数的输出。

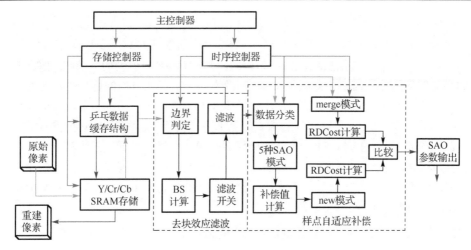

图 6-30 环路滤波整体架构设计（见彩插）

6.4.5 环路滤波架构的并行设计

1. 4 个滤波单元并行处理

本小节的硬件架构是基于 CTU 进行处理的。如图 6-31 所示，将 CTU 分成 4 个滤波单元（unit1～unit4）进行处理，即这 4 个滤波单元环路滤波并行处理，其中每个滤波单元中的处理器架构类似，在每个滤波单元中，去块效应滤波的并行处理为边界判定、BS 计算、滤波决策和滤波处理并行实现。样点自适应补偿主要为 new 模式下数据的统计分类的并行实现，当该块完成去块效应滤波后，将该块像素送入样点自适应补偿模块进行数据比较和分类。在这种并行方式下可以实现部分架构的复用，从而可以保证硬件面积在合理的范围内，且极大地减少了处理时间。

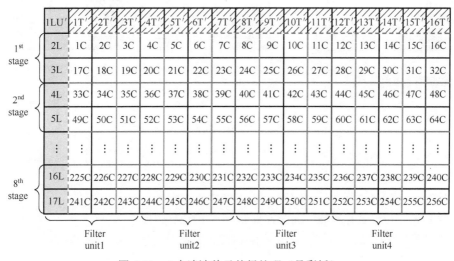

图 6-31 4 个滤波单元并行处理（见彩插）

从图 6-31 中可以看出，硬件架构中的滤波处理单元不是 64×64 的 CTU，而是 68×68 的像素块，每个小块代表 4×4 的像素点，其中，1C～256C 为当前处理的 CTU，阴影部分的 1T～16T 为上邻 CTU 的底部的 64×4 的像素块，1L～17L 为左邻 CTU 最右一列的 4×64 的像素块。因为对 CTU 的边界处的环路滤波需要用到相邻 CTU 的像素，为了保证数据的连贯性，对处理单元进行了像素组合，以使环路滤波能够连贯进行，如果该 CTU 位于一帧图像的上边沿或左边沿，则不存在上邻 CTU 和左邻 CTU，阴影部分的像素值全部用 0 代替，这样不仅不会对该边界进行处理，也保证了数据的连贯性。在图 6-31 中，红线将像素分成 4 个滤波单元，蓝线和绿线分别为需要滤波的水平边界和垂直边界。在处理完边界后，该处理单元的左边一列和底部一行的像素将会存储到特定的 SRAM 中，用于之后 CTU 的滤波。整个亮度块分成 8 步进行，与乒乓数据缓存结构配合进行处理，从而提高了边界处理效率。

2. 去块效应滤波中水平边界和垂直边界的并行处理

对于一个 8×8 的块的边界，HEVC 要求首先进行垂直边界的滤波，之后进行水平边界的滤波。但是某些水平边界和垂直边界没有数据相关性，可以并行处理以提高处理效率。HEVC 对 8×8 的块的边界进行处理时只与边界两边的 4 个像素相关，如图 6-32（a）所示，边界 B 和边界 E 是没有数据相关性的，因此可以进行并行处理。图 6-32（b）所示为标准滤波顺序，首先计算每个边界的边界强度，然后对该边界进行滤波。如图 6-32（c）所示，在这个滤波单元中，B 和 E、F 和 C、D 和 G 两两并行处理，具体的处理流程如下。

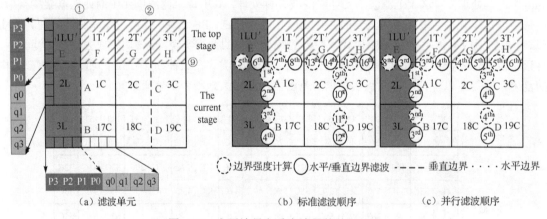

图 6-32　水平边界和垂直边界的并行处理

（1）计算 A 边界的边界强度。

（2）对 A 边界进行滤波，同时计算 B 和 E 的边界强度

（3）对 B 和 E 边界进行滤波，同时计算 F 和 C 的边界强度。

（4）对 F 和 C 边界进行滤波，同时计算 D 和 G 的边界强度。

（5）对 D 和 G 边界进行滤波，同时计算 H 的边界强度。

（6）对 H 边界进行滤波。

3. 亮度块和色度块的并行处理

在 HEVC 的去块效应滤波中，首先进行亮度滤波，然后进行色度滤波。在亮度滤波时，会计算对应边界的边界强度 BS，只有当 BS 大于 2 时，才会进行色度滤波。两种滤波都会使用 BS 值，因此设计了亮度块和色度块的并行处理。

亮度块的处理以 64×64 的 CTU 为单位，色度块为 32×32 的块，但是两者均对 8×8 的块的边界进行处理，为了与亮度块同步进行处理，色度块同样被分成 4 个滤波单元进行处理。如图 6-33 所示，色度块与边界两边各两个像素有关，图 6-33 中的每个块都表示 2×2 的块。

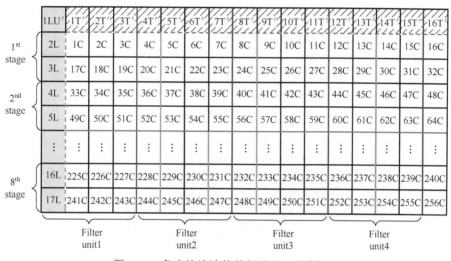

图 6-33 色度块滤波的并行处理（见彩插）

与亮度块相同，色度块也分为 8 步对整个 32×32 的块进行处理，其中，蓝色线为水平边界滤波，绿色线为垂直边界滤波，可以发现奇数步和偶数步的滤波边界不同。其中，奇数步需要 6 步处理，偶数步需要 2 步处理，每步处理需要 4 个时钟周期，如图 6-34 所示。色度块处理的时钟周期与亮度块并行处理的时钟周期相同，因此对色度块的处理要按标准滤波顺序进行。

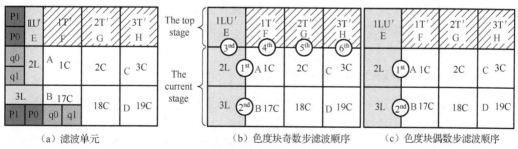

图 6-34 每步色度块的滤波顺序（见彩插）

对于样点自适应补偿而言，亮度块与色度块的处理方式相同，同样需要对处理后的像素进行分类，且色度块包括 Cr 块和 Cb 块，由于它们均为 32×32 的块，总数据量为亮度块的四分之一，因此在样点自适应补偿过程中，色度块顺序进行，即先对 Cr 进行数据分类，再对 Cb 进行数据分类，在计算总体补偿值时再并行处理，这样既减少了色度块 SAO 数据分类的硬件面积，也不会影响处理周期。

4．样点自适应补偿中 8 个像素的并行处理

如图 6-32 所示，当 E 边界滤波完成后，表示 1LU' 和 2L 块的去块效应滤波完成，因此可以将该块对应的像素送入样点自适应补偿模块进行数据分类统计。在 EO 模式下的数据分类统计中，需要将当前像素与不同角度的像素进行比较，可以对比较结果进行复用以减少比较器的个数。如图 6-35 所示，红色圈表示当前需要处理的像素，分别进行四种 EO 模式下的比较分类，以 EO_0 模式为例，若 1 为当前像素，则进行像素 1 与像素 2 的比较，若当前像素为 2，同样需要进行像素 1 和像素 2 的比较，因此只需要计算一次即可，这样可以在硬件设计中减少硬件面积的消耗，对这 8 个像素进行并行处理不仅提高了处理效率，而且完整的 EO 处理所需的比较器的数量由 64 减少到 48，与对单一的 8 个像素进行并行处理相比，减少了硬件面积。

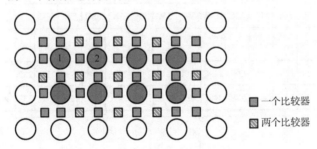

图 6-35　EO 模式下相邻像素所需的比较器的分布（见彩插）

5．样点自适应补偿 new 模式下的 5 种并行处理

在样点自适应补偿中，new 模式根据 CTB 本身的像素遍历 5 种 SAO 类型，这 5 种 SAO 类型分别为 EO_0、EO_1、EO_2、EO_3 和 BO。对这 5 种模式进行分类统计时，其数据是没有相关性的，因此在架构中需要设计 5 种 SAO 类型的并行处理，如图 6-36 所示，根据重建像素与周围像素的大小关系分别进行 EO 模式下的分类。BO 类型则根据重建像素的大小进行分类，分别对每种类型计算重建像素和原始像素的差并进行累加，统计对应的数量，得到 Diff 和 Count，用于后续补偿值计算等步骤。

6．样点自适应补偿和去块效应滤波并行处理

在样点自适应补偿过程中，对像素的分类比较占据了大部分处理时间，因此需要设计并行处理，提高数据比较分类的计算效率。如图 6-37 所示，当水平边界 E 所在的 4×8 像素的阴影块完成去块效应滤波后，在第 4 步送入样点自适应补偿中进行处理，同时进行 F 边界的去块效应滤波。在去块效应滤波中，对一个边界进行滤波需要 4 个时钟周期，再将其送入样点自适应补偿中，对 8 个像素进行并行处理，4×8 的像素共需要 4 个时钟周期，且两者没有数据相关性。这样可以对两个相对独立的模块进行并行处理，从而提高环路滤波整体的处理效率，每个滤波单元仅需 7 步，共 28 个时钟周期即可完成去块效应滤波和样点自适应补偿的数据分类。

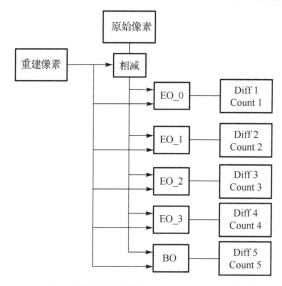

图 6-36　new 模式下数据统计模块中的 5 种 SAO 类型的并行处理

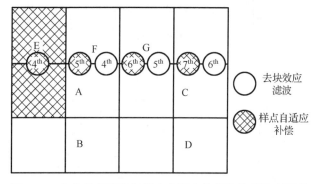

图 6-37　去块效应滤波和样点自适应补偿的并行处理框图

6.4.6　去块效应滤波的 VLSI 架构设计

1. 边界判定的硬件架构设计

上一代视频编码标准 H.264 是目前研究和应用比较成熟的视频编码标准，且其基于 16×16 的宏块进行去块效应滤波处理。基于传统宏块的编码方式会有很大的局限性，为了提高编码效率，HEVC 采用了一种更加灵活的编码方式：基于四叉树的灵活编码方式。HEVC 的编码块（CU）的定义类似于 H.264 中的宏块，但其 CU 的大小不是固定的，而是由编码器决定的。

HEVC 去块效应滤波处理的边界是 CU、PU 和 TU 的边界，边界判定标准算法采用递归算法得到最小的 CU，然后在 CU 中按照递归算法找出 TU，并在 CU 中根据预测参数确定 PU，最后对 CU、PU 和 TU 的边界进行标记。但对于硬件实现来说，在这种递归算法中，参数读取的不连续性和计算次数的不确定性不利于硬件实现。基于边界判定的规律，根据易于硬件实现的快速边界判定算法，这里设计了一种可复用的边界判定架构，用于减少硬件面积并降低边界判定的复杂度。

本架构中以 8×8 的块为基本单位，直接根据相关参数对边界进行标记，根据 6.4.1 节快速边界判定算法总结的规律，边界判定架构只需要若干个比较器就可以完成同一垂直线上的所有边界判定。图 6-27 中①和②所在块的垂直边界判定架构如图 6-38（a）所示，在第 1 步至第 8 步中，①和②块的所有的垂直边界位于两条直线上，因此处理器分别对应 VBJC1 和 VBJC2。

对于水平边界来说，一个滤波单元每步处理的水平边界在一条水平线上，如图 6-38（b）所示，对于图 6-27 第 2 步中的③边界（块 6 和 7 的上边界），其判定处理内核为 HBJC2，其余步中需要处理的水平边界与之前的不是同一个水平边界，因此 8 步所处理的水平边界处理器分别对应 HBJC1～HBJC8。

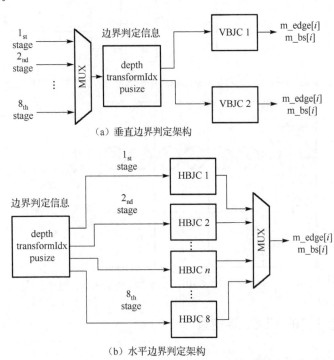

（a）垂直边界判定架构

（b）水平边界判定架构

图 6-38　优化后的边界判定的硬件架构

以第二个滤波单元为例，图 6-39 所示为边界判定的硬件架构设计，对应图 6-27 中的①和②块，图 6-39（a）为块 4、6、12、14、36、38、44、46 的左边界判定算法，图 6-39（b）为块 5、7、13、15、37、39、45、47 的左边界判定算法。对于一个滤波单元来说，每步滤波的水平边界在同一水平线上，因此每步对应一个边界判定处理器，其中，第 2 步和第 5 步中的水平边界③和④的边界判定处理器分别为 HBJC2 和 HBJC5。HBJC2 为块 6 和块 7 的水平边界处理器，HBJC5 为块 36 和块 37 的水平边界处理器。若该块的边界判定参数 depth、pusize 和 transformIdx 满足判定式，则分别对 m_edge[idx]和 m_BS[idx]进行标记，idx 为该块在 CTU 中以 Z 字扫描的顺序。若 m_edge[idx]=1 且 m_BS[idx]=1，表示该块的左边界或上边界为 TU 边界；若 m_edge[idx]=1 且

m_BS[idx]=0，表示该块的左边界或上边界为 PU 边界。这两个参数不仅对需要滤波的边界进行标记，还会影响边界滤波强度的计算。

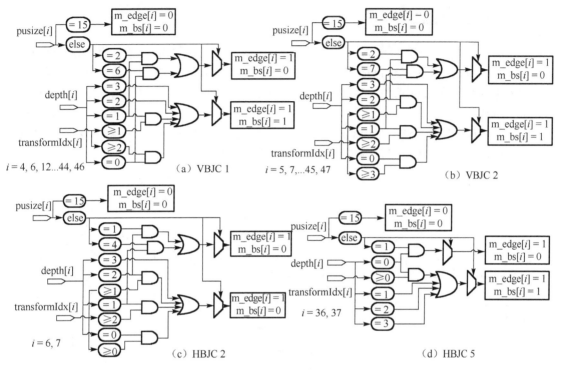

图 6-39 边界判定的硬件架构设计

2. 边界强度计算的硬件架构设计

在对需要滤波的边界进行标记后，还需要计算边界强度。边界强度不仅与边界判定的标记信息 m_edge[idx] 和 m_BS[idx] 有关，还与一些编码信息相关，如预测模式、运动矢量、变换信息和参考帧。图 6-40 所示为边界强度计算的硬件架构设计。

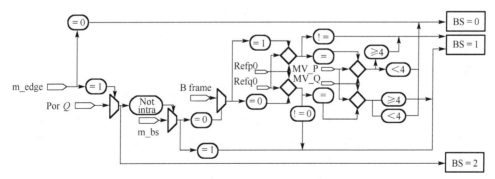

图 6-40 边界强度计算的硬件架构设计

在图 6-40 中，P 和 Q 表示边界两边 4×4 的块，运动矢量和变换信息决定了该块的编码方式的一致性，若差异性越强，则块效应越明显，就需要较大的滤波幅度。反之，则采用较平滑的滤波方式或不滤波，过度滤波会造成图像模糊，使图像信息有较大的损失，引起图像失真。

3．滤波决策架构设计

滤波决策主要用于判断图像的纹理、计算出相关参数和确定滤波类型。如果边界强度 BS 等于 0，则不进行滤波，不需进行后面的步骤。若边界强度 BS 大于 0，则进一步判断滤波强度的大小。图 6-41 所示为滤波决策相关参数的硬件架构图，主要是确定 β、t_c 和 d_{pq} 等滤波决策相关参数，进一步计算可以得到 Nofilter、SW、Comparison、d_{Ep} 和 d_{Eq} 等用于下一步滤波处理，nofilter 参数表示是否进行滤波，SW 和 Comparison 表示滤波的强弱，d_{Ep} 和 d_{Eq} 用于确定进行弱滤波处理的像素位置，根据这些参数可以得出具体的滤波类型。

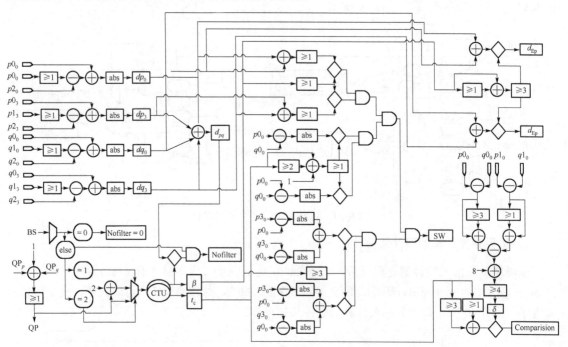

图 6-41　滤波决策相关参数的硬件架构图

4．滤波单元架构的设计

除了不进行滤波这一模式，亮度滤波一般分为强滤波和弱滤波两种模式。图 6-42 所示为亮度滤波的硬件结构图，滤波决策部分求出的相关参数用于判定滤波类型，若 Nofilter=0 且 SW=1，则该边界进行强滤波；若 Nofilter=0，SW=0，且 Comparision =1，则该边界进行弱滤波；若不满足以上条件，则该边界不进行滤波。强滤波对边界两边各 3 个像素（p_0、q_0、p_1、q_1、p_2、q_2）进行更新，滤波后的像素为 P_0、Q_0、P_1、Q_1、P_2、Q_2。对于弱滤波来说，需要进一步根据 d_{Ep} 和 d_{Eq} 的大小决定滤波的像素位置，对 p_0、q_0 或 p_1、q_1 进行更新，其余像素保持不变。

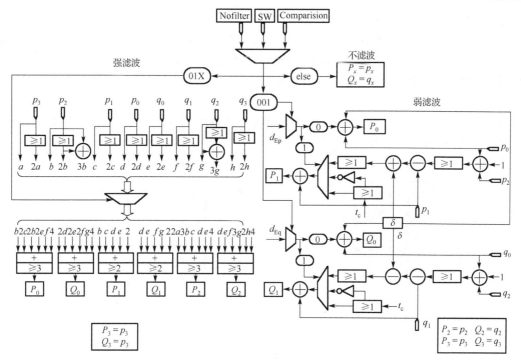

图 6-42　亮度滤波的硬件架构图

色度滤波单元为 32×32 的块。当边界强度 BS 大于 2 时，进行色度滤波，且只改变边界两边各一个像素；否则，不进行滤波。图 6-43 所示为色度滤波的硬件架构图。

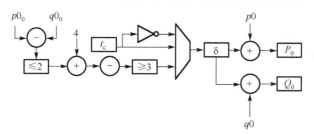

图 6-43　色度滤波的硬件架构图

6.4.7　样点自适应补偿的 VLSI 架构设计

1. new 模式中的数据分类统计架构设计

当水平滤波处理完成之后，像素便可以传入样点自适应补偿模块进行数据分类统计。根据 CTU 本身的像素计算出最新的 SAO 模式及参数的模式为 new 模式。在每个时钟周期下，每个滤波单元将会传入去块效应滤波完成的 8 个像素至样点自适应补偿模块。在数据分类部分，由于采用 EO 模式处理时与周围像素有关，因此这里以 4×8 的像素为处理单位。图 6-44（a）所示为对 4×8

的块像素进行数据统计时的处理模块。其中，实心圆表示当前处理的 4×8 的像素，其余圆为 EO 处理所需的周围像素。在 HEVC 标准算法中，样点自适应补偿只对完成去块效应滤波的像素进行统计分类，对于一个 CTU 的左列和底部，需要下一个 CTU 处理后才能完成去块效应滤波。SAO 在数据分类统计中不包含这部分像素，其处理的像素范围一般为 60×59，如图 6-44（b）所示，这样不仅减少了处理等待时间，而且降低了计算复杂度。

为了与去块效应滤波配合，并提高像素的统计分类效率，SAO 同样以 4 个数据统计单元为单位进行并行处理。在一帧图像中，CTU 的位置有 9 种情况，如图 6-44（c）所示，不同位置的 CTU 处理的像素位置不同。

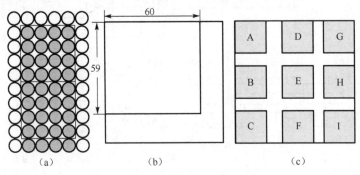

图 6-44   样点自适应补偿滤波处理的像素范围

图 6-44（c）中的 A 类 CTU 位于一帧图像的左上边界，样点自适应补偿与周围像素有关的特性决定该 CTU 的 4 个滤波单元第 1 步对应的像素范围分别为图 6-45 中的（1）、（3）、（3）、（4），第 8 步对应的像素范围为（16）、（18）、（18）、（19），其余步骤的 4 个滤波单元分别对应图 6-45 中的（11）、（13）、（13）、（14）。图 6-44（c）中的 B 类 CTU 位于左边界，但不在上边和底边，因此第 1 步 4 个滤波单元对应的像素范围为（6）、（8）、（8）、（9），其余步骤与 A 类 CTU 相同。图 6-44（c）中的 C 类 CTU 与左边界和底边界重合，第 8 步 4 个滤波单元对应的像素范围为（21）、（23）、（23）、（24），其余步骤与 B 类 CTU 相同。这是所有与左边界重合的情况分析。

图 6-44（c）中的 D 类 CTU 位于图像的上边界，因此 4 个滤波单元第 1 步分别对应图 6-45 中的（2）、（3）、（3）、（4），第 8 步分别对应图 6-45 中的（17）、（18）、（18）、（19），其余步骤对应图 6-45 中的（12）、（13）、（13）、（14）。图 6-44（c）中的 E 类 CTU 位于一帧视频的中间，第 1 步 4 个滤波单元分别对应的像素范围为（7）、（8）、（8）、（9），其余步骤与 D 相同。对于图 6-44（c）中的 F 类 CTU，第 8 步 4 个滤波单元分别对应的像素范围为（22）、（23）、（23）、（24），其余步骤与 E 类 CTU 相同。

图 6-44（c）中的 G 类 CTU 位于一帧图像的右上角，因此第 1 步 4 个滤波单元对应的像素范围为（2）、（3）、（3）、（5），第 8 步 4 个滤波单元分别对应（17）、（18）、（18）、（20），其余步骤对应（12）、（13）、（13）、（15）。对于图 6-44（c）中的 H 类 CTU，第 1 步对应的像素范围分别为（7）、（8）、（8）、（10），其余步骤与 G 类 CTU 相同。对于图 6-44（c）中的 I 类 CTU，第 8 步对应的像素范围为（22）、（23）、（23）、（25），其余步骤与 H 类相同。

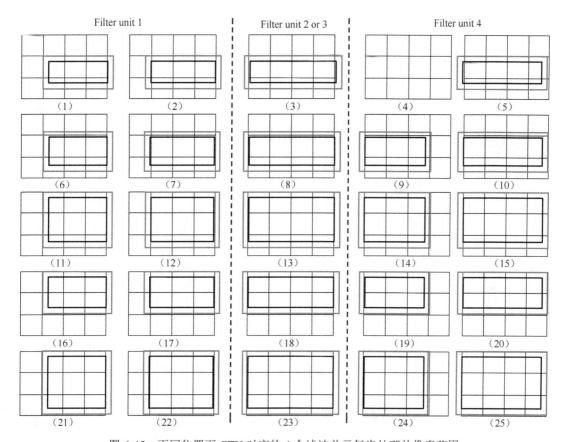

图 6-45　不同位置下 CTU 对应的 4 个滤波单元每步处理的像素范围

　　一帧内 CTU 所处的位置不同，对应的像素范围也不同。边界处的 CTU 对应的滤波单元处理的像素范围不同，如左边界的 CTU（A、B、C）对第一个滤波单元处理的像素范围有影响。图像上边界的 CTU（A、D、G）对第一步处理的像素范围有影响。处于最右边（G、H、I）和最底部（C、F、I）的 CTU 分别对第 4 个滤波单元和第 8 步的像素范围有影响。

　　样点自适应补偿以一个 CTU 为基本单位，大多数处理的像素大小为 60×59，且每个像素需要在 5 种模式下（EO_0、EO_1、EO_2、EO_3、BO）分别进行比较，并与标准像素相减。如果与标准算法一样，依次对每个像素进行 5 种模式下的分类，但这样处理的时间是远远达不到实时性处理的要求的。因此在样点自适应滤波内部设计了将 8 个像素在 5 种模式下并行处理，与其他的并行处理共同提高整体环路滤波的处理效率。

　　图 6-46 所示为样点自适应补偿在 EO 和 BO 模式下分类统计的核心架构。本架构设计为 8 个像素并行处理。如图 6-46（a）所示，8 个红色圆进行并行处理，当红色圆在 EO 模式下处理时，作为当前像素与周围像素组合，如图 6-46（b）所示，$p5$ 为当前重建像素，其余圆为周围重建像素，将该数据组合传入图 6-46（c）中进行样点自适应补偿，蓝色的 $p5$ 为当前原始像素，与重建像素 $p5$（红色）相减得出差值。在 EO 模式下，根据图 6-8 中特定的 EO 模式传入对应的周围重

建像素，并进行比较，"＞""＜""＝"表示当前像素与周围像素的大小关系，若当前像素大于周围像素，标志信息 sgn=1；若两者相等，则标志信息 sgn=0；否则 sgn=−1。在每种模式下将当前像素与 2 个周围像素进行比较，将两次比较结果相加，与图 6-9 中的分类方式对应，分别为"−2""−1""1""2"，若其和为其他值，则不进行累加。对整个 CTU 累加统计后计算对应的补偿值。

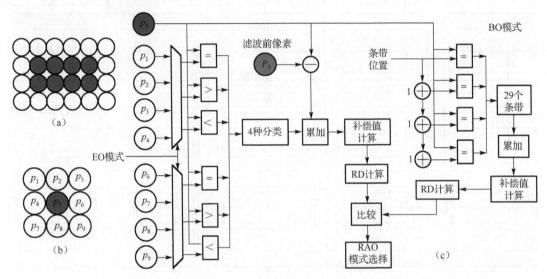

图 6-46　样点自适应补偿在 EO 和 BO 模式下分类统计的架构（见彩插）

在 BO 模式下，根据重建像素的灰度值进行分类，分类方式如图 6-10 所示，对整个 CTU 统计累加后计算出 32 个条带对应的补偿值，以连续的 4 个条带为一组，如图 6-46（c）中的条带位置 3 次加 1，分成 29 组，并找出 29 组中率失真代价最小的一组条带。最后对比 EO（EO_0、EO_1、EO_2、EO_3）模式和 BO 模式的率失真代价，选择出 new 模式最终的 SAO 参数。

以上为 new 模式的参数确定过程，即根据 CTU 本身的像素计算出最优的 SAO 模式及参数，根据图 6-46 分别对亮度块和色度块进行处理，即可得到 new 模式下亮度块和色度块对应的 SAO 参数，然后计算 new 模式下整体的率失真代价，如式（6-76）所示。

$$\text{cost} = \frac{D_Y}{\lambda_L} + \frac{D_{Cr} + D_{Cb}}{\lambda_C} + R \tag{6-76}$$

图 6-47 所示为 new 模式整体率失真代价计算框图，在图 6-47（a）中，首先，重建像素在 5 种模式下分类统计与原始像素的差值 $E[4]$ 和对应的数量 $N[4]$，然后遍历候选补偿值列表得出对应分类的 4 个补偿值 $h[4]$，计算对应 SAO 类型和补偿值对应的失真 D，根据率失真优化计算选出 new 模式下最终采用的 SAO 模式和补偿值等参数，保存最终选择的 SAO 类型对应的失真 D。如图 6-47（b）所示，亮度块和两个色度块分别根据上述步骤计算出对应 SAO 类型的失真 D，并与对应的拉格朗日因子相除后，加上 new 模式下对应的整体编码比特数 R，即可得到 new 模式整体的 cost 值，该 cost 值将用于整体 CTU 的模式选择模块中。

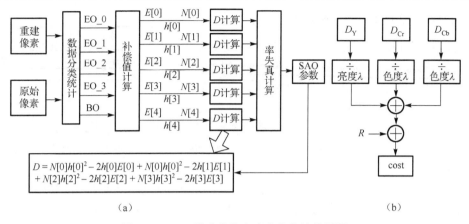

图 6-47 new 模式整体率失真代价计算框图

2．merge 模式架构设计

在 HEVC 中，样点自适应补偿还包括 merge 模式，即直接使用上邻 CTU 或左邻 CTU 的 SAO 参数，对应的 SAO 参数为 merge_SAO 参数，然后根据这些参数计算当前 CTU 的率失真代价。图 6-48（a）所示为当前 CTU 对应的重建像素和原始像素，根据 merge_SAO 参数的 SAO 类型进行数据分类统计，计算出差值 $E[4]$ 和数量 $N[4]$，然后根据 merge_SAO 参数的补偿值 $h[4]$ 计算当前 CTU 的失真 D。D_Y、D_{Cr} 和 D_{Cb} 分别为亮度（Y）和色度（Cr 和 Cb）的失真，λ_L 和 λ_C 分别表示亮度和色度对应的拉格朗日常数，merge 模式整体率失真代价的计算框架如图 6-48（b）所示，将求出的失真与对应的 λ 相除后相加，并加上 merge 模式下的编码比特数 R，最终求出 merge 模式整体的 cost。

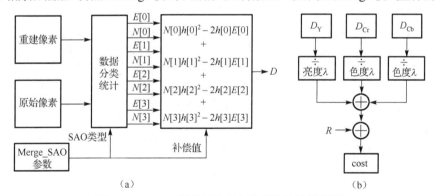

图 6-48 merge 模式整体率失真代价的计算框图

3．整体 CTU 中 SAO 模式选择架构设计

如图 6-49 所示，off 模式表示当前 CTU 不进行 SAO 处理，也可以认为其补偿值为 0。将 new 模式的率失真代价 cost 和 merge 模式下的率失真代价 cost 分别与 off 模式下对应的 cost 进行比较，选择 cost 最小的一组 SAO 参数，然后对该 SAO 参数进行编码传输，解码端根据传输的 SAO 参数直接对重建像素进行分类补偿，完成环路滤波模块的处理，使其更加逼近原始图像，减小图像的失真。

4. 编码比特数 R 的计算架构设计

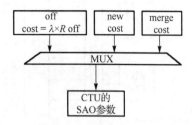

在样点自适应补偿中，共存在 5 种情况下的率失真代价的计算，分别为补偿值选择中的率失真代价计算，new 模式下的亮度块和色度块的 SAO 参数选择率失真代价的计算，new 模式下整体率失真代价的计算，merge 模式下率失真代价的计算，off 模式下率失真代价的计算，每种模式对应的编码比特数的计算式是不同的。在本文设计的架构中，补偿值计算部分的率失真代价的计算比较简单，

图 6-52　整体 CTU 对应的 SAO 参数选择

根据补偿值可以直接计算出编码比特数，所以该部分的硬件架构也是基于标准算法设计的，其余情况下的率失真代价的计算采用的是快速编码比特数预测算法，简化了硬件架构的设计。

图 6-50（a）所示为 new 模式中 SAO 类型的快速 R 值预测架构，其中，$h0$、$h1$、$h2$ 与 $h3$ 分别为 new 模式下 EO_0、EO_1、EO_2、EO_3 和 BO 模式下的 4 个补偿值。根据快速 R 值预测算法，首先对 4 个补偿值取绝对值，然后对 4 个绝对值求和为 W，并求出补偿值为负的个数 C，然后根据 SAO 类型分成 EO 类型和 BO 类型，进一步进行 I 帧和非 I 帧的分类，最终分别计算亮度和色度的编码比特数 R。在计算 new 模式下整体 SAO 模式选择，即亮度块（Y）和两个色度块（Cr 和 Cb）的 SAO 类型组合时，编码比特数 R 也为亮度块和色度块最终对应的编码比特数之和，如图 6-50（b）所示。

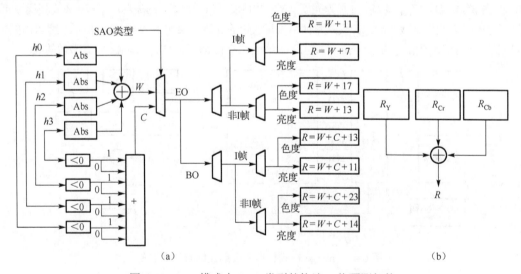

（a）　　　　　　　　　　　　　　　　　　　　　（b）

图 6-50　new 模式中 SAO 类型的快速 R 值预测架构

merge 模式和 off 模式下的 R 的预测值分别为 4 和 2，可以直接运用到硬件设计架构中，这种快速 R 值预测算法使率失真优化计算过程中的编码比特数全部采用线性算法计算，减少了硬件设计的复杂度。不同于标准算法中 R 值采用的熵编码计算方法至少需要 8 个滤波周期，这种线性算法仅需要一个滤波周期，从而提高了 SAO 的计算效率。

6.4.8 环路滤波器的流水线设计

1. 乒乓数据缓存结构设计

下面采用单端口 SRAM 存放原始像素并将去块效应滤波处理后的像素读出。单端口 SRAM 不能同时进行数据读操作和写操作，为了减少数据等待时间，本节应用一种乒乓数据缓存结构与单端口 SRAM 配合，使处理效率更高并减少处理时间。如图 6-51 所示，图 6-51（a）和 6-51（b）分别为乒乓数据缓存结构中的两个寄存器，由于这里将一个 CTU 分成 8 步进行处理，以亮度块为例，两个寄存器分别存储 68×12 大小的单通道像素块。在第 2～8 步的处理过程中，将上一步所在的寄存器的最后一行输入当前寄存器的第一行，其余两行为从 CTU 中读取的原始像素。在每个寄存器内，按照前面提到的并行处理方式进行处理。

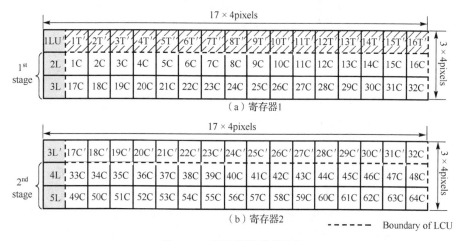

图 6-51　乒乓数据缓存结构

对于单端口 SRAM 而言，读数据和写数据不能同时进行，此处，在第 1 步（1st stage）去块效应滤波完成之后，在将数据传回 SRAM 之前，首先读取第 2 步（2st stage）的像素和参数，读取完成后，才能将第 1 步处理后的像素传回 SRAM 中。

2. 环路滤波架构的整体流水设计

在环境滤波架构内，SRAM 中需要读取的数据如表 6-11 所示，表 6-11 中分别列出了需要读取的数据和所需的时间。其中，4×4 块的信息包括预测模式、变换参数、参考帧及运动矢量，共需要 16 个时钟周期（cycle）。8×8 块的信息主要包括深度参数、变换参数、预测参数、量化参数，共需要 4 个 cycle。本文将一个 64×64 大小的 CTU 分成两部分进行存储，每次读取的数据量为 8×32 个像素，共需要 16 个 cycle。对于补充的处理单元的左列，每次需要读取的数据量为 4×8，则位宽为 32 的 SRAM 需要 8 个 cycle 的时间。对于大小为 32×32 的色度像素（Cr 和 Cb），每步读取的像素为 8×32 个，共需要 16 个 cycle，将这些数据同时从对应的 SRAM 中读取，因此整个数据读取过程需要 16 个 cycle。

表 6-11　SRAM 中需要读取的数据

信　息	内　容	功　能	位	数　量	位　宽	时　间
4×4 块参数	预测模式	是否为帧内	1bits	32	116	(1+2+3+3+12+12+12+12)×32/116=16
	变换参数	transformIdx	2bits			
	参考帧	refp0	3bits			
	参考帧	refp1	3bits			
	运动矢量	p0_h	12bits			
	运动矢量	p0_v	12bits			
	运动矢量	p1_h	12bits			
	运动矢量	p1_v	12bits			
8×8 块参数	深度参数	depth	2bits	8	28	(2+2+4+6)×8/28=4
	变换参数	transformidx	2bits			
	预测参数	pusize	4bits			
	量化参数	QP	6bits			
亮度像素	亮度像素 1	pel_l	8bits	8×32	128	8×32×8/128=16
	亮度像素 2	pel_l	8bits	8×32	128	8×32×8/128=16
	左列亮度像素	Colpel_l	8bits	8×4	32	8×4×8/32=8
色度像素	色度像素	Pel_c	8bits	8×32	128	8×32×8/128=16
	左列色度像素	Colpel_c	8bits	8×2	16	8×2×16/16=16

在读取数据之后，首先开始去块效应滤波处理，对每步中所有的块进行边界判定，需要 4 个 cycle，然后进行 BS 计算和滤波决策，根据提出的并行处理，共需要 24 个 cycle，在第 12 个 cycle 处理完之后，即当前块的水平滤波处理完成之后，将 4×8 的像素进行样点自适应补偿的数据分类统计，每步处理 4×2 个像素，则每步样点自适应补偿中的数据分类统计共需要 16 个 cycle。在处理完成之后，需要将亮度像素和色度像素存回 SRAM 中，该过程与读取像素所需的时间一致，共需要 16 个 cycle。

采用单端口 SRAM 存储环路滤波结构所需的信息，在数据读取过程中不能同时进行数据读取和输入。将单端口 SRAM 与乒乓数据缓存架构配合，首先乒乓数据缓存结构中的寄存器 1 从 SRAM 中读取数据，然后对寄存器 1 进行环路滤波，然后在处理过程中将寄存器 2 的数据从 SRAM 中读取出来，将寄存器 1 中完成环路滤波的像素存回 SRAM 中，这样即可完成第一步的环路滤波，且没有数据延迟，与双端口 SRAM 的功能完全一致。

图 6-52 所示为环路滤波架构的整体流水线设计，首先读取的数据包括亮度像素、色度像素及相关参数信息，需要 16 个 cycle；然后对第 1 步所有需要滤波的边界进行边界判定，需要 4 个 cycle；最后进行边界强度计算和滤波处理，共需要 24 个 cycle，在第 12 个 cycle 处理完成之后，对 4×8 块像素进行样点自适应补偿的数据分类统计，同时实现去块效应滤波的并行处理。完成第 1 步的去块效应滤波处理需要 24 个 cycle，同时，样点自适应补偿需要 4 个 cycle 来完成数据分类统计。在去块效应滤波进行到第 12 个 cycle 时，对寄存器 2 开始读入第 2 步所需的数据，在第 2 步数据读完之后，开始将寄存器 1 中的数据存回 SRAM 中，同时可以将寄存器 1 的最后一行存储至寄存器 2 中，然后开始寄存器 2 的数据处理。在将最后一步处理的像素存回 SRAM 中时，同时在 1 个

cycle 中进行整体 new 计算和 merge 计算，在 1 个 cycle 中选出最终的 SAO 模式，完成整体环路
滤波处理，因此一个 CTU 完成环路滤波共需要 16+(24+4)×8+16=256 cycle。

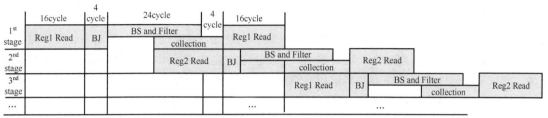

图 6-52　环路滤波架构的整体流水线设计

6.4.9　存储器设计

本设计架构的存储器采用的是单端口 SRAM，详细的 SRAM 结构如表 6-12 所示，其中，有 3
种参数需要存储：亮度像素、色度像素和相关信息。亮度块为 64×64 块，分成两个单端口 SRAM
（SRAM_L1 和 SRAM_L2）进行存储，并将去块滤波后的像素存入 SRAM 中。SRAM_L3 为当前
亮度 CTU 左邻块的最右一列，滤波完成后将当前亮度 CTU 的最右一列存入 SRAM_L3 中，若当
前 CTU 位于左边界，则该像素值用 0 填充，从而保证处理的连续性。同理，SRAM_C1 和 SRAM_C3
分别存储色度块 Cr 和 Cb 的原始像素，然后在滤波处理完成之后将对应的重建像素存入对应的
SRAM 中。SRAM_C2 和 SRAM_C4 分别为色度 Cr 和色度 Cb 的左邻块的最右一列，滤波结束后
将本身的最右一列存入 SRAM 中，用于下一个块的滤波。SRAM_I1 和 SRAM_I2 分别存储 8×8
块的信息和 4×4 块的信息，且只需读入硬件架构中。

与文献[14]相比，本文没有对样点自适应补偿设计单独的 SRAM，在合理的流水线下可以实
现环路滤波的无延时处理。且现有的参考文献大多为双端口 SRAM，可以同时实现数据的输入和
输出。虽然双端口 SRAM 的设计复杂度较低，但是相比于单端口，其功耗比较高，在相同容量下，
双端口 SRAM 的面积是单端口 SRAM 的两倍左右。本文采用的单端口 SRAM 在通过流水线设计
后进行环路滤波处理时没有数据延时，与双端口 SRAM 实现的功能一致。

表 6-12　SRAM 结构

SRAM	大小/bit	存 储 结 构	
		去块效应滤波前	去块效应滤波后
SRAM_L1/L2	128b×128w×2	原始像素（亮度）	重建像素（亮度）
SRAM_L3	32b×68w	左邻 CTU 最右一列像素（亮度）	当前 CTU 最右一列像素（亮度）
SRAM_C1	64b×128w	原始像素（Cr）	重建像素（Cr）
SRAM_C2	16b×34w	左邻 CTU 最右一列像素（Cr）	当前 CTU 最右一列像素（Cr）
SRAM_C3	64b×128w	原始像素（Cb）	重建像素（Cb）
SRAM_C4	16b×34w	左邻 CTU 最右一列像素（Cb）	当前 CTU 最右一列像素（Cb）
SRAM_I1	28b×34w	8×8 块信息	8×8 块信息
SRAM_I2	116b×128w	4×4 块信息	4×4 块信息

6.4.10　实验结果与分析

1．仿真与验证

功能仿真即利用测试样本来检测电路的正确性和完整性。该验证一般分为动态验证和静态验证。动态验证即对测试模型加上一定的激励，并与正确的输出进行比对，然后判断测试模型是否正确，测试的正确性受视频序列和测试环境的影响。静态测试不需要激励，而是利用内部结构算法进行验证，是一种新发展起来的方法，能减少验证周期。本架构采用动态测试方式，验证流程图如图 6-53 所示，JCT-VC 标准组织规定了 HEVC 测试模型 HM 的标准视频序列，通过 HM 测试模式提取环路滤波的原始像素和相关信息作为标准输入，将重建像素和样点自适应补偿参数作为标准输出。配置信息一般取决于相关参数的大小，对比的主要对象是去块效应滤波后的像素及样点自适应补偿的相关参数，只要 HM 的输出和环路滤波结构的输出一致，即可判断出该环路滤波器的硬件架构是否准确。

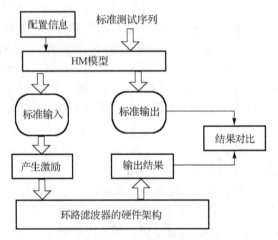

图 6-53　验证流程图

本文的硬件架构是采用 verilog HDL 语言设计而成的，在 modelsim 下进行功能仿真，首先分别对各个模块进行仿真，主要目的是验证各个模块的正确性，然后将各个模块连接在一起进行整体仿真，主要目的是验证各个模块之间通信和流水线的正确性。为了快速查找错误原因，本架构设置了一个数组 error[8×64]，对每步输出的 8×64 个像素的正确性进行判断，若出现错误，则将该像素对应的数组 error 标记为 1，通过标记数组的结果可以很直观地发现出现错误的像素的位置，分析错误原因，进而有效改正。

2．逻辑综合与性能分析

逻辑综合就是根据用户设定的时序条件和面积约束，在标准工艺库的映射下将 RTL 级硬件描述抽象成逻辑门电路的过程。逻辑综合的主要过程包括翻译、优化和映射。翻译是指当 EDA 工具读入设计文件时，将高级描述语言翻译成库组成的逻辑电路，然后根据约束条件对逻辑电路进行优化，约束条件通常包括工艺、功耗、面积和周期等。映射就是根据约束条件在工艺库中选择符合条件的逻辑电路来转换成逻辑网表。

本文在进行逻辑综合时采用 synopsys 公司的 Design Compiler 软件，所选的工艺为 TSMC 65nm 工艺，在设计过程中，根据约束条件合理地对电路结构进行规划，然后在逻辑综合过程中将 RTL 级代码和基本电路进行映射，以满足设计电路的要求。为了找出最高的工作频率，逻辑综合一般需要进行多次处理。本架构的最高处理频率为 297MHz，环路滤波器架构中的去块效应滤波器的面积为 30.7K，样点自适应补偿的硬件面积为 98K，本架构及其他架构的硬件综合的对比结果如表 6-13 所示。

表 6-13　本架构及其他架构的硬件综合的对比结果

架　　　构		文　献　[15]	文　献　[16]	文　献　[17]	文　献　[18]	文　献　[19]	本　架　构
处理对象大小		64×64	64×64	8×8	32×32	32×32	64×64
工艺（TSMC）		90nm	28nm	65nm	0.13um	65nm	65nm
最大频率/MHZ		100	266	240	160	182	297
分辨率		4K×2K	8K×4K	8K×4K	4K×2K	8K×4K	8K×4K
帧率		60	60	120	60	40	132
处理周期/CTU（cycle）	Only DBF	768	—	—	—	—	—
	Only SAO	—	1600	—	—	—	—
	LF	—	—	304	440	558	288
硬件面积（gates）	DBF	73.5K	—	31K	21K	30.4K	30.7K
	SAO	—	300K	36.7K	32K	73K	98K
	Total	466.5K	—	—	108K	103.4K	128.7K

参考文献[15]仅包含去块效应滤波（DF）模块，其中，提出了一种新型数据组织方式 RFU，处理对象为 64×64 的块，在 TSMC 90nm 工艺下，其最高频率可达 100MHz，硬件面积共需要 466.5K，但是参考文献[15]的硬件架构中不包含边界判定和 BS 计算等模块，每个块的去块效应滤波的参数信息是直接从外部获取的，实现的去块效应滤波模块是不完整的。文献[16]主要设计编码器中的样点自适应补偿模块，完整地实现了样点自适应补偿模块的整体功能，但是其硬件面积较大，且周期较长，难以实现样点自适应补偿的实时处理。

与本架构类似，文献[17]在 TSMC 65nm 工艺下进行环路滤波解码器端的硬件设计，去块效应滤波的硬件面积为 31K，样点自适应补偿的硬件面积为 36.7K，最大工作频率可达 240MHz，处理周期为 304 个 cycle，但是在去块效应滤波过程中没有边界判定和 BS 计算等模块，解码端的样点自适应补偿中没有 SAO 参数的计算步骤，SAO 参数作为已知变量直接从外部获取，然后对像素进行补偿。在文献[18]的设计中，处理对象为 32×32 的块，主要为解码器端的去块效应滤波器和样点自适应补偿架构，其去块效应滤波没有边界判定这一模块，样点自适应补偿实现的功能与文献[17]一致。在 TSMC 65nm 工艺下，其最高处理频率可以达到 160MHz，可以支持以 60 帧率处理 4K×2K 的视频。

文献[19]设计了环路滤波编码器的架构，该架构可以支持在 8K×4K@40fps 下进行处理，环路滤波所需要的时间为 558 个 cycle，最大工作频率为 180MHz，该架构在处理去块效应滤波模块时没有设计边界判定模块，完整地实现了其余环路滤波功能。但是文献[18]和文献[19]即使在使用双端口 SRAM 的情况下，数据可以同时写入和读出，也会存在延时。且文献[19]中为样点自适应补偿增加了两个 SRAM 用于存储中间像素。本文设计的环路滤波架构不需要另外设计 SRAM，且能无延时地完整实现环路滤波功能，虽然其硬件面积比文献[19]增加了 24%，但时间周期比文献[19]减少了 48%，且环路滤波架构中的模块实现更加完整。在存储同样的信息量的情况下，本文采用的单端口 SRAM 比双端口 SRAM 的硬件面积更小，且功耗更低。

对于去块效应滤波中的边界判定模块，由于其标准算法中采用的是递归算法，在硬件架构设计中，递归算法获取的参数不确定，在架构设计中有较大的难度。因此目前去块效应滤波架构中不会设计边界判定这一模块。对于样点自适应补偿来说，大多数文章将其设计为解码器结构，直接获取 SAO 参数对像素进行分类补偿，没有编码器架构中的 SAO 参数的确定过程，一方面是因为这部分设计较复杂，另一方面是因为涉及熵编码的相关计算，若对编码器架构进行完整的设计，则文献[16]中仅环路滤波器架构就需要 300K 的硬件面积，面积较大且计算周期较长。本文对熵编码确定的 R 值预测算法进行了改进，根据补偿值的特点对 R 值进行线性计算，不仅减少了硬件面积，而且减少了处理周期和设计复杂度。

参 考 文 献

[1] Norkin A, Bjontegaard G, Fuldseth A, et al. HEVC Deblocking Filter[J]. IEEE Transactions on Circuits and Systems for Video Technology, 2013, 22(12):1746-1754.

[2] Fu C, Alshina E, Alshin A, et al. Sample Adaptive Offset in the HEVC Standard[J]. IEEE Transactions on Circuits and Systems for Video Technology, 2012, 22(12):1755-1764.

[3] Li Z, Qin S, Itti L. Visual attention guided bit allocation in video compression[J]. Image & Vision Computing, 2011, 29(1):1-14.

[4] Seo H，Milanfar P. Static and space-time visual saliency detection by self-resemblance[J]. Journal of Vision, 2009, 9(12): 1-27.

[5] Kim J, Lee J K, Lee K M. Accurate Image Super-Resolution Using Very Deep Convolutional Networks[C]. Computer Vision and Pattern Recognition. IEEE, 2016:1646-1654.

[6] He K, Zhang X, Ren S, et al. Deep Residual Learning for Image Recognition[C]. IEEE Conference on Computer Vision and Pattern Recognition (CVPR), 2016: 770-778.

[7] Glorot X, Bengio Y. Understanding the difficulty of training deep feedforward neural networks[C]. Artificial Intelligence and Statistics, 2010: 249-256.

[8] He K, Zhang X, Ren S, et al. Delving Deep into Rectifiers: Surpassing Human-Level Performance on ImageNet Classification[J]. 2015.

[9] Duchi J, Hazan E, Singer Y, et al. Adaptive Subgradient Methods Adaptive Subgradient Methods for Online Learning and Stochastic Optimization[J]. Journal of Machine Learning Research, 2011, 12(7):257-269.

[10] Kingma D P, Ba J. Adam: A Method for Stochastic Optimization[J]. Computer Science, 2014.

[11] Ruder S. An overview of gradient descent optimization algorithms[J]. 2016.

[12] Bjontegaard G. CaCTUlation of average PSNR differences between RD-curves[C]. Doc.VCEG-M33 ITU-T Q6/16, Austin, TX, USA, 2-4 April 2001.

[13] 赵川, 张萌萌, 马希荣. 一种 HEVC 样点自适应补偿改进方法[J]. 电视技术, 2015, 39(13):14-19.

[14] Shen W, Fan Y, Bai Y, et al. A Combined Deblocking Filter and SAO Hardware Architecture for HEVC[J]. IEEE Transactions on Multimedia, 2016, 18(6):1-1.

[15] Hsu P, Shen C. The VLSI Architecture of a Highly Efficient Deblocking Filter for HEVC Systems[J]. IEEE Transactions on Circuits and Systems for Video Technology, 2016:1-1.

[16] Mody M, Garud H, Nagori S, et al. High Throughput VLSI Architecture for HEVC SAO encoding for ultra HDTV[C]. IEEE International Symposium on Circuits and Systems (ISCAS), 2014:2620-2623.

[17] Zhu J, Zhou D, He G, et al. A combined and deblocking filter architecture for HEVC vedio decoder[C]. IEEE International Conference on Image Processing(ICIP),2013:1967-1971.

[18] Shen S, Shen W, Fan Y, et al. A pipelined VLSI architecture for Sample Adaptive Offset (SAO) filter and deblocking filter of HEVC[J]. IEICE Electronics Express, 2013, 10(11).

[19] Shen W, Fan Y, Bai Y, et al. A Combined Deblocking Filter and SAO Hardware Architecture for HEVC[J]. IEEE Transactions on Multimedia, 2016, 18(6):1-1.

[20] 艾青. 基于卷积神经网络的 HEVC 关键技术研究[D]. 西安: 西北工业大学, 2019.

[21] Kang R, Zhou W, Huang X, et al. An efficient deblocking filter algorithm for HEVC[C]// IEEE China Summit & International Conference on Signal & Information Processing. IEEE, 2014.

[22] 亢润龙. HEVC 去块效应滤波器的算法研究及 VLSI 架构实现[D]. 西安: 西北工业大学, 2013.

[23] 张菁芝. HEVC 中环路滤波器的算法优化与 VLSI 设计[D]. 西安: 西北工业大学, 2016.

[24] Zhou W, Zhang J, Zhou X, et al. A High-Throughput and Multi- Parallel VLSI Architecture for HEVC Deblocking Filter[J]. IEEE Transaction on Multimedia, 2016, 18(6): 1034-1047.

[25] Zhou W, Zhang J, Zhou X, et al. A High-Throughput and Multi- Parallel Deblocking Filter VLSI Architecture for HEVC[C]. Visual Communications and Image Processing(VCIP), 2015.

第7章 率失真优化与码率控制

7.1 HEVC 中的率失真优化与码率控制方法

7.1.1 率失真优化

率失真优化的作用是为每个编码单位选择合适的编码参数，使编码器的率失真性能尽可能达到最优，即在给定码率下使失真最小，或者在指定质量下使码率最小。在视频编码中通常使用拉格朗日乘子法进行率失真优化，如式（7-1）所示，

$$\min\{J\}, \quad J = \sum_i \left(D_i + \lambda R_i\right) \tag{7-1}$$

其中，λ 为拉格朗日乘子，也是率失真曲线的斜率，用于权衡码率和失真的相对重要性；D_i 表示第 i 个编码单位的失真；R_i 表示第 i 个编码单位的编码比特数；J 表示率失真代价，使 J 最小的编码参数组合就是待求解的最优编码方案。

7.1.2 码率控制

码率控制是视频编码中的核心编码技术之一，针对不同的用户需求和网络带宽，通过码率控制技术能够获得不同质量的视频码流，以在限定的目标码率下使视频的主观质量最优化[2]。码率控制问题用率失真优化的相关知识可以描述为在给定的编码比特数不大于总码率的情况下，为每个 CU 确定最合适的量化参数，使失真最小。

码率控制虽然不属于 HEVC 标准化的内容，但在实际编码过程中，码率控制必不可少。HEVC标准发布以后，适用于 HEVC 标准的码率控制算法就成为研究的热点，不断出现新的码率控制算法。在 2012 年 2 月的 JCT-VC 第 8 次会议上，提案 H0213 提出了基于 $R-Q$ 模型的码率控制算法。之后 Li Bin 等建立了 $R-\lambda$ 和 $\lambda-QP$ 模型用于确定编码单元的量化参数，并于 JCT-VC 第 11 次会议中提出了 JCTVC-K0103 码率控制的提案。在此基础上，JCTVC-M0036 对编码单位的比特分配权重进行了改进，提高了率失真性能。改进后的码率控制算法依然分为两个步骤：① 根据所给定的目标码率为 CU 分配合适的目标编码比特数；② 根据 $R-\lambda$ 和 $\lambda-QP$ 模型确定 QP。

由于码率和失真主要受量化参数 QP 的影响，码率控制的主要目标是根据目标码率为每个编码单位求解最优的 QP，使视频的整体失真最小。码率控制首先估计出当前的码率控制单元的复杂度，根据其复杂度确定对该单元分配的目标编码比特数，然后将得到的编码比特数使用率失真模型计算出符合条件且最优的量化参数，最后将该量化参数用在实际编码过程中。同一个视频序列使用不同的编码参数将消耗不同的码率，也会得到不同的编码质量。因此，通常通过调节编码

参数来控制码率，使实际码率和目标码率一致。码率控制的基本流程如图 7-1 所示。

　　编码器输出的码率与信道的传输速率通常不匹配，为解决这一问题，通常在编码器和信道间增加一个缓冲器，如图 7-1 所示。缓冲（buffer）机制的主要作用是平滑码率和信道速率间的差异，但引入缓冲器会消耗存储空间并带来时延。使用缓冲区的视频传输过程如图 7-2 所示。

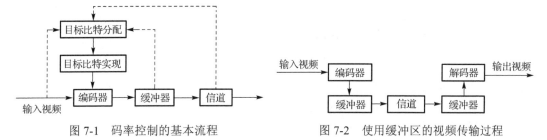

图 7-1　码率控制的基本流程　　　　　图 7-2　使用缓冲区的视频传输过程

　　与以往的视频编码标准相比，HEVC 采用了大量的新技术，导致以往的码率控制算法不能直接应用于 HEVC 中。

　　$R-D$ 模型用于直接描述编码比特数 R 和失真 D 间的关系。常用的 $R-D$ 模型有以下两种：指数模型和双曲模型。

　　指数模型的计算方法是对 D 和 R 进行指数建模，即

$$D = \alpha e^{-\beta R} \tag{7-2}$$

其中，α 和 β 为与视频内容相关的参数。

　　双曲模型的计算方法是对 D 和 R 进行双曲建模，如式（7-3）所示，式中的 C 和 K 是与视频内容相关的参数。

$$D(R) = CR^{-K} \tag{7-3}$$

　　$R-Q$ 模型用于描述编码比特数与量化参数或量化步长之间的关系，已经提出的码率控制算法大部分都是基于 $R-Q$ 模型的。HEVC 中有非常灵活的编码方式，$R-Q$ 之间的关系的建立难度很大。因此，文献[3]中提出了一种 $R-\lambda$ 模型，能够带来性能的提升，具体介绍如下：该文献已经证明，双曲模型能够更好地描述编码比特数与失真之间的关系。为了便于表示和计算，编码比特数 R 也可以用 bpp（bit per pixel，每个像素消耗的比特数）来表示，计算式如（7-4）所示：

$$bpp = \frac{R}{f \cdot w \cdot h} \tag{7-4}$$

其中，f 为帧率，单位为帧/秒（frame per second，fps），w 表示图像宽度，h 表示图像高度。失真 D 通常用 SSE（Sum of Squared Error）表示，SSE 的单像素点形式（与 bpp 对应）叫作均方误差（Mean Squared Error，MSE），两者的关系如式（7-5）所示：

$$MSE = \frac{SSE}{N}, \ SSE = \sum_{i} (Dec_i - Org_i)^2 \tag{7-5}$$

其中，Dec_i 表示重建图像解码之后的像素值，Org_i 表示原始帧的像素值，N 表示总像素数。

视频编码中通常假设视频的率失真曲线（$R-D$ 曲线）是凸函数，此时曲线的负斜率与拉格朗日乘子相等。

$$\lambda = -\frac{\partial D}{\partial R} = CK \cdot R^{-K-1} \approx \alpha R^{\beta} \tag{7-6}$$

其中，α 和 β 是和序列有关的参数。

另外，实验表明，QP 和 $\ln\lambda$ 之间存在比较好的线性关系：

$$QP = 4.2005\ln\lambda + 13.7122 \tag{7-7}$$

这种调整 λ 的方法相比直接调整 QP 有效避免了码率控制与率失真优化间的鸡蛋悖论，即码率控制根据预测残差确定 QP，而率失真优化需要已知 QP 才能得到预测残差。

码率控制通常采用分级策略为不同大小的编码单位分配编码比特数，按编码单位从大到小的顺序依次为 GOP（Group Of Picture，图像组）级、帧级和 CTU 级。

GOP 级编码比特数分配是指根据目标比特数和比特数误差为 GOP 分配合适的编码比特数，常用的 GOP 级编码比特数分配方法如下：

$$T_{\text{GOP}} = \frac{R_{\text{PAvg}} \times (N_{\text{coded}} + \text{SW}) - R_{\text{coded}}}{\text{SW}} \times N \tag{7-8}$$

其中，N_{coded} 是已编码的帧数，R_{PAvg} 是视频序列中一帧的平均编码比特数，T_{GOP} 是当前 GOP 的目标编码比特数，R_{coded} 是已消耗的编码比特数，N 是 GOP 的长度（GOP 包含的帧数），SW 是滑动窗，滑动窗的目的是尽可能平滑地分配编码比特数，SW 越大，则编码比特数的消耗越平缓，编码帧的视觉质量也更加平缓；反之，视觉质量的波动较大。

帧级编码比特数分配是指将GOP的剩余编码比特数按一定的比例分配给GOP中未编码的帧，常用的帧级编码比特数分配方法如下：

$$T_f = \frac{T_{\text{GOP}} - \text{GOP}_{\text{coded}}}{\sum\limits_{\{\text{NotCodedFrames}\}} \omega_f} \times \omega_{f\,\text{now}} \tag{7-9}$$

其中，T_f 是当前帧的目标比特数，$\text{GOP}_{\text{coded}}$ 是当前 GOP 已经消耗掉的比特，ω_f 是分配目标比特时的权重。

CTU 级编码比特数分配是指将当前帧的编码比特数余量按照一定的权重分配给未编码的CTU，常用的 CTU 级编码比特数分配方法如下：

$$T_{\text{CTU}} = \frac{T_f - H - f_{\text{coded}}}{\sum\limits_{\{\text{NotCodedFrames}\}} \omega_{\text{CTU}}} \times \omega_{\text{CTUnow}} \tag{7-10}$$

其中，T_{CTU} 表示为当前 CTU 分配的比特，H 表示头信息比特，f_{coded} 表示当前帧已经编码使用的比特，ω_{CTU} 表示权重，其值等于预测残差的平均绝对值和。

模型参数的更新分为帧级和 CTU 级。帧级参数的更新及确定是通过对 CTU 级参数进行平均而得出的，每一帧编码完成后会得到相应的实际编码使用的比特数 bpp$_2$，利用 bpp$_2$ 对参数 α 和 β

进行更新。模型参数的更新方法如式（7-11）～（7-13）所示。式中，σ_α 和 σ_β 的大小与 bpp 的值有关，当 bpp≥0.08 时，其取值分别为 0.1、0.05；当 0.03≤bpp<0.08 时，其取值分别为 0.05、0.025；当 bpp<0.03 时，其取值分别为 0.01、0.005。

$$\lambda_2 = \alpha_{\text{old}} \cdot \text{bpp}_2^{\beta_{\text{old}}} \tag{7-11}$$

$$\alpha_{\text{now}} = \alpha_{\text{old}} + \sigma_\alpha \times (\ln \lambda_{\text{act}} - \ln \lambda_2) \times \alpha_{\text{old}} \tag{7-12}$$

$$\beta_{\text{now}} = \beta_{\text{old}} + \sigma_\beta \times (\ln \lambda_{\text{act}} - \ln \lambda_2) \times \ln \text{bpp}_2 \tag{7-13}$$

当编码单位的 λ 值确定之后，可以使用式（7-7）计算 QP。

为了不影响视频的主观质量，视频内容的质量变化应比较平缓，这就要求在进行视频编码时，λ 和 QP 的值的变化速度不能太快。将当前帧的预测 λ 与相邻已经编码帧的 λ 的比值记作 A，那么 A 需要满足式（7-14）的限制。相邻两帧的 QP 相差不能超过 10。每一帧编码结束之后应进行帧级参数的更新。

$$2^{-\frac{10}{3}} \leqslant A \leqslant 2^{\frac{10}{3}} \tag{7-14}$$

CTU 级的参数更新和帧级的参数更新的算法类似，但仍要满足下列限制：将 CTU 的预测 λ 与相邻已编码 CTU 的 λ 的比值记作 B，那么 B 需要满足式（7-15）的限制。相邻的两个基本单元的 QP 相差不能超过 2。每个 CTU 编码结束之后应进行 CTU 级的参数更新。

$$2^{-\frac{2}{3}} \leqslant B \leqslant 2^{\frac{2}{3}} \tag{7-15}$$

7.2　基于视觉感知的 HEVC 率失真优化与码率控制算法优化

7.2.1　算法框架

主流的视频编码标准的码率控制算法主要考虑视频的客观质量，然而主观质量曲线和客观质量曲线存在较大区别，客观质量的提升不能确保主观质量的提升。因此，研究感知视频编码的码率控制技术非常有意义。码率控制算法的基本框架如图 7-3 所示。

在输入视频流之后，首先根据图像的颜色、亮度、边缘等信息（视觉显著性模型）为输入视频的每个像素点计算显著值（本章使用文献[9]中的显著性检测方法，详见 3.3.1 节）。关闭码率控制，获得码率、失真、λ，根据它们的关系建立失真模型。之后考虑视觉感知对视频编码的影响，将显著性值作为权重，建立基于视觉显著性的加权失真。建立优化模型，通过引入拉格朗日乘子的方法求解 λ，根据 λ 和码率之间的关系最终为每个 CTU 进行码率分配。

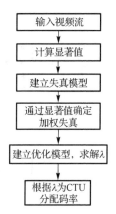

图 7-3　码率控制算法的基本框架

7.2.2　视觉显著性模型

视觉注意机制是指当人眼观看一个场景时，视线会集中在一些特定区域。视觉显著性的检测是指用智能算法模拟人眼视觉的特点，提取图像中的显著区域。

本小节采用文献[9]提出的视觉显著性计算模型，该文献提出的视觉显著性计算模型采用自底向上的方式，通过提取底层视觉特征来计算图像的视觉显著性。只有感知数据这种自底向上的计算方法不受其他数据的影响。显著区域通常是与周围区域相比具有很强的对比度或与周围区域有明显区别的区域，包括颜色、亮度、边缘等信息，可以通过判断当前区域和其他区域的差异来计算视觉显著性。

像素点的显著性的计算是通过计算它与其他区域的区别来进行的。下面采用式（7-16）的形式来表示像素位置为 $X_i = [x_1, x_2]_i^T$ 的元素是否是显著的，用 y_i 表示结果。

$$y_i = \begin{cases} 1, & x_i \text{显著} \\ 0, & x_i \text{不显著} \end{cases} \tag{7-16}$$

其中，$i = 1, \cdots, M$，M 是当前帧所有像素点的总数，定义后验概率 $P_r(F \mid y_i = 1)$ 为位置 x_i 处的显著值，用式（7-17）表示为

$$S_i = P_r(F \mid y_i = 1) \tag{7-17}$$

其中，$F_i = [f_i^1, \cdots, f_i^L]$ 是像素 x_i（中心特征）的特征矩阵，是由一系列相邻区域的特征向量（f_i）组成的，L 为相邻区域的特征向量的个数（注意，当 $L = 1$ 时，使用单一特征向量。使用一个由一系列特征向量组成的特征矩阵比使用单一特征向量的识别能力更高），即 $F_i = [f_i^1, \cdots, f_i^L]$ 是由中心和邻近区域的特征矩阵共同构成的，如图 7-4 所示。N 表示中心和邻近区域的特征矩阵的个数的总和。使用 Bayes' 式，可以将式（7-17）进一步表示为

$$S_i = P_r(F \mid y_i = 1) = \frac{p(F \mid y_i = 1)P_r(y_i = 1)}{p(F)} \tag{7-18}$$

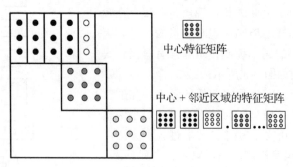

图 7-4　中心及邻近区域的特征矩阵

假设 $p(F)$ 是均匀分布的，并且每个像素点的显著概率是相等的。那么显著性可以使用条件概率密度 $p(F \mid y_i = 1)$ 来表示，但是 $p(F \mid y_i = 1)$ 并不能预知，所以估计条件概率密度 $p(F \mid y_i = 1)$ 的

值可以获得显著性。

由上述分析可知，可以将显著性的计算分为两步。

（1）求每个像素点的特征矩阵值。

（2）估计概率密度 $p(\boldsymbol{F} \mid y_i = 1)$。

上述两步的具体计算步骤如下。

（1）局部回归核的计算。局部回归核的关键是通过对像素进行梯度辐射差异分析来得到图像的局部特征，利用局部特征来确定一个典型内核的形状和大小，表征当前像素点的特征，局部回归核的建模式为：

$$K(\boldsymbol{x}_l - \boldsymbol{x}_i) = \frac{\sqrt{\det(C_l)}}{h^2} \exp\left\{ \frac{(\boldsymbol{x}_l - \boldsymbol{x}_i)^{\mathrm{T}} C_l (\boldsymbol{x}_l - \boldsymbol{x}_i)}{-2h^2} \right\} \tag{7-19}$$

其中，h 表示全局平滑参数，$l \in \{1, \cdots, P\}$，P 表示像素个数（当前局部窗），C_i 表示协方差矩阵，它可以由采样点附近的局部窗的梯度向量进行估算，进行归一化可得到式（7-20）。

$$W(\boldsymbol{x}_l - \boldsymbol{x}_i) = \frac{K(\boldsymbol{x}_l - \boldsymbol{x}_i)}{\displaystyle\sum_{i=1}^{P} K(\boldsymbol{x}_l - \boldsymbol{x}_i)}, \quad i = 1, \cdots, M \tag{7-20}$$

（2）非参数核密度估计。每个像素点可以根据特征矩阵的条件密度（$p(\boldsymbol{F} \mid y_i = 1)$）进行显著值的估计，但是特征矩阵的条件密度 $p(\boldsymbol{F} \mid y_i = 1)$ 未知，所以需要对它进行估算。考虑到 LSK 的长尾分布特征，下面采用局部数据自适应的核密度估计方法。用核函数的中心值来表示 $p(\boldsymbol{F} \mid y_i = 1)$：

$$S_i = p(\boldsymbol{F} \mid y_i = 1) = \frac{G_i(\overline{\boldsymbol{F}_i} - \overline{\boldsymbol{F}_j})}{\displaystyle\sum_{j=1}^{N} G_i(\overline{\boldsymbol{F}_i} - \overline{\boldsymbol{F}_j})} \tag{7-21}$$

其中，σ 的定义如式（7-22）所示。

$$\begin{aligned}
G_i(\overline{\boldsymbol{F}_i} - \overline{\boldsymbol{F}_j}) &= \exp\left\{ \frac{-\left\| \overline{\boldsymbol{F}_i} - \overline{\boldsymbol{F}_j} \right\|_{\mathrm{F}}^2}{2\sigma^2} \right\} \\
&= \exp\left\{ \frac{-1 + \rho(\boldsymbol{F}_i, \boldsymbol{F}_j)}{\sigma^2} \right\}, \quad j = 1, \cdots, N
\end{aligned} \tag{7-22}$$

其中，$\overline{\boldsymbol{F}_i}$ 和 $\overline{\boldsymbol{F}_j}$ 可以通过式（7-23）和（7-24）进行计算，$\|\cdot\|_{\mathrm{F}}$ 是弗罗贝纽斯范数，σ 为控制权重的参数。$\rho(\boldsymbol{F}_i, \boldsymbol{F}_j)$ 是矩阵余弦相似度，为 F_i 和 F_j 的弗罗贝纽斯内积。

$$\overline{\boldsymbol{F}_i} = \frac{1}{\|\boldsymbol{F}_i\|}[\boldsymbol{f}_i^1, \cdots, \boldsymbol{f}_i^L] \tag{7-23}$$

$$\overline{\boldsymbol{F}_j} = \frac{1}{\|\boldsymbol{F}_j\|}[\boldsymbol{f}_j^1, \cdots, \boldsymbol{f}_j^L] \tag{7-24}$$

因此，这里可以用核函数 G_i 在中心及邻域内的中值来表示显著性，即

$$S_i = \frac{1}{\sum_{j=1}^{N} \exp\left(\dfrac{-1 + \rho(\boldsymbol{F}_i, \boldsymbol{F}_j)}{\sigma^2}\right)} \qquad (7\text{-}25)$$

$\hat{p}(\boldsymbol{F} \,|\, y_i = 1)$ 揭示了中心矩阵 $\boldsymbol{F}_i$ 相对邻近区域的特征矩阵 $\boldsymbol{F}'_j s$ 的显著性强度，可用于表示像素点的显著性。

总结上述算法流程如下。

（1）通过编码视频给定的一帧图像计算出图像中每个像素点的局部回归核矩阵 $\boldsymbol{G}_i$，这个矩阵用于衡量当前像素与邻近像素点的相关性。

（2）计算每个像素点与邻近像素点的 $\boldsymbol{G}_i$ 余弦相似性，余弦相似性可以表示当前像素位置的中心矩阵和相邻矩阵的统计相似度。

每个像素的显著性为 S_i。S_i 的值域为 $[0,1]$，s_i 越接近 1，则该像素点越显著，受人眼的关注程度越高。图 7-5 所示为官方标准视频序列 RaceHorses 的原始帧图像及其显著图，图 7-6 为官方标准视频序列 Johnny 的原始帧图像及其显著图。

原始帧图像

显著图

图 7-5　官方标准视频序列 RaceHorses 的原始帧图像及其显著图

原始帧图像

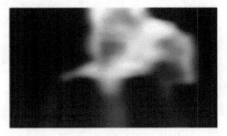
显著图

图 7-6　官方标准视频序列 Johnny 的原始帧图像及其显著图

图 7-5 和图 7-6 中的显著图中较亮（接近白色）的区域表示显著性高，是人眼的主要关注区域，较暗（接近黑色）的区域表示显著值低，不是人眼的主要关注区域。

7.2.3　失真模型

码率控制方面提出了许多的 $R-D$ 模型，其中，应用较为广泛的是高码率近似模型，该模型能够较好地描述文本信息的编码比特与失真间的关系。然而随着编码结构复杂度的提高，HEVC 非文本信息所占用的编码比特数甚至与文本信息占用的编码比特数相当，因此高码率近似模型不适用于 HEVC。相比之下，在低码率下推导出的双曲模型，即式（7-3），能够较好地描述文本信息与非文本信息编码比特数之和与失真的关系，因此被广泛应用在 HEVC 中。

为了对式（7-3）中 D 和 R，以及式（7-6）中 R 和 λ 之间的关系进行验证，这里使用 HEVC 的参考模型 HM13.0 进行验证，验证过程中对 BasketballDrive、Kimono1 这两个视频序列进行编码，使用低延迟（Low-Delay，LD）编码结构，设置 4 个 QP，分别为 22、27、32、37，关闭码率控制，每个视频序列编码 50 帧，对得到的 D、λ 和 R 取均值进行拟合，其中，D 用 MSE 表示，R 用 bpp 表示。$R-D$ 的拟合结果如图 7-7 所示。

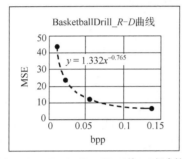 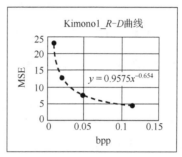

（a）BasketballDrill_832×480_50的$R-D$拟合结果　　（b）Kimono1_1920×1080_24的$R-D$拟合结果

图 7-7　$R-D$ 的拟合结果

由图 7-7 可以看出，尽管每一个序列的 C 和 K 差距较大，但是双曲模型（式（7-3））能很好地描述 R 和 D 之间的关系。

使用式（7-6）拟合 $R-\lambda$ 曲线，如图 7-8 所示。

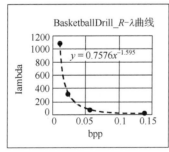 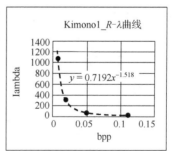

（a）BasketballDrill_832×480_50的$R-\lambda$拟合结果　　（b）Kimono1_1920×1080_24的$R-\lambda$拟合结果

图 7-8　$R-\lambda$ 的拟合结果

由图 7-8 可以看出，尽管每一个序列的 α 和 β 的差距较大，但式（7-6）能很好地描述 R 和 λ 之间的关系。

根据式（7-3）和式（7-6）可知，λ 和 D 之间的关系满足指数函数，图 7-9 所示为 $\lambda-D$ 的拟合结果。

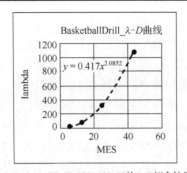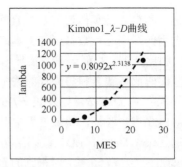

（a）BasketballDrill_832×480_50的λ–D拟合结果　　（b）Kimono1_1920×1080_24的λ–D拟合结果

图 7-9　$\lambda - D$ 的拟合结果

由图 7-9 可以看出，指数函数能很好地描述 λ 和 D 之间的关系。

7.2.4　基于视觉显著性的加权失真

HEVC 视频编码标准中的失真只考虑了 MSE，没有考虑人眼的视觉特性，客观视频质量曲线与主观视频质量曲线严重不符，客观质量的提升不一定代表主观质量的提升，因此可以在算法中考虑视觉显著性。将视觉显著性作为权重，显著值高的区域代表人眼的关注程度相比其他区域较高，应提高此部分所占的权重。

由式（7-25）可以得到一个视频序列的每个像素点的显著值，显著值可以体现人眼的关注程度。本文用 S_i 表示一帧图像的第 i 个 CTU 的显著值之和，用 $S(i,m,n)$ 表示第 i 个 CTU 中位置为(m, n)的像素点的显著值，M 表示第 i 个 CTU 的宽度，N 表示第 i 个 CTU 的高度。那么第 i 个 CTU 的显著值之和可以用式（7-26）表示。

$$S_i = \sum_{m=1}^{M} \sum_{n=1}^{N} S(i,m,n) \tag{7-26}$$

用 S_f 表示当前帧的显著值之和，用 N 表示当前帧总的 CTU 数，那么当前帧的显著值之和可以用式（7-27）表示。

$$S_f = \sum_{i=1}^{N} S_i \tag{7-27}$$

ω_i 表示第 i 个 CTU 的权重，如式（7-28）所示。

$$\omega_i = S_i \tag{7-28}$$

得到每个 CTU 的权重之后就可以确定加权失真，则第 i 个 CTU 的加权失真可以用式（7-29）表示。

$$D_i^w = \omega_i \cdot D_i \tag{7-29}$$

其中，D_i 用 MSE 表示。

视觉显著值体现人眼的视觉特性，通过视觉显著值引入加权失真之后，能够根据权值对失真进行有侧重的考量，权重较大的区域表示人眼对其关注程度较高，对显著值较高的区域选择较大的权重能够提升视觉的主观质量。

7.2.5　感知码率控制算法

本节提出了一种基于视觉感知的码率控制算法，在进行码率控制时，将加权失真用作评价视频质量的准则，从而提高显著区域的视觉质量。为了简化计算，感知码率控制算法中 CTU 级模型参数 α_i 和 β_i 均使用帧级模型参数 α 和 β 代替。

λ 为 $R-D$ 曲线的斜率，使用式（7-6）表示 λ，使用双曲模型（7-3）表示失真。那么联立式（7-3）和（7-6），根据式之间的对应关系，可以得出式（7-30）～（7-32）。

$$C = -\frac{\alpha}{1+\beta} \tag{7-30}$$

$$-K = 1+\beta \tag{7-31}$$

$$D = -\left(\frac{\alpha}{1+\beta}\right) \cdot \mathrm{bpp}^{1+\beta} = -\left(\frac{\alpha}{1+\beta}\right) \cdot \left(\frac{\lambda}{\alpha}\right)^{\frac{1+\beta}{\beta}} \tag{7-32}$$

码率控制的目标是在实际编码比特数不超过目标编码比特数的情况下使视频的质量达到最优，即失真最小。考虑加权失真，将目标函数表示为

$$\arg\min_{\lambda_1,\lambda_2,\cdots,\lambda_N} \sum_{i=1}^{N} \omega_i n_i D_i = -\sum_{i=1}^{N} \omega_i n_i \left(\frac{\alpha}{1+\beta}\right)\left(\frac{\lambda_i}{\alpha}\right)^{\frac{1+\beta}{\beta}} \tag{7-33}$$

在式（7-33）中，n_i 表示第 i 个 CTU 的总像素个数，N 表示 CTU 数量，ω_i 表示第 i 个 CTU 的权重，用视觉显著值进行表示。

约束条件为一帧图像的编码比特数 R，可以用式（7-34）表示。

$$R = \sum_{i=1}^{N} n_i \mathrm{bpp}_i = \sum_{i=1}^{N} n_i \left(\frac{\lambda_i}{\alpha}\right)^{\frac{1}{\beta}} \tag{7-34}$$

对式（7-32）求二阶导可以得到式（7-35）。

$$\frac{\partial^2 D}{\partial \lambda^2} = -\frac{\alpha}{\beta^2} \cdot \left(\frac{1}{\alpha}\right)^{\frac{1+\beta}{\beta}} \cdot \lambda^{\frac{1}{\beta}-1} \tag{7-35}$$

在式（7-35）中，α、β 和 λ 均为正值，则 $\frac{\partial^2 D}{\partial \lambda^2}$ 为负值，那么可以得到式（7-32）为凸函数。由于 ω_i 和 n_i 都大于 0，由凸函数的性质我们可以推出式（7-33）也为凸函数，用 Lagrange 乘子法进行以上内容的求解，如式（7-36）所示。

$$g = -\sum_{i=1}^{N} \omega_i n_i \left(\frac{\alpha}{1+\beta}\right)\left(\frac{\lambda_i}{\alpha}\right)^{\frac{1+\beta}{\beta}} - \mu\left[R - \sum_{i=1}^{N} n_i \left(\frac{\lambda_i}{\alpha}\right)^{\frac{1}{\beta}}\right] \tag{7-36}$$

其中，μ 为 Lagrange 乘子。则满足式（7-36）的必要条件如（7-37）所示。

$$\begin{cases} \dfrac{\partial g}{\partial \lambda_i} = 0 \\[2mm] \dfrac{\partial g}{\partial \mu} = 0 \end{cases} \tag{7-37}$$

即

$$\begin{cases} -\omega_i n_i \dfrac{1}{\beta}\left(\dfrac{\lambda_i}{\alpha}\right)^{\frac{1}{\beta}} + \mu n_i \dfrac{1}{\alpha\beta}\left(\dfrac{\lambda_i}{\alpha}\right)^{\frac{1-\beta}{\beta}} = 0 \\[4mm] -\left[R - \displaystyle\sum_{i=1}^{N} n_i \left(\dfrac{\lambda_i}{\alpha}\right)^{\frac{1}{\beta}} \right] = 0 \end{cases} \tag{7-38}$$

由（7-38）可以得出

$$\frac{\lambda_i}{\alpha} = \frac{\mu}{\alpha\omega_i} \tag{7-39}$$

$$R = \sum_{i=1}^{N} n_i \left(\frac{\lambda_i}{\alpha}\right)^{\frac{1}{\beta}} \tag{7-40}$$

由式（7-39）和（7-40）可以得到式（7-41）和（7-42）。

$$R = \sum_{j=1}^{N} n_j \left(\frac{\mu}{\alpha\omega_j}\right)^{\frac{1}{\beta}} = \left(\frac{\mu}{\alpha}\right)^{\frac{1}{\beta}} \sum_{j=1}^{N} n_j \left(\frac{1}{\omega_j}\right)^{\frac{1}{\beta}} \tag{7-41}$$

$$\left(\frac{\mu}{\alpha}\right)^{\frac{1}{\beta}} = \frac{R}{\displaystyle\sum_{j=1}^{N} n_j \left(\dfrac{1}{\omega_j}\right)^{\frac{1}{\beta}}} \tag{7-42}$$

由式（7-39）～（7-42）可以得到式（7-43）。

$$\left(\frac{\lambda_i}{\alpha}\right)^{\frac{1}{\beta}} = \frac{R}{\displaystyle\sum_{j=1}^{N} n_j \left(\dfrac{1}{\omega_j}\right)^{\frac{1}{\beta}}} \cdot \left(\frac{1}{\omega_i}\right)^{\frac{1}{\beta}} \tag{7-43}$$

　　感知码率控制算法可根据式（7-43）进行计算。为每一个CTU确定λ之后，QP可以根据式（7-7）来确定。为了保证视频的主观质量，要求λ和QP不能变化得过快，采用与HEVC相同的限制方法，即λ满足式（7-14）和（7-15），相邻两帧的QP相差不能超过10，相邻两个CTU的QP相差不能超过2。

　　感知码率控制算法的编码流程如下所示：

```
Function Encode-HEVC(Input video)
Begin
  Calculate saliency value by (7-25)
  Begin
      For each GOP
      Allocate target bits for current GOP by (7-8)
      Begin
        For each frame
        Allocate target bits for current frame by (7-9)
        Begin
          For each CTU
          Estimate the λ value by (7-43)
          Calculate QP by (7-7)
          Encode current CTU
          Update CTU-level parameters
        End
      Update frame-level parameters
      End
  Update GOP-level parameters
  End
End
```

感知码率控制算法的基本流程如图 7-10 所示。

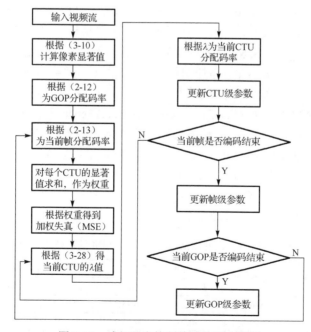

图 7-10　感知码率控制算法的基本流程

7.2.6　实验结果与分析

下面对前面提出的感知码率控制算法进行实验和分析。在本实验中，将前面提出的感知码率控制算法集成到 HM13.0 里，并与 HM13.0 本身的算法性能进行对比，对实验得到的指标进行对比，判断指标是否有所提升。

试验中使用到的序列均为官方视频序列，Class A～Class E，其分辨率分别为 2560×1600、1920×1080、832×480、416×240、1280×720。共有 18 个官方视频序列，使用这 18 个官方视频序列中的部分序列进行测试。选择的测试视频内容包括体育运动、新闻、娱乐等方面。在实验过程中，需要对实验参数进行设置，实验平台为 HEVC 的参考软件 HM13.0，开启码率控制，最小的码率控制单元为 CTU（64×64），这里对每个序列设定了若干个不同的目标码率进行比较，将编码帧数设为 50，编码结构采用 Low-Delay 编码结构。

1．码率控制精度分析

在实际编码过程中，视频内容的空域复杂程度、细节内容及时域的变化会导致码率发生相应的变化。为了评估算法的码率控制精度，用 BRE 表示码率误差：

$$\text{BRE} = \frac{\left| R_{\text{target}} - R_{\text{Actual}} \right|}{R_{\text{target}}} \times 100\% \qquad (7\text{-}44)$$

其中，R_{target} 表示目标码率，R_{Actual} 表示实际码率。

下面以 Class D 中的 BQSquare、Class B 中的 ParkSence 和 Class C 中的 PartySence 这 3 个序列为例来进行码率准确性的验证。表 7-1 所示为 LD 编码结构下的 BRE 的测试结果。其中，$\Delta\text{BRE} = \text{BRE}_{\text{proposed}} - \text{BRE}_{\text{HM}}$ 表示感知码率控制算法与 HM 算法的码率误差之差，"+"代表 ΔBRE 增加，即码率误差增加，说明感知码率控制算法的性能降低；"–"代表 ΔBRE 减小，即码率误差减小，说明感知码率控制算法的精度有所提升。

从表 7-1 中的实验数据可以看出，对于 BQSquare、ParkSence 和 PartySence 这 3 个实验序列，当采用不同的目标码率进行编码时，最终编码使用的实际码率和目标码率的差距较小。使用 HM13.0 算法的码率误差最大为 0.579%，最小为 0.022%，平均为 0.266%；而使用感知码率控制算法的码率误差最大为 0.418%，最小为 0.009%，平均为 0.156%。感知码率控制算法将码率误差控制在了 0.5%以内。从 Avg2 的数据可以看出，感知码率控制算法的平均 BRE 小于 HM13.0 算法，说明感知码率控制算法的码率控制精度更高。

表 7-1　LD 编码结构下的 BRE 的测试结果（Target Bit 的单位为 kbps，BRE（%））

视频序列	分　辨　率	目标码率	HM13.0 算法		感知码率控制算法		ΔBRE	Avg2
			实际码率	BRE	实际码率	BRE		
BQSquare	416×240	500	498.59	0.283	500.04	0.009	−0.274	−0.043
		750	748.54	0.195	747.81	0.292	0.097	
		1400	1400.78	0.056	1398.56	0.103	0.047	

续表

视 频 序 列	分 辨 率	目 标 码 率	HM13.0 算法		感知码率控制算法		ΔBRE	Avg2
			实际码率	BRE	实际码率	BRE		
ParkSence	1920×1080	1000	995.43	0.459	998.22	0.178	−0.281	−0.158
		900	894.79	0.579	896.24	0.418	−0.161	
		1800	1794.48	0.307	1795.03	0.276	−0.031	
PartySence	832×480	500	499.80	0.022	499.85	0.030	0.008	−0.105
		600	598.77	0.205	599.66	0.056	−0.149	
		1200	1197.38	0.219	1199.46	0.045	−0.174	
Avg1			—	0.266	—	0.156	−0.102	—

2. 客观质量分析

下面使用式（7-25）对输入视频的每一帧、每一像素的显著值进行计算，对第 i 个 CTU 包含的所有像素点的显著值求和，作为该 CTU 的显著值，即该 CTU 的权值，用 ω_i 表示。根据每一个 CTU 的显著值来对其进行感兴趣区域（the Region Of Interesting，ROI）和非感兴趣区域（the Region Of Uninteresting，NROI）的划分，划分步骤分为两步。

（1）将输入待编码视频序列的每一帧图像的所有 CTU 的显著值之和进行降序排序。

（2）确定阈值，这里的阈值选择为降序排序中 1/4 处位置的值，大于该阈值的为 ROI，反之为 NROI。

图 7-11 所示为 BasketballDrill 的显著性区域划分。

由图 7-11 可以看出，根据式（7-25）计算的视觉显著性模型划分出来的 ROI 和 NROI 能较好地描述当前帧中人眼感兴趣的区域。

 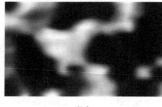 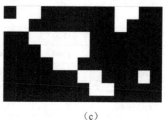

（a）   （b）   （c）

图 7-11 BasketballDrill 的显著性区域划分

PSNR 是评估图像客观质量的一种方法，其单位是 dB，如式（7-45）所示。

$$PSNR = 10 \times \log_{10} \left(\frac{(2^n - 1)^2}{MSE} \right) \tag{7-45}$$

式（7-45）中的 n 是指位深，当采用 8bits 表示时，n 取 8，MSE 是指均方误差，可用式（7-5）进行计算。

PSNR-R（the PSNR of the region of interesting）和 PSNR-N（the PSNR of the region of uninteresting）分别用于计算 ROI 和 NROI 的 PSNR。

划分 ROI 和 NROI 之后，分别计算其 PSNR 值，PSNR-R 和 PSNR-N 仍采用式（7-45）进行

计算，其区别在于 MSE ，PSNR-R 和 PSNR-N 的 MSE 分别采用式（7-46）和（7-47）进行计算。

$$\mathrm{MSE}_{\mathrm{ROI}} = \frac{1}{N_{\mathrm{ROI}}} \sum_i (\mathrm{Rec}_{i\_\mathrm{ROI}} - \mathrm{Org}_{i\_\mathrm{ROI}})^2 \qquad （7\text{-}46）$$

$$\mathrm{MSE}_{\mathrm{NROI}} = \frac{1}{N_{\mathrm{NROI}}} \sum_i (\mathrm{Rec}_{i\_\mathrm{NROI}} - \mathrm{Org}_{i\_\mathrm{NROI}})^2 \qquad （7\text{-}47）$$

其中，N_{ROI} 和 N_{NROI} 分别表示 ROI 的像素数和 NROI 的像素数。

　　由于显著值代表人眼的关注程度，所以进行显著性区域划分的 PSNR 的计算能够更直观地评价视频的质量。在实验中应重点关注人眼感兴趣的区域，即如果 PSNR-R 提升则表示人眼关注区域的视频质量有所提升。

　　下面以 BlowingBubbles、Cactus、Kimono1、ParkScene、PartyScene、PeopleOnStreet、Race Horses、Race Horses C、Traffic 9 个官方视频序列为例来进行关于 PSNR 实验结果的说明。测试时将感知码率控制算法集成到 HM13.0 上，与其本身的算法性能进行对比，编码结构为 LD。

　　9 个官方视频序列的感知码率控制算法的 PSNR 对比结果如表 7-2 所示。ΔPSNR-R 表示感知码率控制算法相对于 HM13.0 算法的 PSNR-R 变化，"+"表示感知码率控制算法的 PSNR-R 的值有所增加，即视频质量获得了一定的提升，ΔPSNR-N 同理。

表 7-2　9 个官方视频序列的感知码率控制算法的 PSNR 对比结果

（目标码率，单位（kpbs），PSNR-R、PSNR-N 单位（dB））

视 频 序 列	目标码率	HM13.0		Proposed		ΔPSNR	
		PSNR-R	PSNR-N	PSNR-R	PSNR-N	ΔPSNR-R	ΔPSNR-N
BlowingBubbles	1500	36.2989	36.9238	36.9443	36.2278	+0.6454	−0.6960
Cactus	1200	30.0241	32.2286	30.3564	31.6183	+0.3323	−0.6103
Kimono1	1100	35.0095	35.7215	35.6503	35.0441	+0.6408	−0.6774
ParkScene	1800	33.4281	36.1992	33.7385	35.7165	+0.3104	−0.4827
PartyScene	600	26.0904	25.675	26.3563	25.308	+0.2659	−0.3670
PeopleOnStreet	4000	28.7302	29.1604	29.6114	28.62	+0.8812	−0.5404
RaceHorses	600	33.7103	34.2789	34.0485	33.6881	+0.3382	−0.5908
RaceHorsesC	1200	31.8336	31.7418	32.1724	31.2791	+0.3388	−0.4627
Traffic	5000	38.4972	38.5566	38.9031	37.9769	+0.4059	−0.5797
平均值	1889	32.6247	33.3873	33.0868	32.8310	+0.4621	−0.5563

　　从表 7-2 中可以看出感知码率控制算法中参加对比的 9 个视频序列的 ΔPSNR-N 值均略有下降，ΔPSNR-R 值均有所提升，该算法的性能较为稳定。ΔPSNR-N 的值最多降低了 0.6960dB，最少降低了 0.3670dB，平均降低了 0.5563dB，ΔPSNR-R 的值最多提升了 0.8812dB，最少提升了 0.2659dB，平均提升了 0.4621dB。感知码率控制算法在 PSNR-N 略有降低的情况下提高了 PSNR-R，即损失了一部分 NROI 的质量来提升 ROI 的质量。

　　图 7-12（a）为 Class A 中的序列 PeopleOnStreet_2560x1600_30_crop 的 $R-D$ 性能曲线，图 7-12（b）所示为 Class D 中的序列 BlowingBubbles_416x240_50 的 $R-D$ 性能曲线，失真用 PSNR-R 表示，分别

对四组 $R-D$ 数据进行测试，PeopleOnStreet 给定的目标码率分别为 4000kpbs、5000kpbs、8000kpbs 和 14000kpbs，BlowingBubbles 给定的目标码率分别为 500kpbs、700kpbs、1500kpbs 和 2200kpbs。从图 7-12 中可以很直观地看出感知码率控制算法较 HM13.0 算法的 $R-D$ 性能有所提升。

PSNR-R 和 $R-D$ 性能提升的主要原因是在进行码率控制时引入了视觉显著性模型，充分考虑了人眼的视觉特性。通过引入加权失真，使 ROI 区域有较大的权重，对应较大的 λ，分配较多的码率。引入感知码率控制算法能够使码率的分配更加符合人眼的视觉特性，人眼对 ROI 的关注程度比 NROI 大，引入感知码率控制算法可以为 ROI 分配较多的码率，这样重建视频 ROI 的质量也会得到提高。

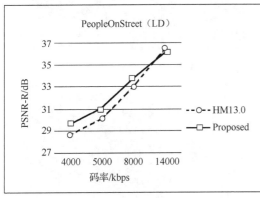

（a）PeopleOnStreet的R-D拟合结果　　　　（b）BlowingBubbles的R-D性能曲线

图 7-12　R-D 性能曲线

3．主观质量分析

图 7-13 和图 7-14 对感知码率控制算法（Proposed）和 HM13.0 算法进行了对比。图 7-13 以 Class B 中的视频序列 Kimono1_1920x1080_24 的第 20 帧为例进行说明，目标码率选择 1100kbps，编码结构为 LD。图 7-14 以 Class D 中的视频序列 Blowing- Bubbles_416×240_50 的第 28 帧进行说明，目标码率选择 500kbps，编码结构为 LD。

图 7-13（c）～图 7-13（b）都是通过 HEVC 的可视化分析软件 Gitl_HEVC_Analyzer 生成的。图 7-13（c）和图 7-13（d）为 HM13.0 重建视频帧和 Proposed 重建视频帧，图 7-13（e）和图 7-13（f）分别为 HM13.0 第 20 帧人脸部分及其鼻子部分的细节。图 7-13（g）和图 7-13（h）分别为 Proposed 第 20 帧人脸部分及其鼻子部分的细节。图 7-13（b）为第 20 帧的显著图，可以从显著图中看出人脸区域的显著值较亮，人眼关注程度更高。对比图 7-13（e）、图 7-13（f）和图 7-13（g）、图 7-13（h），Proposed 第 20 帧人脸部分及其鼻子部分的处理较 HM13.0 算法第 20 帧人脸部分及其鼻子部分的处理更为精细。同时由图 7-13（c）和图 7-13（d）的对比可以看出，感知码率控制算法对树木等非显著区域的主观质量影响很小。总体而言，感知码率控制算法的重建质量优于 HM13.0 算法的重建质量。

图 7-14（c）～图 7-14（f）是通过 HEVC 的可视化分析软件 Gitl_HEVC_Analyzer 生成的。图 7-14（c）和图 7-14（d）为 HM13.0 重建视频帧和 Proposed 重建视频帧，图 7-14（e）和图 7-14（f）

分别为 HM13.0 和 Proposed 的第 28 帧细节。图 7-14（b）为显著图，通过显著图可以看出右边的小女孩的右脸颊及鼻子区域的显著图较亮，人眼对它的关注度更高。感知码率控制算法中的小女孩的右脸颊及鼻子区域的处理较 HM13.0 更为精细。同时由图 7-14（c）和图 7-14（d）的对比可以知道，感知码率控制算法对墙壁、装饰等非显著区域的重建视频质量在可接受范围内。

（a）原始 Kimono1_1920×1080_24 序列中的第 20 帧 rgb 图像

（b）显著图，越亮的部分表示越受人眼关注

（c）HM13.0 重建视频帧

（d）Proposed 重建视频帧

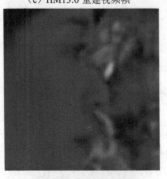

（e）HM13.0 第 20 帧人脸部分

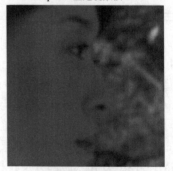

（f）HM13.0 细节

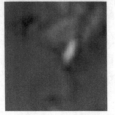

（g）Proposed 第 20 帧人脸部分

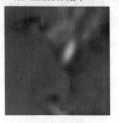

（h）Proposed 细节

图 7-13　主观质量对比

由以上比较结果可以得知，感知码率控制算法的主观质量与 HM13.0 算法的主观质量相比有一定的提升。

（a）原始 BlowingBubbles_416×240_50 序列中的第 28 帧 rgb 图像

（b）显著图，越亮的部分表示越受人眼关注

（c）HM13.0 重建视频帧

（d）Proposed 重建视频帧

（e）HM13.0 第 28 帧细节

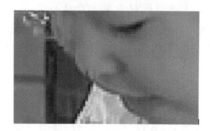

（f）Proposed 第 28 帧细节

图 7-14　主观质量对比

7.3　快速码率估计算法

7.3.1　语法元素编码结构

熵编码产生的码流主要来自两部分：变换量化后的残差系数和边缘信息（包括预测模式号、运动矢量差、参考帧索引等）。在高码率（QP=22）情况下，超过 80%的码率来自残差系数的编码，因此建立一个针对残差系数的快速估计模型对提高编码效率具有重要意义，本节的快速码率估计算法是针对残差系数编码提出的。

残差系数编码的关键结构是 TU，$N×N$ 大小的 TU 结构如图 7-15 所示：

由上图可以看出，$N×N$ 的残差系数块被划分为一个个 4×4 大小的子块，按照预先设定的扫描顺序以 4×4 大小的子块为单位对每个元素进行编码，在每个子块内，16 个系数按照水平、垂直或对角顺序（由预测模式决定）进行扫描和编码。在第一个子块被编码前，首先编码 TSkipFlag 和

LastXY，前者表示是否跳过该 TU 变换（DCT 或 DST）操作，后者代表该 TU 内最后一个非零系数的坐标，通过 LastXY，解码器可以推断出当前 TU 中被编码的子块数量。

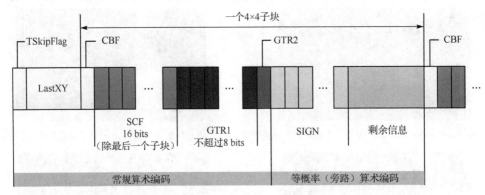

图 7-15　*N×N* 大小的 TU 结构

在图 7-15 中，CBF 表示这个子块内是否存在非零系数，如果 CBF 为 0，则该子块后续的编码就不需要再执行了；若 CBF 为 1，则后续编码继续进行，每个系数都会被分配一个 SCF，用来表示该系数是否是非零值。对于前 8 个（可能小于 8 个）非零系数，GTR1 用来指示其绝对值是否大于 1；对于第一个大于 1 的非零系数，GTR2 用来指示其绝对值是否大于 2。在此之后，SIGN 用来表示每个非零系数的符号，最后，若当前子块中的系数的相关信息不能用以上语法元素全部表示，则剩余信息用来补充编码非零系数的幅值信息，这部分信息首先被转换为哥伦布-莱斯码，即进行二进制化，之后通过等概率编码写入最终码流中。

综上，TSkipFlag、LastXY 的前缀部分、CBF、SCF、GTR1、GTR2 这些语法元素通过常规编码方式进行压缩，LastXY 的后缀部分、SIGN 及剩余信息通过旁路编码压缩。由此可以看出，常规编码是 CABAC 的主要编码途径，旁路编码用来编码一些小概率事件。本节针对 CABAC 常规编码方式进行了简化，若针对旁路编码进行改进，首先要改进哥伦布-莱斯码的计算方式，然后对等概率编码过程进行简化。

7.3.2　码率计算的标准过程

图 7-16 所示为 CABAC 的标准流程，也是 CABAC 的主要流程，大多数语法元素都需要按照这种方式进行编码。一般来说，CABAC 包括二进制化、上下文建模、区间细分、重归一化、突出位处理、上下文概率模型更新这一系列步骤，其中，第三、四、五步属于算术编码部分。

第一步，输入的待编码语法元素（非二进制）被转换成二进制字符串，以便进行二进制算术编码。转换方式有截断莱斯二元化、定长二元化、指数哥伦布二元化等，具体过程如 5.1 节所述。在 HEVC 中，由于大多数语法元素经变换量化等一系列处理之后都是 0 或 1，所以在很多情况下，该步骤是不需要执行的。

第二步，编码器针对不同语法元素的特征，为每个二进制数分配一个基于上下文的概率模型。该概率模型主要包括两个元素：最大概率符号（MPS）和区间概率索引（pStateIdx），前者是模型预测的将被编码的二进制数的值，取值为 0 或 1，后者是算术编码区间的索引值。

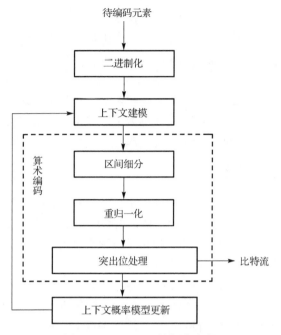

图 7-16　CABAC 的标准流程

第三步，被编码的二进制数进入算术编码部分，先根据被编码值是否等于 MPS 进行区间的递归划分，具体划分方式已在 5.1 节中介绍过。

第四步，由于经划分后的子区间的长度可能不在标准范围内，因此需要进行区间的重归一化处理，该过程迭代进行，直到编码区间处于合理范围为止，如图 7-17 所示。

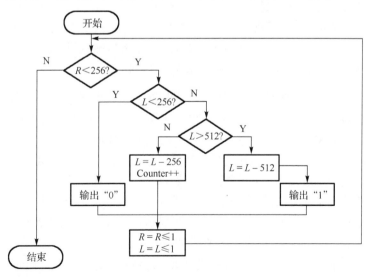

图 7-17　重归一化流程图

第五步，子区间划分完成后要输出数据到最终比特流中，此时会有一些数据由于进位的传播而不能立即输出，这些数据滞留在编码器中，称为突出位。在下一次编码之前要对这些未处理的突出位反复执行写出操作，直到熵编码器中无滞留数据。

第六步，根据被编码的二进制数是否等于 MPS 更新上下文概率模型。

进行 CABAC 常规编码的每一个元素都需要按照上述流程进行编码，才能得出最终码率。这种编码方式相比于以往的变长编码，保证了压缩效率，但编码复杂度也大幅增加，对于需要频繁进行熵编码的率失真优化过程来说，会使计算过程变得更加漫长。

7.3.3 码率计算过程的简化

针对 CABAC 编码过程烦琐的特点，快速码率估计算法研究的方向就是简化 CABAC 的编码过程，使得不必执行全部过程即可较为准确地估计出编码产生的码率信息，将估计结果用于 RDO 的快速模式选择中，以提高编码效率。本节提出了一种快速码率估计算法，只需统计 TU 中的残差系数经二进制化后的码元数量，就可以直接估计出相关码率。

TU 中的残差系数的编码是熵编码的主要内容，它通过将原始样本和预测样本进行差值运算后经变换量化得到。快速码率估计算法以一个 $N×N$ 大小的 TU 为基本单元，此处 N 介于 4～32 之间。残差系数经二进制化操作之后被转换成二进制字符串，通过一个计数器统计当前 TU 内所有二进制字符串的总长度，利用该值可以直接估计出当前 TU 进行熵编码所产生的码率。通过该算法进行码率计算只需执行 CABAC 的第一步——二进制化，即可直接估计出相应的码率。由于变换量化的执行，大多数待编码元素的值只有 0 或 1，即二进制化的过程通常可以省略，因此，本节所提出的算法最大限度地简化了 CABAC 的编码过程，使率失真优化计算的复杂度大幅降低。

在 HEVC 中，通过 CABAC 进行熵编码并产生一个编码比特流的过程需要在两种情况下执行，第一种情况对所有重要语法元素进行熵编码，并对所得的编码比特流进行存储或传输，此时的 CABAC 流程需严格按照标准流程执行。第二种情况用于计算 RDO 所需的码率，此时只需要知道编码后所消耗的码率即可，并不需要严格按照 CABAC 的标准流程进行。

用于率失真优化过程的码率（Rate）可表示为式（7-48）。

$$Rate = AOSBits + FOSBits + WrittenBits \qquad (7-48)$$

其中，AOSBits 为熵编码器中积累的未处理的突出位数，FOSBits 表示经处理的已写入编码比特流的突出位数，WrittenBits 表示通过正常编码写入编码比特流的数据位数。

通常这些数据会在实际生成比特流之后被计算出来，但是，由于 RDO 中的码率不需要区分这几种数据类型，只需知道最终写入比特流的总数据量即可，因此可以假设所有编码后的数据都立即被写入比特流，而不会有突出位的积累和再处理。这种假设是成立的，所有累积在编码器中的突出位都会经过再处理并写入比特流，因此可以将 Rate 的计算直接写成式（7-49）的形式。

$$Rate = WrittenBits \qquad (7-49)$$

其中，WrittenBits 表示 CABAC 标准流程完成后写入比特流的总比特数，此时编码器中没有积累的突出位。

由算术编码的原理（根据编码字符串中每个码元发生的概率对初始区间进行迭代细分）可得，

WrittenBits 在数量上等于初始区间被迭代划分的次数，而迭代次数可以由当前区间的范围推出。

区间每迭代细分一次，就会产生一个输出比特，如表 7-3 所示，其中，"？"表示可以取任意值（0 或 1）。由此，根据 CABAC 编码特征，可将式（7-49）进一步写成

$$Rate = 8 - \lfloor \log_2(Interval(EMB, pStateIdx, qCodIRangeIdx)) \rfloor \tag{7-50}$$

其中，EMB 表示当前待编码元素的符号是否和预测值（MPS）一致，pStateIdx 指示上下文概率模型当前的状态，qCodIRangeIdx 用来索引细分前的区间范围，Interva(.)在此表示由其参数（EMB、pStateIdx、qCodIRangeIdx）确定的区间范围。

表 7-3　输出比特数与区间范围的关系

输出比特数位数	间 隔 区 间									
0	1	?	?	?	?	?	?	?	?	256～511
1	0	1	?	?	?	?	?	?	?	128～255
2	0	0	1	?	?	?	?	?	?	64～127
3	0	0	0	1	?	?	?	?	?	32～63
4	0	0	0	0	1	?	?	?	?	16～31
5	0	0	0	0	0	1	?	?	?	8～15
6	0	0	0	0	0	0	1	?	?	4～7
7	0	0	0	0	0	0	0	1	?	2～3
8	0	0	0	0	0	0	0	0	1	1

由于 CABAC 通过重归一化来保证编码区间始终在合理范围内，所以细分之前的区间变化不大，对编码的影响很小，可忽略这部分对编码比特数的影响，Rate 的表达式可排除 qCodIRangeIdx，进一步写成以下形式：

$$Rate = 8 - \lfloor \log_2(Interval(EMB, pStateIdx)) \rfloor \tag{7-51}$$

至此，由式（7-51）可得，CABAC 编码产生的码率只与 EMB 和 pStateIdx 有关，并由待编码数的符号是否与预测值一致及当前上下文概率模型的状态决定。

将 HEVC 标准中的 LPS 区间范围代入式（7-51），结合表 7-3，可以轻易获得 LPS 各区间对应的实际码率，也可以计算出来 MPS 各区间对应的实际码率，因为 MPS 的区间长度是通过细分之前的区间长度与 LPS 的区间长度进行差值运算所得的。最后，基于 EMB 及 pStateIdx 的不同取值，将计算出的实际码率的平均值作为相应条件下 LPS binary（待编码值等于 LPS）和 MPS binary（待编码值等于 MPS）的估计码率使用，码率估计表如表 7-4 所示。

表 7-4　码率估计表

码 率 估 计		
pStateIdx	LPS binary	MPS binary
0	1.00	1.00
1	1.00	1.00

续表

码率估计		
pStateIdx	LPS binary	MPS binary
2	1.00	0.75
3	1.25	0.75
...	...	...
62	5.50	0.00
63	7.00	0.00

于是，在进行 CABAC 编码时便有了一种快速码率估计的方式：以 TU 为基本单位，对其中的每个待编码元素，根据 EMB 和 pStateIdx 的取值情况，直接将表 7-4 中对应的估计值作为该元素消耗的码率，对所有待编码元素的码率进行累加，所得的总和就是当前 TU 消耗的码率。可以看出，基于该方式的码率计算过程只与 EMB 的取值及上下文概率模型的状态（pStateIdx 的取值）有关，如图 7-18 所示。

通过上述方法进行码率估计，用于率失真优化的 CABAC 流程从图 7-16 简化为图 7-18，省略了区间细分、重归一化、突出位处理这几个步骤。尽管此流程相比标准流程有了很大程度的简化，但其引入了新的计算量，在编码过程中需要随时读取 EMB 和 pStateIdx，并对相关数据进行统计，此外，上下文概率模型更新仍需大量遍历操作。因此，需要进一步探讨简化方法。

若将 MPS binary、LPS binary 的期望码率分别用 M、L 表示，根据表 7-4，M、L 可分别由式（7-52）、（7-53）求出，其中，prob(x) 指 x 的概率。

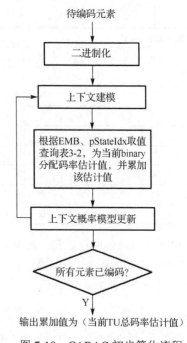

图 7-18　CABAC 初步简化流程

$$
\begin{aligned}
M = \; &\text{prob(pStateIdx} = 0 \mid \text{MPS binary)} \times 1.00 \\
&+\text{prob(pStateIdx} = 1 \mid \text{MPS binary)} \times 1.00 \\
&+\text{prob(pStateIdx} = 2 \mid \text{MPS binary)} \times 0.75 \\
&+\cdots+\text{prob(pStateIdx} = 62 \mid \text{MPS binary)} \times 0.00 \\
&+\text{prob(pStateIdx} = 63 \mid \text{MPS binary)} \times 0.00
\end{aligned}
\tag{7-52}
$$

$$
\begin{aligned}
L = \; &\text{prob(pStateIdx} = 0 \mid \text{LPS binary)} \times 1.00 \\
&+\text{prob(pStateIdx} = 1 \mid \text{LPS binary)} \times 1.00 \\
&+\text{prob(pStateIdx} = 2 \mid \text{LPS binary)} \times 1.00 \\
&+\cdots+\text{prob(pStateIdx} = 62 \mid \text{LPS binary)} \times 5.50 \\
&+\text{prob(pStateIdx} = 63 \mid \text{LPS binary)} \times 7.00
\end{aligned}
\tag{7-53}
$$

根据动态二进制算术编码的原理可得：当 MPS binary 出现时，MPS 的比重增大，LPS 的比重减小，pStateIdx 的值增大；反之，当 LPS binary 出现时，pStateIdx 的值减小。为证明上述观点，在 3 个序列（不同分辨率）、2 种量化参数（QP）下进行测试，并得到了相关结果，如图 7-19 所示。

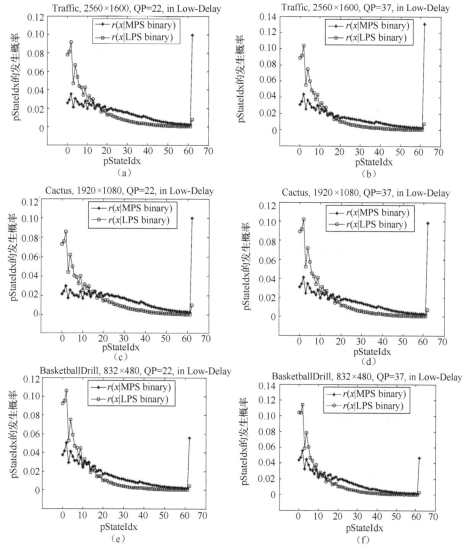

图 7-19　pStateIdx 的统计趋势

在图 7-19 中，X 轴表示 pStateIdx 的取值（0~62），由于 63 只在 CABAC 流程结束时才会出现，因此不具有统计意义。Y 轴表示不同取值的 pStateIdx 出现的概率，图 7-19 中各数据点的意义如式（7-54）所示。

$$r(x \mid y) = \mathrm{prob}(\mathrm{pStateIdx} = x \mid y) \tag{7-54}$$

式中，y 表示 EMB 的取值情况，即分别在 MPS binary 和 LPS binary 中统计 pStateIdx 的分布情况，以方便进行对比。

根据图 7-19 可知，在 pStateIdx 取值较小的范围内，LPS binary 出现的概率大于 MPS binary；相反，在 pStateIdx 取值较大的范围内，LPS binary 出现的概率小于 MPS binary，这也印证了前面根据二进制算术编码原理所得出的观点：当 MPS binary 出现时，pStateIdx 的值增大；当 LPS binary 出现时，pStateIdx 的值减小。

图 7-19 还反映出了一种现象：不管是在 MPS binary 中还是在 LPS binary 中，pStateIdx 的分布在不同序列、不同量化参数下具有统一的分布趋势。因此我们可以推断 pStateIdx 的分布具有一定的规律性，我们可以不管视频序列的自身特征、量化参数大小等因素，统一对 pStateIdx 的不同取值的出现概率进行估计，即 pStateIdx 在 $0 \sim 62$ 内的每一个值出现的概率都是固定的。

基于以上分析，由式（7-52）、（7-53）可得，M、L 都为常量，于是 Rate 可进一步表示为

$$\text{Rate} = \text{Bins} \times (kM + (1-k)L) \tag{7-55}$$

其中，Bins 表示当前 TU 中所有进行 CABAC 常规编码的元素经二进制化后所产生的二进制字符数；k 表示 MPS binary 占 Bins 的比例；$(1-k)$ 表示 LPS binary 占 Bins 的比例。

由于前面已验证 pStateIdx 的取值与 MPS binary 和 LPS binary 出现的概率相关，且 pStateIdx 的分布具有一定的规律，所以此处推断 MPS binary 在 Bins 中的占比是恒定的，接下来，为了验证这一推断，同样在 3 个序列、2 种量化参数下进行统计分析，如图 7-20 所示。在图 7-20 中，X 轴代表式（7-55）中的 Bins，Y 轴表示这些二进制字符中等于 MPS 的字符数，此处仅限于通过 CABAC 常规模式进行编码的元素。

由图 7-20 可得，MPS 的字符数和 Bins 具有良好的线性关系，因此，式（7-55）成立。综合以上信息可推断，$kM+(1-k)L$ 为常量值，则（7-55）可进一步写成：

$$\text{Rate} = \text{Bins} \times C \tag{7-56}$$

其中，C 为常量，它所代表的意义如式（7-57）所示：

$$C = \text{OutputBits}/\text{Bins} \tag{7-57}$$

即在一个 $N \times N$ 大小的 TU 中，进行 CABAC 常规编码的元素经二进制化后的二进制字符数与编码后输出的总码率之间的关系。

这里可以通过实验得出常量 C 的值，同样在 3 个序列、2 种量化参数下进行测试 C 的实验，如图 7-21 所示。其中，X 轴表示 Bins，Y 轴表示当前 TU 中经 CABAC 常规编码方式输出的比特数（MPS 的字符数）。

图 7-21 表明，输出总码率和总二进制字符数之间依然有较好的线性关系，即式（7-56）有意义。通过对图 7-20 中的六组散点图进行一次函数的线性拟合，可以得出六个斜率值，这些值集中分布在 $0.79 \sim 0.84$ 之间，通过对这六条直线取折中直线，可以得出其平均斜率为 0.82，即常量 C 的值。

$$C = 0.82 \tag{7-58}$$

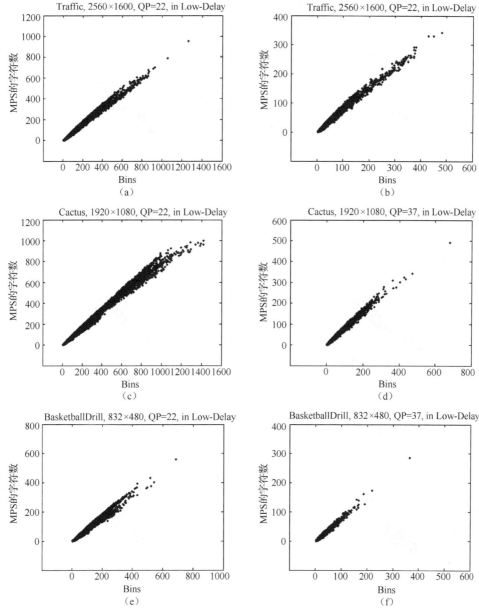

图 7-20　MPS binary 的统计趋势

综上所述，本节针对 CABAC 常规编码所提出的快速码率估计算法以 $N \times N$ 大小的 TU 为基本单元，只需要对其中所有的元素执行二进制化过程，得出总的二进制字符数，再根据式（7-56）、（7-58）进行计算，即可估计出这部分元素所消耗的码元数。CABAC 最终的简化流程如图 7-22 所示。

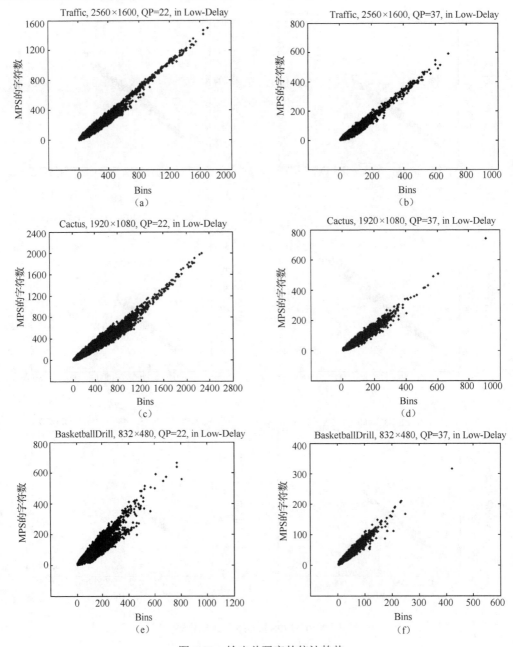

图 7-21　输出总码率的统计趋势

对比图 7-16 和图 7-18，CABAC 流程被简化到只需要执行第一步（二进制化）即可。一般来说，在 HEVC 中，经过变换量化后，大多数元素都是以 0 或 1 的形式表示，只有在对少部分幅值较大的元素进行编码时才需要执行二进制化过程，因此通过本节所提出的算法，码率计算过程被最大限度地简化了。

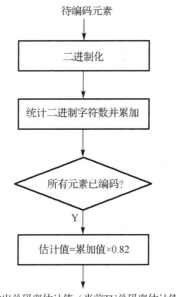

图 7-22　CABAC 最终的简化流程

7.3.4　实验结果与分析

1．测试环境及指标

为验证快速码率估计算法的实际效果，将其在 HM13.0 上实现：在所有需要进行码率计算的过程中，使用快速码率估计算法代替原始算法，如 CU 划分深度、PU 划分模式、帧内预测、帧间预测及 TU 深度的决策等。选取分辨率从 416×240 到 1280×720 的 8 个标准视频序列进行测试，每个序列在不同 QP（22、27、32、37）下编码 50 帧，并与 7.3.2 节所述的 CABAC 标准流程（原始码率计算方法）和提案 JCTVC-G763（HM13.0 中所用的方法）中的算法进行对比，测试环境如表 7-5 所示。

对于实验性能，主要通过以下 4 个指标来衡量：码率计算时间节省率（RateEst AST）、总编码时间节省率（Total AST）、BDBR、BDPSNR。其中，前两个指标用来衡量目标算法在时间节约上的性能，时间节省率（Average Saving Time，AST）可用式（7-59）表示：

$$\text{AST}[\%] = \frac{\text{AnchorTime} - \text{TargetTime}}{\text{AnchorTime}} \times 100 \qquad (7\text{-}59)$$

由式（7-59）可知，AST 为一个百分数，其中，AnchorTime 为进行对比用的算法编码所用的时间，在此就是按照完整的 CABAC 标准流程（包括二进制化、上下文建模、区间细分、重归一化、突出位处理、上下文概率模型更新）进行码率计算所用的时间，TargetTime 为按照目标算法进行码率估计所用的时间。在 RateEst AST 中，AnchorTime 和 TargetTime 分别对应两种方式中用于码率估计部分的时间，在 Total AST 中，AnchorTime 和 TargetTime 分别为两种方式的总编码时间。显然，AST 为正代表目标算法更节省时间。

表 7-5　测试环境

视频序列	RaceHorses_832×480_30、PartyScene_832×480_50、BQMall_832×480_50、RaceHorses_416×240_30、BQSquare_ 416×240_60、BasketballPass_416×240_50、BlowingBubbles_416×240_50、Johnny_1280×720_60
测试条件	QP=22,27,32,37；Low-Delay，其中的参数配置参照文献[15]
编码帧数	50 帧
性能对比	（1）标准码率计算流程：严格按照 CABAC 标准流程执行（7.3.2 节）； （2）JCTVC-G763 中的算法：基于查找表的快速码率估计算法； （3）本节所提出的算法：基于二进制化的快速码率估计算法

　　BDBR、BDPSNR 用来衡量所使用的算法在编码质量上的损失情况。其中，BDBR 表示在相同编码质量下，与原始算法相比，目标算法在输出码率上的节约情况，该值为负代表目标算法在码率压缩率上的性能有所提升。BDPSNR 表示在相同的输出码率下，与原始算法相比，目标算法在 PSNR（编码质量）上的提升情况，BDPSNR 值为正代表目标算法在编码性能上有所提升。

2．实验结果及分析

　　表 7-6 所示为 JCTVC-G763 中的基于查找表的快速码率估计算法（表 7-5 中的算法（2））的实验结果，各项指标均由 CABAC 标准流程（表 7-5 中的算法（1））计算得出。通过表 7-6 中的数据可以得出：基于查找表的快速码率估计算法在编码质量及码率消耗上基本没有损失，并实现了总编码时间约节约 1.11%、码率计算时间约节约 29.20%的效果。

表 7-6　JCTVC-G763 中的基于查找表的快速码率估计算法的实验结果

视 频 序 列	Total AST/%	RateEst AST/%	BDBR/%	BDPSNR/dB
RaceHorses_832×480_30	0.96758	30.2596	−0.0344	0.0000
PartyScene_832×480_50	1.948505	31.28971	−0.0231	0.0001
BQMall_832×480_50	−0.3952	28.66909	0.012	0.0001
RaceHorses_416×240_30	1.974412	31.37837	−0.1049	0.0033
BQSquare_416×240_60	1.576615	29.97127	−0.0682	0.0036
BasketballPass_416×240_50	1.123436	29.12069	−0.0235	0.0018
BlowingBubbles_416×240_50	1.178627	28.99001	−0.0971	0.0037
Johnny_1280×720_60	0.483154	23.89754	−0.1838	0.0024
平均值	1.107141	29.19704	−0.06538	0.00189

　　表 7-7 所示为基于二进制化的快速码率估计算法（表 7-5 中的算法（3））的实验结果，各项指标均由 CABAC 标准流程（表 7-5 中的算法（1））计算得出。通过对表 7-7 中的数据分析可得：基于该算法的码率估计方案在平均码率增加 2.21%、编码质量下降 0.09dB 的情况下，实现了总编

码时间约节约 2.28%、码率计算时间约节约 34.26%的效果。与表 7-6 对比可以看出，在节省编码时间这一指标上，基于二进制化的快速码率估计算法具有明显的优势，因此基于二进制化的快速码率估计算法确实有简化码率计算过程、降低编码复杂度的效果。

表 7-7　基于二进制化的快速码率估计算法的实验结果

视 频 序 列	Total AST/%	RateEst AST/%	BDBR/%	BDPSNR/dB
RaceHorses_832×480_30	1.99184	37.72087	2.302	−0.0948
PartyScene_832×480_50	3.124458	40.26312	3.1525	−0.1416
BQMall_832×480_50	0.164136	33.64162	2.5515	−0.1062
RaceHorses_416×240_30	2.243158	37.59135	1.979	−0.0961
BQSquare_416×240_60	3.788432	39.21177	1.5618	−0.0665
BasketballPass_416×240_50	2.263312	33.38758	2.1875	−0.1021
BlowingBubbles_416×240_50	1.654713	35.40301	2.5077	−0.0991
Johnny_1280×720_60	3.048896	16.87343	1.4215	−0.0309
平均值	2.284868125	34.2615938	2.207938	−0.09216

参 考 文 献

[1] Sullivan G J, Wiegand T. Rate-distortion optimization for video compression[J]. IEEE Signal Processing Magazine, 1998, 15(6):74-90.

[2] Choi H, Nam J, Yoo J, et al. Rate control based on unified RQ model for HEVC[C]. Doc.JCTVC-H0213, ITU-T SG16 WP3 and ISO/IEC JTC1/SC29/WG11, San José, CA, USA, 1-10 February, 2012.

[3] Li B, Li H, Li L, et al. Zhang. Rate Control by R-lambda model for HEVC[C]. Doc. JCTVC-K0103, ITU-T SG 16 WP 3 and ISO/IEC JTC 1/SC 29/WG 11, Shanghai, CN, 10-19 Oct. 2012.

[4] Li B, Zhang D, Li H, et al. QP determination by lambda value[C]. Doc. JCTVC-I0426, ITU-T SG 16 WP 3 and ISO/IEC JTC 1/SC 29/WG 11, Geneva, CH, 27 April – 7 May, 2012.

[5] Li B, Li H, Li L. Adaptive bit allocation for R-lambda model rate control in HM[C]. Doc. JCTVC-M0036, ITU-T SG 16 WP 3 and ISO/IEC JTC 1/SC 29/WG 11, Incheon, KR, 18–26 Apr. 2013.

[6] Mallat S, Falzon F. Analysis of low bit rate image transform coding[J]. Signal Processing IEEE Transactions on, 1998, 46(4):1027-1042.

[7] Gish H, Pierce J. Asymptotically Efficient Quantizing[J]. IEEE Transactions on Information Theory, 1968, 14(5):676-683.

[8] Li B, Li H, Li L, et al. λ Domain Rate Control Algorithm for High Efficiency Video Coding[J]. IEEE Transactions on Image Processing, 2014, 23(9):3841-3854.

[9] Seo H, Milanfar P. Static and Space-time Visual Saliency Detection by Self-resemblance[J]. Journal of Vision, 2009, 9(12): 1-27.

[10] 韩峥, 唐昆, 崔慧娟. 视频编码中 Lagrange 乘子自适应调整算法[J]. 清华大学学报:自然科学版,

2009(10):1623-1625.

[11] Peng B, Ding D, Zhu X, et al. A Hardware CABAC Encoder for HEVC[C]. IEEE Iternational Symposium on Circuits and Systems. IEEE, 2013:1372-1375.

[12] Liu Z, Guo S, Wang D. Binary Classification Based Linear Rate Estimation Model for HEVC RDO[C]. IEEE International Conference on Image Processing, 2014 :3676-3680.

[13] Bossen F. Table-based Bit Estimation for CABAC[C]. Doc. JCTVC-G763, ITU-T SG16 WP3 and ISO/IEC JTC1/SC29/WG11, Geneva, CH, 21-30, 2011.

[14] Bjontegaard G. CaCTUlation of Average PSNR Differences between RD-Curves[C]. Doc.VCEG-M33 ITU-T Q6/16, Austin, TX, USA, 2-4 April, 2001.

[15] Bossen F. Common HM Test Conditions and Software Reference Configurations[C]. Doc.JCTVC-L1100, ITU-T SG16 WP3 and ISO/IEC JTC1/SC29WG11, Geneva, CH, 21-30 November, 2011.

[16] 张萌. 感知视频编码的码率控制算法研究[D]. 西安: 西北工业大学, 2017.

第 8 章　参考帧存储压缩

8.1　参考帧存储压缩基本概念

8.1.1　简述

在视频编码过程中，许多外部数据需要从外部存储（DRAM）读入片内，主要包括整数点运动估计、分数点运动估计和运动补偿过程中的参考帧数据。而在视频解码的过程中，同样需要从外部存储读入大量数据。参考帧数据的读取将会带来大量的带宽和功耗需求，尤其是对于多参考帧的编码架构。因此，需要设计一种参考帧压缩系统来有效降低外部存储的带宽和功耗需求，如图 8-1 所示。

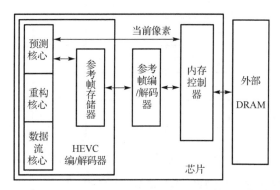

图 8-1　视频编/解码器中的参考帧压缩系统

常见的参考帧压缩算法主要分为两类：有损参考帧压缩算法和无损参考帧压缩算法，其中，有损参考帧压缩算法可以通过牺牲一定的图像质量来获得更高的压缩效率。大多数有损和无损参考帧压缩算法都包括残差预测和熵编码这两部分，而有损参考帧压缩算法通常还包括量化过程。在 8.1.2 节将介绍一些常见的参考帧压缩方法。

8.1.2　常见的参考帧压缩方法

1. 自适应差分脉冲编码调制

差分脉冲编码调制（Differential Pulse-Code Modulation，DPCM）以脉冲编码调制（Pulse-Code Modulation，PCM）为基准，再根据采样信号的预测结果增加一些功能。在视频编码中，DPCM 方式是一种常用的空域的压缩方法，它先计算连续扫描信号的差值，再利用差值来表示数据，如式（8-1）所示：

$$\text{Res}_n = P_n - P_{n-1} \tag{8-1}$$

其中，P_n 表示第 n 个像素，而 Res_n 是 P_n 和 P_{n-1} 的差值。DPCM 方法是在一维数据上进行的，而图像数据是二维的。所以，在进行 DPCM 算法之前，需要通过扫描将像素数据从二维转换成一维。扫描过程可以采用不同的方法。如果想要通过 DPCM 方法取得不错的压缩效果，连续数据之间的差值必须较小，这样才能用较少的字节来表示。因此，DPCM 算法通常会配合量化和变长编码来使用。

自适应差分脉冲编码调制（Adaptive DPCM）是一种较早的将 DPCM 应用到视频编码中的参考帧压缩方法。这种方法可以根据每个编码块的纹理特点来自适应改变量化系数。自适应差分脉冲编码调制的基本处理单元的尺寸是 8×8，扫描顺序采用简单的光栅扫描方法，如图 8-2 所示。

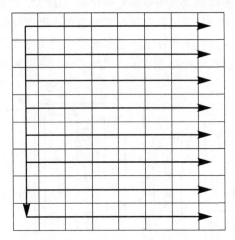

图 8-2　　自适应差分脉冲编码调制算法的预测方向

2．基于帧内模式的自适应差分脉冲编码调制

由于自适应差分脉冲编码调制的扫描顺序过于简单，不能完全利用相邻像素间的数据相关性，因此一种可调扫描模式的自适应差分脉冲编码调制方法被提出。这种方法利用了视频编码器中帧内预测的结果。由于帧内预测的模式中包含像素间的方向信息，因此，基于帧内模式的自适应差分脉冲编码调制的扫描顺序可以根据图像的内容自适应改变，如图 8-3 所示。在图 8-3 中，基本编码单元的尺寸为 4×4，对每个编码单元设计了 8 种可选的扫描顺序。这种扫描顺序可以完全利用相邻像素间的数据相关性，产生较小的残差，因此可以在变长编码中使用较短的位长。

3．分层差值最小值

分层差值最小值（Hierarchical Difference and Minimum，HDM）也是一种常用的参考帧压缩方法，在解码端只需要使用加法操作来恢复数据。这种方法的最小处理单元的尺寸为 2×2。首先，在 2×2 大小的块中查找得到的最小像素值被命名为"min2×2"。2×2 大小的块中各个像素与当前块的 min2×2 之间的差值被定义为"diffpixel"。接下来，对于 4×4 大小的块，总共有 4 个 min2×2

的值，这 4 个值中的最小值被命名为"min4×4"。每个 2×2 大小的块中的 min2×2 的值与相应的 min4×4 的值之间的差值被定义为"diff2×2"。同理，对于更大的块，也应用这种方法。图 8-4 所示为 8×8 大小的块的分层差值最小值算法。diff4×4、diff2×2 和 diffpixel 分别根据 min8×8、min4×4 和 min2×2 产生。最后，变长编码被用来压缩 diff 和 min 的值。

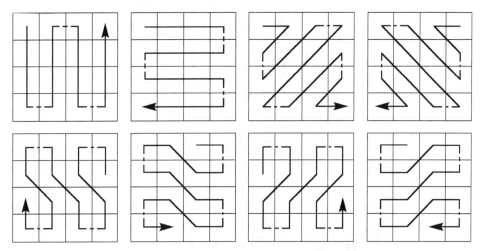

图 8-3　基于帧内模式的自适应差分脉冲编码调制算法的预测方向

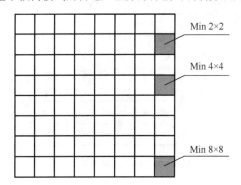

图 8-4　8×8 大小的块的分层差值最小值算法

在解码进程中，像素值通过将 diff 和 min 的值相加来重构：

$$
\begin{aligned}
\text{pixel}[a][b][c] &= \min 8\times 8 + \text{diff} \\
&= \min 8\times 8 + \text{diff}4\times 4[a] + \text{diff}2\times 2[a][b] \\
&\quad + \text{diffpixel}[a][b][c]
\end{aligned}
\tag{8-2}
$$

其中，a、b 和 c 分别表示 4×4 大小的块、2×2 大小的块和像素的位置标号。

4．分层平均和复制预测

一种 8×8 大小的处理单元的分层平均和复制预测算法（Hierarchical Average and Copy Prediction，HACP）被提出，如图 8-5 所示。在图 8-5 中，箭头的尾端表示源像素，而箭头的头端表示目标像素。如果一个像素被两个箭头指向，这个像素就由两个像素求平均来进行预测；如果一个像素只被一个箭头指向，这个像素就通过复制源像素来进行预测。

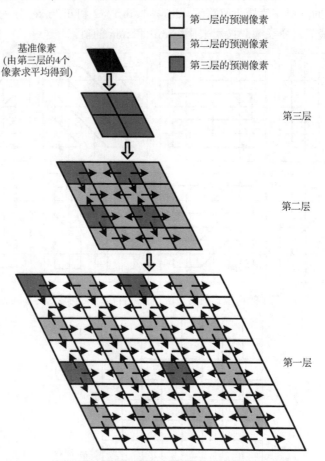

图 8-5　8×8 大小的处理单元的分层平均和复制预测算法的结构

在分层平均和复制预测算法中，共有 4 种类型的预测算法：①水平平均预测；②垂直平均预测；③水平复制预测；④垂直复制预测。式（8-3a）和式（8-3b）分别解释了这 4 种算法。

$$x_{i,j} = p_{i,j} - \text{round}((p_{i-d,j} + p_{i+d,j} + 1)/2) \text{（水平平均）}$$
$$x_{i,j} = p_{i,j} - \text{round}((p_{i,j-d} + p_{i,j+d} + 1)/2) \text{（垂直平均）}$$

（8-3a）

$$x_{i,j} = p_{i,j} - p_{i-d,j} \text{（水平复制）}$$
$$x_{i,j} = p_{i,j} - p_{i,j-d} \text{（垂直复制）}$$

（8-3b）

其中，round( )表示四舍五入函数；x_{ij} 表示从当前像素 p_{ij} 中减去预测像素得到的预测残差；d 表示源像素和参考像素之间的距离。式（8-3a）中的分层平均预测使用水平和垂直方向上两个相邻像素的平均值作为预测值；而式（8-3b）中的复制预测使用左边和上边的像素值作为预测值。

虽然上述参考帧压缩算法能够实现不同的效果，但它们普遍存在以下问题：①现有的无损参考帧压缩算法和大部分有损参考帧压缩算法由于压缩率的不确定，仅能降低外部存储的带宽需求，不能通过节省存储空间来进一步降低功耗需求。②现有的算法中使用变长编码方法，专注于小残差值的压缩性能的提升。但随着比特深度的提高，如在 10 或 12 比特深度的视频中，数据的固有噪声加大了残差的振幅。在这种情况下，现有的熵编码方法的压缩性能会明显下降。③现有的压缩算法中缺少一种独立高效的预测方法，不能无缝集成到视频编码器和解码器中。

8.2　无损参考帧存储压缩系统

8.2.1　基于像素纹理的无损参考帧压缩算法研究

当编码低分辨率的视频时，较小的处理单元有利于查找窗的灵活选择。因此，大部分现有的参考帧压缩算法都采用 8×8 或 16×16 大小的处理单元。这里我们定义基本亮度处理单元的尺寸为 16×16，相应的色度处理单元的尺寸为 8×8。处理单元的尺寸被定义为 16×16 主要有以下原因。

（1）对于目前的 DDR3 技术，IO 的宽度为 64 位，突发长度（Burst Length）为 4 或 8。由于一个 8×8 大小的处理单元的原始长度是 512 位，当突发长度等于 8 时，只需要一个突发（Burst）就可以传输未压缩的数据。这意味着无论压缩算法能够实现多高的数据压缩率，都不能降低外部存储的带宽。而当突发长度等于 4 时，也只有两种情况：①当数据压缩率小于 50% 时，带宽不会降低；②否则，带宽可以节省一半。这仍然不能充分发挥压缩算法的性能。

（2）DDR 中使用的读/写模式是突发模式。在读/写模式中，在送出读/写指令和读/写需要的数据之间有一个读/写延迟。读/写延迟主要包含附加延迟（Additive Latency，AL）和列访问延迟（Column Access Strobe Latency，CL），而且 AL 和 CL 是固定的。所以当处理较大的单元时，读/写操作将在总时间中占据较高的比例，可以提高带宽利用率。

（3）通过使用较大的处理单元可以更好地发挥方向性预测算法的性能。举例来说，对于 16×16 大小的处理单元，87.5% 的像素可以应用设计的预测方法；而对于 8×8 大小的处理单元，这个比例会降到 75%。更重要的是，较大的处理单元可以更好地发挥出色度分量的压缩跳过标志的性能。当亮度分量的处理单元的尺寸为 8×8 时，相应的色度分量的处理单元的尺寸为 4×4。当处理纹理平稳的图像时，将有很多数据位浪费在存储小处理单元的首像素上，这会降低压缩算法的数据压缩率。

图 8-6 所示为无损参考帧压缩和解压缩算法的流程图。在压缩过程中，输入的参考帧图像首先被划分为 16×16 大小的处理单元，对于亮度单元采用不带压缩跳过标志的方向预测，而对于色度单元则应用带有压缩跳过标志的方向预测。将方向预测得到的残差连同压缩跳过标志一起传入熵编码器，进行动态阶数一元/指数-哥伦布编码。将得到的熵编码结果和用于解码的辅助信息一起传输到 DRAM 中。而对于解码过程，首先从 DRAM 中读取辅助信息，根据解析后的辅助信息从 DRAM 中取出将要解码的数据，经过方向预测和熵解码阶段，重构 16×16 大小的处理单元。压缩效率的提高主要依赖信号预测的准确性和熵编码的高效性。

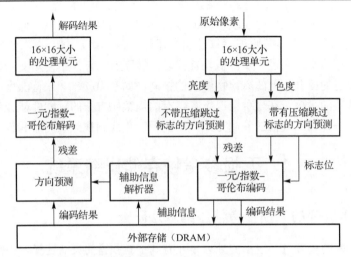

图 8-6　无损参考帧压缩和解压缩算法的流程图

数据压缩率被用来评价算法的压缩表现：

$$数据压缩率 = \frac{被压缩的数据大小}{原始数据大小} \times 100\% \tag{8-4}$$

1. 基于像素纹理的自适应方向性预测

在参考帧压缩算法中，帧内预测是一种常用的计算残差的方法，它可以降低预测残差的熵。然而，大部分现有的研究只利用水平或垂直方向上的相邻像素来预测残差，这种方法的预测准确率较低，影响了最终的压缩效率。为了获得更好的预测效果，一种多角度方向预测方法在文献[7]中被提出。通过从 HEVC 编码器中获得帧内预测的模式来对预测方向进行提前判定，从而减少模式判定的计算。然而在 HEVC 编码器中，只有经历帧内预测的编码单元（CU）可以提供这一辅助信息。因此，跳过帧内预测的 CU 将经历复杂的模式判定过程。

为了克服上述问题，这里提出了一种基于像素纹理的自适应方向性预测方法来提高预测准确率。如图 8-7 所示，黑色粗线包围的像素都采用基于像素纹理的自适应方向性预测方法。在解码阶段，当前像素右边和下边的像素是未知的。因此，利用当前像素左边和上边的 2×2 大小的块来估计当前像素的边缘方向，如图 8-7（a）所示。

对于当前像素 $p_{i,j}$，我们定义相应的左边和上边的边缘向量分别为 $\boldsymbol{D}_{i,j}^{l} = (\mathrm{d}x_{i,j}^{l}, \mathrm{d}y_{i,j}^{l})$ 和 $\boldsymbol{D}_{i,j}^{t} = (\mathrm{d}x_{i,j}^{t}, \mathrm{d}y_{i,j}^{t})$。$\boldsymbol{D}_{i,j}^{l}$ 和 $\boldsymbol{D}_{i,j}^{t}$ 由相邻的像素导出，如式（8-5a）和式（8-5b）所示：

$$\mathrm{d}x_{i,j}^{l} = p_{i-2,j} + p_{i-1,j} - p_{i-2,j-1} - p_{i-1,j-1}$$
$$\mathrm{d}y_{i,j}^{l} = p_{i-1,j-1} + p_{i-1,j} - p_{i-2,j-1} - p_{i-2,j} \tag{8-5a}$$

$$\mathrm{d}x_{i,j}^{t} = p_{i-1,j-1} + p_{i,j-1} - p_{i-1,j-2} - p_{i,j-2}$$
$$\mathrm{d}y_{i,j}^{t} = p_{i,j-2} + p_{i,j-1} - p_{i-1,j-2} - p_{i-1,j-1} \tag{8-5b}$$

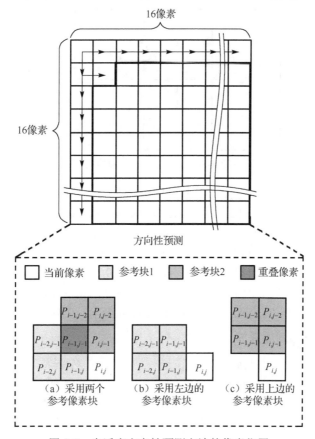

图 8-7 自适应方向性预测方法的像素位置

因此，边缘向量的强度可以被估计为

$$\mathrm{Amp}(\boldsymbol{D}^{l}_{i,j}) = |\,\mathrm{d}x^{l}_{i,j}\,| + |\,\mathrm{d}y^{l}_{i,j}\,|$$

$$\mathrm{Amp}(\boldsymbol{D}^{t}_{i,j}) = |\,\mathrm{d}x^{t}_{i,j}\,| + |\,\mathrm{d}y^{t}_{i,j}\,| \tag{8-6}$$

具有较大边缘强度的块被用来定义预测角。具体来说，最终选择的边缘向量 $\boldsymbol{D}_{i,j} = (\mathrm{d}x_{i,j}, \mathrm{d}y_{i,j})$ 被定义为

$$\boldsymbol{D}_{i,j} = \begin{cases} \boldsymbol{D}^{l}_{i,j}, & \mathrm{Amp}(\boldsymbol{D}^{l}_{i,j}) > \mathrm{Amp}(\boldsymbol{D}^{t}_{i,j})) \\ \boldsymbol{D}^{t}_{i,j}, & \text{其他} \end{cases} \tag{8-7}$$

其中，$\mathrm{d}x_{i,j}$ 和 $\mathrm{d}y_{i,j}$ 分别表示边缘向量的垂直分量和水平分量。在 $\boldsymbol{D}_{i,j}$ 中，当前像素的边缘方向可以由 $\mathrm{d}y_{i,j}$ 和 $\mathrm{d}x_{i,j}$ 的比值估计。我们首先定义变量 $\eta(\boldsymbol{D}_{i,j})$ 为

$$\eta(\boldsymbol{D}_{i,j}) = \frac{\mathrm{d}y_{i,j}}{\mathrm{d}x_{i,j}} \tag{8-8}$$

η 的值被分为 7 组，如图 8-8 所示，相应的边缘方向的界限值如式（8-9）所示：

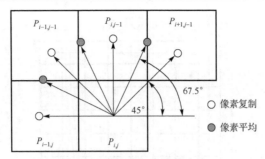

图 8-8　残差的 7 个计算方向

$$\theta = \begin{cases} 45°, & \text{if } 0.414 < \eta(\boldsymbol{D}_{i,j}) \leqslant 1.500 \\ 67.5°, & \text{if } 1.500 < \eta(\boldsymbol{D}_{i,j}) \leqslant 5.027 \\ 90°, & \text{if } |\eta(\boldsymbol{D}_{i,j})| > 5.027 \\ 112.5°, & \text{if } -5.027 \leqslant \eta(\boldsymbol{D}_{i,j}) \leqslant -1.500 \\ 135°, & \text{if } -1.500 < \eta(\boldsymbol{D}_{i,j}) \leqslant -0.668 \\ 157.5°, & \text{if } -0.668 < \eta(\boldsymbol{D}_{i,j}) \leqslant -0.199 \\ 180°, & \text{if } -0.199 < \eta(\boldsymbol{D}_{i,j}) \leqslant 0.414 \end{cases} \tag{8-9}$$

接下来，可以得到预测像素 $\tilde{p}_{ij}$

$$\tilde{p}_{i,j} = \begin{cases} p_{i+1,j-1}, & \theta = 45 \\ p_{i,j-1}, & \theta = 90 \\ p_{i-1,j-1}, & \theta = 135 \\ p_{i-1,j}, & \theta = 180 \\ \text{round}((p_{i,j-1} + p_{i+1,j-1}) \div 2), & \theta = 67.5 \\ \text{round}((p_{i-1,j-1} + p_{i,j-1}) \div 2), & \theta = 112.5 \\ \text{round}((p_{i-1,j} + p_{i-1,j-1}) \div 2), & \theta = 157.5 \end{cases} \tag{8-10}$$

在式（8-10）中，前 4 个方向（式（8-9）中的前 4 个方向）通过复制像素来获得预测像素，而其他方向则通过计算像素的平均值来预测像素。对于一帧中最后一列的像素，由于右上角的像素不存在，所以 45° 和 67.5° 方向的像素会被跳过。

在一些情况下，不是所有的参考块都能够得到。例如，图 8-7 中黑色矩形区域的第一行的像素没有上边的参考块，而这个区域的第一列的像素没有左边的参考块。在这些情况下，边缘强度的比较过程可以跳过，直接使用剩下的参考块来预测边缘方向，如图 8-7（b）和 8-7（c）所示。10 个标准视频序列（每个序列 200 帧）被测试来分析方向性预测算法的性能。表 8-1 和表 8-2 分别给出了一个 16×16 大小的亮度单元中预测残差能量比较（预测残差的平方和）和预测准确率比较的统计结果。与原始的水平/垂直预测算法相比，方向性预测算法平均可以将预测残差能量降低 54%。随着边缘强度的增加，方向性预测算法的优势将更加明显。当 ES≥10 时，方向性预测方法可以将预测准确率提高 20%。表 8-3 所示为方向性预测算法和原始水平/垂直预测算法的数据压缩率比较，从实验中可以看出，方向性预测算法对于所有视频序列都可以提高数据压缩率。方向性预测算法平均可以实现 6.4% 的数据压缩率的提高。

表 8-1　16×16 大小的亮度单元中预测残差能量比较

测 试 序 列	原始水平/垂直预测	采用左边参考块	采用上边参考块	采用两个参考块
PeopleOnStreet	21244	10998	9561	9188
Traffic	11134	6265	5803	5426
ParkScene	7983	6694	7286	6548
Tennis	4715	1918	2234	1559
BasketBallDrill	24503	12889	11345	10191
RaceHorses	30296	23580	22509	21658
BasketballPass	26808	14902	14153	12241
BlowingBubbles	40326	22471	19767	18378
Johnny	12983	4118	3144	3115
KristenAndSara	26789	9264	6941	6659
平均值	20678	11309	10274	9496

表 8-2　方向性预测算法和原始水平/垂直预测算法的预测准确率比较

（$ES = dx_{i,j}^2 + dy_{i,j}^2$，　$dx_{i,j}$ 和 $dy_{i,j}$ 分别表示水平和垂直方向上的分量）

测 试 序 列	预测准确率/%					
	原始水平/垂直预测			方向性预测		
	ES < 4	ES<10	ES≥10	ES < 4	ES<10	ES≥10
PeopleOnStreet	79.2	62.8	44.5	75.5	65.7	59.9
Traffic	80.4	68.7	55.8	78.3	71.9	64.6
ParkScene	84.2	61.5	48.9	84.2	69.2	56.1
Tennis	83.0	51.1	36.3	81.5	80.0	66.4
BasketBallDrill	69.2	55.0	38.6	69.2	62.5	61.4
RaceHorses	70.5	54.5	36.9	67.7	63.6	60.1
BasketballPass	81.2	72.7	60.4	81.2	72.7	67.9
BlowingBubbles	70.0	53.3	35.2	68.7	60.0	55.8
Johnny	93.0	58.6	32.5	93.9	82.8	66.3
KristenAndSara	90.7	62.2	34.6	90.7	78.4	65.4
平均值	80.1	64.7	42.3	79.1	70.7	62.4

表 8-3　方向性预测算法和原始水平/垂直预测算法的数据压缩率比较（亮度单元，QP = 32）

测 试 序 列	方向性预测	原始水平/垂直预测
PeopleOnStreet	62.80%	57.71%
Traffic	64.99%	60.59%
BasketballDrive	75.10%	72.17%
BQTerrace	60.35%	47.12%
BasketBallDrill	63.23%	57.32%
BQMall	59.42%	48.78%
BasketballPass	64.94%	62.16%
BQSquare	51.32%	41.40%
Johnny	74.76%	69.72%
KristenAndSara	74.02%	69.77%
平均值	65.09%	58.67%

2．动态阶数一元/指数-哥伦布编码

一元编码是一种常用的表示自然数的熵编码方法，它用 n 个 1 加 1 个 0 来表示自然数 n。这种方法在编码小的数值时能够获得很好的编码效果，但当数值增大时，它的编码效果会急剧下降。指数-哥伦布编码是另一种常用的熵编码方法，它的编码过程主要分为两步（假设被编码数为 n）：①用二进制数表示 $n+1$，②将得到的二进制数的位数减 1，得到一个值 x，然后在二进制数的比特流前面加上 x 个前导零位。指数-哥伦布编码在编码较大的数值时能够得到较好的编码效果，但在编码较小的数值时，它的编码效果不如一元编码好。

对参考帧进行预测得到的残差呈标准正态分布，主要集中在 0 附近。因此，熵编码方法采用自适应阶数的一元/指数-哥伦布编码。具体来说，当得到一个阶数 k 时，对于输入值 x，就可以得到一个商 $q = x/2^k$ 和一个余数 $\omega = x\%2^k$。对于商的部分，当 $q<4$ 时，采用一元编码；当 $q \geq 4$ 时，采用指数-哥伦布编码。由于标准的指数-哥伦布编码不能与一元编码无缝组合，下面对指数-哥伦布编码进行改进。余数 ω 在编码后的商之后传输。阶数 $k \in \{0,1,2,3\}$ 时的编码示例如表 8-4 所示，其中，下划线被用来分割商和余数。如果 $x \neq 0$，符号位需要在余数后面传输。

表 8-4　阶数 $k \in \{0,1,2,3\}$ 时的编码示例（S：符号位）

编码残差	阶 数 k			
	$k=0$	$k=1$	$k=2$	$k=3$
0	0_	0_0	0_00	0_000
±1	10_S	0_1S	0_01S	0_001S
±2	110_S	10_0S	0_10S	0_010S
±3	1110_S	10_1S	0_11S	0_011S
±4	111100_S	110_0S	10_00S	0_100S
±5	111101_S	110_1S	10_01S	0_101S
±6	11111000_S	1110_0S	10_10S	0_110S
±7	11111001_S	1110_1S	10_11S	0_111S
±8	11111010_S	111100_0S	110_00S	10_000S
...	...	...	...	...
±15	...	1110_11S	10_111S	
±16	...	...	111100_00S	110_000S
...	...	...	...	...
±31	...	...	...	1110_111S
±32	...	...	...	111100_000S
...	...	...	...	...

高阶数 k 在编码较大的输入值时具有优势。在给定了输入值 x 之后，就可以获得实现最高压缩率的最优阶数 k_o，其定义如式（8-11）所示。然而，对于解码端，当前需要解码的样本 x 是未知的。因此，基于像素纹理实现有效的阶数更新是研究的关键。

$$\log_2(x/3) < k_o \leqslant \log_2(x/3)+1 \tag{8-11}$$

与像素值的预测方法相似，这里采用基于像素纹理的自适应方向性预测算法来实现阶数的更新。根据式（8-8）的结果，此处定义了 4 个方向，当前像素的阶数值 $k_{i,j}$ 可以由已编码像素的阶数导出。

$$k_{i,j} = \begin{cases} k'_{i-1,j}, & -0.414 < \eta(\boldsymbol{D}_{i,j}) \leqslant 0.414 \\ k'_{i-1,j-1}, & -2.414 < \eta(\boldsymbol{D}_{i,j}) \leqslant -0.414 \\ k'_{i,j-1}, & |\eta(\boldsymbol{D}_{i,j})| > 2.414 \\ k'_{i+1,j-1}, & 0.414 < \eta(\boldsymbol{D}_{i,j}) \leqslant 2.414 \end{cases} \tag{8-12}$$

在式（8-12）中，变量 k' 由 k 调整得到。对当前位置 (i, j)，我们使用 $k_{i,j}$ 来编码或解码预测残差 $x_{i,j}$。只要获得了 $x_{i,j}$ 的值，就可以得到 $k_{i,j}$ 的调整值，即 $k'_{i,j}$，如式（8-13）所示，根据参考像素编码或解码过程中的阶数与输入残差的关系来动态调整当前像素的阶数。用这种方式即可实现基于像素纹理的自适应阶数调整。

$$k'_{i,j} = \begin{cases} k_{i,j}+1, & x \geqslant 3 \times 2^{k_{i,j}}, \ k_{i,j} < 3 \\ k_{i,j}, & 2^{k_{i,j}-1} \leqslant x < 3 \times 2^{k_{i,j}} \\ k_{i,j}-1, & x < 2^{k_{i,j}-1}, \ k_{i,j} > 0 \end{cases} \tag{8-13}$$

阶数 k 的最大值为 3，因此需要 2×16=32 比特的空间来缓存上一行的阶数值。虽然也可以通过存储已编码或解码的预测残差的值来调整当前阶数，但由于残差的幅值范围是[0, 255]，缓存的尺寸会增加到 8×16=128 比特，是本节提出的阶数调整结构尺寸的 4 倍。第一个像素的阶数值 $k_{0,0}$ 是固定的，并被定义为 1，这样可以提高 0.2% 的数据压缩率。

分别测试采用动态阶数算法和固定阶数算法的压缩表现，如表 8-5 所示。实验结果表明，动态阶数算法可以实现 4.2%～6.2% 的数据压缩率的增长。

表 8-5　采用动态阶数算法和固定阶数算法的压缩表现的比较（亮度单元，QP = 32）

测试序列	动态阶数	阶数固定为 0	阶数固定为 1
PeopleOnStreet	67.79%	57.57%	57.47%
Traffic	64.99%	59.76%	59.37%
ParkScene	75.10%	74.07%	68.50%
Tennis	60.35%	53.66%	53.37%
BasketBallDrill	63.23%	60.20%	59.13%
RaceHorses	59.42%	53.71%	53.95%
BasketballPass	64.94%	62.16%	60.74%
BlowingBubbles	51.32%	39.55%	40.82%
Johnny	74.76%	74.80%	68.31%
KristenAndSara	74.02%	73.78%	67.33%
平均值	65.09%	60.93%	58.90%

3. 色度处理单元的压缩跳过标志

在应用方向性预测算法后，可以观察到在色度单元中存在许多全零残差区域。根据这一特点，针对色度分量的压缩提出了两种压缩跳过标志（Compression Skip Flag，CSF），即单元压缩跳过标志（Unit Compression Skip Flag，UCSF）和块压缩跳过标志（Block Compression Skip Flag，BCSF）。色度单元的压缩流程图如图 8-9 所示。一个 8×8 大小的色度单元被进一步划分为 8 个 4×2 大小的块，每个色度块分配 1 比特的专用压缩跳过标志，共需要 8 比特的块压缩跳过标志。整个色度单元分配 1 比特的单元压缩跳过标志。在应用方向性预测算法得到残差之后，如果整个色度单元的残差全为 0，则将单元压缩跳过标志置 1，并跳过整个色度单元的编码进程，直接输出第一个像素的值；否则，判断 8 个 4×2 大小的块的残差是否为 0，将残差全为 0 的块对应的标志位置 1，并跳过相应块的编码进程。如果没有连续的零残差区域，就需要编码整个色度单元。

下面测试 10 个标准视频序列来分析压缩跳过标志算法的性能，如表 8-6 所示。通过使用压缩跳过标志可以提升 6.49% 的色度单元的数据压缩率。色度单元的数据压缩率最高能够达到 92.9%，可以明显降低色度单元的传输带宽。

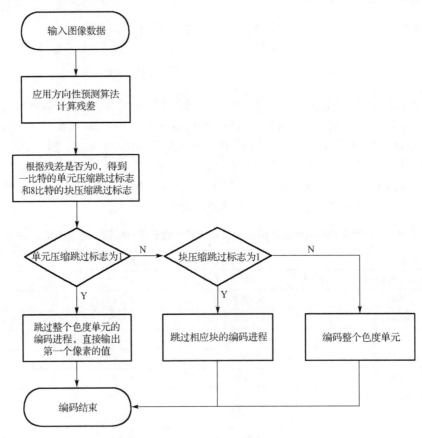

图 8-9　色度单元的压缩流程图

表 8-6　压缩跳过标志算法的压缩性能分析（色度单元，QP = 32）

测 试 序 列	带有压缩跳过标志	不带压缩跳过标志
PeopleOnStreet	82.23%	77.44%
Traffic	82.03%	76.46%
BasketballDrive	85.55%	79.39%
BQTerrace	87.01%	79.79%
BasketBallDrill	75.98%	71.58%
BasketballDrillText	75.10%	70.90%
BasketballPass	79.69%	75.21%
BQSquare	84.77%	79.46%
Johnny	91.02%	82.03%
vidyo3	92.87%	83.59%
平均值	83.63%	77.59%

4．硬件相关算法的简化

虽然参考帧压缩算法能够实现较高的数据压缩率，但随之产生的计算复杂度也很高，这给硬件实现带来了很大的困难。其中，方向性预测部分是产生硬件代价最高的模块。因此，下面通过对边缘强度的计算过程进行优化来简化方向性预测算法的实现。以式（8-5a）中的 $\mathrm{d}x_{i,j}$ 为例，在硬件设计中，它的实现方式如式（8-14）所示。

$$\mathrm{d}x_{i,j} = p_{i-2,j} + p_{i-1,j} + \overline{p}_{i-2,j-1} + \overline{p}_{i-1,j-1} + 2 \tag{8-14}$$

在计算式（8-5）中的边缘强度的幅值时，需要先计算$|\mathrm{d}x_{i,j}|$的值。$|\mathrm{d}x_{i,j}|$严格的计算式如式（8-15）所示。此处将式（8-15）简化为式（8-16），通过牺牲计算精度来节省一个加法器。

$$\left|\mathrm{d}x_{i,j}\right| = \begin{cases} \mathrm{d}x_{i,j}, & \mathrm{d}x_{i,j} \geq 0 \\ \overline{\mathrm{d}}x_{i,j} + 1, & \mathrm{d}x_{i,j} < 0 \end{cases} \tag{8-15}$$

$$\left|\mathrm{d}x_{i,j}\right| = \begin{cases} \mathrm{d}x_{i,j}, & \mathrm{d}x_{i,j} \geq 0 \\ \overline{\mathrm{d}}x_{i,j}, & \mathrm{d}x_{i,j} < 0 \end{cases} \tag{8-16}$$

另外，由于式（8-8）中的界限值都是浮点数，原始的实现方法将产生大量的硬件代价。同时界限值采用浮点数或整数值对预测结果的影响微乎其微。所以，这里将边界方向的判定由式（8-8）优化为式（8-17）。

$$\theta = \begin{cases} 45°, & 0.5\left|\mathrm{d}x_{i,j}\right| < \left|\mathrm{d}y_{i,j}\right| \leqslant 2\left|\mathrm{d}x_{i,j}\right| \ \& \ s = 0 \\ 67.5°, & 2\left|\mathrm{d}x_{i,j}\right| < \left|\mathrm{d}y_{i,j}\right| \leqslant 4\left|\mathrm{d}x_{i,j}\right| \ \& \ s = 0 \\ 90°, & \left|\mathrm{d}y_{i,j}\right| > 4\left|\mathrm{d}x_{i,j}\right| \\ 112.5°, & 2\left|\mathrm{d}x_{i,j}\right| \leqslant \left|\mathrm{d}y_{i,j}\right| \leqslant 4\left|\mathrm{d}x_{i,j}\right| \ \& \ s = 1 \\ 135°, & \left|\mathrm{d}x_{i,j}\right| \leqslant \left|\mathrm{d}y_{i,j}\right| < 2\left|\mathrm{d}x_{i,j}\right| \ \& \ s = 1 \\ 157.5°, & 0.25\left|\mathrm{d}x_{i,j}\right| \leqslant \left|\mathrm{d}y_{i,j}\right| < \left|\mathrm{d}x_{i,j}\right| \ \& \ s = 1 \\ 180°, & \left(\left|\mathrm{d}y_{i,j}\right| < 0.25\left|\mathrm{d}y_{i,j}\right| \ \& \ s = 1\right) \ \text{or} \ \left(\left|\mathrm{d}y_{i,j}\right| \leqslant 0.5\left|\mathrm{d}x_{i,j}\right| \ \& \ s = 0\right) \end{cases} \tag{8-17}$$

在式（8-17）中，参数 s 表示 η 的标志位，如式（8-18）所示，其中，$\oplus$ 表示异或操作。

$$s = \mathrm{sign}(\mathrm{d}x_{i,j}) \oplus \mathrm{sign}(\mathrm{d}y_{i,j}) \tag{8-18}$$

经过观察可以发现，式（8-17）中的所有操作都可以通过移位器和比较器来实现。

测试 10 个标准视频序列来分析上述优化算法的压缩性能，如表 8-7 所示。实验结果表明，与原始算法相比，该简化算法引入的数据压缩率的降低只有 0.08%～0.09%。

表 8-7　算法简化方法的压缩性能分析

测试序列	QP=22		QP=32	
	原始算法	简化算法	原始算法	简化算法
PeopleOnStreet	65.76%	65.79%	69.27%	69.27%
Traffic	66.11%	66.21%	70.64%	70.67%
ParkScene	64.91%	64.88%	71.29%	71.22%
Tennis	74.15%	74.22%	76.79%	76.79%
BasketBallDrill	62.99%	62.27%	68.07%	67.48%
RaceHorses	58.11%	57.98%	61.33%	61.20%
BasketballPass	65.10%	65.17%	69.82%	69.86%
BlowingBubbles	51.92%	51.82%	57.39%	57.29%
Johnny	78.58%	78.55%	80.18%	80.18%
KristenAndSara	77.83%	77.77%	79.23%	79.17%
平均值	66.55%	66.47%	70.40%	70.31%

8.2.2　DRAM 存储系统的研究

1. DRAM 的行为特点和功耗分析

DRAM，即动态随机存取存储器，凭借它的高集成度和高性价比成为最常用的系统存储。DRAM 只能将数据保存很短的时间。为了长时间保存数据，DRAM 使用电容存储，必须每隔一段时间刷新一次。

DRAM 由二维阵列结构组成。完整的数据阵列包含多个相同的存储体，这些存储体可以被不同的数据总线同时访问。数据行是一组简单的存储单元，能够由一个行激活命令激活。数据列是最小的可独立寻址的存储单元，它的尺寸与数据总线的带宽相等。DRAM 的读访问和写访问采用突发模式。DRAM 数据突发访问的简化框图如图 8-10 所示。行激活命令被用来选择要访问的存储体和行，然后被选中的行中的数据被传输到行缓存中。接下来读操作和写操作选择起始列地址进行突发访问。DRAM 在进行读操作时会破坏行中的数据。因此，当需要的数据不在激活的行上时，行缓存上的数据将被写回存储组中，然后关闭激活的组和行，该操作称为预充电。

DRAM 的功耗使用 CACTI 模拟器来进行测量（核心和 IO 电压为 1.5V）。DRAM 的动态功耗主要包括 3 方面：①行缓存激活功耗（P_{ACT}）；②行缓存和 IO 驱动器的数据转换功耗（P_{RW}）；③IO 终端的驱动功耗（P_{IO}）。这 3 部分占 DRAM 动态功耗的比例分别为 38.2%、40.1%和 21.7%。虽然现有的无损参考帧压缩算法都通过减少 IO 传输来降低 P_{RW} 和 P_{IO}，但不能通过存储空间优化来降低 P_{ACT}。

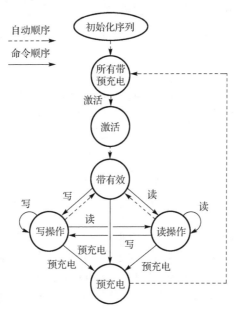

图 8-10　DRAM 数据突发访问的简化框图

2. 基于单元组表的存储空间压缩

参考帧压缩算法平均可以实现超过 65%的数据压缩率，这使得它不仅能够降低 DRAM 的传输带宽，还能节省 DRAM 的存储空间。然而，无损参考帧压缩算法不固定的压缩率不能保证压缩后的单元在 DRAM 中能够被线性寻址。这里提出基于单元组表的存储空间压缩算法来解决地址匹配问题。

经过实验可以发现，通过参考帧压缩算法，超过 80%的处理单元的数据压缩率都能达到 50%以上。因此，这里设计了一种动态的存储映射结构来节省存储空间。具体来说，每两个水平相邻的 16×16 大小的处理单元（每个亮度处理单元都伴随两个相应的色度处理单元）组成一个单元组（Unit Group，UG），如图 8-11 所示。假设共有 N 个处理单元，并且 N 是偶数，则单元组的个数为 $N/2$。为每个单元组分配一个专用的单元组表，其中包含描述两个处理单元特点的辅助信息。

如果一个单元组内的两个单元的数据压缩率都不低于 50%，就可以用一个单元的空间来存储一个单元组的压缩结果。在图 8-11 中，单元组 0 代表的是不进行压缩的情况，而单元组 1 代表采用存储空间压缩的情况。当采用存储空间压缩时，合并标志位（Merge Flag，MF）被置为 1。如果 δ 个单元组可以用存储空间压缩模式进行存储，那么 DRAM 的存储空间就可以减少 δ/N。

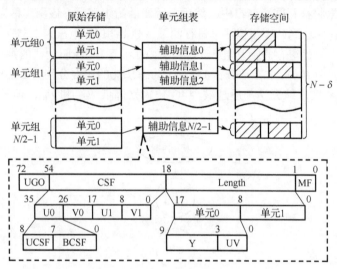

UGO：用来记录单元组的起始地址。CSF：包含一个单元组中的色度分量（U 分量和 V 分量）的单元压缩跳过标志和块压缩跳过标志。Length：以 DRAM 的 IO 带宽为单元来表示压缩后的亮度分量和色度分量的长度。MF：用来标识是否应用存储空间压缩模式

图 8-11　存储空间压缩架构的地址匹配和辅助信息

单元组偏移（Unit Group Offset，UGO）以单元尺寸为单位来表示单元组的起始地址。考虑到 8K 视频的需求，UGO 的位宽被定为 18 位。为了帮助解码端决定最优的突发访问长度，编码后的长度信息也需要存储在单元组表中，并以 DRAM 的 IO 位宽为单位。由于参考帧压缩算法不能保证压缩后的数据长度小于源数据长度。当数据压缩率不大于 0 时，就需要存储源数据。当单元组表中的长度信息等于 0 时，解码端就能识别出存储的数据是源数据。

通过采用存储空间压缩方法，不仅能够减少存储空间的尺寸，还能降低 DRAM 访问过程中预充电和激活操作的频率。行缓存激活和预充电操作产生的功耗占据 DRAM 总动态功耗的 38.2%。因此，应用存储空间压缩方法来提高行缓存数据的利用率是一种减少 DRAM 功耗需求的有效方法。经过实验分析，参考帧压缩算法可以减少 38% 的预充电和激活操作。相应地，DRAM 的动态功耗会被降低 14.5%。

8.2.3　并行流水无损参考帧压缩架构

1. 压缩器的 VLSI 实现

图 8-12 所示为带有方向性预测和动态阶数一元/指数–哥伦布编码的压缩器的整体结构图。输入信号是从 HEVC 编码器和解码器输入的重构图像的 16×16 大小的单元。

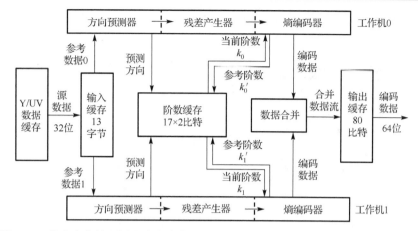

图 8-12　带有方向性预测和动态阶数一元/指数-哥伦布编码的压缩器的整体结构图

为了提高编码器的吞吐率，设计了一种两工作机架构。对于 16×16 大小的亮度处理单元，奇数行和偶数行的像素可以进行并行处理。由于编码当前像素时需要右上角像素的熵编码阶数值，这里采用波前模式。具体来说，奇数行的压缩进程至少要比偶数行提前两个像素。另一方面，由于色度分量中的 U 和 V 单元之间不存在数据相关性，U 和 V 的 8×8 大小的处理单元可以同时编码。奇数行和偶数行的已编码数据被合并成一个数据流，然后存储在输出缓存中，两组工作机共享一组参考像素缓存。由于工作机 0 的处理进程严格超前工作机 1 两个像素，因此参考像素缓存的规模是 13 字节，如图 8-13 所示。

在一元/指数-哥伦布编码中，当前像素熵编码阶数的计算需要上一个像素的阶数调整结果。在原始的实现方法中，3 行像素的阶数值需要被存储，占据 16×3×2=96 比特的存储空间。这里通过严格规划两个工作机，可以丢弃工作机 0 中的不再被工作机 1 需要的阶数调整结果，释放的存储空间可以用来存储工作机 1 的新的阶数调整结果。因此，缓存尺寸被降低到 17×2=34 比特。

为了提高时钟频率，压缩器工作机由三级流水线组成：① 方向预测器；②残差产生器；③ 熵编码器。

原始实现方法如图 8-14（a）所示，需要 4个加法器、4 个减法器、1 个比较器和 1 个选择器。为了提高时钟频率，一种基于 4-2 压缩器的绝对差分计算方法在文献[11]中被提出，通过并行处理缩短了关键路径，如图 8-14（b）所示，这种方法的缺点是由并行性引入了额外的硬件代价。本节在式（8-15）中提出了一种低代价的硬件结构，如图 8-14（c）所示，通过牺牲一位计算精度，硬件代价明显降低。上述 3 种实现方法的硬件代价比较结果如表 8-8 所示。实

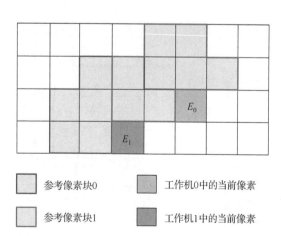

图 8-13　当前像素和参考像素的位置（见彩插）

验结果表明，与原始实现方法相比，本小节的实现方法能够降低 61.2%的硬件面积，并提升 10.5%的工作频率。

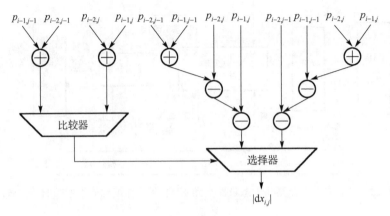

（a）原始实现方法

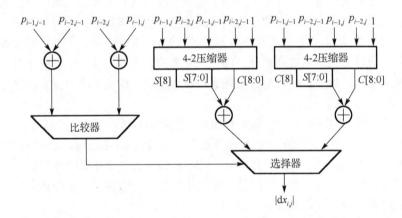

（b）基于 4-2 压缩器的实现方法

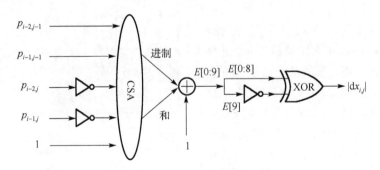

（c）本小节的实现方法

图 8-14　边缘强度计算的硬件实现结构

表 8-8　上述 3 种实现方法的硬件代价比较结果

	原始实现方法	基于 4-2 压缩器的实现方法	本小节的实现方法
面积/千门	4.9	6.3	1.9
最大频率/MHz	523	563	578

2. 解压缩器的 VLSI 实现

图 8-15 所示为本小节解压缩器的整体结构图。根据单元组表中的辅助信息，解压缩器导出亮度单元和色度单元在 DRAM 中的起始地址、长度信息和压缩跳过标志。起始地址和长度信息引导内存控制器采用最优的读取模式和突发长度来从 DRAM 中读取压缩的参考帧数据。在解压缩的过程中，解压缩后的参考像素需要被用于方向预测。从图 8-15 中可以看出，4 行解压缩后的参考像素需要被存储。因此，两个 SRAM 的尺寸都是 32×16 比特。

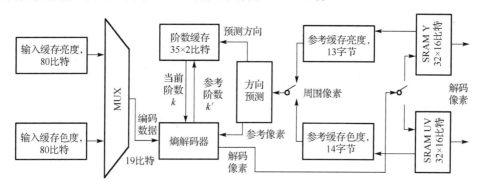

图 8-15　本小节解压缩器的整体结构图

解压缩器也分为三级流水线，包括数据取回、熵解码和方向预测。水平方向上的相邻像素之间的数据相关性严重影响流水线的利用率，如图 8-16（a）所示。每 3 个时钟循环，只有一个像素被解压缩，硬件利用率只有 33%。由于亮度分量中的奇数行和偶数行像素之间的数据相关性可以通过应用波前模式进行缓解，而亮度分量和色度分量之间并不存在数据相关性，因此设计了 YUV 交替解压缩架构来提高流水线的效率，如图 8-16（b）所示，通过采用这种架构，流水线的利用率可以提升到 100%。

双压缩/解压缩器并行结构框图如图 8-17 所示。为了获得更高的吞吐率，采用双压缩/解压缩器并行结构来同时处理一个单元组中的两个单元。为了对存储空间压缩方法进行寻址，SRAM 被用来缓存第二个单元的编码数据流。具体来说，在压缩的过程中，由于第一个单元的起始存储地址已经确定，第一个压缩器直接将编码结果输出到内存控制器中，而第二个压缩器需要先将编码结果写入 SRAM 中。对于将 SRAM 中的数据写入内存控制器的过程，有两种情况需要讨论。

（1）在压缩过程中，如果任意一个单元的数据压缩率小于 50%，那么就可以确定第二个单元的数据的起始地址，然后，内存控制器就可以从 SRAM 中取回缓存的数据，空出来的空间就可以用来存储新的编码数据流。

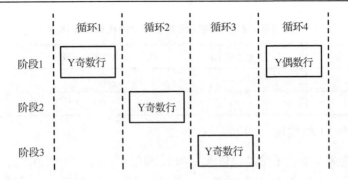

（a）原始解压缩架构

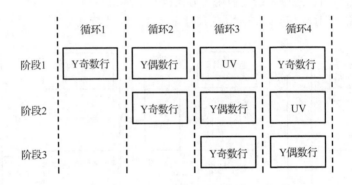

（b）YUV交替解压缩架构

图 8-16　解压缩流程规划

（2）在压缩完一个单元组中的数据后，如果两个单元可以共享一个单元的存储空间，SRAM 中的数据就可以被调度到内存控制器中。因此，SRAM 的尺寸为 64×24 比特，这是未压缩的单元尺寸的一半（包括亮度分量和色度分量）。

在本节的设计中采用了 D 级查找窗数据复用结构。参考帧缓存的尺寸为 $FW×(SR_v+N-1)$，如图 8-17 所示。当编码下一行的编码树单元（CTU）时，重叠区域的数据可以被复用，仅需要载入浅蓝色区域的数据来替代黄色区域的内容。在这种方式下，假设采样方式是 4:2:0，参考帧数目是 1，IO 传输带宽的需求被降低到 1.5×FW×FH×FR 像素/秒。其中，FW 和 FH 分别表示图像的宽和高，FR 表示帧率。举例来说，对于 60fps 的 4K 视频，应采用 4:2:0 的采样方式，查找窗载入的 IO 带宽是 712Mbps。D 级数据复用结构的主要缺点是巨大的片上存储需求。采用嵌入式 SRAM 来实现 D 级复用结构的缓存会受到面积和功耗需求的阻碍。相反，与 SRAM 相比，嵌入式 DRAM（eDRAM）具有高集成度和低静态功耗的优点。主要的集成电路公司，如台积电和联华电子公司，已经提供了高性能的 eDRAM 产品。eDRAM 已经成为先进处理器和专用集成电路中的常用设计工具。在本节的设计中，eDRAM 被用来实现 D 级查找窗的缓存。

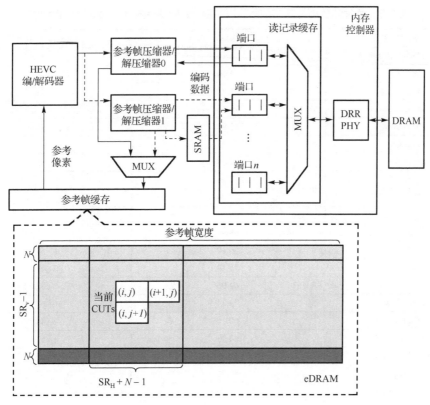

SR_V：垂直方向上的查找范围；SR_H：水平方向上的查找范围；N：CTU 的尺寸

图 8-17　双压缩/解压缩器并行结构框图（见彩插）

8.2.4　实验结果与分析

1. 压缩性能分析

本节设计的算法在 HEVC 测试模型 HM15.0 上运行。测试条件根据 JCT-VC 的推荐配置进行设置。在本节的实验中，测试了 24 个常用的视频序列来分析压缩性能，对所有视频序列采用 IBBB 图像组。

参考帧压缩算法和 DPCM 压缩算法在 QP=37 时的数据压缩率比较如表 8-9 所示，结果表明，参考帧压缩算法在所有测试情况下的压缩性能都优于 DPCM 压缩算法，平均数据压缩率比 DPCM 压缩算法高 12.0%。参考帧压缩算法和其他无损参考帧压缩算法的数据压缩率比较（亮度分量）如表 8-10 所示。与其他无损参考帧压缩算法相比，参考帧压缩算法最少可以将数据压缩率提高 3.9%。

表 8-9　参考帧压缩算法和 DPCM 压缩算法在 QP=37 时的数据压缩率比较

测 试 序 列	参考帧压缩算法/%	DPCM 压缩算法/%
PeopleOnStreet	70.64	59.90
Traffic	72.10	61.20
crowd_run	61.91	51.30
BasketballDrive	79.36	68.23
BQTerrace	70.80	54.43
Cactus	73.05	61.72
Kimono1	75.68	65.10
ParkScene	73.96	60.94
Tennis	77.96	63.28
BaketballDrill	69.27	58.33
BasketballDrillText	68.91	57.81
BQMall	66.89	52.86
PartyScene	55.14	43.49
RaceHorses	64.06	52.86
BasketballPass	73.21	61.72
BlowingBubbles	60.16	48.18
BQSquare	64.23	53.59
RaceHorses	61.59	50.50
Johnny	80.83	70.05
KristenAndSara	79.75	68.75
SlideEditing	70.28	58.85
vidyo1	79.17	66.67
vidyo2	80.24	68.23
vidyo3	81.05	68.49
平均值	71.25	59.31

表 8-10　参考帧压缩算法和其他无损参考帧压缩算法的数据压缩率比较（亮度分量）

QP	文　献 [17]	文　献 [18]	文　献 [19]	参考帧压缩算法
22	48.87%	50.15%	54.22%	58.21%
27	51.49%	52.76%	57.16%	60.63%
32	53.65%	54.43%	58.88%	62.62%
37	55.22%	55.76%	60.12%	64.60%
平均值	52.36%	53.28%	57.60%	61.52%

　　HEVC 参考软件 HM15.0 支持超过 8 比特/样本数据位深度的视频。位深度的增加使 HEVC 能够更好地支持超高清视频编码。在 HM15.0 参考软件中，一个 10 比特样本（Y、Cb 或 Cr）需要占据 16 比特空间。因此，位深度的增加将浪费大量的存储空间，并降低外部带宽的利用率。从视频数据的存储格式可以发现，对于高位深度的视频，如果颜色通道的平均位深度可以被减少到 8 位，那么一个 16×16 大小的单元可以被存储到(16×16+8×8×2)×8 比特的区域中，而不用占据

(16×16+8×8×2)×16 比特的空间。DRAM 的带宽和存储需求都可以被显著降低。与现有的无损参考帧压缩算法相比，本节的参考帧压缩算法在面对高位深度视频时具有两方面的优势：①通过使用准确的方向性预测方法，残差能量可以降低 23.2%～56.4%，如表 8-11 所示；②自适应阶数的指数-哥伦布编码方法可以高效地编码较大的预测残差。表 8-12 的实验结果表明，在 30bpp 的视频序列中，74.47%～91.97%的基本处理单元平均可以被压缩到 8 比特，比原有的 DPCM 算法提高了 18.7%～56.1%。平均来说，85.6%的基本处理单元可以被存储到原先占据的空间的一半中，因此，可以降低 42.8%的预充电和激活操作频率。通过传输带宽和存储空间两方面的节省，共可以降低 47.2%的 DRAM 动态功耗。

表 8-11　30bpp 的视频序列中每个 16×16 大小的亮度处理单元的残差能量分析（根据残差的平方和进行比较）

测 试 序 列	QP	参考帧压缩算法	DPCM 压缩算法
NebutaFestival	22	545669	969349
	37	310377	711146
SteamLocomotiveTrain	22	252401	328795
	37	176121	254099

表 8-12　参考帧压缩算法和 DPCM 压缩算法在压缩 30bpp 的视频序列时的性能比较（16×16 大小的单元可以被压缩到(16×16+8×8×2)×8 比特空间中的比率）

测 试 序 列	QP	参考帧压缩算法	DPCM 压缩算法
NebutaFestival	22	74.47%	18.33%
	27	77.72%	24.35%
	32	84.65%	48.96%
	37	88.71%	62.50%
SteamLocomotiveTrain	22	87.86%	65.21%
	27	89.02%	67.44%
	32	90.12%	69.68%
	37	91.97%	73.28%

另外，将参考帧压缩算法与 HEVC 无损参考帧压缩算法的数据压缩率进行比较，如表 8-13 所示。对于高分辨率的视频序列（A 类、B 类和 E 类），参考帧压缩算法能够实现比 HEVC 无损参考帧压缩算法高 8.7%～12.7%的数据压缩率。对于 30bpp 的视频序列，参考帧压缩算法的数据压缩率的提升可以增加到 13.5%。

表 8-13　参考帧压缩算法与 HEVC 无损参考帧压缩算法的数据压缩率比较（QP={22,27,32,37}）

序 列 分 类	HEVC 无损参考帧压缩算法	参考帧压缩算法
A 类	58.5%	68.9%
B 类	57.6%	70.3%
C 类	60.3%	61.7%
D 类	62.1%	60.4%
E 类	68.7%	77.4%
30bpp	33.8%	47.3%

2. 硬件性能分析

VLSI 架构使用 Verilog HDL 语言进行描述,运用 TSMC 65 nm 标准单元库进行综合。Synopsys 公司的 Design Compiler 和 IC-Compiler 软件被用来获得准确的时间、面积和功耗估计结果。表 8-14 所示为本节的压缩器和解压缩器的硬件实现结果。

在最差的工作环境下（0.9V，125℃），压缩器使用 36.5 千门的标准逻辑单元和 192 字节的 SRAM 实现了 578MHz 的工作频率；而解压缩器在 599MHz 的时钟频率下消耗了 34.7 千门的标准逻辑单元和 256 字节的 SRAM。压缩器和解压缩器的功耗分别为 5.3mW 和 5.0mW。

表 8-14　本节的压缩器和解压缩器的硬件实现结果（电压为 0.9V，综合温度为 125℃）

	压　缩　器	解　压　缩　器
CMOS 技术	65nm	
面积/千门	36.5	34.7
片上 SRAM/字节	192	256
最高频率/MHz	578	599
功耗/mW	5.3	5.0

表 8-15 所示为本节的压缩/解压缩架构和现有无损参考帧压缩架构的性能比较。

表 8-15　本节压缩/解压缩架构和现有无损参考帧压缩架构的性能比较

	文　献 [4]	文　献 [16]	文　献 [7]		本　节　架　构	
	压　缩　器	压　缩　器	压　缩　器	解　压　缩　器	压　缩　器	解　压　缩　器
数据压缩率/%	57.3	56.9	61.9		68.5	
CMOS 技术	0.18μm	90nm	90nm		65nm	
面积/千门	36.1	—	45.1	34.5	36.5	34.7
最高频率/MHz	180	175	300		578	599
压缩吞吐率/（像素/循环）	5.1	3	10.7	21.3	2.67	1.33
解压缩吞吐率/（G 像素/秒）	0.92	0.53	3.13	6.26	1.54	0.78
存储空间节省/%	0	0	0		38	
动态功耗节省/%	35.4	35.1	38.2		56.8	

文献[4]中的算法通过准确的分层预测方法获得了 57.3%的数据压缩率。另外，由于一个 8×8 大小的处理单元可以并行处理四个像素，因此这种方法的吞吐率高达 0.92G 像素/秒。一种基于 DPCM 的变长编码方法在文献[16]中被提出，该方法可以实现 56.9%的数据压缩率。一种基于多模式空间域预测和半固定长编码的方法在文献[7]中被提出，这种算法可以实现 61.9%的数据压缩率，而它的吞吐率高达 3.13G 像素/秒。虽然现有的无损参考帧压缩算法都能对降低 DRAM 传输带宽做出贡献，但它们都忽视了对存储空间的优化。

本节的参考帧压缩算法实现了 68.5%的数据压缩率，比现有的无损参考帧压缩算法高 6.6%～11.6%。通过引入三级流水线结构，压缩器在最坏的情况下的频率都能够达到 578MHz，是其他架构的 1.93～3.3 倍。利用双压缩/解压缩器并行架构，最高压缩吞吐率可以达到 1.54G 像素/秒，解压吞吐率能达到 0.78G 像素/秒。对于分辨率为 3840×2160 的 4K 超高清视频，每帧图像包含 3840×2160=0.0083G 个像素，通过采用 D 级查找窗数据复用结构，本节的压缩/解压缩器可以支持超高清视频（4K@94fps）的实时编码。本节设计的压缩/解压缩器的最大优点是能够降低 DRAM 的存储需求。平均可以节省 38%的存储空间。因此，通过降低 DRAM 数据传输带宽，以及预充电和激活操作的频率，DRAM 的动态功耗平均可以减少 56.8%。

8.3 有损参考帧存储压缩系统

8.3.1 人类视觉系统

数字视频系统的关键设计目标是使由系统产生的视觉图像能够满足观看者的需求。为了实现这一目标，需要考虑人类视觉系统（Human Visual System，HVS）的响应。人类视觉系统是人类观察者对视觉刺激物进行观察、解析和响应整个过程的系统。人类视觉系统的主要组成部分如图 8-18 所示。

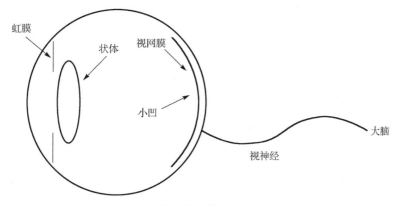

图 8-18 人类视觉系统的主要组成部分

（1）人眼：图像首先被视网膜聚焦到人眼的光探测区域（视网膜）上。聚焦和对象追踪由眼肌实现，而虹膜控制着视网膜的光孔，进而控制着进入人眼的光的多少。

（2）视网膜：视网膜包括视锥细胞（在高光强下对颜色敏感）和视杆细胞（在低光强下对亮度敏感）组成的阵列。更敏感的视锥细胞集中在中间区域（小凹），这意味着高分辨率的视觉只能在观察区域中心很小的范围内实现。

（3）视神经：携带着要从视网膜传递到大脑的电信号。

（4）大脑：大脑可以处理和解析视觉信息，解析过程依赖接收到的信息（由视网膜检测到的图像）和提前学习到的响应（如已经知道的物体形状）。

人类视觉系统的行为是一个广泛而复杂的研究领域。其中，影响数字视频系统设计的一些重要特征被列出，如表 8-16 所示。

表 8-16 人类视觉系统的特点

特　　点	对数字视频系统的影响
人类视觉系统对亮度细节比对色度细节更敏感	色度分辨率的降低不会明显影响图像质量
人类视觉系统对高对比度（亮度分量大的变化）比对低对比度更敏感	亮度分量大的变化（如图像的边缘）对图像的表现相当重要

特　　点	对数字视频系统的影响
人类视觉系统对低空间频率（较大空间跨度上的亮度变化）比对高空间频率（较小空间跨度上的快速亮度变化）更敏感	在压缩图像的过程中可以丢弃不太重要的高频部分（当然，边缘信息需要保留）
人类视觉系统对长时间保留的图像特征更敏感	将图像中长时间保留的干扰和假象最小化是非常重要的
将一系列的图像在 20～30Hz 或更高的帧率下呈现能够实现平稳运动的假象	视频系统的目标应该是帧率为 20Hz 或更高的自然运动视频
人类视觉系统的响应因个体而不同	对视频系统的质量进行评价时需要多个观察者

8.3.2　率失真理论

1. 率失真编码的基本概念

率失真理论是用信息论的基本观点和方法研究数据压缩问题的理论，又称失真信源编码理论。在本节，用 $\{X_k, k \geq 1\}$ 表示带有通用随机变量 X 的独立同分布（Independent and Identically Distributed, IID）信源，并假设源字母表 X 是有限的。失真函数是指从信源码字表和再生码字表的乘积空间到非负实数集上的映射 $d: \chi \times \hat{\chi} \rightarrow \Re^{+}$。失真 $d(x, \hat{x})$ 用来度量使用 $\hat{x}$ 表示 x 的代价。

一个 (n, M) 率失真码字可以被一个编码函数（8-19）和一个译码（再生）函数（8-20）定义。

$$f: \chi^n \rightarrow \{1, 2, \cdots, M\} \tag{8-19}$$

$$g: \{1, 2, \cdots, M\} \rightarrow \hat{\chi}^n \tag{8-20}$$

集合 $\{1, 2, \ldots, M\}$ 用 I 表示，被称为索引集。$\hat{X}^n$ 中的再生序列 $g(f(1)), g(f(2)), \cdots, g(f(M))$ 被称为码字，码字的集合被称为码字表。图 8-19 所示为率失真编码框图。

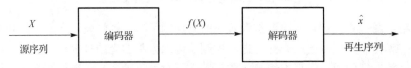

图 8-19　率失真编码框图

如果存在一个 (n, m) 率失真序列 (f_n, g_n)，满足 $\lim\limits_{n \rightarrow \infty} \mathrm{E}d(X^n, g_n(f_n(X^n))) \leq D$，则率失真对 (R, D) 是可以达到的。

对于给定的失真 D，满足 (R, D) 包含于信源的率失真区域中的所有码率 R 的下确界称为率失真函数 $R(D)$。

假设源信号为 x，再生信号为 y，通常可以用一个非负函数来测量再生信号的准确度，即 $\rho(x, y)$，这个函数通常被称为失真测量函数。通常情况下，失真测量函数由源信号和再生信号的差值决定。例如，均方误差失真函数 $\rho(x, y) = (x - y)^2$ 和绝对误差失真函数 $\rho(x, y) = |x - y|$。

2. 高斯信源的率失真函数

由于高斯信源在许多理论和实践问题中都扮演着重要的角色，所以高斯信源的率失真函数是率失真理论的重要组成部分。

3. 时间连续信号下高斯信源的率失真函数

用 $\{X(t), -\infty < t < \infty\}$ 表示平稳高斯进程。在统一的时间间隔 $t = mh$ 上对时间连续进程 $\{X(t)\}$ 进行采样，并将每个样本放大 $\sqrt{h}$ 倍，即可得到一个平稳高斯序列 $\{\dot{X}_m = \sqrt{h}X(mh), m = 0, \pm1, \cdots\}$。序列 $\{\dot{X}_m\}$ 的第 k 个对角线的输入为

$$\phi_k = E\left[\dot{X}_m \dot{X}_{m+k}\right] = hE\left[X(mh)X(mh+kh)\right] = h\phi(hk) \tag{8-21}$$

其中，$\phi(\tau) = E\left[X(t)X(t+\tau)\right]$ 是 $\{X(t)\}$ 的关联函数。用进程 $\{Y(t)\}$ 来重构 $\{X(t)\}$，经过采样和放大可以类似地获得序列 $\{\dot{Y}_m = \sqrt{h}Y(mh), m = 0, \pm1, \cdots\}$，这样就可以得到 $\{\dot{X}_m\}$ 在均方误差失真度量下的参数表示，如式（8-22）和（8-23）所示。

$$D_\theta = \frac{1}{2\pi} \int_{-\pi}^{\pi} \min\left[\theta, \boldsymbol{\Phi}_h(\lambda)\right]\mathrm{d}\lambda \tag{8-22}$$

$$R(D_\theta) = \frac{1}{4\pi} \int_{-\pi}^{\pi} \max\left[0, \log\frac{\boldsymbol{\Phi}_h(\lambda)}{\theta}\right]\mathrm{d}\lambda \tag{8-23}$$

其中

$$\boldsymbol{\Phi}_h(\lambda) = \sum_{k=-\infty}^{\infty} \phi_k \mathrm{e}^{-jk\lambda} = \sum_{k=-\infty}^{\infty} h\phi(kh)\,\mathrm{e}^{-jk\lambda} \tag{8-24}$$

4. 时间离散信号下高斯信源的率失真函数

用 $\{X_t, t = 0, \pm1, \cdots\}$ 表示零均值的平稳高斯序列。$\boldsymbol{\Phi}_n$ 表示平稳序列 $\{X_t\}$ 中 n 个连续分量的关联矩阵。其中，第 (i, j) 个元素由 $|i-j|$ 决定。因此可以得到 $\phi_{ij} = \phi_{|i-j|}$。$\boldsymbol{\Phi}_n$ 可以表示为

$$\boldsymbol{\Phi}_n = \begin{bmatrix} \phi_0 & \phi_1 & \phi_2 & \cdots & \phi_{n-1} \\ \phi_1 & \phi_0 & \phi_1 & \cdots & \cdots \\ \phi_2 & \phi_1 & \phi_0 & \cdots & \cdots \\ \cdots & \cdots & \cdots & \cdots & \phi_1 \\ \phi_{n-1} & \cdots & \cdots & \phi_1 & \phi_0 \end{bmatrix} \tag{8-25}$$

这种类型的矩阵称为对称的特普利茨矩阵。在平方误差失真度量下对序列 $\{X_t\}$ 计算 $R(D)$，其失真函数可以表示为

$$\rho_n(x, y) = n^{-1} \sum_{t=1}^{n} (x^t - y^t)^2 \tag{8-26}$$

将坐标转换到关联矩阵 $\boldsymbol{\Phi}_n$ 的主轴上，$\boldsymbol{\Gamma}$ 是由 $\boldsymbol{\Phi}_n$ 的正交特征向量组成的矩阵，而 $\lambda_k^{(n)}$ 表示 $\boldsymbol{\Phi}_n$ 的特征值。由于关联矩阵是非负的，所以 $\lambda_k^{(n)}$ 都是正值。假设 $\boldsymbol{\Phi}_n^{-1}$ 对于任意有限值 n 都存在，可以得到矩阵的以下关系：

$$\boldsymbol{\Phi}_n = \boldsymbol{\Gamma} \left\{ \begin{array}{cccc} \lambda_1 & & & \\ & \lambda_2 & & \\ & & \dots & \\ & & & \lambda_n \end{array} \right\} \boldsymbol{\Gamma}^{-1} \tag{8-27}$$

$$\boldsymbol{\Phi}_n^{-1} = \boldsymbol{\Gamma} \left\{ \begin{array}{cccc} \dfrac{1}{\lambda_1} & & & \\ & \dfrac{1}{\lambda_2} & & \\ & & \dots & \\ & & & \dfrac{1}{\lambda_n} \end{array} \right\} \boldsymbol{\Gamma}^{-1} \tag{8-28}$$

当对所有的采样时间 t，都有 $E[X_t]=0$ 时，联合高斯密度的函数可以近似得到：

$$G(x) = (2\pi)^{-n/2} |\boldsymbol{\Phi}|^{-1/2} \exp\left[-\frac{1}{2} x^{\mathrm{T}} \boldsymbol{\Phi}^{-1} x\right] \tag{8-29}$$

定义变换后的源信号和再生信号分别是 $x' = \boldsymbol{\Gamma}^{-1} x$ 和 $y' = \boldsymbol{\Gamma}^{-1} y$。式（8-29）就可以表示为

$$G(x') = \prod_{k=1}^{n} \frac{1}{\sqrt{2\pi\lambda_k}} \exp\left(-\frac{x_k'^2}{2\lambda_k}\right) \tag{8-30}$$

由于统一的变换保留了欧几里得范数，因此平方误差失真函数的条件不变，可以表示为

$$\rho_n(x', y') = n^{-1} \sum_{k=1}^{n} (x_k' - y_k')^2 \tag{8-31}$$

由式（8-30）和（8-31）可以在新的坐标中测量率失真函数。率失真函数 $R_n(D)$ 和相应的失真 D_s 可以表示为

$$R_n(D_s) = n^{-1} \sum_{k=1}^{n} r_k(D_s^{\;k}) \tag{8-32}$$

$$D_s = n^{-1} \sum_{k=1}^{n} D_s^{\;k} \tag{8-33}$$

其中，$r_k()$ 是无记忆信号源 $N(0, \lambda_k)$ 的均方误差率失真函数，$D_s^{\;k}$ 是当 $r_k()$ 的斜率为 s 时的失真值。$r_k()$ 可以表示为

$$r_k(D) = \begin{cases} \dfrac{1}{2} \log \dfrac{\lambda_k}{D}, & 0 \leqslant D \leqslant \lambda_k \\ 0, & D \geqslant \lambda_k \end{cases} \tag{8-34}$$

$r_k()$ 的斜率可以表示为

$$r_k'(D) = \begin{cases} -\dfrac{1}{2D}, & 0 \leqslant D \leqslant \lambda_k \\ 0, & D \geqslant \lambda_k \end{cases} \tag{8-35}$$

因此，当 $r_k()$ 的斜率为 s 时，失真值 D_s^k 就可以表示为

$$D_s^k = \begin{cases} -\dfrac{1}{2s}, & -\infty \leqslant s \leqslant -\dfrac{1}{2\lambda_k} \\ \lambda_k, & -\dfrac{1}{2\lambda_k} \leqslant s \leqslant 0 \end{cases} \tag{8-36}$$

结合式（8-32）、（8-33）和（8-36）可以在参数 $\theta = -\dfrac{1}{2}s$ 的情况下得到最终的率失真函数：

$$R_n(D_\theta) = n^{-1} \sum_{k=1}^{n} \max\left(0, \dfrac{1}{2}\log\dfrac{\lambda_k}{\theta}\right) \tag{8-37}$$

$$D_\theta = n^{-1} \sum_{k=1}^{n} \min(\theta, \lambda_k) \tag{8-38}$$

8.3.3　有损参考帧压缩算法

参考帧像素被广泛应用在 HEVC 编/解码器中的整数点运动估计、分数点运动估计和运动补偿模块中。尤其是对于整数点运动估计模块，通常需要存储和访问多个参考帧的数据。这将给 DRAM 带来很大的带宽和功耗需求。在去块效应滤波和样点自适应补偿之后的重构编码单元将作为后续编码过程的参考数据。

设计有损参考帧压缩架构的目的是与视频编/解码器无缝配合，以减少 DRAM 的带宽和功耗需求。图 8-20 所示为有损参考帧压缩架构的流程图。本节设计了一种高效自适应量化机制，能够在保证图像质量的前提下提高编码效率。与上一节的无损参考帧压缩算法相同，本节的有损参考帧压缩算法的基本亮度处理单元的尺寸为 16×16，相应的色度处理单元的尺寸为 8×8。

重构编码单元首先被划分为 16×16 大小的包含亮度分量和色度分量（Cb 和 Cr 分量的像素数都是亮度分量的 1/4）的处理单元。对处理单元中的像素应用基于像素纹理的自适应量化判断方法来确定量化长度 l。并行方向性预测方法被用来获得较小的残差 r，然后对 r 应用步长为 2^l 的量化来进一步降低预测残差的熵。当处理色度分量时，会获得压缩跳过标志。量化后的残差（r'）使用动态阶数一元/指数-哥伦布算法进行编码，编码后的数据和辅助信息被传到存储控制器中，通过基于单元组表的存储空间压缩架构被存储到 DRAM 中。这种方法可以降低 DRAM 的传输带宽和存储空间，同时可以降低功耗。

根据对辅助信息的解析结果，解压缩器从 DRAM 中取回编码后的数据，经过方向性预测、反量化和熵解码阶段得到解压缩后的像素。最后，16×16 的重构处理单元被存储到 eDRAM 中，等待被 HEVC 中的预测模块读取。

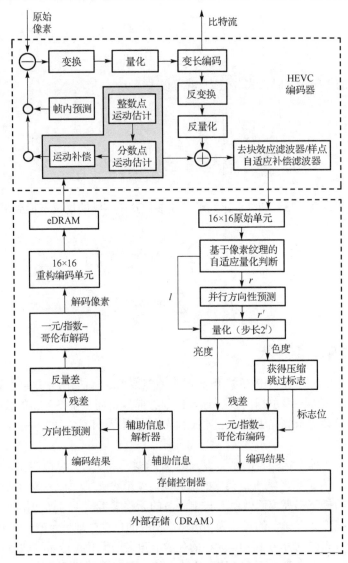

图 8-20　有损参考帧压缩架构的流程图

1. 基于像素纹理的自适应量化机制

下面介绍基于像素纹理的自适应量化算法。首先研究来源于有损参考帧压缩算法的量化噪声对 HEVC 编码质量的影响。然后设计一种在给定编码质量约束下的动态参考量化位长机制。

用 $r(u,v)$ 表示 HEVC 编码过程中预测残差的离散二维余弦变换系数。根据率失真理论，$r(u,v)$ 被认定为无记忆信号。在早期，高斯分布通常被用来对 DCT 系数进行建模。在后续的研究中，人们发现拉普拉斯分布更接近 DCT 系数的实际分布情况。所以拉普拉斯分布取代了高斯分布被用来对 DCT 系数进行建模。文献[24]中提出了一种均方失真测量条件下拉普拉斯信源的近似率失真函数。但是，仍然不能获得均方失真测量条件下拉普拉斯信源的通用率失真分析模型。另一方面，高斯分布是拉普拉斯分布的准确近似，并且文献[21]已经导出了均方失真测量条件下高斯信源的通用率失真函数。因此，许多研究都采用高斯分布的 DCT 系数模型来进行定量分析。举例来说，在文献[25]和文献[26]中，经典的拉格朗日乘子就通过高斯信源的率失真函数 $R = \frac{1}{2}\log\frac{\sigma^2}{D}$ 导出的。

根据离散条件下的高斯信源率失真函数 8.3.2 节中的式（8-37）和式（8-38），在均方误差失真测量条件下，每个变换系数的失真 D 和相应的比特数 R 间的关系可以表示为

$$
\begin{cases}
D = \min(\varPhi, S_{rr}(u,v)) \\
R_D = \max\left(0, \frac{1}{2}\log\frac{S_{rr}(u,v)}{\varPhi}\right)
\end{cases}
\tag{8-39}
$$

其中，$S_{rr}(u,v)$ 是 $r(u,v)$ 的功率谱密度。$\varPhi$ 表示量化噪声，它的计算式为

$$
\varPhi = Q^2/12
\tag{8-40}
$$

其中，Q 是 HEVC 编码器中的量化步长。

在本节的有损参考帧压缩算法中，参考量化位长（Reference Quantization Length, RQL）被定义为 l（$l \in \{0,1,2,3\}$）。换句话说，由并行方向性预测（在下面会介绍）产生的预测残差（ε）的最低 l 位将被丢掉。用 E_T 表示由位截断引入的误差，即用截断后的值减去截断前的值，对于正数来说，误差总是负数。因此，位截断的影响是降低数字的值。更具体地说，如果截断后的数字位长是 b_2（不包括符号位），截断前的数字位长是 b_1，那么截断的结果将满足 $0 \geqslant E_T \geqslant -(2^{-b_2} - 2^{-b_1})$。这个误差将会对预测残差引入额外的白噪声。假设这些噪声源之间相互独立，与预测残差之间也没有依赖性，经过线性变换，即二维离散余弦变换，变换输入的所有噪声信号的能量会传输和积累。用 $\varDelta_{rr}$ 表示有损参考帧压缩算法中量化引入的噪声的功率谱密度，相应的失真和比特数为

$$
\begin{cases}
\tilde{D} = \min(\varPhi, S_{rr}(u,v) + \varDelta_{rr}) \\
\tilde{R}_D = \max\left(0, \frac{1}{2}\log\frac{S_{rr}(u,v) + \varDelta_{rr}}{\varPhi}\right)
\end{cases}
\tag{8-41}
$$

根据式（8-41），对噪声的功率谱密度 $\varDelta_{rr}$ 对率失真的影响分两种情况进行分析。

（1）如果 $S_{rr}(u,v) + \varDelta_{rr} < \varPhi$，即预测残差的能量远小于量化噪声的能量，那么 $\varDelta_{rr}$ 不会对 R_D 产生不利的影响。

（2）否则，假设 $S_{rr}(u,v) \gg \varDelta_{rr}$，对率失真的增值（$\mathrm{d}R_D$）进行泰勒展开可以得到：

$$
\mathrm{d}R_D = \frac{\varDelta_{rr}}{S_{rr}(u,v)}
\tag{8-42}
$$

因此，当变换噪声的功率大于量化噪声的功率时，参考像素量化噪声对率失真的影响将会随离散余弦变换系数能量的增加而减少。

由截断参考帧像素的低 l 位带来的噪声可以被模拟为

$$
\varDelta_{rr} = \frac{(2^l)^2}{\alpha}
\tag{8-43}
$$

其中，α 是一个常数。假设率失真的增值 dR_D 等于 βR，根据式（8-39）、（8-42）、（8-43）、可以导出参考量化位长 l（$0 \leqslant l \leqslant 3$）的值：

$$l = \begin{cases} 0, & S_{rr}(u,v) < \Phi \\ \dfrac{1}{2}\log\left(\gamma S_{rr}(u,v) \log \dfrac{S_{rr}(u,v)}{\Phi} \right), & S_{rr}(u,v) \geqslant \Phi \end{cases} \tag{8-44}$$

其中，$\gamma = \alpha \cdot \beta / 2$。对于一个 16×16 大小的处理单元，可以得到一个 l 的值。l 在编码的过程中被计算得到，然后被存储为辅助信息用于解压缩。可以观察到，随着预测残差变换系数功率谱密度 $S_{rr}(u,v)$ 的增加，l 也会增加。因此，量化算法的重点是通过对 $S_{rr}(u,v)$ 的估计确定 l 的值。γ 的值是由实验确定的，将在 8.3.5 节中详细讨论。$S_{rr}(u,v)$ 的值是由将当前块作为参考的未来的运动估计决定的。也就是说，压缩当前块时不能导出 $S_{rr}(u,v)$ 的精确值。然而，根据当前块的纹理和运动情况，可以估计出 $S_{rr}(u,v)$ 的幅值。根据帕塞瓦尔定理（Parseval's theorem）可以得到：

$$\sum_{u=0}^{15}\sum_{v=0}^{15} S_{rr}(u,v) = \sum_{i=0}^{15}\sum_{j=0}^{15} e^2(i,j) \tag{8-45}$$

其中，$e(i,j)$ 是预测残差。通过这种方法就可以随着预测残差能量的增强得到更大的 $S_{rr}(u,v)$ 值。

通过采用混合编码器模型，Girod 等推断出，当 $S_{ss} > \Theta$ 时，预测残差的功率谱密度为

$$S_{ee}(\Lambda) = S_{ss}(\Lambda)\left[1 - \frac{|P(\Lambda)|^2 S_{ss}(\Lambda)}{S_{ss}(\Lambda) + \Theta} \right] \tag{8-46}$$

其中，$\Lambda = (\omega_x, \omega_y)$；$S_{ee}$ 和 S_{ss} 分别表示预测残差和源信号的功率谱密度；$P(\Lambda)$ 是位移估计误差的可能性密度函数的二维傅立叶变换；Θ 可以被表示为由量化操作引入的噪声的功率谱密度。在式（8-46）中，S_{ee} 与 S_{ss} 有很强的相关性。当 $S_{ss} \gg \Theta$ 时，式（8-46）可以被简化为

$$S_{ee}(\Lambda) = S_{ss}(\Lambda)\left[1 - |P(\Lambda)|^2 \right] \tag{8-47}$$

在这种情况下，预测误差的功率谱密度可以完全由图像纹理和位移估计误差的可能性密度函数决定。

研究源图像的边缘强度在空间域对预测误差的影响。为了简化数学描述，在一维空间对预测误差进行分析，如图 8-21 所示，其中的量化噪声被临时忽略。$s_t(x)$ 和 $s_{t-1}(x)$ 分别表示时间示例 t 和 t-1 上的空间连续信号。$s_t(x)$ 是由 $s_{t-1}(x)$ 通过位移得到的，位移间隔为 d_x，可以表示为 $s_t(x) = s_{t-1}(x - d_x)$。在进行数字化处理之前，这些连续图像信号被传感器进行阵列采样。空间采样间隔被定义为 u_x。位移估计误差为

$$\Delta_x = d_x - \text{round}(d_x / u_x) \cdot u_x \tag{8-48}$$

在图 8-21 中，i 的预测误差 $e(i \cdot u_x)$ 可以被估计为

$$e(i \cdot u_x) \approx \Delta_x \cdot s_t'(i \cdot u_x) \tag{8-49}$$

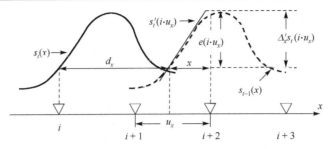

图 8-21　由边缘强度和位移估计误差产生的一维预测误差分析（i、$i+1$、$i+2$、$i+3$ 是摄像传感器）

其中，$s'(i \cdot u_x)$ 是第 i 个摄像传感器 $s_t(x)$ 的边缘强度。位移估计误差 Δ_x 是以零为中值的随机变量，并且 $\Delta_x \in [-u_x/2, u_x/2]$。当 $\Delta_x = \pm u_x/2$ 时，$|e(i \cdot u_x)|$ 可以达到它的最大值 $(u_x \cdot |s'_t(i \cdot u_x)|)/2$；而当 $\Delta_x = 0$ 时，$|e(i \cdot u_x)|$ 等于 0。式（8-49）也解释了预测过程中多参考帧的必要性。如果当前图像 $s_t(x)$ 与前一幅图像 $s_{t-1}(x)$ 的位移误差 $\Delta_{x,t-1}$ 大于前 k 幅图像 $s_{t-k}(x)$ 的位移误差 $\Delta_{x,t-k}$，那么 $s_{t-k}(x)$ 更适合被选为预测信号。

为了简化后面的计算，假设 x 方向和 y 方向上的空间采样间隔 $u_x = u_y = 1$。从式（8-49）中很容易导出一个像素的二维预测误差为

$$e(i,j) \approx \Delta_x(i,j) \cdot \frac{\partial s_t(i,j)}{\partial x} + \Delta_y(i,j) \cdot \frac{\partial s_t(i,j)}{\partial y} \tag{8-50}$$

假设 $\Delta_x(i,j)$ 和 $\Delta_y(i,j)$ 是独立的，$E(\Delta_x) = E(\Delta_y) = 0$，并且 $E(\Delta_x^2) = E(\Delta_y^2) = \sigma_\Delta^2$，$e(i,j)$ 的方差（$\sigma^2(i,j)$）可以表示为

$$\sigma^2(i,j) = \sigma_\Delta^2 \left[\left(\frac{\partial s_t(i,j)}{\partial x} \right)^2 + \left(\frac{\partial s_t(i,j)}{\partial y} \right)^2 \right] \tag{8-51}$$

使用式（8-51）中的像素预测误差的方差，可以推导出一个图像块的预测误差能量，结果如下：

$$\sum_{i,j} \sigma^2(i,j) = \sigma_\Delta^2 \sum_{i,j} \left[\left(\frac{\partial s_t(i,j)}{\partial x} \right)^2 + \left(\frac{\partial s_t(i,j)}{\partial y} \right)^2 \right] \tag{8-52}$$

类似式（8-46）表示的光谱分析，式（8-52）也表明了预测误差的能量是由图像特征和位移估计误差决定的。另外，空间分析表明块预测误差的能量与边缘强度幅值的平方和成比例。

根据式（8-50）可以得到两个重要结论。

（1）根据位移误差 $|\Delta_x|$ 和 $|\Delta_y|$ 的条件，量化噪声的影响在完全像素位移中消失，而在半像素位移中达到最大值。

（2）由于边缘强度（$\partial s_t(i,j)/\partial x$，$\partial s_t(i,j)/\partial y$）的条件，所以量化噪声由源图像中的高频信号产生。

综上所述，当图像块具有复杂的纹理和运动时，$S_{rr}(u,v)$ 的值会增加。根据以上分析，本节

将 16×16 大小的基本处理单元分为 64 个 2×2 大小的子单元，其中的边缘分量被计算为

$$\begin{cases} \mathrm{d}x_{i,j} = p_{2i,2j+1} + p_{2i+1,2j+1} - p_{2i,2j} - p_{2i+1,2j} \\ \mathrm{d}y_{i,j} = p_{2i+1,2j} + p_{2i+1,2j+1} - p_{2i,2j} - p_{2i,2j+1} \end{cases} \quad (8\text{-}53)$$

其中，$p_{i,j}$ 表示像素值，$\mathrm{d}x_{i,j}$ 和 $\mathrm{d}y_{i,j}$ 分别表示 2×2 大小的子单元中水平方向和垂直方向上的分量。

运动向量 $\mathbf{mv}_{i,j} = \{\mathrm{mv}x_{i,j}, \mathrm{mv}y_{i,j}\}$ 表示每个 2×2 大小的子单元的运动情况。与此同时，为了加强运动向量的影响，引入了两个变量 $\varTheta_x$ 和 $\varTheta_y$，可由下列公式导出：

$$\begin{cases} \varTheta_x = (|\mathrm{mv}x_{i,j}| > 8)?\,2:1 \\ \varTheta_y = (|\mathrm{mv}y_{i,j}| > 8)?\,2:1 \end{cases} \quad (8\text{-}54)$$

因此，$S_{rr}(u,v)$ 的近似值 $\tilde{S}_{rr}(u,v)$ 可以表示为

$$\tilde{S}_{rr}(u,v) = \frac{1}{64} \sum_{i=0}^{7} \sum_{j=0}^{7} \left(\mathrm{d}x_{i,j}^2 \left[\frac{\mathrm{mod}(\mathrm{mv}x_{i,j},4)}{4} \right]^2 \varTheta_x + \mathrm{d}y_{i,j}^2 \left[\frac{\mathrm{mod}(\mathrm{mv}y_{i,j},4)}{4} \right]^2 \varTheta_y \right) \quad (8\text{-}55)$$

根据式（8-44）和（8-55），参考量化位长 l 可以用如下公式计算：

$$l = \begin{cases} 0, & \tilde{S}_{rr}(u,v) < \varPhi \\ \dfrac{1}{2} \log \left(\gamma \tilde{S}_{rr}(u,v) \log \dfrac{\tilde{S}_{rr}(u,v)}{\varPhi} \right), & \tilde{S}_{rr}(u,v) \geqslant \varPhi \end{cases} \quad (8\text{-}56)$$

在高帧率配置下（HEVC 测试模型 HM 中的 QP≤22），参考帧将有更复杂的纹理和运动，$\tilde{S}_{rr}(u,v)$ 的值也会相应增加。不同 QP 下参考量化位长的平均值如表 8-17 所示。随着 QP 的值降低，可以通过增加参考量化位长来提高压缩性能。

表 8-17　不同 QP 下参考量化位长的平均值

测 试 序 列	QP					
	12	17	22	27	32	37
Traffic	0.53	0.43	0.32	0.20	0.09	0.02
crowd_run	0.82	0.78	0.68	0.52	0.32	0.11
PartyScene	0.68	0.56	0.39	0.25	0.12	0.04
BQSquare	0.94	0.84	0.70	0.56	0.38	0.19
Johnny	0.27	0.19	0.11	0.05	0.02	0.00
Aerial	0.94	0.89	0.80	0.68	0.38	0.11
Boat	1.07	1.02	0.94	0.78	0.57	0.32

通过使用上述基于像素纹理的自适应量化机制，有损参考帧压缩算法可以保证图像的质量。将基于像素纹理的自适应量化机制嵌入 HM15.0 模型中，与原始的 HM15.0 模型和固定步长量化机制进行率失真曲线的比较，仿真环境为 QP ∈ {12,17,22,27,32,37}，如图 8-22 所示。由于有损参考帧压缩算法能够提供与标准 HM15.0 模型几乎相同的编码效率，在大多数情况下，很难将本节提出的算法的曲线与原始算法的曲线区分开来。与 3 种不同固定步长的量化机制相比，本节的基于像素纹理的自适应量化机制可以显著减少图像的质量损失。

在 VLSI 的实现过程中，式（8-56）中的对数函数和浮点乘法需要 49.2 千门的标准逻辑单元来实现，且只能达到 96MHz 的工作频率。本节设计了一种查找表的结构来实现式（8-56）中的对数函数。为了进一步减少硬件代价，在式（8-53）中的边缘强度计算过程中，输入像素的低三位被丢弃。这种位截断架构可以节省 36.3% 的硬件面积，并将最大工作频率提高 15.7%。

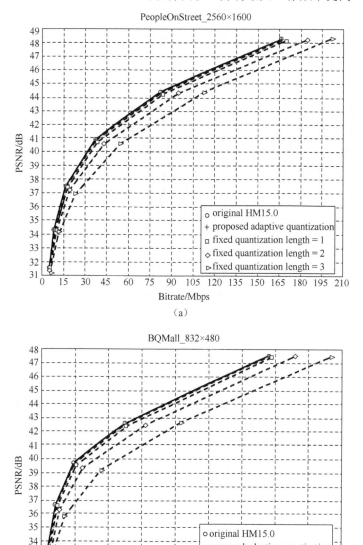

图 8-22　基于像素纹理的自适应量化机制和固定步长量化机制的率失真曲线的比较

2．并行方向性预测方法

与 8.2 节介绍的无损参考帧压缩算法类似，有损参考帧压缩算法也采用基于像素纹理的方向性预测方法，通过当前像素的左边和上边的相邻像素来估计它的预测方向。为了提高算法的适用性，本节提出了三种预测模式，分别可以在一个时钟循环中处理一个像素、两个像素和四个像素，如图 8-23 所示。设计的三种预测模式以降低预测准确率为代价来提高压缩和解压缩的吞吐率。用户可以根据具体的应用场合在压缩效率和吞吐率之间进行权衡。

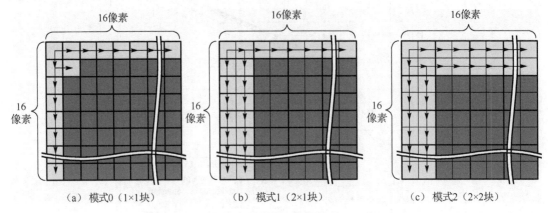

（a）模式0（1×1块）　　　　（b）模式1（2×1块）　　　　（c）模式2（2×2块）

图 8-23　并行方向性预测的像素位置（见彩插）

如图 8-23 所示，黄色区域内的像素采用箭头方向所示的水平或垂直预测，而剩下的天蓝色区域内的像素则应用并行方向性预测方法。如图 8-24 所示，这种方法利用当前块的左边和上边的 2×2 块来估计它的预测角。对于当前块，我们定义它的左边和上边的相邻块的运动向量分别为 $\boldsymbol{D}^l = \{dx^l, dy^l\}$ 和 $\boldsymbol{D}^t = \{dx^t, dy^t\}$，其中，边缘强度较大的参考块被确定为最终的参考块，即 $\boldsymbol{D} = \{dx, dy\}$。对于一些特殊情况（如模式 0 中的第二行和第二列，模式 1 中的第二行），只存在一个参考块，所以比较过程可以省略。在 $\boldsymbol{D}$ 中，dx 和 dy 分别表示水平和垂直方向上的分量（如式（8-53）所示）。当前像素块的边缘方向可以用 dy 和 dx 的比值来表示，即 $\eta(\boldsymbol{D}) = dy / dx$。根据计算得到的 η 的范围可以定义七个预测方向。

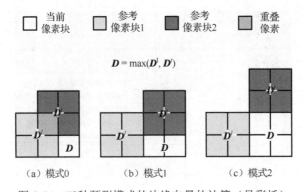

（a）模式0　　　　　（b）模式1　　　　　（c）模式2

图 8-24　三种预测模式的边缘向量的计算（见彩插）

与 8.2 节介绍的方向性预测方法类似，为了便于硬件实现，边缘方向的预测角的界限值被简化为

$$\theta = \begin{cases} 45^\circ, & 0.5 < \eta(\boldsymbol{D}_{i,j}) \leqslant 2 \\ 67.5^\circ, & 2 < \eta(\boldsymbol{D}_{i,j}) \leqslant 4 \\ 90^\circ, & |\eta(\boldsymbol{D}_{i,j})| > 4 \\ 112.5^\circ, & -4 \leqslant \eta(\boldsymbol{D}_{i,j}) \leqslant -2 \\ 135^\circ, & -2 < \eta(\boldsymbol{D}_{i,j}) \leqslant -1 \\ 157.5^\circ, & -1 < \eta(\boldsymbol{D}_{i,j}) \leqslant -0.25 \\ 180^\circ, & -0.25 < \eta(\boldsymbol{D}_{i,j}) \leqslant 0.5 \end{cases} \tag{8-57}$$

模式 2 中当前 2×2 大小的像素块的预测像素分布如图 8-25 所示。对于最后一列像素块，由于右上角的预测像素不存在，像素 $p_{1,-1}$ 被复制来填充两个空出的位置。模式 2 中七个预测方向的预测像素的计算情况如表 8-18 所示。如果预测角指向两个像素的中间，就通过对两个像素求平均值来计算预测像素；如果预测角直接指向某个像素，就直接将这个像素作为预测像素。模式 0 和模式 1 的情况也可以按此方法导出。

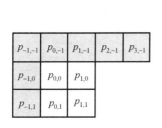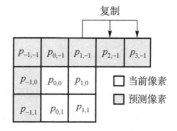

（a）常规情况　　　　　　　　（b）特殊情况（最后一列的像素块）

图 8-25　模式 2 中当前 2×2 大小的像素块的预测像素分布

表 8-18　模式 2 中七个预测方向的预测像素的计算情况

θ	$p'_{0,0}$	$p'_{1,0}$	$p'_{0,1}$	$p'_{1,1}$
45°	$p_{1,-1}$	$p_{2,-1}$	$p_{2,-1}$	$p_{3,-1}$
67.5°	$\dfrac{p_{0,-1} + p_{1,-1}}{2}$	$\dfrac{p_{1,-1} + p_{2,-1}}{2}$	$p_{1,-1}$	$p_{2,-1}$
90°	$p_{0,-1}$	$p_{1,-1}$	$p_{0,-1}$	$p_{1,-1}$
112.5°	$\dfrac{p_{-1,-1} + p_{0,-1}}{2}$	$\dfrac{p_{0,-1} + p_{1,-1}}{2}$	$p_{-1,-1}$	$p_{0,-1}$
135°	$p_{-1,-1}$	$p_{0,-1}$	$p_{-1,0}$	$p_{-1,-1}$
157.5°	$\dfrac{p_{-1,-1} + p_{-1,0}}{2}$	$p_{-1,-1}$	$\dfrac{p_{-1,0} + p_{-1,1}}{2}$	$p_{-1,0}$
180°	$p_{-1,0}$	$p_{-1,0}$	$p_{-1,1}$	$p_{-1,1}$

测试 10 个常用视频序列（每个序列 200 帧，QP=32），在每个 16×16 大小的亮度单元中，用残差平方和及预测准确率对预测表现进行分析，如表 8-19 和表 8-20 所示。与原始的水平和垂直方向性预测方法相比，本节介绍的模式 0、模式 1 和模式 2 预测方法分别能够将残差的能量降低 54.1%、52.4% 和 49.2%。随着边缘强度的增加，本节的方向性预测方法的优势将逐渐增大。当边缘强度 ES≥10 时，三种模式的预测方法分别可以将预测准确率提高 21.7%、20% 和 18.4%。与模式 0 相比，模式 1 和模式 2 分别可以将处理速度提高 1 倍和 3 倍，而只造成 1.7% 和 3.3% 的预测准确率的损失。

表 8-19　每个 16×16 大小的亮度单元中的残差平方和的比较（QP=32）

测 试 序 列	原 始 方 法	模　式　0	模　式　1	模　式　2
PeopleOnStreet	21247	9201	9749	11040
Traffic	11136	5434	5774	6450
ParkScene	7924	6339	6688	7149
Tennis	4696	1469	1575	1726
BasketballDrill	24522	10221	10818	12095
RaceHorses	30362	21762	21997	23119
BasketballPass	28921	13222	13590	14402
BlowingBubbles	43484	19852	20473	20986
Johnny	12985	3123	3265	3530
KristenAndSara	26790	6686	6975	7277
平均值	21206	9730	10090	10777

表 8-20　每个 16×16 大小的亮度单元中的预测准确率的比较（QP=32，$ES = dx_{i,j}^2 + dy_{i,j}^2$，$dx_{i,j}$ 和 $dy_{i,j}$ 分别表示原始的水平和垂直方向上的分量）

测 试 序 列	预测准确率/%					
	原始的水平和垂直方向性预测			本节的模式 0 方向性预测		
	ES < 4	ES<10	ES≥10	ES < 4	ES<10	ES≥10
PeopleOnStreet	79.2	62.8	44.5	76.9	65.9	61.8
Traffic	80.4	68.7	55.8	81.0	72.1	67.2
ParkScene	84.2	61.5	48.9	84.1	69.0	57.0
Tennis	83.0	51.1	36.3	83.5	73.7	69.7
BasketBallDrill	69.2	55.0	38.6	69.3	62.7	61.5
RaceHorses	70.5	54.5	36.9	69.6	62.9	59.1
BasketballPass	81.2	72.7	60.4	81.3	72.7	70.3
BlowingBubbles	70.0	53.3	35.2	67.7	59.1	58.0
Johnny	93.0	58.6	32.5	93.6	82.6	68.5
KristenAndSara	90.7	62.2	34.6	90.7	74.3	66.7
平均值	80.1	64.7	42.3	79.8	69.5	64.0

续表

测 试 序 列	预测准确率/%					
	原始的水平和垂直方向性预测			本节的模式 0 方向性预测		
	ES < 4	ES<10	ES≥10	ES < 4	ES<10	ES≥10
PeopleOnStreet	77.4	65.9	60.3	75.4	64.7	57.6
Traffic	78.9	71.7	64.7	76.4	69.0	61.8
ParkScene	83.8	68.4	56.4	81.0	68.0	54.1
Tennis	84.5	73.0	67.3	84.3	74.3	66.0
BasketBallDrill	69.1	63.1	60.3	68.9	64.2	58.7
RaceHorses	68.2	61.0	58.2	69.8	63.6	57.0
BasketballPass	81.1	73.6	69.2	80.8	72.8	66.9
BlowingBubbles	69.2	59.9	56.0	69.2	63.1	54.5
Johnny	93.6	79.3	66.2	93.5	83.7	65.8
KristenAndSara	90.5	73.5	64.8	89.6	75.8	64.3
平均值	79.5	68.9	62.3	78.8	69.9	60.7

在低帧率的情况下，参考帧具有复杂的纹理，预测残差的幅值也相应增加。七个视频序列在不同 QP 下预测残差的平方和分析（模式 0）如表 8-21 所示。实验结果表明，在低 QP 的情况下，预测残差的能量显著增加，这个特征会严重影响参考帧压缩算法的压缩性能。然而，基于像素纹理的自适应量化方法可以减缓上述特征的影响，并实现相对稳定的压缩表现。具体的分析将在8.3.5 节中介绍。

表 8-21　七个视频序列在不同 QP 下预测残差的平方和分析（模式 0）

测 试 序 列	QP					
	12	17	22	27	32	37
Traffic	7566	7132	6644	6071	5434	4725
crowd_run	40628	39908	37093	33765	29086	23383
PartyScene	23308	22241	20562	18963	16785	13416
BQSquare	114029	112639	108317	100941	92133	80727
Johnny	4357	3947	3655	3390	3123	2825
Aerial	116776	108906	97903	83881	66061	42652
Boat	72417	64058	56852	52575	48042	41599

有损参考帧压缩算法的熵编码仍然使用动态阶数一元/指数-哥伦布编码方法，这里不再赘述。这里只给出模式 2 中阶数 k 与预测角 θ 的关系，如表 8-22 所示。模式 0 和模式 1 中的阶数预测情况与其相似。

为了节省 DRAM 的存储空间并降低功耗，本节的有损参考帧压缩算法与 8.2 节的无损参考帧压缩算法都采用基于单元组表的存储模式，这里不再介绍。唯一的区别是本节的有损参考帧压缩算法需要将两个处理单元的参考量化长度信息加入单元组表。

表 8-22　模式 2 中阶数 k 与预测角 θ 的关系

θ	$k_{i,j}$	$k_{i+1,j}$	$k_{i,j+1}$	$k_{i+1,j+1}$
45°	$k'_{i+1,j-1}$	$k'_{i+2,j-1}$	$k'_{i+2,j-1}$	$k'_{i+3,j-1}$
90°	$k'_{i,j-1}$	$k'_{i+1,j-1}$	$k'_{i,j-1}$	$k'_{i+1,j-1}$
135°	$k'_{i-1,j-1}$	$k'_{i,j-1}$	$k'_{i-1,j}$	$k'_{i-1,j-1}$
180°	$k'_{i-1,j}$	$k'_{i-1,j}$	$k'_{i-1,j+1}$	$k'_{i-1,j+1}$

8.3.4　并行流水有损参考帧压缩 VLSI 架构

根据前面介绍的有损参考帧压缩算法，本节设计了相应的硬件架构。图 8-26 所示为有损参考帧压缩器和解压缩器的整体结构图。

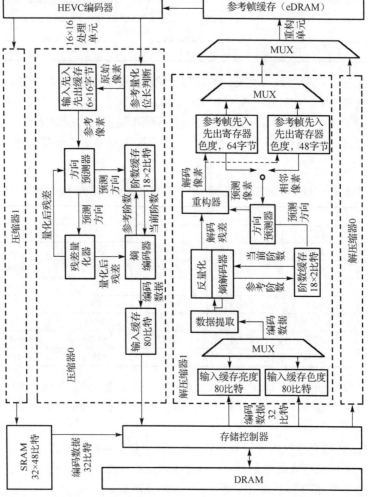

图 8-26　有损参考帧压缩器和解压缩器的整体结构图

1. 压缩器的 VLSI 实现

HEVC 编码器/解码器中重构的参考帧图像首先被划分为 16×16 大小的处理单元，然后被传输到压缩器中。为了提高时钟频率，压缩器由三级流水线组成：① 方向预测器；②残差量化器；③ 熵编码器。由于量化后的残差需要被传递到方向预测器中用于预测下一个像素块的方向，在原始实现方法中，两级流水线之间的数据相关性严重影响流水线的利用率，如图 8-27（a）所示。在原始的实现方法中，每两个时钟循环中只有一个像素被压缩，硬件利用率被降低到 50%。在本节中，亮度分量奇数块行和偶数块行的交错压缩架构（色度分量的交错压缩架构）被用来提高流水线的效率，如图 8-27（b）和图 8-27（c）所示。

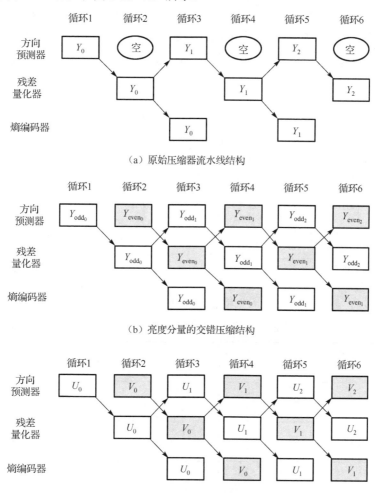

（a）原始压缩器流水线结构

（b）亮度分量的交错压缩结构

（c）色度分量的交错压缩结构

Y_0, Y_1, Y_2：亮度分量的像素块；$Y_{odd_0}, Y_{odd_1}, Y_{odd_2}$：亮度分量奇数块行的像素块；
$Y_{even_0}, Y_{even_1}, Y_{even_2}$：亮度分量偶数块行的像素块；$U_0, U_1, U_2, V_0, V_1, V_2$：色度分量的像素块

图 8-27　压缩器的流水线改进架构

通过采用上述交错压缩架构可以实现 100%的硬件利用率。为了缓解亮度分量中奇数块行和偶数块行之间的数据相关性，在本节采用了波前模式。亮度分量奇数块行的压缩进程至少要比偶数块行提前两个像素块。由于色度分量中 Cb 和 Cr 像素块之间不存在数据相关性，因此不需要使用波前模式。

完成压缩的像素的阶数调整结果 k' 需要被缓存以获得当前像素的阶数 k。通过采用波前模式可以丢弃亮度分量奇数块行中不再被偶数块行需要的 k' 值，空出来的位置可以用来存储偶数块行新产生的 k' 值。因此，阶数缓存的大小可以被减少到 $(16+2) \times 2 = 36$ 比特。

对于一个固定的量化参数 QP，参考量化位长 l 随 $\tilde{S}_{rr}(u,v)$ 的增加而增加，如图 8-28 所示。由于 l 是一个整数值，我们只需要知道 $\tilde{S}_{rr}(u,v)$ 的界限值即可。在本节中，采用查找表结构以实现对数函数和浮点乘法操作。根据四舍五入原则，本节选择将 $l=0.5$、$l=1.5$ 和 $l=2.5$ 时的 $\tilde{S}_{rr}(u,v)$ 值（图 8-28 中的 $\Gamma_{0,1}$、$\Gamma_{1,2}$ 和 $\Gamma_{2,3}$）作为界限值。从图 8-28 中可以观察到，在 QP 较高的情况下，界限值会相应增加，查找表结构中的界限值 $\tilde{S}_{rr}(u,v)$ 如表 8-23 所示，其中，$\gamma = 0.0002$，表中的界限值都是位截断之后的。

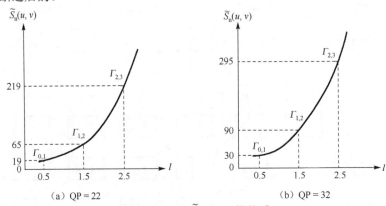

图 8-28　l 和 $\tilde{S}_{rr}(u,v)$ 的关系

表 8-23　查找表结构中的界限值 $\tilde{S}_{rr}(u,v)$

QP	0	1	2	3	4	5	6	7
$\Gamma_{0,1}$	10	11	11	11	11	12	12	12
$\Gamma_{1,2}$	38	39	40	40	41	42	43	44
$\Gamma_{2,3}$	138	140	143	146	148	151	154	157
QP	8	9	10	11	12	13	14	15
$\Gamma_{0,1}$	13	13	13	14	14	14	15	15
$\Gamma_{1,2}$	45	46	47	48	49	50	52	53
$\Gamma_{2,3}$	160	163	167	170	173	177	181	185
QP	16	17	18	19	20	21	22	23
$\Gamma_{0,1}$	16	16	17	17	18	19	19	20
$\Gamma_{1,2}$	54	56	57	59	61	63	65	67
$\Gamma_{2,3}$	190	194	198	203	209	214	219	225

续表

QP	24	25	26	27	28	29	30	31
$\Gamma_{0,1}$	21	22	23	24	25	26	27	28
$\Gamma_{1,2}$	69	71	73	76	79	82	85	88
$\Gamma_{2,3}$	231	238	245	252	260	268	276	285
QP	32	33	34	35	36	37	38	39
$\Gamma_{0,1}$	30	31	33	35	37	39	42	45
$\Gamma_{1,2}$	92	96	100	104	109	114	121	127
$\Gamma_{2,3}$	295	305	316	328	340	353	369	384
QP	40	41	42	43	44	45	46	47
$\Gamma_{0,1}$	48	52	56	61	67	73	81	89
$\Gamma_{1,2}$	134	142	149	159	170	182	195	210
$\Gamma_{2,3}$	401	419	437	459	484	509	537	568
QP	48	49	50	51	—	—	—	—
$\Gamma_{0,1}$	99	111	127	143	—	—	—	—
$\Gamma_{1,2}$	226	245	269	294	—	—	—	—
$\Gamma_{2,3}$	599	637	683	729	—	—	—	—

本节应用了位截断结构来进一步降低硬件代价。在式（8-39）中的边缘向量计算过程中，输入像素的低三位被丢弃。相应的查找表中的界限值的低六位可以忽略，表 8-23 中的值都是位截断后的。位截断结构的性能分析如表 8-24 所示。从表 8-24 中可以看出，位截断结构可以节省 36.3% 的硬件面积，并将最大工作频率提高 15.7%。同时由位截断结构引入的数据压缩率的损失只有 0.24%。

表 8-24　位截断结构的性能分析（QP=22,27,32,37，模式 0，$\gamma = 0.0002$）

测 试 序 列	未采用位截断结构		采用位截断结构	
	ΔPSNR/db	数据压缩率/%	ΔPSNR/db	数据压缩率/%
PeopleOnStreet	−0.0272	70.98	−0.0222	70.60
Traffic	−0.0773	70.95	−0.0737	70.67
ParkScene	−0.0547	70.61	−0.0496	71.34
Tennis	−0.0232	78.21	−0.0198	77.91
BasketballDrill	−0.0479	67.62	−0.0482	67.62
RaceHorses	−0.0240	64.36	−0.0224	64.10
BasketballPass	−0.0236	70.44	−0.0163	70.02
BlowingBubbles	−0.0495	59.86	−0.0424	59.58
Johnny	−0.0517	81.39	−0.0539	81.42
KristenAndSara	−0.0343	80.32	−0.0325	80.10
平均值	−0.0413	71.58	−0.0381	71.34
硬件面积/千门	3.876		2.468	
最高频率/MHz	520.8		602.4	

2．解压缩器的 VLSI 实现

解压缩器包括四级流水线，分别为数据提取、熵解码和反量化、数据重构、方向预测。为了缩短关键路径，重构的像素被先写入寄存器中，然后在下一个流水线阶段用于方向预测，如图 8-29 （a）所示。由于在数据提取阶段，当前像素块（Y_n）的阶数依赖于上一个像素块（Y_{n-1}）的方向预测结果，因此原始实现结构将在流水线中插入大量的空泡，降低流水线的利用率。每四个时钟循环只有一个像素块被解压缩，流水线的利用率只有 25%。

为了提高流水线的效率，本节采用了亮度分量奇数块行、亮度分量偶数块行、色度 U 分量和色度 V 分量的交错解压缩架构，如图 8-29（b）所示。通过采用交错解压缩架构，流水线的利用率可以提高到 100%。

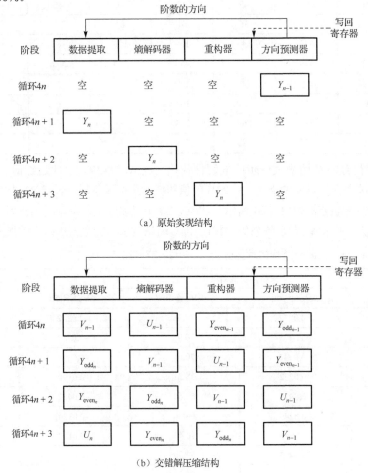

（a）原始实现结构

（b）交错解压缩结构

图 8-29　解压缩器的流水线优化

在有损参考帧压缩架构中，仍然使用双压缩器/解压缩器并行结构来同时处理一个单元组中的两个处理单元，可以获得更高的吞吐率。为了对存储空间压缩方法进行寻址，一个 64×24 比特的 SRAM 被用来缓存第二个单元的压缩数据流，具体的解释在 8.2.2 节中已经给出，这里不再赘述。

8.3.5　实验结果与分析

在这一节，首先分析有损参考帧压缩算法的压缩性能和 DRAM 的功耗。然后阐述相应的硬件压缩器/解压缩器的吞吐率、硬件代价和功耗。最后将本节的架构与其他有损参考帧压缩架构的性能进行比较。

1. 压缩性能分析

将本节设计的算法在 HEVC 参考测试模型 HM15.0 上运行。测试条件根据 JCT-VC 的推荐配置设置。在本节的实验中，测试 24 个常用的视频序列、7 个 1080P 视频序列和 2 个 4K 高清视频序列来分析压缩性能。对所有视频序列采用 IBBB 图像组。

变量 γ 是影响自适应量化方法的一个重要因素。下面测试 4 组具有不同 γ 值（$\gamma = 0.00002$，$\gamma = 0.0002$，$\gamma = 0.002$ 和 $\gamma = 0.02$）的实验来分析基于像素纹理的自适应量化方法的压缩表现，如表 8-25 所示。

表 8-25　基于像素纹理的自适应量化方法的压缩性能分析（QP=22,27,32,37，模式 0）

测 试 序 列	BDPSNR/dB			
	$\gamma = 0.00002$	$\gamma = 0.0002$	$\gamma = 0.002$	$\gamma = 0.02$
PeopleOnStreet	−0.0229	−0.0222	−0.0660	−0.2703
Traffic	−0.0749	−0.0737	−0.1275	−0.5504
ParkScene	−0.0477	−0.0496	−0.0730	−0.3500
Tennis	−0.0184	−0.0198	−0.0271	−0.1345
BasketballDrill	−0.0453	−0.0482	−0.0886	−0.3388
RaceHorses	−0.0235	−0.0224	−0.1141	−0.3772
BasketballPass	−0.0177	−0.0163	−0.0618	−0.2379
BlowingBubbles	−0.0447	−0.0424	−0.1178	−0.4710
Johnny	−0.0507	−0.0539	−0.0678	−0.2626
KristenAndSara	−0.0332	−0.0325	−0.0475	−0.2336
平均值	−0.0379	−0.0381	−0.0791	−0.3226
测 试 序 列	BDBR/%			
	$\gamma = 0.00002$	$\gamma = 0.0002$	$\gamma = 0.002$	$\gamma = 0.02$
PeopleOnStreet	+0.57	+0.56	+1.67	+7.14
Traffic	+2.69	+2.63	+4.63	+22.63
ParkScene	+1.73	+1.80	+2.69	+14.54
Tennis	+0.68	+0.74	+1.01	+5.21
BasketballDrill	+1.25	+1.34	+2.50	+10.34
RaceHorses	+0.65	+0.64	+3.28	+11.29
BasketballPass	+0.40	+0.37	+1.44	+5.90
BlowingBubbles	+1.30	+1.24	+3.52	+15.72
Johnny	+2.12	+2.14	+2.94	+12.50
KristenAndSara	+1.22	+1.24	+1.75	+9.00
平均值	+1.26	+1.27	+2.54	+11.43

续表

测 试 序 列	数据压缩率/%			
	$\gamma = 0.00002$	$\gamma = 0.0002$	$\gamma = 0.002$	$\gamma = 0.02$
PeopleOnStreet	70.45	70.60	70.75	72.62
Traffic	70.62	70.67	70.80	72.09
ParkScene	71.33	71.34	71.52	73.16
Tennis	77.93	77.91	77.98	78.47
BasketballDrill	67.56	67.62	67.77	68.75
RaceHorses	63.79	64.10	65.31	68.55
BasketballPass	69.94	70.02	70.39	71.28
BlowingBubbles	59.42	59.58	60.12	62.81
Johnny	81.42	81.42	87.47	81.72
KristenAndSara	80.10	80.10	80.12	80.35
平均值	71.25	71.34	71.62	72.98

实验中的编码质量由 BDPSNR 和 BDBR 测量。随着 γ 的增大，参考量化位长 l 也相应增加。当 $\gamma = 0.0002$ 时，平均数据压缩率为 71.34%。当 γ 增加到 0.02 时，平均数据压缩率增加到 72.98%。同时，根据 BDPSNR 和 BDBR 测量的编码质量也与 γ 的值相关。当 $\gamma = 0.0002$ 时，码率的增值为 1.27%；而当 $\gamma = 0.02$ 时，码率的增值会提高到 11.43%。通过调整参数 γ 可以在压缩效率和图像质量之间进行权衡。

通过上述实验定义参数 γ 之后，基于像素纹理的自适应量化机制即可被确定下来。这种量化机制可以明显提高有损参考帧压缩算法的压缩效率，同时保证图像整体的编码质量。模式 0 量化机制与固定步长量化机制、基于目标压缩率的量化机制的压缩性能比较分别如表 8-26 和表 8-27所示。虽然固定步长量化机制和基于目标压缩率的量化机制可以通过提高量化步长和目标压缩率来提高数据压缩率，但它们会引入很大的质量损失。与三种不同长度的固定步长量化机制相比，本节的自适应量化机制分别可以降低 0.49dB、1.64dB 和 3.36dB 的质量损失。与高目标压缩率的量化机制（目标压缩率等于 3.0）相比，本节的自适应量化机制可以降低 2.25dB 的质量损失。

表 8-26　模式 0 量化机制与固定步长量化机制的压缩性能比较（$\gamma = 0.0002$）

	QP	模 式 0	固定步长量化机制		
			步长=1	步长=2	步长=3
数据压缩率/%	12	63.89	66.97	77.54	83.83
	17	66.90	70.19	78.67	84.41
	22	69.18	72.86	80.08	85.23
	27	70.11	74.70	81.42	86.03
	32	71.03	76.21	82.29	86.62
	37	72.13	77.67	83.24	87.21
	平均值	68.87	73.10	80.54	85.56
BDPSNR/dB		−0.0442	−0.5303	−1.6875	−3.4071

表 8-27　模式 0 量化机制与基于目标压缩率的量化机制的压缩性能比较（$\gamma = 0.0002$）

	测 试 序 列	模　式　0	目标压缩率		
			2.0	2.5	3.0
数据压缩率/%	Bluesky	77.98	65.56	65.68	68.09
	Rushhour	79.55	67.03	67.36	70.67
	Station2	75.22	58.56	60.99	66.67
	Sunflower	74.21	64.33	64.45	67.00
	平均值	76.74	63.87	64.62	68.11
ΔPSNR /dB		−0.03	−0.01	−0.46	−2.28

为了适应不同的应用场合，本节提出了三种预测模式，分别可以在一个时钟循环处理一个、两个和四个像素。三种预测模式的压缩性能比较如表 8-28 所示。具体来说，模式 0 可以实现最高的数据压缩率（70.61%），但它只能在一个时钟循环处理一个像素。模式 1 可以将处理速度提高一倍，并伴随着 1.36% 的数据压缩率的降低。模式 2 可以实现的处理速度是模式 0 的 4 倍，同时会造成 5.71% 的数据压缩率的降低。

表 8-28　三种预测模式的压缩性能比较（QP=22,27,32,37，$\gamma = 0.0002$）

测 试 序 列	模　式　0	模　式　1	模　式　2
PeopleOnStreet	70.60%	69.09%	64.98%
Traffic	70.67%	69.43%	65.85%
crowd_run	61.36%	59.27%	55.26%
BasketballDrive	78.69%	78.33%	73.14%
BQTerrace	70.86%	69.31%	65.12%
Cactus	71.27%	70.07%	65.92%
Kimono1	74.59%	74.04%	69.85%
ParkScene	71.34%	70.12%	66.36%
Tennis	77.91%	77.46%	72.46%
BaketballDrill	67.62%	66.14%	62.99%
BQMall	67.29%	65.56%	61.70%
PartyScene	55.60%	52.88%	48.75%
RaceHorses	64.10%	62.41%	57.96%
BasketballPass	70.02%	68.71%	65.12%
BlowingBubbles	59.58%	57.64%	55.02%
BQSquare	62.05%	58.75%	54.33%
RaceHorses	61.11%	59.15%	55.27%
Johnny	81.42%	80.82%	75.25%
KristenAndSara	80.10%	79.36%	73.74%
vidyo1	79.37%	78.63%	73.68%
vidyo3	80.70%	80.06%	74.22%
vidyo4	80.34%	79.73%	76.61%

测 试 序 列	模 式 0	模 式 1	模 式 2
BaketballDrillText	67.66%	66.21%	62.59%
SlideEditing	70.43%	68.84%	63.45%
平均值	70.61%	69.25%	64.90%

表 8-29 所示为模式 0 有损参考帧压缩算法与其他两种有损参考帧压缩算法的压缩性能比较结果。与其他有损参考帧压缩算法相比，模式 0 有损参考帧压缩算法可以实现 5.7%～21.5%的数据压缩率的提升。

表 8-29 模式 0 有损参考帧压缩算法与其他两种有损参考帧压缩算法的压缩性能比较结果（$\gamma = 0.0002$）

测 试 序 列	QP	模 式 0	文 献 [30]	文 献 [31]
Bluesky	15	77.37%	60.32%	65.12%
	20	78.38%	67.11%	66.46%
	25	78.19%	68.25%	66.85%
Rushhour	15	78.08%	58.51%	61.75%
	20	80.18%	68.25%	69.02%
	25	80.40%	71.75%	71.01%
Station2	15	74.72%	53.27%	64.30%
	20	75.14%	58.51%	65.80%
	25	75.80%	62.83%	66.87%
Sunflower	15	73.76%	61.24%	63.37%
	20	74.42%	65.16%	68.45%
	25	74.45%	66.22%	68.77%

通过对表 8-17 和 8-21 中的数据进行分析，在高帧率的情况下，参考帧中预测残差的幅值会显著增加，这个特征会降低无损参考帧压缩算法的压缩效率。本节介绍的有损参考帧压缩算法可以缓解高帧率视频的影响，通过增加量化位长 l 来获得稳定的压缩性能。下面测试 5 个常用序列和 2 个 4K 高清序列，表 8-30 所示为模式 0 有损参考帧压缩算法与两种无损参考帧压缩算法在不同 QP 下的压缩性能比较。以序列 crowd_run 为例，当 QP=37 时，模式 0 有损参考帧压缩算法与无损参考帧压缩算法相比可以实现 1.41%～5.81%的数据压缩率的提升。当 QP 降低到 12 时，数据压缩率的提升可以增加到 11.48%～16.7%。

表 8-30 模式 0 有损参考帧压缩算法与两种无损参考帧压缩算法
在不同 QP 下的压缩性能比较（亮度分量，$\gamma = 0.0002$）

测 试 序 列	QP	模 式 0 有损参考帧压缩算法	8.2 节 无损参考帧压缩算法	文 献 [7]
Traffic	12	62.55%	54.79%	51.37%
	17	64.01%	58.01%	54.10%
	22	64.31%	59.91%	56.25%
	27	64.26%	61.43%	57.81%
	32	64.16%	62.84%	59.57%
	37	64.60%	64.21%	61.13%

续表

测 试 序 列	QP	模式 0 有损参考帧压缩算法	8.2 节 无损参考帧压缩算法	文 献 [7]
crowd_run	12	47.17%	35.69%	30.47%
	17	48.88%	37.94%	32.81%
	22	53.27%	43.95%	38.67%
	27	54.59%	47.46%	42.58%
	32	55.08%	50.68%	45.90%
	37	55.22%	53.81%	49.41%
PartyScene	12	44.34%	31.54%	22.85%
	17	45.70%	33.11%	24.41%
	22	46.92%	35.55%	27.15%
	27	48.00%	38.96%	31.05%
	32	47.41%	42.29%	34.96%
	37	47.22%	45.80%	39.65%
BQSquare	12	48.54%	34.42%	25.20%
	17	49.07%	36.28%	27.15%
	22	48.88%	38.33%	29.49%
	27	50.34%	42.24%	33.98%
	32	54.39%	49.12%	41.99%
	37	53.47%	50.93%	44.73%
Johnny	12	67.19%	63.04%	60.74%
	17	72.85%	70.12%	67.97%
	22	75.10%	73.58%	72.66%
	27	75.15%	74.41%	73.83%
	32	75.34%	75.10%	74.61%
	37	76.17%	76.12%	75.78%
Aerial	12	52.89%	43.20%	34.38%
	17	53.16%	43.98%	35.16%
	22	53.32%	44.96%	36.41%
	27	53.40%	46.13%	38.28%
	32	51.88%	48.20%	41.25%
	37	52.70%	51.91%	46.09%
Boat	12	59.34%	48.13%	40.63%
	17	60.23%	49.69%	42.66%
	22	60.51%	50.74%	44.06%
	27	59.65%	51.33%	45.00%
	32	57.85%	52.03%	45.94%
	37	56.48%	53.48%	47.81%

HEVC 参考软件 HM15.0 支持超过 8 比特/样本（>24bpp）的数据位深度，而一个 10 比特的样本在 HM 中需要 16 比特的存储空间。因此，位深度的增加将浪费大量的存储空间，并增加外部存储带宽的需求。对于超过 24bpp 的序列，如果平均位深度可以减少到 8 位，那么一个 16×16 大小的单元可以被存储到 (16×16+8×8×2)×8 比特的区域中，而不用占据(16×16+ 8×8×2)×16 比特的空间。DRAM 的带宽和存储需求将明显降低。表 8-31 中的实验结果显示，在 30bpp 视频序列中，81.83%～96.73%的处理单元可以被压缩到平均 8 比特的存储空间中。这个结果比上一节介绍的无损参考帧压缩算法高 4.76%～14.2%，并且只引入了 BDPSNR=-0.02db 的图像质量损失。与文献 [7]中的无损参考帧压缩算法相比，有 19.5%～61.9%的效果提升。平均来说，94.46%的处理单元可以被存储到原来占据的空间的一半中。因此可以节省 47.2%的 DRAM 激活和预充电操作频率。

表 8-31 模式 0 有损参考帧压缩算法和两种无损参考帧压缩算法面对 30bpp 视频序列时的压缩性能比较
（单位是 16×16 大小的单元可以被压缩到(16×16+8×8×2)×8 比特空间的比率，$\gamma = 0.0002$ ）

测 试 序 列	QP	模式 0 有损参考帧压缩算法	8.2 节 无损参考帧压缩算法	文 献 [7]
NebutaFestival	22	87.83%	74.47%	25.97%
	27	91.92%	77.72%	34.37%
	32	95.70%	84.65%	58.11%
	37	96.45%	88.71%	69.98%
SteamLocomotiveTrain	22	95.64%	87.86%	68.90%
	27	95.56%	89.02%	71.07%
	32	95.86%	90.12%	73.44%
	37	96.73%	91.97%	77.20%

模式 0 有损参考帧压缩算法也可以对 DRAM 动态功耗的降低做出贡献。引入 CACTI 模拟器来估计 DRAM 的动态功耗，DRAM 的核心结构由几个可以被同时访问的相同的存储组组成。存储组由行和列的二维阵列组成。DRAM 的读访问和写访问采用突发模式。行激活命令被用来选择要访问的存储组和行，然后被选中的行中的数据被传输到行缓存中。接下来读操作和写操作选择起始列地址进行突发访问。当需要的数据不在激活的行上时，行缓存上的数据将被写回存储组中，然后关闭激活的存储组和行，这一操作称为预充电。DRAM 激活和预充电操作消耗的能量占总动态能量的 38.2%。平均来说，本节提出的有损参考帧压缩算法可以降低 41%的激活和预充电操作频率，还可以节省 15.7%的 DRAM 动态能量。

2. 硬件性能分析

下面介绍 VLSI 架构的实现结果。采用 TSMC 65 nm CMOS 技术，该设计用 Verilog HDL 语言进行描述，然后使用 Synopsys 公司的 Design Compiler 软件进行综合。

表 8-32 所示为三种模式的压缩器和解压缩器的硬件实现结果。在最差的综合条件下（0.9V，125℃），对于模式 0，压缩器需要 24.5 千门的基本逻辑单元来实现 562MHz 的时钟频率；而解压缩器在 578MHz 时钟频率下需要消耗 29.5 千门的基本逻辑单元。对于模式 1 和模式 2，压缩器

（解压缩器）的硬件代价分别增加到 33.5 千门（38.6 千门）的基本逻辑单元和 51.2 千门（59.3 千门）的基本逻辑单元。对于模式 2 的解压缩器设计，像素块中的四个像素的数据提取是一个串行进程，这会延长硬件设计的关键路径。因此，模式 2 中解压缩器的最大工作频率会降低到 424MHz。对于这三种模式，压缩器和解压缩器的功耗分别是 3.6mW、5.3mW、9.6mW 和 4.4mW、5.8mW、11.0mW。

表 8-32　三种模式的压缩器和解压缩器的硬件实现结果（电压为 0.9V，综合温度为 125℃）

	模　式　0		模　式　1		模　式　2	
	压　缩　器	解 压 缩 器	压　缩　器	解 压 缩 器	压　缩　器	解 压 缩 器
CMOS 技术	65nm					
面积/千门	24.5	29.5	33.5	38.6	51.2	59.3
片上 SRAM/字节	0					
最高频率/MHz	562	578	546	565	543	424
功耗/mW	3.6	4.4	5.3	5.8	9.6	11.0

本节的有损参考帧压缩架构与现有的有损参考帧压缩架构的硬件实现比较结果如表 8-33 所示。文献[2]可以实现 50%的固定压缩率，外部存储 DRAM 的存储空间也可以节省一半。但这种算法会给参考帧引入明显的质量损失（BDPSNR=-1.03db）。通过采用离散小波变换（Discrete Wavelet Transform，DWT）和多级树集合分裂算法（Set-Partitioning In Hierarchical Trees，SPIHT），一种数据压缩率为 65.3%的算法在文献[32]中被提出，同时会引入-0.10db 的编码质量损失。由于 DWT 和 SPIHT 编码的过程非常复杂，这种算法的最高工作频率只有 10MHz,吞吐率只能达到 4.5M 像素/秒。这就造成这种算法只能支持 CIF 视频（352×288@30fps）的实时编码。一种无损和有损混合压缩架构在文献[31]中被提出，这种算法通过对整数点运动估计模块截断参考像素的低 3 位可以降低 67%的带宽，但对于分数点运动估计和运动补偿模块，由于需要使用完整的参考像素，其带宽只节省了 39.4%，另外，这种算法的硬件代价比其他算法都要高。

表 8-33　本节的有损参考帧压缩架构和现有的有损参考帧压缩架构的
硬件实现比较结果（QP={22,27,32,37}，$\gamma = 0.0002$）

	文　献　[2]	文　献　[32]	文　献　[31]	8.2 节无损参考帧压缩架构	
	压　缩　器	压　缩　器	压缩器和解压缩器	压　缩　器	解 压 缩 器
数据压缩率/%	50.0	65.3	47.1	68.5	
CMOS 技术	0.18μm	0.18μm	0.13μm	65nm	
ΔPSNR/dB	-1.03	-0.10	-0.01	0	
面积/千门	28.0	26.9	110.4	36.5	34.7
片上 SRAM/字节	0	512	5120	192	256
最高频率/MHz	14	10	250	578	599
吞吐率/（像素/循环）	2.6	0.45	0.89	2.67	1.33
吞吐率/（G 像素/秒）	0.036	0.0045	0.22	1.54	0.78
存储空间节省/%	50	0	0	38	
动态功耗节省/%	50.0	40.3	41.4/18.2	56.8	

续表

	模　式　0		模　式　1		模　式　2	
	压　缩　器	解　压　缩　器	压　缩　器	解　压　缩　器	压　缩　器	解　压　缩　器
数据压缩率/%	70.6		69.6		64.9	
CMOS 技术	65nm		65nm		65nm	
ΔPSNR/dB	−0.04		−0.04		−0.05	
面积/千门	24.5	29.5	33.5	38.6	51.2	59.3
片上 SRAM/字节	0		0		0	
最高频率/MHz	562	578	546	565	543	424
吞吐率/（像素/循环）	1.33	1.33	2.67	2.67	5.33	5.33
吞吐率/（G 像素/秒）	0.75	0.77	1.46	1.51	2.89	2.26
存储空间节省/%	41		39		37	
动态功耗节省/%	59.3		57.7		54.3	

在 8.2 节设计了一种无损参考帧压缩架构，可以实现 68.5% 的数据压缩率。压缩器和解压缩器分别可以实现高达 578MHz 和 599MHz 的时钟频率。压缩器和解压缩器的吞吐率分别是 1.54G 像素/秒和 0.78G 像素/秒。由于 HEVC 预测核心中对参考帧读访问的频率远高于对参考帧写访问的频率，所以是解压缩器的吞吐率而不是压缩器的吞吐率成为无损参考帧压缩架构的瓶颈。即使采用 D 级查找窗数据复用结构，上一节设计的无损参考帧解压缩器的吞吐率也不能满足 8K 超高清视频的实时编码。

本节设计的有损参考帧压缩架构可以实现的最高的数据压缩率为 70.6%，比其他算法高 2.1%～23.5%。通过使用并行处理方法，压缩器（解压缩器）可以实现高达 2.89（2.26）G 像素/秒的吞吐率，是上一节的无损参考帧压缩架构的吞吐率的 4（3）倍。这两节介绍的压缩架构都可以对存储空间的优化做出贡献。但在高帧率配置下，无损参考帧压缩算法的压缩性能会明显下降。有损参考帧压缩算法和无损参考帧压缩算法的压缩性能和 DRAM 动态功耗分析如表 8-34 所示。实验结果显示，有损参考帧压缩算法可以实现稳定的数据压缩率并节省存储空间，不受高帧率纹理复杂的图像的影响。当 QP=12 时，与无损参考帧压缩算法相比，本节的三种模式的有损参考帧压缩算法可以实现 7.7%、6.5%、2.7% 的数据压缩率和 16.0%、13.6%、11.3% 的存储空间节省率的提升。通过以上两方面的提高，本节的有损参考帧压缩算法可以比无损参考帧压缩算法多节省 10.9%、9.2%、6.0% 的 DRAM 动态功耗。

表 8-34　有损参考帧压缩算法和无损参考帧压缩算法的压缩性能和 DRAM 动态功耗分析（$\gamma = 0.0002$）

	QP	模　式　0	模　式　1	模　式　2	无损参考帧压缩算法
数据压缩率/%	12	63.89	62.70	58.92	56.20
	17	66.90	65.64	61.30	60.43
	22	69.18	67.77	63.24	65.32
	27	70.11	68.76	64.43	67.56
	32	71.03	69.65	65.37	69.50
	37	72.13	70.82	66.56	71.37

续表

	QP	模 式 0	模 式 1	模 式 2	无损参考帧压缩算法
存储空间节省率/%	12	37.79	35.41	33.07	21.81
	17	39.30	37.18	34.56	29.25
	22	40.74	38.77	36.28	34.73
	27	41.05	39.02	36.95	36.82
	32	40.78	38.76	37.13	38.48
	37	41.17	39.32	38.19	40.84
动态功耗节省率/%	12	53.92	52.28	49.05	43.06
	17	56.36	54.77	51.09	48.52
	22	58.32	56.69	52.94	53.63
	27	59.01	57.40	53.93	55.82
	32	59.47	57.85	54.58	57.65
	37	60.30	58.79	55.72	59.71

参 考 文 献

[1]　Pau D, Sannino R. MPEG-2 Decoding with a Reduced RAM Requisite by ADPCM Recompression Before Storing MPEG Decompressed Data[DB/CD]. U.S. patent 5838597, 1998.

[2]　Lee Y, Rhee C, Lee H. A New Frame Recompression Algorithm Intergrated with H.264 Video Compression[C]. IEEE International Symposium on Circuits and Systems, 2007: 1621-1624.

[3]　Lee S, Chung M, Park S, et al. Lossless Frame Memory Recompression for Video Codec Preserving Random Accessibility of Coding Unit[J]. IEEE Transactions on Consumer Electronics, 2009, 55(4): 2105-2113.

[4]　Kim J, Kyung C. A Lossless Embedded Compression Using Significant Bit Truncation for HD Video Coding[J]. IEEE Transactions on Circuits and Systems for Video Technology, 2010, 20(6): 848-860.

[5]　Lian X, Liu Z, Zhou W, et al. Lossless Frame Memory Compression Using Pixel-Grain Prediction and Dynamic Order Entropy Coding[J]. IEEE Transactions on Circuits and Systems for Video Technology, 2016, 26(1): 223-235.

[6]　Vargas V. Achieve Minimum Power Consumption in Mobile Memory Subsystems[DB/CD]. EE Times Asia, 2006.

[7]　Guo L, Zhou D, Goto S. A New Reference Frame Recompression Algorithm and Its VLSI Architecture for UHDTV Video Codec[J]. IEEE Transactions on Multimedia, 2014, 16(8): 2323-2332.

[8]　Pan F, Lin X, Rahardja S, et al. Fast Mode Decision Algorithm for Intra Prediction in H.264/AVC Video Coding[J]. IEEE Transactions on Circuits and Systems for Video Technology, 2005, 15(7): 812-822.

[9]　Xue S, Oelmann B. Unary Prefixed Huffman Coding for a Group of Quantized Generalized Gaussian Sources[J]. IEEE Transactions on Communications, 2006, 54(7): 1164-1169.

[10]　Silva T, Vortmann J, Agostini L, et al. FPGA Based Design of CAVLC and Exp-Golomb Coders for

H.264/AVC Baseline Entropy Coding[C]. Southern Conference on Programmable Logic (SPL), 2007: 161-166.

[11] Kaul H, Anders M, Mathew S, et al. A 320 mV 56 μW 411 GOPS/Watt Ultra-Low Voltage Motion Estimation Accelerator in 65 nm CMOS[J]. IEEE Journal of Solid-State Circuits, 2009, 44(1): 107-114.

[12] Mittal S, Vetter J, Li D. A Survey of Architectural Approaches for Managing Embedded DRAM and Non-Volatile On-Chip Caches[J]. IEEE Transactions on Parallel and Distributed Systems, 2015, 26(6): 1524-1537.

[13] Park Y, Blaauw D, Sylvester D, et al. Low-Power High-Throughput LDPC Decoder Using Non-Refresh Embedded DRAM[J]. IEEE Journal of Solid-State Circuits, 2014, 49(3): 783-794.

[14] Chen Y, Luo T, Liu S, et al. DaDianNao: A Machine-Learning Supercomputer[C]. IEEE/ACM International Symposium on Microarchitecture (MICRO), 2014, 609-622.

[15] Kalla R, Sinharoy B, Starke W, et al. Power7: IBM's Next-Generation Server Processor[J]. IEEE Micro, 2010, 30(2): 7-15.

[16] Zhou D, Zhou J, He X, et al. A 530 Mpixels/s 4096x2160@60fps H.264/AVC High Profile Video Decoder Chip[J]. IEEE Journal of Solid-State Circuits, 2011, 46(4): 777-788.

[17] Guo Z, Zhou D, Guto S. An Optimized MC Interpolation Architecture for HEVC[C]. IEEE International Conference on Acoustics, Speech and Signal Processing (ICASSP), 2012: 1117-1120.

[18] Zhang J, Dai F, Ma Y, et al. Highly Parallel Mode Decision Method for HEVC[C]. Picture Coding Symposium (PCS), 2013: 281-284.

[19] Kalali E, Adibelli Y, Hamzaoglu I. A Reconfigurable HEVC Sub-Pixel Interpolation Hardware[C]. IEEE Third Interpolation Conference on Consumer Electronics (ICCE-Berlin), 2013: 125-128.

[20] Zhou M, Gao W, Jiang M, et al. HEVC Lossless Coding and Improvements[J]. IEEE Transactions on Circuits and Systems for Video Technology, 2012, 22(12): 1839-1843.

[21] Berge T. Rate Distortion Theory — A Mathematical Basic for Data Compression[M]. Prentice-Hall, 1971.

[22] Yang C, Goto S, Ikenaga T. High Performance VLSI Architecture of Fractional Motion Estimation in H.264 for HDTV[C]. IEEE International Symposium on Circuits and Systems (ISCAS), 2006: 21-24.

[23] Lam E, Goodman W. A Mathematical Analysis of the DCT coefficient distributions for images[J]. IEEE Transactions on Image Processing, 2000, 9(10): 1661-1666.

[24] Merhav N. Rate-Distortion Function via Minimum Mean Square Error Estimation[J]. IEEE Transactions on Information Theory, 2011, 54(6): 3196-3206.

[25] Sullivan J, Wiegand T. Rate-Distortion Optimization for Video Compression[J]. IEEE Signal Processing Magazine, 1998, 15(6): 74-90.

[26] Wiegand T, Girod B. Lagrange Multiplier Selection in Hybrid Video Coder Control[C]. 2001 IEEE International Conference on Image Processing (ICIP), 2001: 542-545.

[27] Guo S, Liu Z, Li G, et al. Content-Aware Write Reduction Mechanism of 3d Stacked Phase-Change Ram Based Frame Store in H.264 Video Codec System[J]. IEICE Transactions on Fundamentals of Electronics, Communications and Computer Sciences, 2013, 96(6): 1273-1282.

[28] Girod B. The Efficiency of Motion-Compensating Prediction for Hybrid Coding of Video Sequences[J]. IEEE Journal on Selected Areas in Communications, 1987, 5(7): 1140-1154.

[29] Liu Z, Zhou J, Goto S, et al. Motion Estimation Optimization for H.264/AVC Using Source Image Edge Features[J]. IEEE Transactions on Circuits and Systems for Video Technology, 2009, 19(8): 1095-1107.

[30] Tsai T, Lee Y. A 6.4 Gbit/s Embedded Compression Codec for Memory-Efficient Applications on Advanced-HD Specification[J]. IEEE Transactions on Circuits and Systems for Video Technology, 2010, 20(10): 1277-1291.

[31] Fan Y, Shang Q, Zeng X. In Block Prediction Based Mixed Lossy & Lossless Reference Frame Recompression for Next Generation of Video Encoding[J]. IEEE Transactions on Circuits and Systems for Video Technology, 2015, 25(1): 112-124.

[32] Cheng C, Tseng P, Chen L. Multimode Embedded Compression Codec Engine for Power-Aware Video Coding System[J]. IEEE Transactions on Circuits and Systems for Video Technology, 2009, 19(2): 141-150.

[33] Lian X, Liu Z, Zhou Wei, et al. Parallel Content-Aware Adaptive Quantization-Oriented Lossy Frame Memory Recompression for HEVC[J]. IEEE Transactions on Circuits and Systems for Video Technology, 2018, 28(4): 958-971.

彩　插

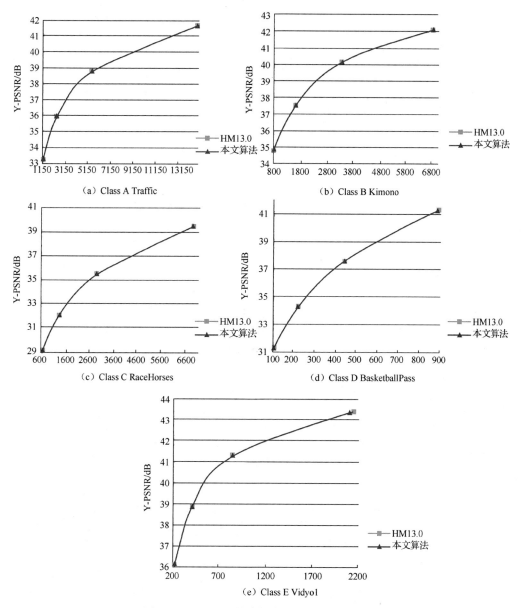

图 2-19　HM13.0 算法与本文算法的率失真图

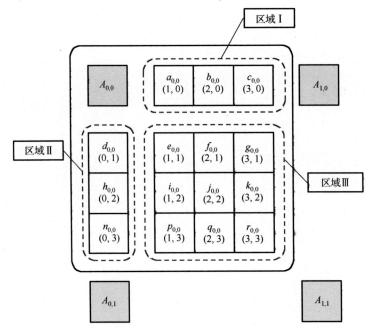

图 2-25　HEVC 分数像素亮度分量插值示意图

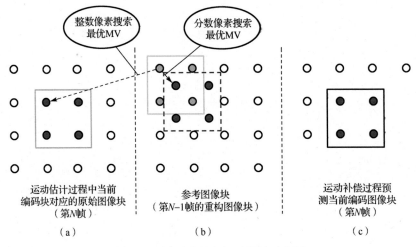

图 2-26　运动估计与运动补偿示意图

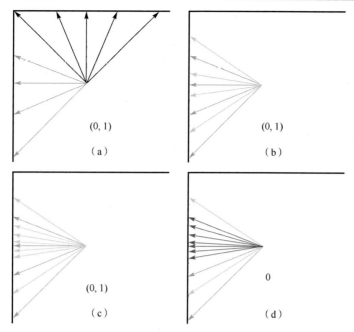

图 3-12　粗略模式列表决策过程

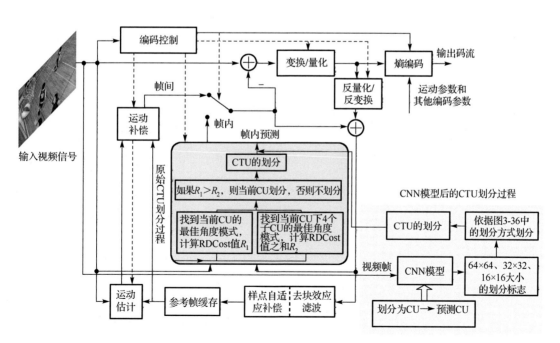

图 3-37　基于深度学习的编码单元划分算法的整体流程

（a）视频序列中的某一帧　　　　　　　　　　（b）视觉显著性图

图 6-13　视频序列中的某一帧及其视觉显著性图

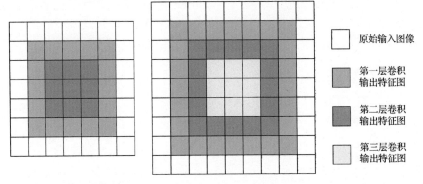

□ 原始输入图像

▨ 第一层卷积
输出特征图

▨ 第二层卷积
输出特征图

▨ 第三层卷积
输出特征图

（a）2层3×3卷积核等效感受野　　（b）3层3×3卷积核等效感受野

图 6-21　连续小卷积核的全局感受野示意图

0	1	4	5	16	17	20	21
2	3	6	7	18	19	22	23
8	9	12	13	24	25	28	29
10	11	14	15	26	27	30	31
32	33	36	37	48	49	52	53
34	35	38	39	50	51	54	55
30	41	44	45	56	57	60	61
42	43	46	47	58	59	62	63

（a）

0	1	4	5	16	17	20	21
2	3	6	7	18	19	22	23
8	9	12	13	24	25	28	29
10	11	14	15	26	27	30	31
32	33	36	37	48	49	52	53
34	35	38	39	50	51	54	55
30	41	44	45	56	57	60	61
42	43	46	47	58	59	62	63

（b）

	①	②						
	0	1	4	5	16	17	20	21
2st stage	2	3	6	7	18	19	22	23	③
	8	9	12	13	24	25	28	29
	10	11	14	15	26	27	30	31	④
5st stage	32	33	36	37	48	49	52	53
	34	35	38	39	50	51	54	55
	30	41	44	45	56	57	60	61
	42	43	46	47	58	59	62	63

（c）

图 6-27　CU、PU 和 TU 的边界标记情况

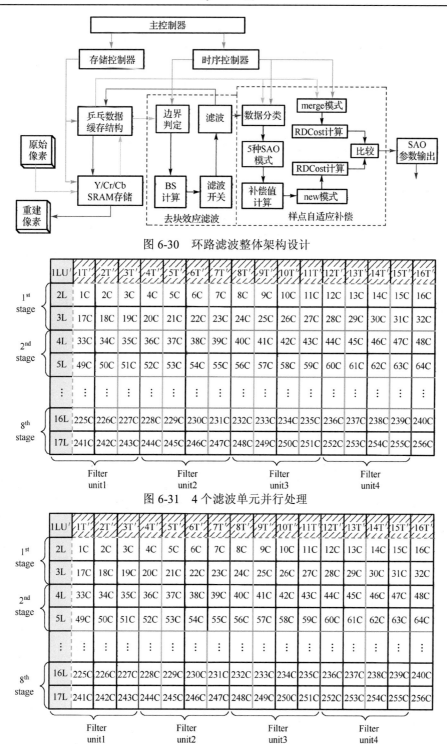

图 6-30　环路滤波整体架构设计

图 6-31　4 个滤波单元并行处理

图 6-33　色度块滤波的并行处理

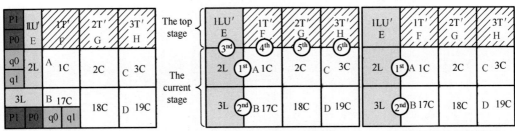

图 6-34　每步色度块的滤波顺序

（a）滤波单元　　　　（b）色度块奇数步滤波顺序　　　　（c）色度块偶数步滤波顺序

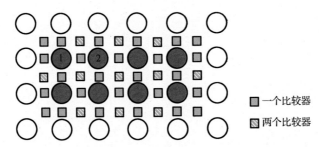

图 6-35　EO 模式下相邻像素所需的比较器的分布

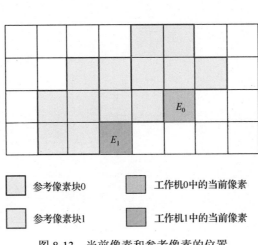

图 8-13　当前像素和参考像素的位置

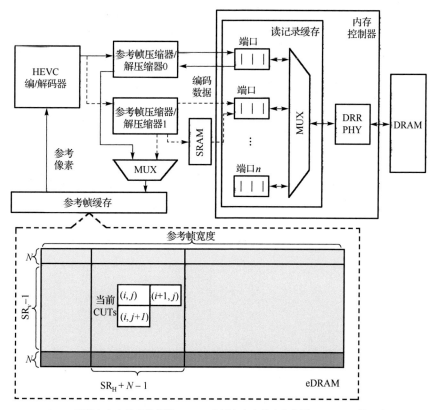

SR$_V$：垂直方向上的查找范围；SR$_H$：水平方向上的查找范围；N：CTU 的尺寸

图 8-17　双压缩/解压缩器并行结构框图

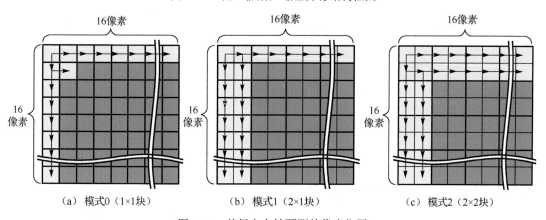

（a）模式0（1×1块）　　　　（b）模式1（2×1块）　　　　（c）模式2（2×2块）

图 8-23　并行方向性预测的像素位置

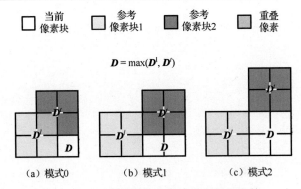

（a）模式0　　　　（b）模式1　　　　（c）模式2

图 8-24　三种预测模式的边缘向量的计算